大学物理学

第4版

学习辅导与习题解答

张三慧 编著

安宇　阮东　李岩松　修订

清华大学出版社
北　京

内 容 简 介

慧编著的《大学物理学》(第 4 版)(清华大学出版社 2018 年出版)一书的学习辅导用书。内容包括该教材各章的概念原理复习、解题要点、思考题选答和习题解答。本书习题内容广泛,事例新颖、典型、有趣,富有启发性,难度有低有高;复习内容重点突出,解题要点明确清楚,习题解答简明扼要。本书不但是学习所配套教材的好帮手,对于选用其他教材学习物理课程的大学生和自学大学物理的读者及中学物理教师也是很好的辅助材料。

图书在版编目(CIP)数据

大学物理学(第 4 版)学习辅导与习题解答/张三慧等编著.—4 版.—北京:清华大学出版社,2019
(2023.3 重印)
 ISBN 978-7-302-53387-0

Ⅰ. ①大… Ⅱ. ①张… Ⅲ. ①物理学-高等学校-教学参考资料 Ⅳ. ①O4

中国版本图书馆 CIP 数据核字(2019)第 175990 号

责任编辑:朱红莲
封面设计:傅瑞学
责任校对:刘玉霞
责任印制:丛怀宇

出版发行:清华大学出版社
  网 址:http://www.tup.com.cn,http://www.wqbook.com
  地 址:北京清华大学学研大厦 A 座   邮 编:100084
  社 总 机:010-83470000   邮 购:010-62786544
  投稿与读者服务:010-62776969,c-service@tup.tsinghua.edu.cn
  质量反馈:010-62772015,zhiliang@tup.tsinghua.edu.cn
印 装 者:北京国马印刷厂
经 销:全国新华书店
开 本:185mm×260mm 印 张:25   字 数:609 千字
版 次:1990 年 10 月第 1 版 2019 年 10 月第 4 版 印 次:2023 年 3 月第 8 次印刷
定 价:70.00 元

产品编号:081555-03

致读者
FOREWORD

—— 怎样学好物理

本书是张三慧《大学物理学》（第 4 版）（清华大学出版社 2018 年出版）一书的学习辅导用书。主教材包括两本书，其一为力学、热学，其二为电磁学、光学、量子物理。本书内容包括该书各章概念原理复习、解题要点、部分思考题和全部习题的解答。在具体内容展开之前，先就物理学习方法和要求向读者提出一些建议。

物理学是一门关于自然规律的科学。它是由许多概念和原理组成的，要学好物理就要首先注意理解和掌握有关概念和原理。这在一般情况下就是要掌握各个概念和原理是为什么提出的，它们各自的定义和含义是什么，它们各自的适用范围或条件如何，它们又各和哪些概念和原理有联系，等等。例如，对"功"的概念，就要了解它是考虑力的空间累积作用时提出的，它的定义是力和位移的标量积，力做功的效果是使物体的动能发生改变，而保守力的功是引进势能概念的基础等。概念和原理常常以数学公式的形式出现，对它们的理解绝不等同于仅仅记忆相关的公式，而必须理解如上所述的它们的"物理意义"。

思维是靠语言词句表达的，因此对叙述基本概念与原理的科学词句要记住，而且要能说出来、写下来，这样才能对物理现象进行科学和正确的思考、分析与描述。试问，如果对"做功与路径无关的力叫保守力"这样简明的定义都记不住、说不出来，那么怎么能算是理解了"保守力"这一概念呢？又怎么去理解"势能"的概念以及利用机械能概念去分析解决问题呢？

物理学的概念和原理很多，但它们并不是随意堆积起来的。有一些概念原理是基本的，另一些则是由这些基本概念衍生或推导出来的。学习物理不能只记住单个的概念或原理，而是要分清主次，理解和掌握基本的和导出的概念或原理之间的关系，并且要学会如何推导一些重要的概念和原理。例如要能够自己从功、动能和势能等概念导出机械能守恒定律，从质点的角动量定理导出刚体的定轴转动定律等。这样，才能从整体上系统地理解一定范围（如力学或电磁学）内的物理规律。

正是由于物理学理论是一个系统的整体，所以学习时要从前到后踏踏实实、一步一步地都学好。否则前面的没有学清楚，后面的学习就更困难了。例如,只有将经典力学学清楚了,才能学好热学、电磁学等;经典力学不通,要学好量子物理是根本不可能的。

　　学习物理学的一个重要环节是要学习如何应用物理的概念原理来分析解决问题,这一"实践环节"在学习中主要是解答物理习题。关于各类(如力学的、热学的、电磁学的……)习题的具体解题要点,本书将分章予以介绍。下面就解答物理习题,具体到关于课外作业的一般方法和要求作一些说明。

　　习题是用来帮助理解和巩固物理概念原理的事例,因此要具体分析每一道题的给定条件,然后选择适当的概念和原理进行解答。做题不在"多",而在"精",即对每个题目都要真正弄清楚为什么要利用这个而不是那个概念或原理来解答。不要不顾条件就直接套用公式。在书面解答中,要把解题的思路和应用的概念原理,即做题的"道理"尽可能简明地写出来。不要小看在解答习题过程中的这种书面表达,它实际上是对思维和表达能力的难得的训练。以后大家在工作中总是要把自己的想法告诉他人而进行交流的,而科学和正确的表达,包括书面表达自己思想的能力是人们必备的一种素质。

　　很多习题需要数值计算。在这种情况下最好根据题设条件先应用公式进行文字推导,得出求未知量的最终文字表达式,然后再代入数值(注意各代入量的单位)进行计算求出数字结果。这样做,一方面便于从理论根据上进行检查分析,另一方面也便于检查数字计算可能出现的错误。由于许多习题中涉及的物理量是矢量,所以在文字推导过程中要注意矢量和标量的区别,特别是要注意矢量不能按标量只考虑数值来运算,在同一方程式中不能出现矢量项和标量项相等的情况。数字结果位数的取舍要注意有效位数,一般取3位有效数字即可,切不可把计算器上显示的8位数字都照抄到答案中。

　　在学习方法上,对大学生来说,自学已显得非常重要了。一定要仔细阅读教材(必要时还要选读一些其他参考书),要注意体会其中关于概念原理的表述,特别是定义、定律及其推导过程。书上的例题一般都是教材作者精心选择的具有典型意义的事例,一定要仔细研究其解答过程的思路与根据,并在自己解答习题时模仿应用。如果做课外作业时遇到困难,有必要参考本书的习题解答时,也要真正弄懂解题思路,在作业本上给出自己的解答,切不可照抄应付,学习是来不得半点虚假的。

　　除自学外,在校大学生也要注意向教师学习,注意课堂听讲。对于教材内容,教师总会有独到的、重点的分析。聆听教师的讲解并从中获得教益是难得的学习方式,应该自觉地珍惜把握。在自学的基础上,就教师的讲解有重点地记一些心得笔记是一种很好的学习方法。

　　常听说"物理难学",事实并不完全如此。只要学习得法、刻苦认真,物理课将是一门引人入胜、启迪思维、收获丰硕、终身受益的课程。

　　这里,向大家介绍一些当年我们学习的情况。那是半个世纪以前的事了,当时我们同王竹溪先生学习热学。图1是现今仍保存的我的作业本,封面上我的学号就是王先生补写上去的。作业解答除理论分析外,还常有计算题。例如图2所示的那个题目要求6位有效数字。当时用于计算的工具有计算尺,但计算尺只给出3位有效数字,除它以外就只好用对数表了。学生用4位对数表不符合要求,那就只能用已有的8位对数表,取其结果的6位作为答数。这一个题就要求计算108个数目。当时我们都认真地用8位对数表一个一个地计算了,未曾稍有马虎。从图2中还可以看出王先生教学是如何认真。对于计算结果的每个数字,他都认真地核对,哪怕最后一位错了,他也认真地改正,图2中十几处改动就是他的亲笔批注。每当回忆起王先生这样的教风，我都深深为之感动，并在自己的教学中，奉为圭臬，奋力相从。

图 1

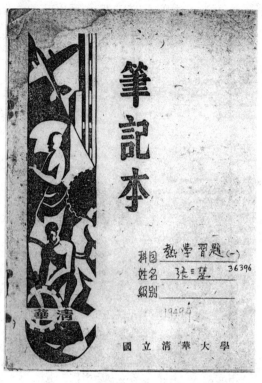

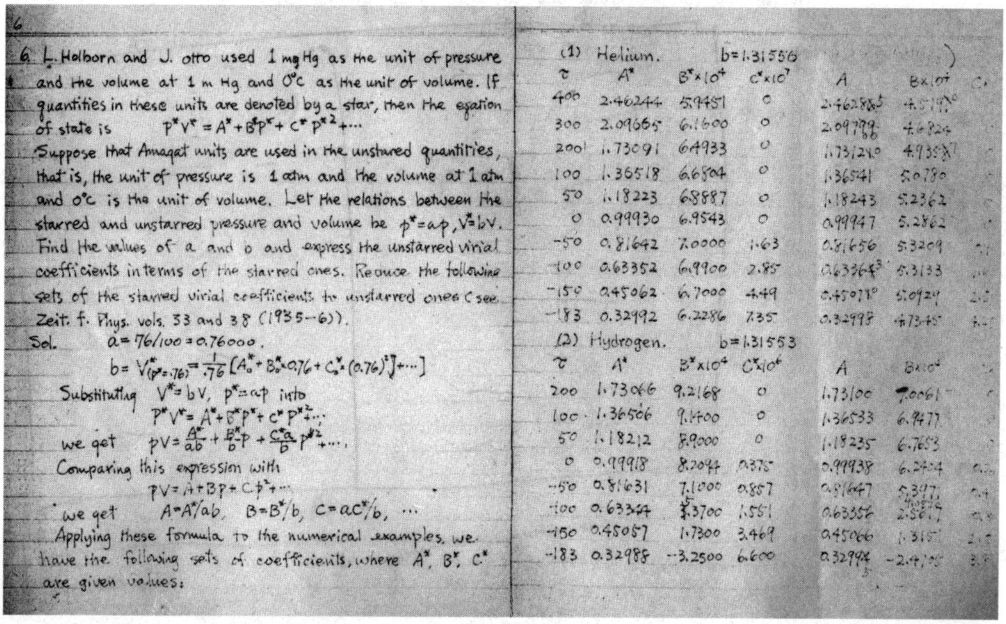

6

6. L. Holborn and J. Otto used 1 m Hg as the unit of pressure and the volume at 1 m Hg and 0°C as the unit of volume. If quantities in these units are denoted by a star, then the equation of state is $p^*V^* = A^* + B^*p^* + C^*p^{*2} + \cdots$

Suppose that Amagat units are used in the unstarred quantities, that is, the unit of pressure is 1 atm and the volume at 1 atm and 0°C is the unit of volume. Let the relations between the starred and unstarred pressure and volume be $p^* = ap$, $V^* = bV$. Find the values of a and b and express the unstarred virial coefficients in terms of the starred ones. Reduce the following sets of the starred virial coefficients to unstarred ones (see Zeit. f. Phys. vols. 33 and 38 (1935—6)).

Sol. $a = 76/100 = 0.76000$.

$b = V^*_{(p^*=.76)} = \frac{1}{.76}[A_0^* + B_0^* \times 0.76 + C_0^* \times (0.76)^2 + \cdots]$

Substituting $V^* = bV$, $p^* = ap$ into

$p^*V^* = A^* + B^*p^* + C^*p^{*2} + \cdots$,

we get $pV = \frac{A^*}{ab} + \frac{B^*}{b}p + \frac{C^*a}{b}p^2 + \cdots$,

Comparing this expression with

$pV = A + Bp + Cp^2 + \cdots$

we get $A = A^*/ab$, $B = B^*/b$, $C = aC^*/b$, …

Applying these formula to the numerical examples, we have the following sets of coefficients, where A^*, B^*, C^* are given values:

(1) Helium. $b = 1.31556$

τ	A^*	$B^*\times10^4$	$C^*\times10^7$	A	$B\times10^4$
400	2.46244	5.9451	0	2.46288	4.5192
300	2.09665	6.1600	0	2.09799	4.6824
200	1.73091	6.4933	0	1.73124	4.9358
100	1.36518	6.6804	0	1.36541	5.0780
50	1.18223	6.8887	0	1.18243	5.2362
0	0.99930	6.9543	0	0.99947	5.2862
−50	0.81642	7.0000	1.63	0.81656	5.3209
−100	0.63352	6.9900	2.85	0.63364	5.3133
−150	0.45062	6.7000	4.49	0.45071	5.0929
−183	0.32992	6.2286	7.35	0.32998	4.7345

(2) Hydrogen. $b = 1.31553$

τ	A^*	$B^*\times10^4$	$C^*\times10^6$	A	$B\times10^4$
200	1.73066	9.2168	0	1.73100	7.0061
100	1.36506	9.1400	0	1.36533	6.9477
50	1.18212	8.9000	0	1.18235	6.7653
0	0.99918	8.2044	0.375	0.99938	6.2404
−50	0.81631	7.1000	0.857	0.81647	5.3971
−100	0.63344	3.3700	1.551	0.63356	2.5617
−150	0.45057	1.7300	3.469	0.45066	1.3151
−183	0.32988	−3.2500	6.600	0.32994	−2.4705

图 2

我们当时不但学习认真,而且有错就改正,从不搞虚假自欺欺人。图 3 是该习题本的一页,打"＊"号的解答是对上面解答的补充。这一补充我当时做不出来,是请教了顾之雨同学后做出的。据实相告,我在本页下面注明了"来自顾之雨的习题本"。

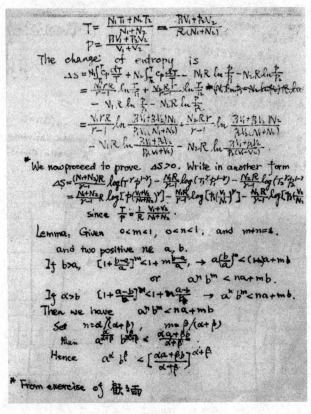

图　3

我在每一届我教的班上都要出示这本习题本,并向同学们说明当时情况以激励同学。课后常听到回应:"深受感动,受益匪浅。"

最后希望大家都认真学习,取得实实在在的好成绩!

张三慧

目录
CONTENTS

第4篇　光　学

第5篇　量子物理

第 1 篇　力　学

第1章

质点运动学

一、概念原理复习

1. 参考系

描述质点运动时用的,固定在参考物上的空间坐标系(如笛卡儿直角坐标系)和配置在各处的一套同步的钟构成一个参考系,通常就以选定的参考物命名,如太阳坐标系、地心参考系、地面参考系等。

2. 运动函数

相对于一定参考系表示的质点位置随时间变化的函数,即

$$r = r(t) = x(t)i + y(t)j + z(t)k$$

其中 $r(t)$ 为质点在时刻 t 的径矢,即从坐标系原点指到时刻 t 质点所在位置的长度矢量。$x(t),y(t),z(t)$ 分别为径矢沿 x,y 和 z 轴的分量,也表示沿三个轴的分运动。上式表示运动的合成。

3. 位移和速度

质点在时间 Δt 内的位移为

$$\Delta r = r(t + \Delta t) - r(t)$$

一般地

$$|\Delta r| \neq \Delta r$$

质点在时刻 t 的速度

$$v = \frac{dr}{dt} = \frac{dx}{dt}i + \frac{dy}{dt}j + \frac{dz}{dt}k$$

速度的方向沿质点运动轨道的切线方向且指向运动的前方。$\dfrac{dx}{dt}, \dfrac{dy}{dt}, \dfrac{dz}{dt}$ 为速度沿 x,y 和 z 轴的分量,为代数值,其正负表示该分量与相应的坐标轴的方向相同或相反。

4. 加速度和匀加速运动

质点在时刻 t 的加速度

$$a = \frac{dv}{dt} = \frac{dv_x}{dt}i + \frac{dv_y}{dt}j + \frac{dv_z}{dt}k$$

匀加速运动：a 为常矢量,由积分可得

$$\boldsymbol{v}=\boldsymbol{v}_0+\boldsymbol{a}t,\quad \boldsymbol{r}=\boldsymbol{r}_0+\boldsymbol{v}_0t+\frac{1}{2}\boldsymbol{a}t^2$$

式中$(\boldsymbol{r}_0,\boldsymbol{v}_0)$为初始条件。

匀加速直线运动：取运动轨道为 x 轴,初始条件为 $x_0=0$ 和 v_0,则

$$v=v_0+at,\quad x=v_0t+\frac{1}{2}at^2,\quad v^2-v_0^2=2ax$$

5. 抛体运动

抛体运动为平面运动,设运动平面为 $x\text{-}y$ 平面,y 轴竖直向上,则有 $a_x=0,a_y=-g$,以抛出点为原点,抛出时开始计时,则有

$$v_x=v_0\cos\theta,\qquad v_y=v_0\sin\theta-gt$$

$$x=v_0\cos\theta\cdot t,\qquad y=v_0\sin\theta\cdot t-\frac{1}{2}gt^2$$

抛体运动可以看成是沿竖直方向的匀加速运动和水平方向的匀速运动的合成。

6. 圆周运动

线速度或速率 $$v=\frac{\mathrm{d}s}{\mathrm{d}t}$$

角速度 $$\omega=\frac{\mathrm{d}\theta}{\mathrm{d}t}=\frac{v}{R}$$

角加速度 $$\alpha=\frac{\mathrm{d}\omega}{\mathrm{d}t}$$

加速度 $$\boldsymbol{a}=\boldsymbol{a}_n+\boldsymbol{a}_t,\quad a=\sqrt{a_n^2+a_t^2}$$

法向加速度 $$a_n=\frac{v^2}{R}=R\omega^2(\text{指向圆心})$$

切向加速度 $a_t=\dfrac{\mathrm{d}v}{\mathrm{d}t}=R\alpha$,沿轨道的切线方向。$a_t>0$ 表示 $\boldsymbol{a}_t$ 与 $\boldsymbol{v}$ 的方向相同,质点速率不断增大。

7. 相对运动

运动的描述随所用的参考系的不同而不同。对于相对速度为 $\boldsymbol{u}$ 的两个参考系,同一质点的

位移变换： $$\Delta\boldsymbol{r}_{SE}=\Delta\boldsymbol{r}_{SV}+\Delta\boldsymbol{r}_{VE}$$
速度变换： $$\boldsymbol{v}=\boldsymbol{v}'+\boldsymbol{u}$$

加速度变换： $$\boldsymbol{a}=\boldsymbol{a}'+\boldsymbol{a}_0,\quad \boldsymbol{a}_0=\frac{\mathrm{d}\boldsymbol{u}}{\mathrm{d}t}$$

$\boldsymbol{a}_0=\boldsymbol{0}$ 时 $$\boldsymbol{a}=\boldsymbol{a}'$$

以上变换式都是根据绝对时空概念导出的,只适用于 u 远小于光速 c 的情形。它们称为伽利略变换。

二、解题要点

(1) 解题的一般原则是先仔细审题,了解题意,构思出题述的物理图像,明确已知和要

求；然后根据题目给出的条件选择合适的数学公式求解。解题时如涉及数字运算，要注意有效位数，一般取三位有效数字即可。还要注意公式中各量的单位。本教材的公式与计算都用国际单位制的单位。对计算的数字结果要判断其是否合乎实际。对不合乎实际的结果，要仔细审查解题的过程以纠正其错误。

（2）本章题目只涉及质点的运动，题目中所指的物体都当质点看待。对直线运动或其合成，一般要画出坐标系以帮助表达和思考，本章习题所涉及的直线运动（或直线分运动）都是匀加速的，即加速度保持不变。代公式时要注意这一条件。

（3）对圆周运动除会计算法向（向心）加速度外，还要会计算切向加速度。注意切向加速度 $\mathrm{d}v/\mathrm{d}t$ 是速率的变化率，即速率对时间的导数，而速率又是时间的函数。

（4）在速度变换的计算中，要十分明确各个速度是"谁对谁"的速度，要会用速度变换的"串联"法则（即伽利略变换）：

$$\boldsymbol{v}_{\mathrm{SE}} = \boldsymbol{v}_{\mathrm{SV}} + \boldsymbol{v}_{\mathrm{VE}}$$

（5）在本章和以后的力学题目的分析与计算中要特别注意矢量与标量的区别，并能用适当的文字标志来表示它们：矢量在书中用黑斜体表示，手写体请在相应字符的正上方标以箭头。

（6）解题要能正确表达思路，写出各步骤的根据，不能只写公式和数字。只有写出正确的文字表达才能说明自己真正理解了物理概念和定律。

三、思考题选答

1.7　根据开普勒第一定律，行星轨道为椭圆（图 1.1）。已知任一时刻行星的加速度方向都指向椭圆的一个焦点（太阳所在处）。分析行星在通过图中 M,N 两位置时，它的速率分别应正在增大还是正在减小？

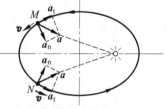

答　行星越过 M 点时，其切向加速度 $\boldsymbol{a}_\mathrm{t}$ 沿轨道的切线方向而和其速度方向相反，$\mathrm{d}v/\mathrm{d}t<0$，所以速率在减小。行星越过 N 点时，$\boldsymbol{a}_\mathrm{t}$ 的方向与速度的方向相同，$\mathrm{d}v/\mathrm{d}t>0$，速率在增大。

图 1.1　思考题 1.7 答用图

1.8　一斜抛物体的水平初速度是 v_{0x}，它的轨道最高点处的曲率圆的半径是多大？

答　斜抛物体的轨道最高点处的斜率是水平的，该处的曲率圆半径沿竖直方向，该处物体的速度方向为水平方向。由于物体在水平方向没有加速度，所以在此处物体的切向加速度为零。物体的总加速度即法向加速度沿竖直方向向下，此加速度就是重力加速度 $\boldsymbol{g}$。由法向加速度公式 $a_\mathrm{n}=v^2/R$ 可得所求曲率圆的半径为

$$R = v^2/a_\mathrm{n} = v_{0x}^2/g$$

*1.11　如果使时间反演，即把时刻 t 用 $t'=-t$ 取代，质点的速度（原书式（1.7））、加速度（原书式（1.15））、运动学公式（以原书式（1.21）和式（1.22）的第两式为例）等将会有什么变化？电影中武士登上高墙的运动形象是武士跳下动作的实拍录像倒放的结果，为什么看起来和"真正的"跃上动作一样？

答 以 $t' = -t$ 代替 t 后，原书式(1.7)将变为 $\boldsymbol{v}' = \dfrac{\mathrm{d}\boldsymbol{r}}{\mathrm{d}t'} = -\dfrac{\mathrm{d}\boldsymbol{r}}{\mathrm{d}t} = -\boldsymbol{v}$，即速度与原来的方向相反。原书式(1.15)将变为 $\boldsymbol{a}' = \dfrac{\mathrm{d}\boldsymbol{v}'}{\mathrm{d}t'} = -\dfrac{\mathrm{d}\,\boldsymbol{v}}{\mathrm{d}t'} = \dfrac{\mathrm{d}^2\,\boldsymbol{v}}{\mathrm{d}t^2}$，即加速度不变。由此可知，质点运动将逆向重复原来的运动，即如倒放电影片时所看的。武士由高处向下跳，是加速运动，倒放时，速度反向，而加速度方向不变，则运动表现为向上减速，和真的直接用同样初速上抛时的运动一样。这样编辑电影时，就可以用原来下跳的影片倒录成情节要求的向上跃的影片以"欺骗"或"迷惑"观众了。

这一解答也说明了"纯粹"的机械运动是可逆的，即一旦把质点的速度逆过来，它的运动就可以逆向重复原来的运动过程，如时间倒流了一样。

四、习题解答

1.1 木星的一个卫星——木卫1——上面的珞玑火山喷发出的岩块上升高度可达 200 km，这些石块的喷出速度是多大？已知木卫1上的重力加速度为 1.80 m/s^2，而且在木卫1上没有空气。

解 $v = \sqrt{2gh} = \sqrt{2 \times 1.80 \times 200 \times 10^3} = 849\ (\mathrm{m/s})$

1.2 一种喷气推进的实验车，从静止开始可在 1.80 s 内加速到 1600 km/h 的速率。按匀加速运动计算，它的加速度是否超过了人可以忍受的加速度 25g？这 1.80 s 内该车跑了多长距离？

解 实验车的加速度为

$$a = \frac{v}{t} = \frac{1600 \times 10^3}{3600 \times 1.80} = 2.47 \times 10^2 (\mathrm{m/s}^2) = 25.20g$$

基本上超过了 25g。

1.80 s 内实验车跑的距离为

$$s = \frac{v}{2}t = \frac{1600 \times 10^3}{2 \times 3600} \times 1.80 = 400\ (\mathrm{m})$$

1.3 一辆卡车为了超车，以 90 km/h 的速度驶入左侧逆行道时，猛然发现前方 80 m 处一辆汽车正迎面驶来。假定该汽车以 65 km/h 的速度行驶，同时也发现了卡车超车。设两司机的反应时间都是 0.70 s（即司机发现险情到实际刹车所经过的时间），他们刹车后的减速度都是 7.5 m/s^2，试问两车是否会相撞？如果会相撞，相撞时卡车的速度多大？

解 已知 $v_{10} = 90$ km/h $= 25$ m/s，$v_{20} = 65$ km/h $= 18$ m/s，$s_0 = 80$ m，$\Delta t = 0.70$ s，$a = 7.5$ m/s^2。两车开始刹车时，它们之间的距离为

$$s_0' = s_0 - (v_{10} + v_{20})\Delta t = 80 - (25 + 18) \times 0.70 = 50\ (\mathrm{m})$$

卡车到停止需继续开行的距离

$$s_1 = \frac{v_{10}^2}{2a} = \frac{25^2}{2 \times 7.5} = 41.7\ (\mathrm{m})$$

汽车到停止需继续开行的距离

$$s_2 = \frac{v_{20}^2}{2a} = \frac{18^2}{2 \times 7.5} = 21.7\ (\mathrm{m})$$

因为 $s_1 + s_2 > s_0'$，所以两车会相撞。

以 t 表示两车刹车后到相撞所用的时间，则有

$$s_0' = v_{10}t - \frac{1}{2}at^2 + v_{20}t - \frac{1}{2}at^2 = (v_{10} + v_{20})t - at^2$$

代入已知数，为

$$50 = (25 + 18)t - 7.5t^2$$

解此方程可得

$$t = 1.62\ \text{s}, 4.11\ \text{s}(舍去)$$

由此得碰撞时卡车的速度为

$$v_1 = v_{10} - at = 25 - 7.5 \times 1.62 = 12.9\ (\text{m/s}) = 46\ (\text{km/h})$$

1.4　跳伞运动员从 1200 m 高空下跳，起初不打开降落伞作加速运动。由于空气阻力的作用，会加速到一"终极速率"200 km/h 而开始匀速下降。下降到离地面 50 m 处时打开降落伞，很快速率会变为 18 km/h 而匀速下降着地。若起初加速运动阶段的平均加速度按 $g/2$ 计，此跳伞运动员在空中一共经历了多长时间？

解　$h_0 = 1200\ \text{m}$，　$v_1 = 200\ \text{km/h} = 55.6\ \text{m/s}$，　$v_2 = 18\ \text{km/h} = 5\ \text{m/s}$，　$h_2 = 50\ \text{m}$。

运动员加速下落的时间

$$t_1 = \frac{v_1}{g/2} = \frac{2 \times 55.6}{9.8} = 11.3\ (\text{s})$$

加速下落的距离

$$h_1 = \frac{v_1^2}{2g/2} = \frac{v_1^2}{g} = \frac{55.6^2}{9.8} = 315\ (\text{m})$$

以速率 v_1 匀速下落的时间

$$t_1' = \frac{h_0 - h_1 - h_2}{v_1} = \frac{1200 - 315 - 50}{55.6} = 15.0\ (\text{s})$$

以速率 v_2 匀速下落的时间

$$t_2 = \frac{h_2}{v_2} = \frac{50}{5} = 10\ (\text{s})$$

运动员在空中总共经历的时间为

$$t = t_1 + t_1' + t_2 = 11.3 + 15.0 + 10 = 36.3\ (\text{s})$$

1.5　由消防水龙带的喷嘴喷出的水的流量是 $q = 280\ \text{L/min}$，水的流速 $v = 26\ \text{m/s}$。若这喷嘴竖直向上喷射，水流上升的高度是多少？在任一瞬间空中有多少升水？

解　水流上升的高度

$$h = \frac{v^2}{2g} = \frac{26^2}{2 \times 9.8} = 34.5\ (\text{m})$$

同一滴水在空中运动的时间

$$t = \frac{2v}{g} = \frac{2 \times 26}{9.8} = 5.31\ (\text{s})$$

在时间 t 内喷嘴喷出的水即在任一瞬间空中所有的水。这些水的总体积是

$$V = qt = 280 \times 5.31/60 = 24.7 \ (L)$$

1.6　在以初速率 $v_0 = 15.0 \ \text{m/s}$ 竖直向上扔一块石头后,

(1) 在 $\Delta t_1 = 1.0 \ \text{s}$ 末又竖直向上扔出第二块石头,后者在 $h = 11.0 \ \text{m}$ 高度处击中前者,求第二块石头扔出时的速率;

(2) 若在 $\Delta t_2 = 1.3 \ \text{s}$ 末竖直向上扔出第二块石头,它仍在 $h = 11.0 \ \text{m}$ 高度处击中前者,求这一次第二块石头扔出时的速率。

解　(1) 设第一块石头扔出后 t 秒末被第二块击中,则

$$h = v_0 t - \frac{1}{2} g t^2$$

代入已知数得

$$11 = 15t - \frac{1}{2} \times 9.8 t^2$$

解此方程,可得二解为

$$t_1 = 1.84 \ \text{s}, \quad t_1' = 1.22 \ \text{s}$$

第一块石头上升到顶点所用的时间为

$$t_u = v_{10}/g = 15/9.8 = 1.53 \ (\text{s})$$

由于 $t_1 > t_u$,这对应于第一块石头回落时与第二块相碰;又由于 $t_1' < t_u$,这对应于第一块石头上升时被第二块赶上击中。

以 v_{20} 和 v_{20}' 分别对应于在 t_1 和 t_1' 时刻两石块相碰时第二石块的初速度,则由于

$$h = v_{20}(t_1 - \Delta t_1) - \frac{1}{2} g (t_1 - \Delta t_1)^2$$

所以

$$v_{20} = \frac{h + \frac{1}{2} g (t_1 - \Delta t_1)^2}{t_1 - \Delta t_1} = \frac{11 + \frac{1}{2} \times 9.8 \times (1.84 - 1)^2}{1.84 - 1} = 17.2 \ (\text{m/s})$$

同理,

$$v_{20}' = \frac{h + \frac{1}{2} g (t_1' - \Delta t_1)^2}{t_1' - \Delta t_1} = \frac{11 + \frac{1}{2} \times 9.8 \times (1.22 - 1)^2}{1.22 - 1} = 51.1 \ (\text{m/s})$$

(2) 由于 $\Delta t_2 = 1.3 \ \text{s} > t_1'$,所以第二石块不可能在第一块上升时与第一块相碰。对应于 t_1 时刻相碰,第二块的初速度为

$$v_{20}'' = \frac{h + \frac{1}{2} g (t_1 - \Delta t_2)^2}{t_1 - \Delta t_2} = \frac{11 + \frac{1}{2} \times 9.8 \times (1.84 - 1.3)^2}{1.84 - 1.3} = 23.0 \ (\text{m/s})$$

1.7　一质点在 xy 平面上运动,运动函数为 $x = 2t, y = 4t^2 - 8$(采用国际单位制)。

(1) 求质点运动的轨道方程并画出轨道曲线;

(2) 求 $t_1 = 1 \ \text{s}$ 和 $t_2 = 2 \ \text{s}$ 时,质点的位置、速度和加速度。

解　(1) 在运动函数中消去 t,得轨道方程为

$$y = x^2 - 8$$

轨道曲线为一抛物线如图 1.2 所示。

(2) 由 $\boldsymbol{r}=2t\boldsymbol{i}+(4t^2-8)\boldsymbol{j}$

$$\boldsymbol{v}=\frac{\mathrm{d}\boldsymbol{r}}{\mathrm{d}t}=2\boldsymbol{i}+8t\boldsymbol{j}$$

$$\boldsymbol{a}=\frac{\mathrm{d}\boldsymbol{u}}{\mathrm{d}t}=8\boldsymbol{j}$$

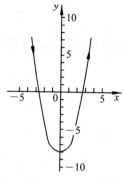

可得在 $t=1$ s 时，

$$\boldsymbol{r}_1=2\boldsymbol{i}-4\boldsymbol{j},\quad \boldsymbol{v}_1=2\boldsymbol{i}+8\boldsymbol{j},\quad \boldsymbol{a}_1=8\boldsymbol{j}$$

在 $t=2$ s 时，

$$\boldsymbol{r}_2=4\boldsymbol{i}+8\boldsymbol{j},\quad \boldsymbol{v}_2=2\boldsymbol{i}+16\boldsymbol{j},\quad \boldsymbol{a}_2=8\boldsymbol{j}$$

图 1.2 习题 1.7 解用图

1.8 男子排球的球网高度 2.43 m，球网两侧的场地大小都是 $9.0\text{ m}\times 9.0\text{ m}$。一运动员采用跳发球姿势，其击球点高度为 3.5 m，与网的水平距离是 8.5 m。

(1) 球以多大速度沿水平方向被击出时，才能使球正好落在对方后方边线上？

(2) 球以此速度被击出后过网时，超过网高多少米？

(3) 这样，球落地时速率多大（忽略空气阻力）？

解 (1) 由 $h_0=gt_0^2/2$ 可得球被击出后在空中飞行的时间为

$$t_0=\sqrt{2h_0/g}=\sqrt{2\times 3.5/9.8}=0.845\ (\text{s})$$

从而得球被击出的速率应为

$$v_0=s/t=17.5/0.845=20.7\ (\text{m/s})=74.6\ (\text{km/h})$$

(2) 球从被击出到网上方经历的时间为 $t=t_0\times 8.5/17.5$，在此时间内球下落的距离为

$$h=\frac{1}{2}gt^2=\frac{1}{2}\times 9.8\times(0.845\times 8.5/17.5)^2=0.83\ (\text{m})$$

此时球在网上方的高度为

$$\Delta h=3.5-0.83-2.43=0.24\ (\text{m})=24\ (\text{cm})$$

(3) 球落地时的速率为

$$v=\sqrt{v_0^2+(gt_0)^2}=\sqrt{20.7^2+(9.8\times 0.845)^2}=22.3\ (\text{m/s})$$

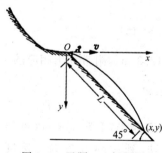

图 1.3 习题 1.9 解用图

1.9 滑雪运动员离开水平滑雪道飞入空中时的速率 $v=110$ km/h，着陆的斜坡与水平面夹角 $\theta=45°$（见图 1.3）。

(1) 计算滑雪运动员着陆时沿斜坡的位移 L 是多大（忽略起飞点到斜面的距离）？

(2) 在实际的跳跃中，滑雪运动员所达到的距离 $L=165$ m，这个结果为什么与计算结果不符？

解 (1) 如图 1.3 所示，运动员着陆点的坐标为

$$x=L\cos 45°=vt,\quad y=L\sin 45°=\frac{1}{2}gt^2$$

解此两个方程，得

$$t=\frac{2v}{g}$$

而运动员沿斜坡的位移为

$$L=\frac{vt}{\cos45°}=\frac{2v^2}{g\cos45°}=\frac{2\times2}{9.8\times\sqrt{2}}\left(\frac{110\times10^3}{3600}\right)^2=269\ (\text{m})$$

（2）实际 L 的数值小于上述计算值，是由于空气阻力对运动员的影响。

1.10　一个人扔石头的最大出手速率 $v=25$ m/s，他能击中一个与他的手水平距离 $L=50$ m，高 $h=13$ m 处的一座墙吗？在这个距离内他能击中的目标的最大高度是多少？

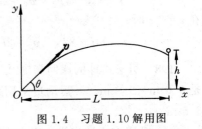

解　如图 1.4 所示，石头的轨道方程为

$$y=x\tan\theta-\frac{1}{2}\frac{gx^2}{v^2\cos^2\theta}$$

图 1.4　习题 1.10 解用图

以 $\cos^2\theta=(1+\tan^2\theta)^{-1}$ 代入可得

$$\frac{gx^2}{2v^2}\tan^2\theta-x\tan\theta+\left(\frac{gx^2}{2v^2}+y\right)=0$$

能击中该目标的 θ 角需满足上式，即条件为

$$\tan\theta=\frac{v^2}{gL}\left[1\pm\sqrt{1-\frac{2g}{v^2}\left(h+\frac{gL^2}{2v^2}\right)}\right]$$

将已知数据代入后，可得根号下的值

$$1-\frac{2g}{v^2}\left(h+\frac{gL^2}{2v^2}\right)=-0.022<0$$

由此可知 θ 无实数解，所以该目标不在可能的轨道上，所以不能被石头击中。

只有当

$$1-\frac{2g}{v^2}\left(h+\frac{gL^2}{2v^2}\right)\geqslant0$$

时，θ 才有解，由此得

$$h\leqslant\frac{v^2}{2g}-\frac{gL^2}{2v^2}=\frac{25^2}{2\times9.8}-\frac{9.8\times50^2}{2\times25^2}=12.3\ (\text{m})$$

所以在 $L=50$ m 这个距离上，他能击中的目标的最大高度为 12.3 m。附带算出相应的

$$\theta=\arctan\frac{v^2}{gL}=\arctan\frac{25^2}{9.8\times50}=51.9°$$

1.11　为迎接香港回归，柯受良 1997 年 6 月 1 日驾车飞越黄河壶口瀑布（见原书图 1.27）。东岸跑道长 265 m，柯受良驾车从跑道东端起动，到达跑道终端时速度为 150 km/h，他随即以仰角 5° 冲出，飞越跨度为 57 m，安全落到西岸木桥上。

（1）按匀加速运动计算，柯受良在东岸驱车的加速度和时间各是多少？

（2）柯受良跨越黄河用了多长时间？

（3）若起飞点高出河面 10.0 m，柯受良驾车飞行的最高点离河面几米？

（4）西岸木桥桥面和起飞点的高度差是多少？

解　在图 1.5 中，$s=265$ m，$v_0=150$ km/h，$\theta=5°$，$L=57$ m，$h_1=10$ m。

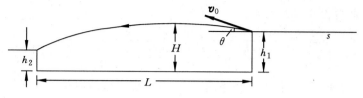

图 1.5　习题 1.11 解用图

（1）柯受良在东岸的加速度

$$a=\frac{v_0^2}{2s}=\frac{1}{2\times 265}\left(\frac{150\times 10^3}{3600}\right)^2=3.28\ (\text{m/s}^2)$$

加速的时间

$$t_1=\frac{2s}{v_0}=\frac{2\times 265\times 3600}{150\times 10^3}=12.7\ (\text{s})$$

（2）柯受良跨越黄河用的时间

$$t_2=\frac{L}{v_0\cos\theta}=\frac{57\times 3600}{150\times 10^3\times \cos 5°}=1.37\ (\text{s})$$

（3）柯受良飞行最高点与河面的距离

$$H=h_1+\frac{v_0^2\sin^2\theta}{2g}=10+\frac{(150\times 10^3)^2\sin^2 5°}{3600^2\times 2\times 9.8}=10.67\ (\text{m})$$

（4）西岸木桥桥面和起飞点的高度差为

$$h_2-h_1=v_0\sin\theta t_2-\frac{1}{2}g\,t_2^2=\frac{150\times 10^3}{3600}\times \sin 5°\times 1.37-\frac{1}{2}\times 9.8\times 1.37^2$$

$$=-4.22\ (\text{m})$$

即西岸木桥桥面比起飞点低 4.22 m。

1.12　山上和山下两炮各瞄准对方同时以相同初速发射一枚炮弹(图 1.6)。这两枚炮弹会不会在空中相碰？为什么(忽略空气阻力)？如果山高 $h=50$ m，两炮相隔的水平距离为 $s=200$ m，要使这两枚炮弹相碰，它们的速率至少应等于多少？

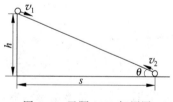

图 1.6　习题 1.12 解用图

解　两炮弹有相同的水平初速率 v_{0x} 与竖直初速率 v_{0y}，如果能相碰，则相碰点必在两炮水平距离的中点。从炮弹出口算起，相碰时刻为

$$t_C=\frac{s}{2v_{0x}}=\frac{s}{2v\cos\theta}$$

此时两炮弹的竖直坐标分别为

$$y_1=h-\left(v_{0y}t_C+\frac{1}{2}gt_C^2\right)$$

$$y_2=v_{0y}t_C-\frac{1}{2}gt_C^2$$

由于 $v_{0y}t_C=v_{0y}s/2v_{0x}=s\sin\theta/2\cos\theta=s\tan\theta/2=h/2$，所以有 $y_1=y_2$。这样，在时刻 t_C 两

炮弹的水平和竖直坐标均相同,就说明二者能在空中相碰。但要在空中相碰要求 $y_2 > 0$,即 $v_{0y} > \frac{1}{2}gt_C^2$,由此可得

$$v > \sqrt{\frac{gs}{4\cos\theta\sin\theta}} = \sqrt{\frac{g(h^2 + s^2)}{4h}} = \sqrt{\frac{9.8 \times (50^2 + 200^2)}{4 \times 50}} = 45.6 \ (\text{m/s})$$

又:由于两炮弹打出后同时自由下落,所以可设想一随两炮弹自由下落的参考系,在此系内观测,两炮弹将沿同一直线相向运动,因而必然能相碰(仍需满足 $y_2 > 0$ 的条件)。

1.13 在生物物理实验中用来分离不同种类的分子的超级离心机的转速是 6×10^4 r/min。在这种离心机的转子内,离轴 10 cm 远的一个大分子的向心加速度是重力加速度的几倍?

解 所求倍数为

$$\frac{\omega^2 r}{g} = \frac{4\pi^2 n^2 r}{g} = \frac{4\pi^2 (6 \times 10^4)^2 \times 0.1}{60^2 \times 9.8} = 4 \times 10^5$$

1.14 北京天安门所处纬度为 39.9°。求它随地球自转的速度和加速度。

解 所求速度为

$$v = \frac{2\pi R_E}{T}\cos\lambda = \frac{2\pi \times 6378 \times 10^3}{86400}\cos 39.9° = 356 \ (\text{m/s})$$

所求加速度为

$$a = \left(\frac{2\pi}{T}\right)^2 R_E\cos\lambda = \left(\frac{2\pi}{86400}\right)^2 \times 6378 \times 10^3 \times \cos 39.9° = 2.59 \times 10^{-2} \ (\text{m/s}^2)$$

1.15 按玻尔模型,氢原子处于基态时,它的电子围绕原子核作圆周运动。电子的速率为 2.2×10^6 m/s,与核的距离为 0.53×10^{-10} m。求电子绕核运动的频率和向心加速度。

解 所求频率为

$$\nu = \frac{v}{2\pi r} = \frac{2.2 \times 10^6}{2\pi \times 0.53 \times 10^{-10}} = 6.6 \times 10^{15} \ (\text{Hz})$$

所求加速度为

$$a = \frac{v^2}{r} = \frac{(2.2 \times 10^6)^2}{0.53 \times 10^{-10}} = 9.1 \times 10^{22} \ (\text{m/s}^2)$$

1.16 北京正负电子对撞机的储存环的周长为 240 m,电子要沿环以非常接近光速的速率运行。这些电子运动的向心加速度是重力加速度的几倍?

解 所求倍数为

$$\frac{v^2}{Rg} = \frac{(3 \times 10^8)^2 \times 2\pi}{240 \times 9.8} = 2.4 \times 10^{14}$$

1.17 汽车在半径 $R = 400$ m 的圆弧弯道上减速行驶。设在某一时刻,汽车的速率为 $v = 10$ m/s,切向加速度的大小为 $a_t = 0.2$ m/s²。求汽车的法向加速度和总加速度的大小和方向?

解 如图 1.7 所示,汽车的法向加速度为

$$a_n = \frac{v^2}{R} = \frac{10^2}{400} = 0.25 \ (\text{m/s}^2)$$

总加速度为

$$a = \sqrt{a_n^2 + a_t^2} = \sqrt{0.25^2 + 0.2^2} = 0.32 \ (\text{m/s}^2)$$

总加速度与速度之间的夹角为

$$180° - \beta = 180° - \arctan\frac{a_n}{a_t} = 180° - \arctan\frac{0.25}{0.20} = 128°40'$$

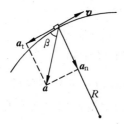

图 1.7　习题 1.17 解用图

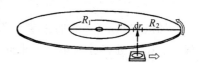

图 1.8　习题 1.18 解用图

*__1.18__　一张致密光盘(CD)音轨区域的内半径 $R_1 = 2.2$ cm,外半径为 $R_2 = 5.6$ cm
(图 1.8),径向音轨密度 $N = 650$ 条/mm。在 CD 唱机内,光盘每转一圈,激光头沿径向向外
移动一条音轨,激光束相对光盘是以 $v = 1.3$ m/s 的恒定线速度运动的。

(1) 这张光盘的全部放音时间是多少?

(2) 激光束到达离盘心 $r = 5.0$ cm 处时,光盘转动的角速度和角加速度各是多少?

__解__　(1) 以 r 表示激光束打到音轨上的点对光盘中心的径矢(图 1.8),则在 dr 宽度内
的音轨长度为 $2\pi r N dr$。激光束划过这样长的音轨所用的时间为 $dt = 2\pi r N dr/v$。由此得
光盘的全部放音时间为

$$T = \int dt = \int_{R_1}^{R_2} \frac{2\pi r N dr}{v} = \frac{\pi N}{v}(R_2^2 - R_1^2) = \frac{\pi \times 650 \times 10^3 \times (0.056^2 - 0.022^2)}{1.3}$$

$$= 4.16 \times 10^3 (\text{s}) = 69.4 \ (\text{min})$$

(2) 所求角速度为

$$\omega = \frac{v}{r} = \frac{1.3}{0.05} = 26 \ (\text{rad/s})$$

所求角加速度为

$$\alpha = \frac{d\omega}{dt} = -\frac{v}{r^2}\frac{dr}{dt} = -\frac{v}{r^2}\frac{v}{2\pi r N} = -\frac{v^2}{2\pi N r^3}$$

$$= -\frac{1.3^2}{2\pi \times 650 \times 10^3 \times 0.05^3} = -3.31 \times 10^{-3} (\text{rad/s}^2)$$

__1.19__　一人自由泳时右手从前到后一次对身体划过的距离 $\Delta s_{hb} = 1.20$ m,同时他的身
体在泳道中前进了 $\Delta s_{bw} = 0.90$ m 的距离。求同一时间他的右手在水中划过的距离 Δs_{hw}。
手对水是向前还是向后划了?

__解__　以沿泳道向前为正,则应有 $\Delta s_{hb} = -1.20$ m,$\Delta s_{bw} = 0.90$ m,而

$$\Delta s_{hw} = \Delta s_{hb} + \Delta s_{bw} = -1.20 + 0.90 = -0.30 \ (\text{m})$$

即对水来说,右手向后划了 0.30 m。

__1.20__　当速率为 30 m/s 的西风正吹时,相对于地面,向东、向西和向北传播的声音的速

率各是多大? 已知声音在空气中传播的速率为 344 m/s。

解　$v_1 = 30$ m/s, $v_2 = 344$ m/s。

向东传播的声音的速率
$$v_E = v_1 + v_2 = 30 + 344 = 374 \text{（m/s）}$$

向西传播的声音的速率
$$v_W = v_2 - v_1 = 344 - 30 = 314 \text{（m/s）}$$

向北传播的声音的速率
$$v_N = \sqrt{v_2{}^2 - v_1{}^2} = \sqrt{344^2 - 30^2} = 343 \text{（m/s）}$$

1.21　一电梯以 1.2 m/s^2 的加速度下降,其中一乘客在电梯开始下降后 0.5 s 时用手在离电梯底板 1.5 m 高处释放一小球。求此小球落到底板上所需的时间和它对地面下落的距离。

解　$a = 1.2$ m/s^2, $t_0 = 0.5$ s, $h_0 = 1.5$ m。如图 1.9 所示,相对地面,小球开始下落时,它和电梯的速度为
$$v_0 = a\, t_0 = 1.2 \times 0.5 = 0.6 \text{（m/s）}$$

以 t 表示此后小球落至底板所需时间,则在这段时间内,小球下落的距离为

$$h = v_0 t + \frac{1}{2} g\, t^2$$

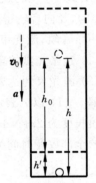

电梯下降的距离为
$$h' = v_0 t + \frac{1}{2} a\, t^2$$

又
$$h_0 = h - h' = \frac{1}{2}(g - a)t^2$$

图 1.9　习题 1.21 解用图

由此得

$$t = \sqrt{\frac{2h_0}{g - a}} = \sqrt{\frac{2 \times 1.5}{9.8 - 1.2}} = 0.59 \text{（s）}$$

而小球相对地面下落的距离为
$$h = v_0 t + \frac{1}{2} g t^2 = 0.6 \times 0.59 + \frac{1}{2} \times 9.8 \times 0.59^2 = 2.06 \text{（m）}$$

1.22　一个人骑车以 18 km/h 的速率自东向西行进时,看见雨点垂直下落。当他的速率增至 36 km/h 时,看见雨点与他前进的方向成 120° 角下落,求雨点对地的速度。

解　$v_{m1} = 18$ km/h, $v_{m2} = 36$ km/h, $\alpha = 90°$, $\beta = 120°$。以 $\boldsymbol{v}_{rm1}$ 和 $\boldsymbol{v}_{rm2}$ 分别表示前后两次人看到的雨点的速度,以 $\boldsymbol{v}_r$ 表示雨点对地的速度。由题设可得各速度之间的关系如图 1.10 所示。

由于
$$\boldsymbol{v}_{rm1} + \boldsymbol{v}_{m1} = \boldsymbol{v}_r = \boldsymbol{v}_{rm2} + \boldsymbol{v}_{m2}$$

所以就有

$$v_r = v_{m2} = 36 \text{ km/h}$$

而

$$\theta = 90° - 60° = 30°$$

即雨点的速度方向为向下偏西 30°。

1.23　飞机 A 以 $v_A = 1000$ km/h 的速率(相对地面)向南飞行,同时另一架飞机 B 以 $v_B = 800$ km/h 的速率(相对地面)向东偏南 30° 方向飞行。求 A 机相对于 B 机的速度与 B 机相对于 A 机的速度。

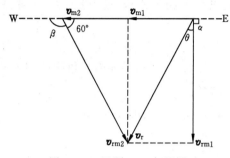

图 1.10　习题 1.22 解用图

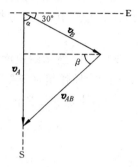

图 1.11　习题 1.23 解用图

解　两飞机的速度关系如图 1.11 所示。$\alpha = 60°$,那么 A 机相对于 B 机的速度为

$$v_{AB} = \sqrt{v_A^2 + v_B^2 - 2v_A v_B \cos\alpha} = \sqrt{1000^2 + 800^2 - 2 \times 1000 \times 800 \times \cos 60°} = 917 \text{ (m/s)}$$

方向由角 β 表示

$$\beta = \arccos \frac{v_B \cos 30°}{v_{AB}} = \arccos \frac{800 \times 0.866}{917} = 40°56'$$

即西偏南 40°56′。

因为 B 机相对于 A 机的速度 $\boldsymbol{v}_{BA} = -\boldsymbol{v}_{AB}$,所以

$$v_{BA} = 917 \text{ m/s}$$

而方向则为东偏北 40°56′。

1.24　利用本书中数值表提供的有关数据计算原书图 1.24 中地球表面的大楼日夜相对于太阳参考系的速率之差。

解　大楼白天速率 $v_1 = R_{SE}\omega_r - R_E\omega_s$,夜间速率 $v_2 = R_{SE}\omega_r + R_E\omega_s$,其中 R_{SE} 和 R_E 分别为日-地距离和地球半径,ω_r 和 ω_s 分别为地球公转和自转角速率。两速率之差为

$$v_2 - v_1 = 2R_E\omega_s = \frac{4\pi R_E}{T_s} = \frac{4\pi \times 6400}{8.6 \times 10^4} = 0.93 \text{ (km/s)}$$

1.25　1964 年曾有人做过这样的实验:测量以 $0.99975c$(c 为光在真空中的速率,$c = 2.9979 \times 10^8$ m/s)的速率运动的 π^0 介子向正前方和正后方发出的光的速率,所得结果都是 c。如果按伽利略变换公式计算,相对于 π^0 介子本身,它发出的向正前方和正后方的光的速率应各是多少?

解　按伽利略变换公式计算,则 π^0 介子发出的向正前方的光相对于 π^0 介子本身的速率应是

$$v_f = c - 0.99975c = 0.00025 \times 2.9979 \times 10^8 = 7.5 \times 10^4 \text{ (m/s)}$$

而向正后方的应是

$$v_b = c + 0.99975c = 1.99975 \times 2.9979 \times 10^8 = 6.0 \times 10^8 \,(\text{m/s})$$

这些结果都与实测不符,说明伽利略变换在高速情况下失效。

1.26　曾有报道,当年美国曾用预警飞机帮助以色列的"爱国者"导弹系统防止伊拉克导弹袭击。一架预警飞机正在伊拉克上空的速率为 150 km/h 的西风中水平巡航,机头指向正北,相对空气的航速为 750 km/h。飞机中雷达员发现一导弹正相对于飞机以向西偏南 19.5°的方向以 5750 km/h 的速率水平飞行。求该导弹相对地面的速率和方向(此等信号将发到美国本土情报中心,经分析后即时发给以色列相关机构,使"爱国者"导弹系统及时防御)。

解　如图 1.12 所示的速度合成图,其中风速 $v_{\text{WE}} = 150$ km/h,飞机相对于空气的速率 $v_{1\text{W}} = 750$ km/h,导弹相对于飞机的速率 $v_{21} = 5750$ km/h,沿西偏南的角度 $\theta = 19.5°$,以 $v_{1\text{E}}$ 和 $v_{2\text{E}}$ 分别表示飞机和导弹相对地面的速度,则有

$$v_{1\text{E}} = \sqrt{v_{1\text{W}}^2 + v_{\text{WE}}^2} = \sqrt{750^2 + 150^2} = 765 \,(\text{km/h})$$

$$\theta_1 = \arctan \frac{v_{\text{WE}}}{v_{1\text{W}}} = \arctan \frac{150}{750} = 11.3°$$

$$\alpha = 90° - \theta_1 - \theta = 90° - 11.3° - 19.5° = 59.2°$$

$$v_{2\text{E}} = \sqrt{v_{21}^2 + v_{1\text{E}}^2 - 2v_{21}v_{1\text{E}}\cos\alpha}$$

$$= \sqrt{5750^2 + 765^2 - 2 \times 5750 \times 765\cos59.2°}$$

$$= 5400 \,(\text{km/h})$$

导弹的飞行方向以西偏南的角 θ_2 表示,由正弦定理可得

$$\sin(\theta_1 + \theta_2 + 90°) = \sin\alpha \frac{v_{21}}{v_{2\text{E}}} = \sin59.2° \times \frac{5750}{5400} = 0.915$$

$$\theta_2 = \arcsin0.915 - \theta_1 - 90° = 113.8° - 11.3° - 90° = 12.5°$$

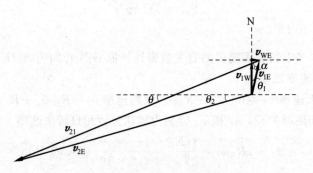

图 1.12　习题 1.26 解用图

第**2**章

运 动 与 力

一、概念原理复习

1. 牛顿运动定律

第一定律：引出惯性和力的概念以及惯性参考系的定义。在一个参考系中观测，如果一个不受力作用的物体保持速度不变，这一参考系就叫惯性参考系，和一个惯性参考系相对作匀速直线运动的参考系也是惯性参考系。

第二定律：

$$\boldsymbol{F} = \frac{\mathrm{d}\boldsymbol{p}}{\mathrm{d}t} = \frac{\mathrm{d}}{\mathrm{d}t}(m\boldsymbol{v})$$

其中 $\boldsymbol{p} = m\boldsymbol{v}$ 为质点的动量，当质点速度 v 远小于光在真空中的速度 c 时，质点的质量 m 近似与速度无关，这种情况下，

$$\boldsymbol{F} = m\frac{\mathrm{d}\boldsymbol{v}}{\mathrm{d}t} = m\boldsymbol{a}$$

这就是经典力学中的牛顿第二运动定律公式。

力的叠加原理：引入合力概念

$$\boldsymbol{F} = \sum \boldsymbol{F}_i$$

上述牛顿第二定律公式中的 $\boldsymbol{F}$ 应是作用在质点上的诸力的合力。

第三定律：两个物体之间的相互作用力同时存在，分别作用，方向相反，大小相等：

$$\boldsymbol{F}_{21} = -\boldsymbol{F}_{12}$$

牛顿定律只在惯性系中成立。

2. 常见的几种力

重力： $\quad\quad\quad\quad\quad\quad\quad\quad \boldsymbol{P} = m\boldsymbol{g}$

弹力：压力（垂直于接触面作用）和张力（沿着绳长作用）。

弹簧的弹力：$f = -kx$，沿着弹簧的轴线方向作用，与弹簧的长度方向相反。

摩擦力：①滑动摩擦力：$f_k = \mu_k N$，与物体滑动方向相反。②静摩擦力：$f_s \leqslant \mu_s N$，与物体可能滑动的方向相反。

流体阻力：与流体中的物体相对于流体的速度方向相反，当二者的相对速度较小时，

$f_d = kv$，当二者的相对速度较大以致物体后方出现旋涡时，$f_d = \dfrac{1}{2} C \rho A v^2$。

表面张力：$F = \gamma l$，γ 为表面张力系数。

3. 基本自然力

引力，弱力，电磁力，强力。现已确证弱力和电磁力源于同一种力，称为电弱力。

4. 惯性力

为在非惯性系中应用牛顿第二定律引入的一种反映物体惯性的虚拟力。以 $\boldsymbol{a}_0$ 表示平动参考系的加速度，则在此参考系中观测质点受的惯性力为

$$\boldsymbol{F}_i = -m\boldsymbol{a}_0$$

惯性力和引力等效的结论称为等效原理，它是广义相对论的基础。

*在转动参考系中，有惯性离心力 $\boldsymbol{F}_i = m\omega^2 \boldsymbol{r}$ 和科里奥利力。当物体沿径向运动时，科里奥利力为 $F_C = 2m\omega v'$。

*在地球上出现的潮汐，是由于地球表面向着和背着月球（或太阳）方向的海水受的引力和惯性离心力的合力不同所形成的。

*5. 牛顿力学的决定论

按牛顿定律，在物体受力已知的情况下，给定了初始条件，物体的运动情况就决定了，而且是完全可以预测的。这就是决定论可预测性。但对非线性系统，牛顿力学的决定论是成立的，但系统的行为是不可预测的。这就是混沌现象，这一现象最主要的特点是对初值的敏感性。

二、解题要点

(1) 应用牛顿定律解题的基本思路：

① 认物体　在有关问题中选定一个物体作为分析对象，把它当成质点并确定（或设定）其质量 m。

② 看运动　分析所认定的物体的运动情况，包括其轨道、速度和加速度。

③ 查受力　找出被认定物体（质点）所受的各个力。画出简单的示意图表示物体的运动和受力情况，标出速度和加速度的方向。这样的图叫示力图。一定要把自己的分析结果用示力图表示出来，它是解答力学问题的一个很重要的手段，对正确分析和解决问题会有很大的帮助。

④ 列方程　把上面分析得到的质量、加速度和力用牛顿第二定律联系起来列出方程并求解。在利用直角坐标系中牛顿定律的分量式时应在示力图中标出坐标轴的方向。这样才能确定分量式中各代数量的正负（与坐标方向相同者为正，反之为负）。

⑤ 当习题中涉及几个物体时，应当按上述步骤逐个分析。此时需要用牛顿第三定律将它们受的力联系起来，同时还需要找出它们的运动学之间的关系，如速度或加速度之间的关系。

(2) 由于牛顿定律只在惯性参考系中成立，在列式中一定要确保物体的运动速度和加速度都是相对于惯性参考系测量的。在相对于非惯性系应用牛顿定律的情况下，要明确参考系的加速度从而确定惯性力的大小和方向。

(3) 注意牛顿第三定律的应用。要明确给定质点的加速度只取决于它受的力，而和它

对其他物体的作用力无关,进入对于该质点的牛顿第二定律公式中的力也只能是它受的力。对题目要求的力要明确是谁对谁的作用力,必要时用第三定律"转换"一下,以给出正确结果。

三、思考题选答

2.6 设想在高处用绳子吊一块重木板,板面沿竖直方向,板中央有颗钉子,钉子上悬挂一单摆,今使单摆摆动起来。如果当摆球越过最低点时,砍断吊木板的绳子,在木板下落过程中,摆球相对于木板的运动形式将如何?如果当摆球到达极端位置时砍断绳子,摆球相对于木板的运动形式又将如何(忽略空气阻力)?

答 如图 2.1 所示,重木板自由下落时,加速度为 g,方向向下(忽略摆线对它的运动的影响)。在固定于木板上的参考系(这是一个非惯性系)内观察,摆球受的"真实的"重力 mg 和它受的惯性力 $-mg$ 相抵消,它只受到与速度 v 方向垂直的线的拉力 T,因而摆球将绕悬点作匀速圆周运动。如果砍断绳子时,摆球正处于摆动的极端位置,由于该时刻摆球的速度为零,所以重木板自由下落时,摆球相对于木板将保持静止。

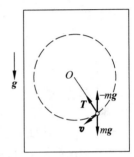

图 2.1 思考题 2.6 答用图

*2.7** 在门窗都关好的开行的汽车内,漂浮着一个氢气球。当汽车向左转弯时,氢气球在车内将向左运动还是向右运动?

答 在空气中释放一氢气球,它将受浮力的作用上升(图 2.2(a))。这浮力的根源是大气在重力场中的压强上小下大,因而对氢气球上下表面的压力不同,上小下大,而使浮力和重力的方向相反。

在题述汽车向左转弯时,它具有指向车厢左侧的法向加速度,因而汽车是一非惯性系。在汽车内观察,即以汽车为参考系,其中空气将受到指向右侧的惯性离心力(图 2.2(b))。汽车内的空气就好像处在一水平向右的"重力场"中一样。这"重力场"根据 $F_i = mw^2 r$ 而左弱右强。和在地球表面空气中氢气球要受浮力向上运动类似,在汽车内空气中的氢气球将受水平向左(与水平"重力"方向相反)的"浮力"的作用而向左运动(忽略由于氢气球质量很小而引起的在车内看到的很小的向右的运动)。

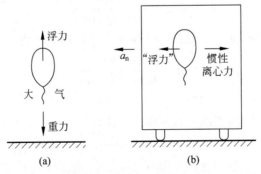

图 2.2 思考题 2.7 答用图

(a) 地面上;(b) 车厢内

*2.11 同步卫星的运行要求其姿态稳定,即其抛物面天线必须始终朝向地球。一种姿态稳定性设计是用两根长杆沿天线轴线方向插在卫星两侧。试用潮汐原理说明这一对长杆就将使卫星保持其姿态稳定。

答 卫星的姿态稳定是由于卫星受到惯性力与两杆所受的引力有微小差别所引起的效应。靠近地球的长杆受到指向地球的"引潮力"F_1(参看原书式(2.33)),而另一侧的长杆则受到指离地球的"引潮力"F_2(参看原书式(2.35))。当卫星姿态稍偏离要求姿态时,此二力形成一回复力矩,使卫星姿态恢复到要求姿态从而保持其姿态稳定在要求的状态(图2.3)。

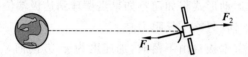

图2.3 思考题*2.11答用图

四、习题解答

2.1 用力 F 推水平地面上一质量为 M 的木箱(图2.4)。设力 F 与水平面的夹角为 θ,木箱与地面间的滑动摩擦系数和静摩擦系数分别为 μ_k 和 μ_s。

(1) 要推动木箱,F 至少应多大?此后维持木箱匀速前进,F 应需多大?

(2) 证明当 θ 角大于某一值时,无论用多大的力 F 也不能推动木箱。此 θ 角是多大?

解 (1) 对木箱,由牛顿第二定律,在木箱将要被推动的情况下,

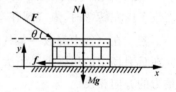

图2.4 习题2.1解用图

x 向:
$$F_{min}\cos\theta - f_{max} = 0$$

y 向:
$$N - F_{min}\sin\theta - Mg = 0$$

还有
$$f_{max} = \mu_s N$$

解以上三式可得要推动木箱所需力 F 的最小值为

$$F_{min} = \frac{\mu_s Mg}{\cos\theta - \mu_s\sin\theta}$$

在木箱作匀速运动情况下,如上类似分析可得所需力 F 的大小为

$$F = \frac{\mu_k Mg}{\cos\theta - \mu_k\sin\theta}$$

(2) 在上面 F_{min} 的表示式中,如果 $\cos\theta - \mu_s\sin\theta \to 0$,则 $F_{min} \to \infty$,这意味着用任何有限大小的力都不可能推动木箱,不能推动木箱的条件是

$$\cos\theta - \mu_s\sin\theta \leqslant 0$$

由此得 θ 的最小值为

$$\theta = \arctan\frac{1}{\mu_s}$$

2.2 设质量 $m=0.50$ kg 的小球挂在倾角 $\theta=30°$ 的光滑斜面上(图 2.5)。

(1)当斜面以加速度 $a=2.0$ m/s² 沿如图所示的方向运动时,绳中的张力及小球对斜面的正压力各是多大?

(2)当斜面的加速度至少为多大时,小球将脱离斜面?

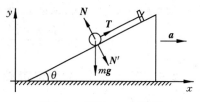

图 2.5 习题 2.2 解用图

解 (1)对小球,由牛顿第二定律

x 向：$\qquad T\cos\theta - N\sin\theta = ma$

y 向：$\qquad T\sin\theta + N\cos\theta - mg = 0$

联立解此两式,可得

$$T = m(a\cos\alpha + g\sin\alpha) = 0.5\times(2\times\cos30° + 9.8\sin30°) = 3.32\ (N)$$

$$N = m(g\cos\alpha - a\sin\alpha) = 0.5\times(9.8\times\cos30° - 2\sin30°) = 3.75\ (N)$$

由牛顿第三定律,小球对斜面的压力

$$N' = N = 3.75\ N$$

(2)小球刚要脱离斜面时 $N=0$,则上面牛顿第二定律方程为

$$T\cos\theta = ma, \quad T\sin\theta = mg$$

由此两式可解得

$$a = g/\tan\theta = 9.8/\tan30° = 17.0\ (m/s^2)$$

2.3 一架质量为 5000 kg 的直升机吊起一辆 1500 kg 的汽车以 0.60 m/s² 的加速度向上升起。

(1)空气作用在螺旋桨上的上举力多大?

(2)吊汽车的缆绳中张力多大?

解 (1)如图 2.6 所示。对直升机-汽车整体,由牛顿第二定律

$$F - (M+m)g = (M+m)a$$

故

$$F = (M+m)(g+a) = (5000+1500)\times(9.8+0.6)$$
$$= 6.76\times10^4(N)$$

(2)对汽车,由牛顿第二定律有 $T - mg = ma$,则

$$T = m(g+a) = 1500\times(9.8+0.6) = 1.56\times10^4(N)$$

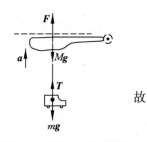

图 2.6 习题 2.3 解用图

2.4 如图 2.7 所示,一个高楼擦窗工人利用滑轮-吊桶装置上升。

(1)要自己慢慢匀速下降,他需要用多大力拉绳?

(2)如果他放松些,使拉力减少 10%,他的加速度将多大?设人和吊桶的总质量为 75 kg。

解 对人-吊桶整体,由牛顿第二定律有 $2T - Mg = Ma$,故

$$T = M(g+a)/2$$

(1)人匀速下降,$a=0$,人需要用的力

$$T = Mg/2 = 75\times9.8/2 = 368\ (N)$$

(2) $T'=0.9T=0.9Mg/2$，则

$$a=\frac{Mg-2T'}{M}=\frac{(1-0.9)Mg}{M}=0.1g=0.98\ \text{m/s}^2$$

2.5　图 2.8 中 A 为定滑轮，B 为动滑轮，3 个物体的质量分别为 $m_1=200$ g，$m_2=100$ g，$m_3=50$ g。

(1) 求每个物体的加速度。

(2) 求两根绳中的张力 T_1 和 T_2。假定滑轮和绳的质量以及绳的伸长和摩擦力均可忽略。

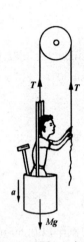

图 2.7　习题 2.4 解用图

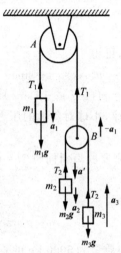

图 2.8　习题 2.5 解用图

解　(1) 对地面参考系，设三物体的加速度分别为 a_1，a_2 和 a_3，它们各自所受的力如图 2.8 所示。以 a' 表示 m_2 对于滑轮 B 的加速度，则

$$a_2=a'-a_1,\quad a_3=a'+a_1$$

对 m_1，m_2 和 m_3 分别列出牛顿第二定律方程：

$$m_1g-T_1=m_1a_1$$
$$m_2g-T_2=m_2a_2=m_2(a'-a_1)$$
$$m_3g-T_2=-m_3a_3=-m_3(a'+a_1)$$

又由于滑轮 B 的质量忽略，所以

$$T_1-2T_2=0$$

联立解上列 4 个方程，可得

$$a_1=\frac{m_1m_2+m_1m_3-4m_2m_3}{m_1m_2+m_1m_3+4m_2m_3}g=\frac{0.2\times0.1+0.2\times0.05-4\times0.1\times0.05}{0.2\times0.1+0.2\times0.05+4\times0.1\times0.05}\times9.8$$
$$=1.96\ (\text{m/s}^2)$$

$$a'=\frac{2m_1m_2-2m_1m_3}{m_1m_2+m_1m_3+4m_2m_3}g=\frac{2\times0.2\times0.1-2\times0.2\times0.05}{0.2\times0.1+0.2\times0.05+4\times0.1\times0.05}\times9.8$$
$$=3.92\ (\text{m/s}^2)$$

由此可进一步求得

$$a_2 = a' - a_1 = 3.92 - 1.96 = 1.96 \text{ (m/s}^2\text{)}$$

$$a_3 = a' + a_1 = 3.92 + 1.96 = 5.88 \text{ (m/s}^2\text{)}$$

由于 a_1, a_2, a_3 都是正值,所以它们的方向就是图 2.8 中所设的方向。

(2) $T_1 = m_1(g - a_1) = 0.2 \times (9.8 - 1.96) = 1.57$ (N)

$T_2 = m_2(g - a_2) = 0.1 \times (9.8 - 1.96) = 0.784$ (N)

2.6　在一水平的直路上,一辆车速 $v = 90$ km/h 的汽车的刹车距离 $s = 35$ m。如果路面相同,只是有 1∶10 的下降斜度,这辆汽车的刹车距离将变为多少?

解　$v = 90$ km/h $= 25$ m/s,在水平直路上刹车,阻力 $f' = \mu mg$,$s = v^2/2a = v^2/2\mu g$。

在斜坡上,如图 2.9 所示,对汽车,由牛顿第二定律

x 向:　　　$\mu mg\cos\theta - mg\sin\theta = ma'$

由此得

$$a' = \mu g\cos\theta - g\sin\theta = \frac{v^2}{2s}\cos\theta - g\sin\theta$$

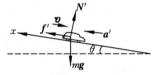

图 2.9　习题 2.6 解用图

刹车距离为

$$s' = \frac{v^2}{2a'} = \frac{v^2}{\dfrac{v^2}{s}\cos\theta - 2g\sin\theta} = \frac{25^2}{\dfrac{25^2}{35} \times 1 - 2 \times 9.8 \times \dfrac{1}{10}} = 39.3 \text{ (m)}$$

2.7　桌上有一质量 $M = 1.50$ kg 的板,板上放一质量 $m = 2.45$ kg 的另一物体,设物体与板、板与桌面之间的摩擦系数均为 $\mu = 0.25$。要将板从物体下面抽出,至少需要多大的水平力?

解　如图 2.10 所示,摩擦力 $f_{AB} = f_{BA} = \mu mg$,$f_B = \mu(M + m)g$。对 m,由牛顿第二定律,沿 x 方向

$$\mu mg = ma_m$$

由此得 $a_m = \mu g$。

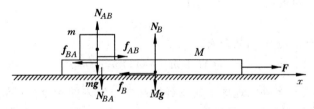

图 2.10　习题 2.7 解用图

对 M,由牛顿第二定律,沿 x 方向有 $F - \mu(M + m)g - \mu mg = Ma_M$,则

$$F = Ma_M + \mu(M + 2m)g$$

要将板抽出,需要 $a_M \geqslant a_m$。因此

$$F \geqslant Ma_m + \mu(M + 2m)g = 2\mu(M + m)g$$

F 的最小值为

$$F_{\min} = 2\mu(M + m)g = 2 \times 0.25 \times (1.50 + 2.45) \times 9.8 = 19.4 \text{ (N)}$$

2.8　如图 2.11 所示,在一质量为 M 的小车上放一质量为 m_1 的物块。它用细绳通过固定在小车上的滑轮与质量为 m_2 的物块相连,物块 m_2 靠在小车的前壁上而使悬线竖直,

忽略所有摩擦。(1)当用水平力 F 推小车使之沿水平桌面加速前进时,小车的加速度多大?
(2)如果要保持 m_2 的高度不变,力 F 应多大?

解　如图 2.11 所示为小车和两物块的受力图。
各力之间的关系有 $T_1 = T_1' = T_2 = T_2', N = N'$,而且
有 $a_1 = a + a_2$。

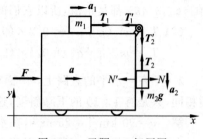

图 2.11　习题 2.8 解用图

(1)对 m_1,沿 x(水平)方向,有

$$T_1 = m_1 a_1$$

对 m_2,沿 y(竖直)方向,有

$$T_2 - m_2 g = m_2(-a_2)$$

由以上两式可得

$$a_2 = \frac{m_2}{m_1 + m_2}(g + a), \quad T_1 = \frac{m_1 m_2}{m_1 + m_2}(g + a)$$

对 m_2,沿 x 方向,有

$$N = m_2 a$$

对小车,沿 x 方向,有

$$F - N' - T_1' = Ma$$

由此两式可得

$$a = \frac{1}{\left(M + m_2 + \dfrac{m_1 m_2}{m_1 + m_2}\right)}\left(F - \frac{m_1 m_2}{m_1 + m_2}g\right)$$

(2)如果 m_2 的高度不变,则 M, m_1, m_2 相对位置保持不变。三者可视为一体,受有水平外力 F。因而有

$$F = (M + m_1 + m_2)a$$

对 m_2,沿 y 方向

$$T_2 - m_2 g = 0$$

对 m_1,沿 x 方向,加速度也是 a。于是有

$$T_1 = m_1 a$$

由以上两式可得 $a = m_2 g / m_1$,从而有

$$F = (M + m_1 + m_2)m_2 g / m_1$$

2.9　按照 38 万千米外的地球上的飞行控制中心发来的指令,点燃自身的制动发动机
后,我国第一颗月球卫星嫦娥 1 号于 2007 年 11 月 7 日正式进入科学探测工作轨道。该轨
道为圆形,离月球表面的高度为 200 km,求嫦娥 1 号的运行速率(相对月球)与运行周期。

解　以 M 和 m 分别表示月球和嫦娥 1 号的质量,以 r 表示嫦娥 1 号的轨道半径,以 v
表示嫦娥 1 号的运行速率,则牛顿引力定律和第二定律给出

$$\frac{GMm}{r^2} = \frac{mv^2}{r}$$

由此可得

$$v = \sqrt{\frac{GM}{r}} = \sqrt{\frac{6.67 \times 10^{-11} \times 7.35 \times 10^{22}}{(1.74 + 0.2) \times 10^6}} = 1.59 \times 10^3 \,(\text{m/s}) = 1.59 \,(\text{km/s})$$

而嫦娥 1 号的运行周期为

$$T=\frac{2\pi r}{v}=\frac{2\pi(1.74+0.2)\times 10^{6}}{1.59\times 10^{3}}=7666\ (\text{s})=127.8\ (\text{min})$$

公布的周期值为 127 min。

2.10 两根弹簧的劲度系数分别为 k_1 和 k_2。

(1) 试证明它们串联起来时(图 2.12(a)),总的劲度系数为

$$k=\frac{k_1 k_2}{k_1+k_2}$$

(2) 试证明它们并联起来时(图 2.12(b)),总的劲度系数为

$$k=k_1+k_2$$

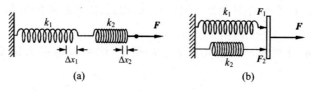

图 2.12 习题 2.10 解用图

解 (1) 在串联情况下,两弹簧受的力 F 相等,而总伸长 $\Delta x=\Delta x_1+\Delta x_2$。由 $F=k_1\Delta x_1=k_2\Delta x_2$ 可得

$$k=\frac{F}{\Delta x}=\frac{F}{\Delta x_1+\Delta x_2}=\frac{1}{\dfrac{\Delta x_1}{F}+\dfrac{\Delta x_2}{F}}=\frac{1}{\dfrac{1}{k_1}+\dfrac{1}{k_2}}=\frac{k_1 k_2}{k_1+k_2}$$

(2) 在并联情况下,两弹簧的伸长 Δx 相同,所受的总力 $F=F_1+F_2$,由 $F_1=k_1\Delta x$, $F_2=k_2\Delta x$ 可得

$$k=\frac{F}{\Delta x}=\frac{F_1}{\Delta x}+\frac{F_2}{\Delta x}=k_1+k_2$$

2.11 如图 2.13 所示,质量 $m=1200$ kg 的汽车,在一弯道上行驶,速率 $v=25$ m/s。弯道的水平半径 $R=400$ m,路面外高内低,倾角 $\theta=6°$。

(1) 求作用于汽车上的水平法向力与摩擦力。

(2) 如果汽车轮与轨道之间的静摩擦系数 $\mu_s=0.9$,要保证汽车无侧向滑动,汽车在此弯道上行驶的最大允许速率应是多大?

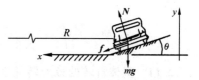

图 2.13 习题 2.11 解用图

解 (1) 如图 2.13 所示,对汽车,由牛顿第二定律

x 向:
$$N\sin\theta+f\cos\theta=m\frac{v^2}{R}$$

y 向:
$$N\cos\theta-f\sin\theta-mg=0$$

解此两式可得摩擦力为

$$f=m\frac{v^2}{R}\cos\theta-mg\sin\theta=1200\times\frac{25^2}{400}\times\cos6°-1200\times 9.8\times\sin6°=635\ (\text{N})$$

作用于汽车上的水平法向力为

$$f_{\mathrm{n}} = m\frac{v^2}{R} = 1200 \times \frac{25^2}{400} = 1.88 \times 10^3 (\mathrm{N})$$

（2）以 v_{m} 表示最大允许速率，和此相对应的 $f_{\mathrm{max}} = \mu_{\mathrm{s}} N$。将 v_{m} 和 f_{max} 代替上面牛顿定律方程中的 v 和 f，可以解得

$$v_{\mathrm{m}} = \sqrt{\frac{Rg(\sin\theta + \mu_{\mathrm{s}}\cos\theta)}{\cos\theta - \mu_{\mathrm{s}}\sin\theta}} = \sqrt{\frac{400 \times 9.8 \times (\sin 6° + 0.9 \times \cos 6°)}{\cos 6° - 0.9 \times \sin 6°}} = 66.0 \,(\mathrm{m/s})$$

2.12　现已知木星有 16 个卫星，其中 4 个较大的是伽利略用他自制的望远镜在 1610 年发现的（原书图 2.40）。这 4 个"伽利略卫星"中最大的是木卫三，它到木星的平均距离是 1.07×10^6 km，绕木星运行的周期是 7.16 d。试由此求出木星的质量。忽略其他卫星的影响。

解　以 M 和 m 分别表示木星和木卫三的质量，则由万有引力定律和牛顿第二定律，可得

$$G\frac{Mm}{R^2} = m\frac{4\pi^2}{T^2}R$$

$$M = \frac{4\pi^2 R^3}{GT^2} = \frac{4\pi^2 \times (1.07 \times 10^9)^3}{6.67 \times 10^{-11} \times (7.16 \times 86400)^2} = 1.89 \times 10^{27} (\mathrm{kg})$$

2.13　美丽的土星环在土星周围从离土星中心 73000 km 延伸到距土星中心 136000 km（原书图 2.41）。它由大小从 10^{-6} m 到 10 m 的粒子组成。若环的外缘粒子的运行周期是 14.2 h，那么由此可求得土星的质量是多大？

解　以 m 表示环的外缘一个粒子的质量，M 表示土星的质量，则由万有引力定律和牛顿第二定律，得

$$G\frac{Mm}{R^2} = m\frac{4\pi^2}{T^2}R$$

由此得

$$M = \frac{4\pi^2 R^3}{GT^2} = \frac{4\pi^2 \times (1.36 \times 10^8)^3}{6.67 \times 10^{-11} \times (14.2 \times 3600)^2} = 5.7 \times 10^{26} (\mathrm{kg})$$

2.14　星体自转的最大转速发生在其赤道上的物质所受向心力正好全部由引力提供之时。

（1）证明星体可能的最小自转周期为 $T_{\mathrm{min}} = \sqrt{3\pi/G\rho}$，其中 ρ 为星体的密度。

（2）行星密度一般约为 3.0×10^3 kg/m³，求其可能的最小自转周期。

（3）有的中子星自转周期为 1.6 ms，若它的半径为 10 km，则该中子星的质量至少多大（以太阳质量为单位）？

解　（1）以 M 和 Δm 分别表示星体的总质量和星体赤道上一小块物体的质量，由引力定律和牛顿第二定律，可得

$$G\frac{M\Delta m}{R^2} = \Delta m\left(\frac{2\pi}{T_{\mathrm{min}}}\right)^2 R$$

又由于

$$M = \frac{4}{3} \pi R^3 \rho$$

代入上式消去 Δm 和 R 可得

$$T_{\min} = \sqrt{3\pi/(G\rho)}$$

（2）以 $\rho = 3.0 \times 10^3$ kg/m^3 代入 $T_{\min}$ 公式,得

$$T_{\min} = \sqrt{\frac{3\pi}{G\rho}} = \sqrt{\frac{3\pi}{6.67 \times 10^{-11} \times 3.0 \times 10^3}} = 6.9 \times 10^3 (s)$$

（3）由上述 $T_{\min}$ 公式可得

$$\rho = \frac{3\pi}{GT^2}$$

而中子星的质量为

$$M = \frac{4}{3} \pi R^3 \rho = \frac{4\pi^2 R^3}{GT^2} = \frac{4\pi^2 \times (10^4)^3}{6.67 \times 10^{-11} \times (1.6 \times 10^{-3})^2}$$

$$= 2.31 \times 10^{29} (kg) = 0.12(太阳质量)$$

2.15　证明:一个密度均匀的星体由于自身引力在其中心处产生的压强为

$$p = \frac{2}{3} \pi G \rho^2 R^2$$

其中 ρ, R 分别为星体的密度和半径。

已知木星绝大部分由氢原子组成,平均密度约为 1.3×10^3 kg/m^3,半径约为 7.0×10^7 m。试按上式估算木星中心的压强,并以标准大气压(atm)为单位表示($1 \text{atm} = 1.013 \times 10^5$ Pa)。

解　如图 2.14 所示,在距中心 r 处厚为 dr、底面积为 dS 的一块物质的质量为 $\rho dS dr$,它受内部半径为 r 的球体物质的引力为

$$dF = G \frac{4}{3} \pi r^3 \rho dm / r^2 = \frac{4}{3} \pi G \rho^2 r dr dS$$

由于此引力,dm 对 dS 底面的压强为

$$dp = \frac{dF}{dS} = \frac{4}{3} \pi G \rho^2 r dr$$

整个星体由于自身引力在中心处产生的压强应为

$$p = \int dp = \int_0^R \frac{4}{3} \pi G \rho^2 r dr = \frac{2}{3} \pi G \rho^2 R^2$$

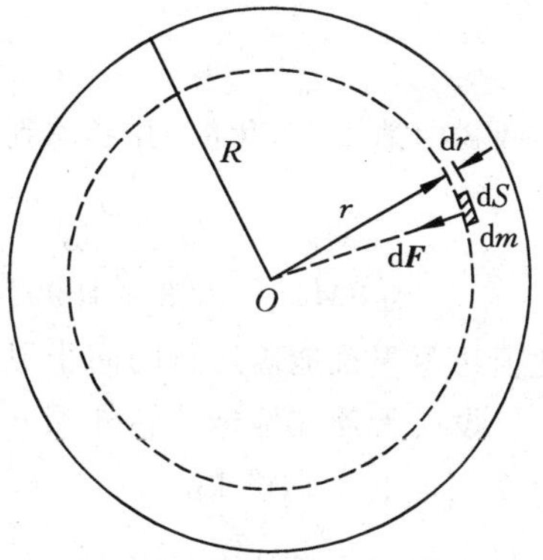

图 2.14　习题 2.15 解用图

对于木星,代入已知数据,可得

$$p = \frac{2}{3} \pi \times 6.67 \times 10^{-11} \times (1.3 \times 10^3)^2 \times (7.0 \times 10^7)^2 / 1.013 \times 10^5$$

$$= 1.1 \times 10^7 (atm)$$

2.16　设想一个三星系统:三个质量都是 M 的星球沿同一圆形轨道运动,轨道半径为 R,求此系统的运行周期。

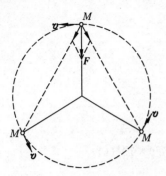

图 2.15 习题 2.16 解用图

解 如图 2.15 所示,每个星球受其他二星球的引力的合力指向轨道中心,大小为

$$F = 2\frac{GM^2}{(\sqrt{3}R)^2}\frac{\sqrt{3}}{2} = \frac{GM^2}{\sqrt{3}R^2}$$

由牛顿第二定律

$$\frac{GM^2}{\sqrt{3}R^2} = M\left(\frac{2\pi}{T}\right)^2 R$$

由此式可解得星球运行周期为

$$T = \frac{\sqrt[4]{48}\pi R^{3/2}}{(GM)^{1/2}}$$

2.17 1996 年用于考查太阳的一个航天器(SOHO)被发射升空,开始绕太阳运行,其轨道在地球轨道内侧不远处而运行周期也是一年,这样它在公转中就总和地球保持相对静止。该航天器所在地点被称为拉格朗日点(Lagrange point)。求该点离地球多远。在地球轨道外侧也有这样的点吗?

解 以 M_S 和 M_E 分别表示太阳和地球的质量,m 表示航天器的质量。以 r 表示地球的轨道半径,r_L 表示拉格朗日点到地球的距离,以 T 表示航天器的公转周期,则对航天器的运动,牛顿定律表示式应为

$$\frac{GM_S m}{(r-r_L)^2} - \frac{GM_E m}{r_L^2} = m\omega^2(r-r_L) = \frac{4\pi^2 m(r-r_L)}{T^2}$$

由于周期 T 也等于地球的公转周期,所以也有

$$\frac{GM_S M_E}{r^2} = \frac{4\pi^2 M_E r}{T^2}$$

上两式中消去 T,化简,并考虑到 $r_L \ll r$,因而 $(r-r_L)^{-2} \approx \left(1 + \frac{2r_L}{r}\right)r^{-2}$,就可解得

$$r_L = \sqrt[3]{\frac{M_E}{3M_S}}r = \sqrt[3]{\frac{5.98\times10^{24}}{3\times1.99\times10^{30}}}\times1.5\times10^{11} = 1.5\times10^9\,(\text{m}) = 1.5\times10^6\,(\text{km})$$

此值约等于绕地球运行的同步卫星的轨道半径(4.2×10^4 km)的 36 倍。

设航天器在地球公转外侧 r_L' 处,按上述思路列方程求解,仍可得另一拉格朗日点而且也有 $r_L' = 1.5\times10^6$ km。

2.18 光滑的水平桌面上放置一固定的圆环带,半径为 R。一物体贴着环带内侧运动(图 2.16),物体与环带间的滑动摩擦系数为 μ_k。设物体在某一时刻经 A 点时速率为 v_0,求此后 t 时刻物体的速率以及从 A 点开始所经过的路程。

解 如图 2.16 所示,对物体在法向上有 $N = m\dfrac{v^2}{R}$,而 $f = \mu_k N$,故

在切向上有 $-f = m\dfrac{\mathrm{d}v}{\mathrm{d}t}$

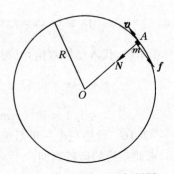

图 2.16 习题 2.18 解用图

由此三式可得

$$\frac{\mathrm{d}v}{\mathrm{d}t} = -\mu_k \frac{v^2}{R}$$

由此得

$$\int_{v_0}^{v} \frac{\mathrm{d}v}{v^2} = -\int_{0}^{t} \frac{\mu_k}{R} \mathrm{d}t$$

$$v = \frac{v_0 R}{R + v_0 \mu_k t}$$

而在时间 t 内物体经过的路程为

$$s = \int_{0}^{t} v \mathrm{d}t = v_0 R \int_{0}^{t} \frac{\mathrm{d}t}{R + v_0 \mu_k t} = \frac{R}{\mu_k} \ln\left(1 + \frac{v_0 \mu_k t}{R}\right)$$

2.19　一台超级离心机的转速为 5×10^4 r/min,其试管口离转轴 2.00 cm,试管底离转轴 10.0 cm(图 2.17)。

(1) 求管口和管底的向心加速度各是 g 的几倍。

(2) 如果试管装满 12.0 g 的液体样品,管底所承受的压力多大? 相当于几吨物体所受重力?

(3) 在管底一个质量为质子质量 10^5 倍的大分子受的惯性离心力多大?

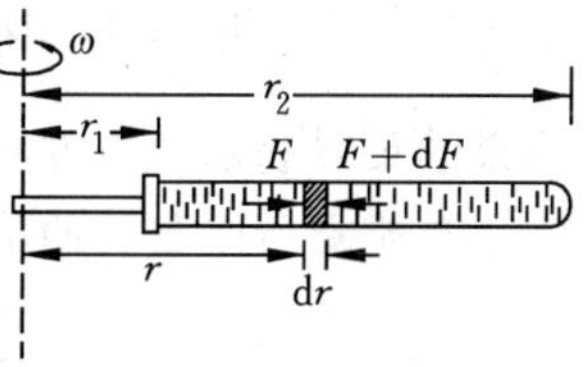

解　(1) 在管口处

$$a_{n1}/g = 4\pi^2 n^2 r_1/g = 4\pi^2 \left(\frac{5\times10^4}{60}\right)^2 \times 0.02/9.8 = 0.56\times10^5$$

在管底处

图 2.17　习题 2.19 解用图

$$a_{n2}/g = 4\pi^2 n^2 r_2/g = 4\pi^2 \left(\frac{5\times10^4}{60}\right)^2 \times 0.10/9.8 = 2.80\times10^5$$

(2) 如图 2.17 所示,管内离转轴 r 处的一质元质量为

$$\mathrm{d}m = \rho S \mathrm{d}r$$

其中 ρ 为液体密度,S 为管的截面积。此质元受的法向(即沿半径指向转轴)的力为

$$F + \mathrm{d}F - F = \mathrm{d}F$$

由牛顿第二定律

$$\mathrm{d}F = \mathrm{d}m a_n = \rho S \omega^2 r \mathrm{d}r$$

对全管长度积分可得管底对液体的压力为

$$F_b = \int_{0}^{F_b} \mathrm{d}F = \int_{r_1}^{r_2} \rho S \omega^2 r \mathrm{d}r = \frac{\rho S \omega^2}{2}(r_2^2 - r_1^2)$$

$$= \frac{\rho S(r_2 - r_1)}{2} \omega^2 (r_2 + r_1) = \frac{m\omega^2}{2}(r_2 + r_1)$$

$$= \frac{12\times10^{-3}}{2} \left(\frac{5\times10^4}{60}\right)^2 4\pi^2 \times (0.02 + 0.10)$$

$$= 1.97\times10^4 (\mathrm{N})$$

由牛顿第三定律,管底承受液体的压力等于 1.97×10^4 N,相当于 2.01 t 物体受的重力。

（3）大分子受的惯性离心力为

$$F_{i}=m\omega^{2}r=1.67\times10^{-27}\times10^{5}\times4\pi^{2}\left(\frac{5\times10^{4}}{60}\right)^{2}\times0.10$$

$$=4.6\times10^{-16}(\mathrm{N})$$

2.20　直九型直升机的每片旋翼长 5.97 m。若按宽度一定、厚度均匀的薄片计算，旋翼以 400 r/min 的转速旋转时，其根部受的拉力为其受重力的几倍？

图 2.18　习题 2.20 解用图

解　如图 2.18 所示，旋翼上离转轴 r 处的一质元的质量为

$$\mathrm{d}m=\rho S\mathrm{d}r$$

其中 ρ 为旋翼材料密度，S 为旋翼截面积。此质元受的法向（即沿半径指向转轴）的力为

$$F-(F+\mathrm{d}F)=-\mathrm{d}F$$

由牛顿第二定律

$$-\mathrm{d}F=\mathrm{d}ma_{\mathrm{n}}=\rho S\omega^{2}r\mathrm{d}r$$

对全长 L 积分可得旋翼根部受的拉力为

$$F_{0}=\int_{0}^{F_{0}}\mathrm{d}F=-\int_{0}^{L}\rho S\omega^{2}r\mathrm{d}r=-\frac{1}{2}\rho S\omega^{2}L^{2}=-\frac{1}{2}m\omega^{2}L$$

此结果的负号表示拉力方向与 r 的正向相反，即指向转轴，亦即旋翼根部受的是拉力。此拉力大小是旋翼所受重力的倍数为

$$\frac{|F_{0}|}{mg}=\frac{\omega^{2}L}{2g}=\frac{4\pi^{2}\times400^{2}\times5.97}{2\times9.8\times60^{2}}=534$$

2.21　如图 2.19 所示，一小物体放在一绕竖直轴匀速转动的漏斗壁上，漏斗每秒转 n 圈，漏斗壁与水平面成 θ 角，小物体和壁间的静摩擦系数为 μ_{s}，小物体中心与轴的距离为 r。为使小物体在漏斗壁上不动，n 应满足什么条件（以 $r,\theta,\mu_{\mathrm{s}}$ 等表示）？

解　当漏斗转速较小时，m 有下滑趋势，小物体受最大静摩擦力 f_{m} 方向向上，如图 2.19 所示。对小物体，由牛顿第二定律

x 向：　　　$N\sin\theta-f_{m}\cos\theta=m\omega_{\min}^{2}r$

y 向：　　　$N\cos\theta+f_{m}\sin\theta-mg=0$

还有　　　　　$f_{m}=\mu_{\mathrm{s}}N$

联立解以上各式，可得

$$\omega_{\min}=\sqrt{\frac{(\sin\theta-\mu_{\mathrm{s}}\cos\theta)g}{(\cos\theta+\mu_{\mathrm{s}}\sin\theta)r}}$$

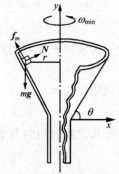

图 2.19　习题 2.21 解用图

或　　　　

$$n_{\min}=\frac{1}{2\pi}\sqrt{\frac{(\sin\theta-\mu_{\mathrm{s}}\cos\theta)g}{(\cos\theta+\mu_{\mathrm{s}}\sin\theta)r}}$$

当 n 足够大时，小物体将有上滑趋势，它将受到向下的静摩擦力，即 f_{m} 的方向与图 2.19 中所示的方向相反。与上类似分析可得最大转速为

$$n_{max} = \frac{1}{2\pi}\sqrt{\frac{(\sin\theta+\mu_s\cos\theta)g}{(\cos\theta-\mu_s\sin\theta)r}}$$

总体来讲,小物体在漏斗壁上不动,转速 n 应满足的条件是

$$n_{max} \geqslant n \geqslant n_{min}$$

2.22　如图 2.20 所示,一个质量为 m_1 的物体拴在长为 L_1 的轻绳上,绳的另一端固定在一个水平光滑桌面的钉子上。另一物体质量为 m_2,用长为 L_2 的绳与 m_1 连接。二者均在桌面上作匀速圆周运动,假设 m_1,m_2 的角速度为 ω,求各段绳子上的张力。

解　如图 2.20 所示,对 m_2,由牛顿第二定律

$$T_{21} = m_2\omega^2(L_1+L_2)$$

对 m_1,由牛顿第二定律

$$T_1 - T_{12} = m_1\omega^2 L_1$$

再利用牛顿第三定律　$T_{12}=T_{21}$,联立解上面两个方程,可得

$$T_1 = m_1\omega^2 L_1 + m_2\omega^2(L_1+L_2)$$

$$T_{21} = T_{12} = m_2\omega^2(L_1+L_2)$$

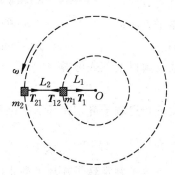

图 2.20　习题 2.22 解用图

2.23　在刹车时卡车有一恒定的减速度 $a=7.0 \text{ m/s}^2$。刹车一开始,原来停在上面的一个箱子就开始滑动,它在卡车车厢上滑动了 $l=2 \text{ m}$ 后撞上了车厢的前帮。问此箱子撞上前帮时相对卡车的速率为多大?设箱子与车厢底板之间的滑动摩擦系数 $\mu_k=0.50$。请试用车厢参考系列式求解。

解　如图 2.21 所示,以车厢为参考系,箱子在水平方向受有摩擦力 $f=\mu_k mg$ 和惯性力 $F_0=ma$,由牛顿第二定律,对箱子,应有

$$F_0 - f = ma'$$

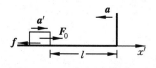

图 2.21　习题 2.23 解用图

由此得箱子对车厢的加速度为

$$a' = \frac{F_0-f}{m} = a - \mu_k g$$

箱子滑动距离 l 后碰上前帮时相对卡车的速度为

$$v' = \sqrt{2a'l} = \sqrt{2(a-\mu_k g)l} = \sqrt{2\times(7-0.5\times9.8)\times2} = 2.9 \text{ (m/s)}$$

2.24　一种围绕地球运行的空间站设计成一个环状密封圆筒(像一个充气的自行车胎),环中心的半径是 1.8 km。如果想在环内产生大小等于 g 的人造重力加速度,则环应绕它的轴以多大的角速度旋转?此人造重力方向如何?

解　由于人造重力即人在环内的惯性离心力,所以有

$$m\omega^2 r = mg$$

$$\omega = \sqrt{\frac{g}{r}} = \sqrt{\frac{9.8}{1.8\times10^3}} = 7.4\times10^{-2} \text{ (rad/s)}$$

此人造重力的方向为沿着环的转动半径向外。

*2.25　一半径为 R 的金属光滑圆环可绕其竖直直径旋转。在环上套有一珠子（图 2.22）。今从静止开始逐渐增大圆环的转速 ω。试求在不同转速下珠子能静止在环上的位置（以珠子所停处的半径与竖直直径的夹角 θ 表示）。这些位置分别是稳定的，还是不稳定的？

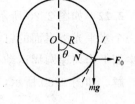

解　如图 2.22 所示，以转动圆环为参考系。设珠子质量为 m，它受的力有：重力 $m\boldsymbol{g}$，支持力 $\boldsymbol{N}$ 和惯性离心力 $\boldsymbol{F}_0$。由牛顿第二定律可得珠子静止时

竖直方向：$\qquad\qquad N\cos\theta - mg = 0$

水平方向：$\qquad\qquad N\sin\theta - F_0 = 0$

而 $\qquad\qquad\qquad\quad F_0 = m\omega^2 R\sin\theta$

图 2.22　习题*2.25 解用图

联立解以上三式可得

$$m\sin\theta(\omega^2 R\cos\theta - g) = 0$$

由此可得珠子静止在环上的位置为 $\theta = 0$，即珠子在环上的最低点；$\theta = \pi$，即珠子在环上的最高点；$\theta = \pm\arccos\left(\dfrac{g}{\omega^2 R}\right)$。

为了判定珠子在环上静止的稳定性，先求珠子所受切向力的表达式

$$F_t = F_0\cos\theta - mg\sin\theta = m\omega^2\sin\theta\cos\theta - mg\sin\theta$$

在上述三个静止位置上，都有 $F_t = 0$，而

$$\frac{dF_t}{d\theta} = m\omega^2 R\left(2\cos^2\theta - 1 - \frac{g}{\omega^2 R}\cos\theta\right)$$

当 $\theta = \pi$ 时

$$\frac{dF_t}{d\theta} = m\omega^2 R\left(1 + \frac{g}{\omega^2 R}\right) > 0$$

dF_t 与 $d\theta$ 同号，不稳定。

当 $\theta = 0$ 时

$$\frac{dF_t}{d\theta} = m\omega^2 R\left(1 - \frac{g}{\omega^2 R}\right)$$

这有两种情况：

$\omega < \sqrt{\dfrac{g}{R}}$ 时，dF_t 与 $d\theta$ 异号，稳定；

$\omega \geqslant \sqrt{\dfrac{g}{R}}$ 时，dF_t 与 $d\theta$ 同号，或 $\dfrac{dF_t}{d\theta} = 0$，都不稳定。

当 $\theta = \pm\arccos\left(\dfrac{g}{\omega^2 R}\right)$ 时，

$$\frac{dF_t}{d\theta} = m\omega^2 R\left(\frac{g^2}{\omega^4 R^2} - 1\right)$$

这也有两种情况：

$\omega > \sqrt{\dfrac{g}{R}}$ 时，dF_t 与 $d\theta$ 异号，稳定；

$\omega \leqslant \sqrt{\dfrac{g}{R}}$ 时，即 $\theta = 0$，且 $\dfrac{\mathrm{d}F_{\mathrm{t}}}{\mathrm{d}\theta} = 0$，不稳定。

*2.26　**平流层信息平台**是目前正在研制的一种多用途通信装置。它是在 $20 \sim 40\,\mathrm{km}$ 高空的平流层内放置的充氦飞艇，其上装有信息转发器可进行各种信息传递。由于平流层内有比较稳定的东向或西向气流，所以要固定这种飞艇的位置需要在其上装推进器以平衡气流对飞艇的推力。一种飞艇的设计直径为 $50\,\mathrm{m}$，预定放置处的空气密度为 $0.062\,\mathrm{kg/m^3}$，风速取 $40\,\mathrm{m/s}$，空气阻力系数取 0.016，求固定该飞艇所需的推进器的推力。如果该推进器的推力效率为 $10\,\mathrm{mN/W}$，则该推进器所需的功率多大？（能源可以是太阳能）

解　推进器的推力和气流对飞艇的流体阻力相平衡，所以推力等于

$$F = f = \frac{1}{2}C\rho A v^2 = \frac{1}{2} \times 0.016 \times 0.062 \times \pi \times 25^2 \times 40^2 = 1560\,(\mathrm{N})$$

所需功率为 $1.56 \times 10^3 / 10 \times 10^{-3} = 1.56 \times 10^5\,(\mathrm{W}) = 156\,(\mathrm{kW})$。

2.27　用原书式(2.12)的阻力公式及牛顿第二定律可写出物体中下落时的运动微分方程为

$$m\frac{\mathrm{d}v}{\mathrm{d}t} = mg - kv$$

(1) 用直接代入法证明此式的解为

$$v = \frac{mg}{k}\left[1 - \mathrm{e}^{-(k/m)t}\right]$$

(2) $t \to \infty$ 时的速率就是终级速率，试求此终极速率。

解　(1) 微分方程左侧

$$m\frac{\mathrm{d}v}{\mathrm{d}t} = m\frac{\mathrm{d}}{\mathrm{d}t}\left\{\frac{mg}{k}\left[1 - \mathrm{e}^{-(k/m)t}\right]\right\} = \frac{m^2 g}{k}\left[-\left(-\frac{k}{m}\right)\mathrm{e}^{-(k/m)t}\right] = mg\,\mathrm{e}^{-(k/m)t}$$

右侧

$$mg - kv = mg - k\frac{mg}{k}\left[1 - \mathrm{e}^{-(k/m)t}\right] = mg\,\mathrm{e}^{-(k/m)t}$$

两侧相等，得证。

(2) $t \to \infty$ 时，$\mathrm{e}^{-(k/m)t} \to 0$，可得终极速率为

$$v = \frac{mg}{k}$$

2.28　一种简单的测量水的表面张力系数的方法如下。在一弹簧秤下端吊一只细圆环，先放下圆环使之浸没于水中，然后慢慢提升弹簧秤，待圆环被拉出水面一定高度时，可见在圆环下面形成了一段环形水膜。这时弹簧秤显示出一定的向上的拉力（图 2.23）。以 r 表示细圆环的半径，以 m 表示其质量，以 F 表示弹簧秤显示的拉力的大小。试证明水的表面张力系数可利用下式求出

$$\gamma = \frac{F - mg}{4\pi r}$$

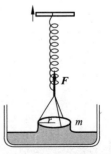

图 2.23　习题 2.28 解用图

证　当细圆环被拉出水面,裹在细环上的环形水膜因其表面张力而向下拉细环。由于膜有两个表面,它们拉圆环向下的边界长为 $2\pi r$,所以向下拉圆环的表面张力合力为 $\gamma \times 2 \times 2\pi r$。再考虑到细圆环所受的重力 mg,可得细圆环受力平衡条件为

$$F = \gamma \times 4\pi r + mg$$

由此可得

$$\gamma = \frac{F - mg}{4\pi r}$$

第 3 章

动 量 与 角 动 量

一、概念原理复习

1. 对质点的动量定理

质点所受的合外力的冲量等于该质点动量的增量,即

$$\boldsymbol{F}\,\mathrm{d}t = \mathrm{d}\boldsymbol{p} = \mathrm{d}(m\boldsymbol{v})$$

或

$$\int_0^t \boldsymbol{F}\,\mathrm{d}t = \boldsymbol{p} - \boldsymbol{p}_0 = m\boldsymbol{v} - m\boldsymbol{v}_0$$

动量定理说明力对质点作用的时间积累效果表现为质点动量的改变。它是牛顿第二定律的直接变形,故也只适用于惯性系。

2. 对质点系的动量定理

质点系的总动量为

$$\boldsymbol{p} = \sum \boldsymbol{p}_i = \sum m_i \boldsymbol{v}_i$$

作用于质点系的外力的矢量和为合外力

$$\boldsymbol{F} = \sum \boldsymbol{F}_i$$

可由牛顿第二、第三定律证明,

$$\boldsymbol{F}\,\mathrm{d}t = \mathrm{d}\boldsymbol{p} \quad \left(\text{或 } \boldsymbol{F} = \frac{\mathrm{d}\boldsymbol{p}}{\mathrm{d}t}\right)$$

此式即用于质点系的动量定理。它也表明内力不能改变系统的总动量。

当系统所受的合外力为零时,系统的总动量不随时间改变。此即动量守恒定律。

3. 质心

质心是相对于质点系中各质点位置分布的一个特殊点,其位矢定义为

$$\boldsymbol{r}_C = \frac{\sum m_i \boldsymbol{r}_i}{m} \quad \text{或} \quad \boldsymbol{r}_C = \frac{\int \boldsymbol{r}\,\mathrm{d}m}{m}$$

其中 $m = \sum m_i$ 为质点系的总质量,$\boldsymbol{r}_i$ 为 m_i 质点的位矢。质心的速度为

·

$$\boldsymbol{v}_C = \frac{\mathrm{d}\boldsymbol{r}_C}{\mathrm{d}t} = \frac{\sum m_i \boldsymbol{v}_i}{m}$$

质心的加速度为

$$\boldsymbol{a}_C = \frac{\mathrm{d}\boldsymbol{v}_C}{\mathrm{d}t} = \frac{\sum m_i \boldsymbol{a}_i}{m}$$

　　质心运动定理：质点系所受的合外力等于质点系的总质量和其质心的加速度的乘积，即

$$\boldsymbol{F} = m\boldsymbol{a}_C$$

在很多习题中把物体当成质点应用牛顿第二定律时，实际上是在应用此质心运动定理研究物体的质心的运动。

　　质心参考系：质心在其中静止的平动参考系。对其质心参考系，质点系的总动量恒为零。

4. 对质点的角动量定理

　　质点对某一定点的角动量定义为

$$\boldsymbol{L} = \boldsymbol{r} \times \boldsymbol{p} = \boldsymbol{r} \times (m\boldsymbol{v})$$
$$L = mrv\sin(r,v)$$

角动量的大小表示质点对一固定点的转动状态。

　　对某一定点的作用于质点的力矩定义为

$$\boldsymbol{M} = \boldsymbol{r} \times \boldsymbol{F}$$

其大小为

$$M = rF\sin(\boldsymbol{r},\boldsymbol{F})$$

　　力矩表示力对质点的转动作用。以上两式中 $\boldsymbol{r}$ 均为质点相对于定点的位矢。由牛顿第二定律可以证明

$$\boldsymbol{M} = \frac{\mathrm{d}\boldsymbol{L}}{\mathrm{d}t} (\text{或} \ \boldsymbol{M}\mathrm{d}t = \mathrm{d}\boldsymbol{L})$$

此式即对质点的角动量定理。它表明力对质点作用的转动效果是使该质点的角动量发生改变。

5. 对质点系的角动量定理

　　质点系对某一定点的角动量为

$$\boldsymbol{L} = \sum \boldsymbol{L}_i$$

质点系受的对某一定点的合外力矩为

$$\boldsymbol{M} = \sum \boldsymbol{M}_i = \sum \boldsymbol{r}_i \times \boldsymbol{F}_i$$

可由牛顿第二、第三定律证明

$$\boldsymbol{M} = \frac{\mathrm{d}\boldsymbol{L}}{\mathrm{d}t}$$

此式即用于质点系的角动量定理。它也说明内力矩不能改变系统的总角动量。

　　当系统（或一个质点）所受的合外力矩为零时，系统的角动量不随时间改变。此即角动量守恒定律。

*6. 对质心参考系的角动量和角动量定理

在质心参考系中,系统对质心的角动量为

$$\boldsymbol{L}_C = \sum m_i \boldsymbol{r}'_i \times \boldsymbol{v}'_i$$

式中 $\boldsymbol{r}'_i$ 是质点 m_i 相对于质心的位矢, $\boldsymbol{v}'_i$ 为 m_i 在质心参考系中的速度。

可以证明,系统对惯性系中某定点的总角动量为

$$\boldsymbol{L} = \boldsymbol{r}_C \times \boldsymbol{p} + \boldsymbol{L}_C$$

式中 $\boldsymbol{r}_C$ 为质心相对于定点的位矢, $\boldsymbol{p}$ 为系统的总动量。 $\boldsymbol{r}_C \times \boldsymbol{p}$ 相当于系统的质量集中于质心而运动的角动量,称为轨道角动量。

可以证明,

$$\boldsymbol{M}_C = \frac{\mathrm{d}\boldsymbol{L}_C}{\mathrm{d}t}$$

式中 $\boldsymbol{M}_C$ 为外力对质心的力矩。上式即用于质心参考系的角动量定理。不论质心如何运动(匀速或加速),上式总是成立的。

二、解题要点

(1) 应用动量定理解题时,分析方法与要求和应用牛顿第二定律时相同。动量定理也是矢量式,因此常用其分量式求解,但也可以直接利用矢量关系作图求解。

(2) 用动量守恒定律求解时,首先要确定待分析的物体系统,然后分析该系统分别在初态和末态时的总动量,再审查系统中各物体在相互作用过程中是否受到外力。只有合外力为零时,才能列出动量守恒关系式求解。当外力较内力小得多时,也可以忽略外力而应用动量守恒定律。

由于动量是矢量,所以可以利用动量守恒的分量式求解。这时需要指明坐标轴方向,如果系统沿某个方向受的合外力为零,则它沿此方向的总动量分量守恒。列式要注意结合坐标方向确定各分量的正负。

注意动量守恒定律只应用于惯性参考系。

(3) 应用质心运动定律时,需知系统受的各外力不一定作用在同一点上,但它们的矢量和决定质心的加速度。

(4) 应用角动量定理时,也要像应用牛顿定律那样认物体,看运动,查受力,要注意角动量和力矩都必须是对惯性系中同一定点说的,而且二者都是矢量。

(5) 应用角动量守恒定律时,也要注意认定惯性系中的定点。对该定点的外力矩为零时,质点或质点系对该定点的角动量守恒。写出分量式求解时,也要根据角动量和力矩的"转向"确定各量的正负。还要理解力矩为零既可能是由于力为零,也可能是由于力臂为零,即力的作用线通过径矢的起点(即所选的定点)。

*(6) 应用质心系的角动量定理时,力矩和角动量都应是对质心说的,而系统中各质点的速度应是它们各自在质心参考系中的速度。

三、思考题选答

3.3 如图 3.1 所示,一重球的上下两面系同样的两根线,今用其中一根线将球吊起,而

用手向下拉另一根线,如果向下猛一拽,则下面的线断而球未动。
如果用力慢慢拉线,则上面的线断开,为什么?

答　手拉线向下猛拽一下,由于线对重球的作用时间很短,
因而重球受到下面的线的力的冲量就很小,这样重球的动量改
变就很小。由于重球原来静止(即动量为零),所以经这一拽,它
基本未动,上面的线就不会受到影响,下面的线就被拽断了。

如果慢慢向下拉线,则经过稍长一些时间,下面的拉力对重球
的冲量就比较大,重球就会由于动量改变引起的向下的速度而稍
稍下移。这时上面的线受到的拉力就等于下面的线的拉力和重球
所受重力之和,比下面的线受的力大得多,所以上面的线就要
断了。

图 3.1　思考题 3.3 用图

3.9　作匀速圆周运动的质点,对于圆周上某一定点,它的角动量是否守恒?对于通过
圆心而与圆面垂直的轴上的任一点,它的角动量是否守恒?对于哪一个定点,它的角动量
守恒?

答　如图 3.2(a) 所示,对圆周上一定点 A 来说,质点经过 P_1 和 P_2 点时,根据定义
$\boldsymbol{L}=m\boldsymbol{r}\times\boldsymbol{v}$,其角动量的方向都与 $\boldsymbol{r}$ 和 $\boldsymbol{v}$ 组成的平面垂直,所以是相同的,即从 P_1 到 P_2 点,
质点对点 A 的角动量的方向不变,均垂直于纸面指向读者。但经过 P_1 和 P_2 点时,质点的
角动量的大小分别是 $L_1=mr_1v_1\sin\alpha_1$ 和 $L_2=mr_2v_2\sin\dfrac{\pi}{2}=mr_2v_2$。由于 $v_1=v_2$,但显然
$r_2>r_1\sin\alpha_1$,所以 L_1,L_2 的大小不同,因而对于点 A 来说,质点的角动量并不守恒。

如图 3.2(b)所示,对于圆周的轴线上的一定点 B,选取圆周上任意两点 P_1 和 P_2。由
于从点 B 到 P_1 和从点 B 到 P_2 的距离相等,即 $r_1=r_2$,而且 $\boldsymbol{r}_1$ 和 $\boldsymbol{r}_2$ 与 P_1 和 P_2 处的速度
$\boldsymbol{v}_1$ 和 $\boldsymbol{v}_2$ 的夹角相等,都等于 $\pi/2$,还有 $v_1=v_2$,所以由定义知,质点分别通过 P_1 和 P_2 时的
角动量的大小 $L_1(L_1=mr_1v_1\sin\alpha_1)$ 和 $L_2(L_2=mr_2v_2\sin\alpha_2)$ 是相等的。但由于 $\boldsymbol{L}$ 的方向应
与 $\boldsymbol{r}$ 和 $\boldsymbol{v}$ 组成的平面垂直,而 P_1 和 P_2 处的 $\boldsymbol{r}$ 和 $\boldsymbol{v}$ 组成的平面方向不同,所以质点通过 P_1
和 P_2 时,角动量的方向不同,因此质点对点 B 的角动量也不守恒。

只有对于圆心,作匀速圆周运动的质点的角动量才守恒。

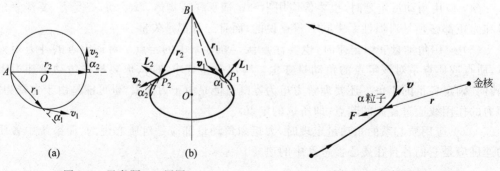

(a)　　　　　　　　　(b)

图 3.2　思考题 3.9 用图

图 3.3　思考题 3.10 用图

3.10　一个 α 粒子飞过一金原子核而被散射,金核基本上未动(图 3.3)。在这一过程
中,对金核中心来说,α 粒子的角动量是否守恒?为什么?α 粒子的动量是否守恒?

答　在实验室参考系(视为惯性系)中,金核中心视为定点。在 α 粒子运动的过程中,它受到金核的静电斥力始终沿着二者的连线,即与 α 粒子相对于金核中心的位矢方向相同,因而此斥力对金核中心的力矩总是零。这样,α 粒子对金核中心的角动量就守恒。

由于 α 粒子总受到金核的斥力作用,所以它的动量是不守恒的。

四、习题解答

3.1　一小球在弹簧的作用下作振动(图 3.4),弹力 $F = -kx$,而位移 $x = A\cos\omega t$,其中,k, A, ω 都是常量。求在 $t = 0$ 到 $t = \pi/(2\omega)$ 的时间间隔内弹力施于小球的冲量。

解　所求冲量为

$$I = \int_0^{\pi/(2\omega)} F\,\mathrm{d}t = -k\int_0^{\pi/(2\omega)} A\cos\omega t\,\mathrm{d}t = -\frac{kA}{\omega}$$

负号表示此冲量的方向与 x 轴方向相反。

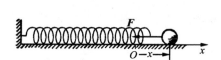

图 3.4　习题 3.1 解用图

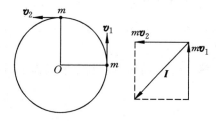

图 3.5　习题 3.2 解用图

3.2　一个质量 $m = 50$ g,以速率 $v = 20$ m/s 作匀速圆周运动的小球,在 1/4 周期内向心力加给它的冲量是多大?

解　如图 3.5 所示,$v_1 = v_2 = v$,则

$$I = |m\boldsymbol{v}_2 - m\boldsymbol{v}_1| = \sqrt{2}\,mv = \sqrt{2} \times 0.05 \times 20 = 1.41\ (\mathrm{N \cdot s})$$

3.3　美国丹佛市每年举办一次"水世界肚皮砸水比赛",原书图 3.35 就是 2007 年 6 月 21 日比赛参加者 Hoffman(冠军)跳水的姿态。设他的质量是 150 kg,跳起后离水面最大高度是 5.0 m。碰到水面 0.30 s 后开始缓慢下沉。求他砸水的力多大?

解　如图 3.6 所示的示力图中,m 表示 Hoffman 的质量,F 表示他接触水面的 0.30 s 内受的水面阻力。他下落到水面时的速率为 $v = \sqrt{2gh}$,由牛顿第二定律,有

$$F - mg = m\frac{\Delta v}{\Delta t} = m\frac{0 - (-v)}{\Delta t} = \frac{mv}{\Delta t}$$

由此得

$$F = m\left(g + \frac{v}{\Delta t}\right) = m\left(g + \frac{\sqrt{2gh}}{\Delta t}\right)$$

$$= 150 \times \left(9.8 + \frac{\sqrt{2 \times 9.8 \times 5}}{0.30}\right)$$

$$= 6.42 \times 10^3\ (\mathrm{N})$$

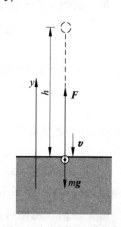

图 3.6　习题 3.3 解用图

再根据牛顿第三定律可知,Hoffman 对水面砸水的力为

$$F' = F = 6.42 \times 10^3 \text{ N}$$

此力约为 Hoffman 自己重量的 4.4 倍。

3.4　自动步枪连发时每分钟射出 120 发子弹,每发子弹的质量为 $m = 7.90$ g,出口速率为 735 m/s。求射击时(以分钟计)枪托对肩部的平均压力。

解　以分钟计,枪对子弹的平均推力为

$$\overline{F} = \frac{Nmv}{t} = \frac{120 \times 0.0079 \times 735}{60} = 11.6 \text{ (N)}$$

枪视作静止,此力也等于肩对枪托的平均推力,由牛顿第三定律可知,枪托对肩的压力就等于 11.6 N。

3.5　2007 年 2 月 28 日凌晨 2 时由乌鲁木齐开出的 5807 次旅客列车在吐鲁番境内突然遭遇 13 级特大飓风袭击。11 节车厢被吹脱轨,造成 3 死 34 伤的惨祸。

13 级飓风风速按 137 km/h(38 m/s)计,空气密度为 1.29 kg/m³,车厢长 22.5 m,高 2.62 m。设大风垂直吹向车厢侧面,碰到车厢后就停下来。这样,飓风对一节车厢的水平推力多大?

解　在 dt 时间内吹到车厢表面上的空气的质量为

$$dm = \rho v \, dt S$$

这些空气的水平动量为

$$dp = v \, dm = \rho v^2 \, dt S$$

由动量定理可知这些空气受到车厢的阻力,它也等于风对车厢的水平推力为

$$F = \frac{dp}{dt} = \rho v^2 S = 1.29 \times 38^2 \times 22.5 \times 2.62 = 1.1 \times 10^5 \text{(N)}$$

这大约等于 11 吨物块的重量。实际上车厢背风侧在风吹过车厢时会产生涡流而使这一侧的压力减小,这将使车厢受的合力增大而加强了飓风的破坏力。

3.6　水管有一段弯曲成 90°。已知管中水的流量为 3×10^3 kg/s,流速为 10 m/s。求水流对此弯管的压力的大小和方向。

解　如图 3.7 所示,设在 Δt 时间内水段 AA' 以流速 v 流到 BB' 位置。这段水的动量变化为

$$\Delta p = p_{BB'} - p_{AA'} = (p_{BA'} + p_{A'B'}) - (p_{AB} + p_{BA'})$$
$$= p_{A'B'} - p_{AB} = \Delta m v_{A'} - \Delta m v_A$$

式中 Δm 为 AB 段和 $A'B'$ 段水的质量,$v_{A'} = v_A = v$。由此得水在弯管处受管的力为

$$F = \frac{\Delta p}{\Delta t} = \frac{\Delta m}{\Delta t}(v_{A'} - v_A)$$

由图知,此力的大小为

$$F = \frac{\Delta m}{\Delta t}\sqrt{2}\,v = Q\sqrt{2}\,v = 3 \times 10^3 \times \sqrt{2} \times 10 = 4.24 \times 10^4 \text{(N)}$$

方向沿弯曲 90° 的角平分线向内。

由牛顿第三定律可知,水在弯管处对管的压力为 4.24×10^4 N,方向沿弯曲 90° 的角平分线向外。

*3.7　桌面上堆放一串柔软的长链,今拉住长链的一端竖直向上以恒定速度 v_0 上提。试证明:当提起的长度为 l 时,所用的向上的力 $F = \rho_l lg + \rho_l v_0^2$,其中 ρ_l 为长链单位长度的质量。

证　如图 3.8 所示,设在 dt 时间内又有长度为 $dl = v_0 dt$ 的一小段上提,则在 dt 时间内已上提的长链的动量增量为 $v_0 \rho_l (l + dl) - v_0 \rho_l l = v_0 \rho_l dl$。由动量定理,对已上提的长链,

$$(F - \rho_l lg)dt = v_0 \rho_l dl = v_0^2 \rho_l dt$$

由此得向上提的力为

$$F = \rho_l lg + v_0^2 \rho_l$$

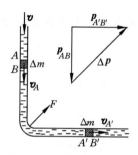

图 3.7　习题 3.6 解用图

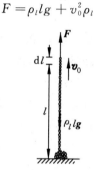

图 3.8　习题*3.7 解用图

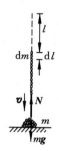

图 3.9　习题*3.8 解用图

*3.8　手提住一柔软长链的上端,使其下端刚与桌面接触,然后松手使链自由下落。试证明下落过程中,桌面受的压力等于已落在桌面上的链的重量的 3 倍。

证　如图 3.9 所示,设在松手后 t 时刻,链的上端已自由下落了 l 的距离。这时已落在桌上的链的长度也就等于 l,其质量为 $m = \rho_l l$,其中 ρ_l 为链单位长度的质量。这时空中的链的速度为 $v = \sqrt{2gl}$。在此后 dt 时间内,将有质量为 $dm = \rho_l dl = \rho_l v dt$ 的一小段链落到桌面上,其速度由 v 变为 0。对 $m + dm$ 这一段链,由动量定理可得

$$[(m + dm)g - N]dt = dm(0 - v) = -\rho_l v^2 dt = -\rho_l 2gl dt = -2mg dt$$

略去 $dm\,dt$ 项,即得

$$N = 3mg$$

由牛顿第三定律可得桌面受链的压力为

$$N' = N = 3mg$$

即压力等于已落到桌面上的链的重量的 3 倍。

3.9　一个原来静止的原子核,放射性蜕变时放出一个动量为 $p_1 = 9.22 \times 10^{-21}$ kg·m/s 的电子,同时还在垂直于此电子运动的方向上放出一个动量为 $p_2 = 5.33 \times 10^{-21}$ kg·m/s 的中微子。求蜕变后原子核的动量的大小和方向。

解　原子核蜕变过程应满足动量守恒定律。以 p_3 表示蜕变后原子核的动量,应有

$$\boldsymbol{p}_1 + \boldsymbol{p}_2 + \boldsymbol{p}_3 = 0$$

由图 3.10 可知,$\boldsymbol{p}_3$ 的大小为

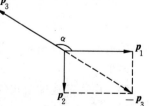

图 3.10　习题 3.9 解用图

$$p_3 = \sqrt{p_1^2 + p_2^2} = 10^{-21} \times \sqrt{9.22^2 + 5.33^2}$$
$$= 1.07 \times 10^{-20} (\text{kg} \cdot \text{m/s})$$

p_3 的方向应在 p_1 和 p_2 所在的平面内,而且与 p_1 的夹角为

$$\alpha = 90° + \arctan \frac{p_1}{p_2} = 90° + \arctan \frac{9.22}{5.33} = 149°58'$$

*3.10 运载火箭的最后一级以 $v_0 = 7600$ m/s 的速率飞行。这一级由一个质量为 $m_1 = 290.0$ kg 的火箭壳和一个质量为 $m_2 = 150.0$ kg 的仪器舱扣在一起。当扣松开后,二者间的压缩弹簧使二者分离。这时二者的相对速率为 $u = 910.0$ m/s。设所有速度都在同一直线上,求两部分分开后各自的速度。

解 对太空惯性系,以 v_0 的方向为正方向,以 v_1 和 v_2 分别表示火箭壳和仪器舱分开后各自的速度。由火箭壳和仪器舱的总动量守恒给出

$$(m_1 + m_2)v_0 = m_1 v_1 + m_2 v_2$$

由于仪器舱应在前,所以 $u = v_2 - v_1$,即 $v_2 = u + v_1$。将此式代入上式得

$$(m_1 + m_2)v_0 = m_1 v_1 + m_2 (u + v_1)$$

由此得

$$v_1 = v_0 - \frac{m_2 u}{m_1 + m_2} = 7600 - \frac{150 \times 910}{150 + 290} = 7290 \,(\text{m/s})$$

$$v_2 = u + v_1 = 910 + 7290 = 8200 \,(\text{m/s})$$

v_1, v_2 均为正值,故二速度皆沿正向,即与未分开前 v_0 的方向相同。

3.11 两辆质量相同的汽车在十字路口垂直相撞,撞后二者扣在一起又沿直线滑动了 $s = 25$ m 才停下来。设滑动时地面与车轮之间的动摩擦系数为 $\mu_k = 0.80$。撞后两个司机都声明在撞车前自己的车速未超限制（14 m/s）,他们的话都可信吗?

解 两车相撞后的加速度为 $-\mu_k mg/m = -\mu_k g$,由此可知刚撞后二者扣在一起时的速率为

$$v = \sqrt{2\mu_k g s} = \sqrt{2 \times 0.8 \times 9.8 \times 25} = 19.8 \,(\text{m/s})$$

如果两车均未超限制,并都以最大允许速率 v_l 开行,则由两车的动量守恒可得(参考图 3.11)

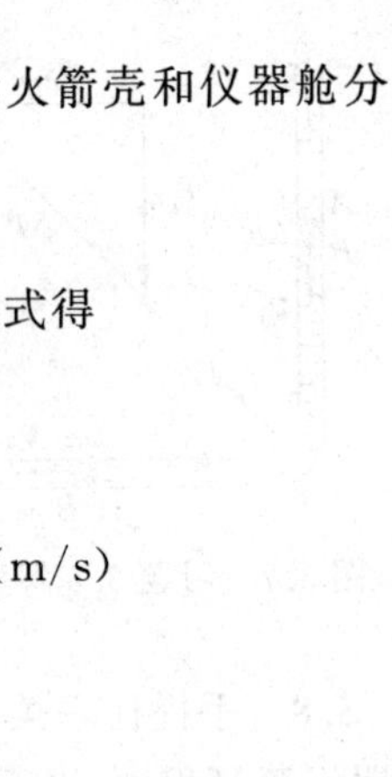

$$(mv_1)^2 + (mv_2)^2 = (2mv')^2$$

图 3.11 习题 3.11 解用图

由此可得撞后速度应为

$$v' = \frac{1}{2}\sqrt{v_1^2 + v_2^2} = \frac{\sqrt{2}}{2}v_l = \frac{\sqrt{2}}{2} \times 14 = 9.9 \,(\text{m/s})$$

由于实际撞后的初速 $v > v'$,所以两个司机的话并不都可信,至少一人撒谎。

3.12 一空间探测器质量为 6090 kg,正相对于太阳以 105 m/s 的速率向木星运动。当它的火箭发动机相对于它以 253 m/s 的速率向后喷出 80.0 kg 废气后,它对太阳的速率变为多少?

解 由火箭速度公式(原书式(3.10))可得空间探测器的最后速度为

$$v_f = v_i + u \ln \frac{M_i}{M_f} = 105 + 253 \times \ln \frac{6090}{6010} = 108 \,(\text{m/s})$$

3.13 在太空静止的一单级火箭,点火后,其质量的减少与初质量之比为多大时,它喷出的废气将是静止的?

解 当火箭体的速度 v_f 和废气相对于火箭体的喷出速度 u 相等,喷出废气的速度 $v_f - u$ 将等于零。由火箭速度公式 $v_f = v_i + u\ln(M_i/M_f)$ 可得此时

$$v_f = 0 + u\ln\frac{M_i}{M_f} = u$$

由此得

$$M_i/M_f = e$$

而火箭质量的减小与初质量之比为

$$\frac{M_i - M_f}{M_i} = 1 - \frac{M_f}{M_i} = 1 - \frac{1}{e} = 0.632$$

* **3.14** 一质量为 2.72×10^6 kg 的火箭竖直离地面发射,燃料燃烧速率为 1.29×10^3 kg/s。

(1) 它喷出的气体相对于火箭体的速率是多大时才能使火箭刚刚离开地面?

(2) 它以恒定相对速率 5.50×10^4 m/s 喷出废气,全部燃烧时间为 155 s。它的最大上升速率多大?

(3) 在(2)的情形下,当燃料刚燃烧完时,火箭体离地面多高?

解 $M_i = 2.72 \times 10^6$ kg, $\alpha = \left|\dfrac{dM}{dt}\right| = 1.29 \times 10^3$ kg/s, $u = 5.50 \times 10^4$ m/s, $T = 155$ s, 设 $g = 9.8$ m/s^2 不随高度改变。

(1) 刚刚离开地面要求火箭的推进力等于火箭的重量,即

$$u_1\left|\frac{dM}{dt}\right| = M_i g$$

由此得气体相对于火箭的喷出速率为

$$u_1 = \frac{M_i g}{\left|\dfrac{dM}{dt}\right|} = \frac{2.72 \times 10^6 \times 9.8}{1.29 \times 10^3} = 2.07 \times 10^4 \,(\text{m/s})$$

(2) 以向上为正方向,则对火箭,由动量定理可得

$$u\,dM + M\,dv = -Mg\,dt$$

由此得

$$\frac{dv}{dt} = -\frac{u}{M}\frac{dM}{dt} - g$$

此式对时间 t 从 $0 \sim T$ 积分

$$v = \int_0^v dv = -\int_{M_i}^{M_f}\frac{u}{M}dM - \int_0^T g\,dt = u\ln\frac{M_i}{M_f} - gT = u\ln\frac{M_i}{M_i - \alpha T} - gT$$

$$= 5.5 \times 10^4 \times \ln\frac{2.72 \times 10^6}{2.72 \times 10^6 - 1.29 \times 10^3 \times 155} - 9.8 \times 155$$

$$= 2.68 \times 10^3 \,(\text{m/s})$$

（3）由

$$dv = -\frac{u}{M}dM - g\,dt$$

对时间从 $0 \sim t$ 积分可得 v 随时间变化的关系

$$v = u\ln\frac{M_i}{M_i - \alpha t} - gt$$

此式对时间从 $0 \sim T$ 积分，可得燃料刚燃烧完时，火箭离地面的高度为

$$h = \int_0^T v\,dt = \int_0^T \left[u\ln\frac{M_i}{M_i - \alpha t} - gt\right]dt$$

$$= uT\ln M_i + \frac{u}{\alpha}\left\{(M_i - \alpha T)[\ln(M_i - \alpha T) - 1] - M_i[\ln M_i - 1]\right\} - \frac{1}{2}gT^2$$

代入已知数据可得

$$h = 172\ km$$

*3.15　一架喷气式飞机以 210 m/s 的速度飞行，它的发动机每秒钟吸入 75 kg 空气，在体内与 3.0 kg 燃料燃烧后以相对于飞机 490 m/s 的速度向后喷出。求发动机对飞机的推力。

解　$v = 210\ \text{m/s}$，　$\dfrac{dm_1}{dt} = 75\ \text{kg/s}$，　$\dfrac{dM}{dt} = -3.0\ \text{kg/s}$，　$u = 490\ \text{m/s}$

对飞机和空气系统，在 dt 时间内的动量守恒给出

$$dm_1 \times 0 + Mv = (dm_1 - dM)(v - u) + (M + dM)(v + dv)$$

由此得

$$M\,dv = -u\,dM + (u - v)dm_1$$

飞机受的推力为

$$F = M\frac{dv}{dt} = -u\frac{dM}{dt} + (u - v)\frac{dm_1}{dt} = -490 \times (-3.0) + (490 - 210) \times 75$$

$$= 2.25 \times 10^4\ (\text{N})$$

3.16　水分子的结构如图 3.12 所示。两个氢原子与氧原子的中心距离都是 0.0958 nm，它们与氧原子中心的连线的夹角为 105°。求水分子的质心。

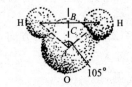

图 3.12　习题 3.16 解用图

解　由质量的对称分布可知水分子的质心在两氢原子对氧原子所张角度的平分线上，两氢原子的质心在 B 点，与氧原子中心的距离为

$$AB = 0.0958 \times \cos\frac{105°}{2} = 0.0583\ \text{nm}$$

由质心 C 的定义可得

$$AC \times m_O = BC \times 2m_H = (AB - AC) \times 2m_H$$

由此得质心与氧原子中心的距离为

$$AC = \frac{AB \times 2m_H}{m_O + 2m_H} = \frac{0.0583 \times 2 \times 1}{16 + 2 \times 1} = 0.00648\ (\text{nm})$$

3.17　求半圆形均匀薄板的质心。

解　如图 3.13 所示,设薄板半径为 R,质量为 m,面密度 $\rho_A = 2m/(\pi R^2)$。由质量分布的对称性可得板的质心在 x 轴上,而

$$x_C = \frac{\int x \, dm}{m} = \frac{1}{m} \int_0^R x \rho_A 2\sqrt{R^2 - x^2} \, dx = \frac{4R}{3\pi}$$

3.18　有一正立方体铜块,边长为 a。今在其下半部中央挖去一截面半径为 $a/4$ 的圆柱形洞。求剩余铜块的质心位置。

解　如图 3.14 所示为垂直于圆柱洞轴线而前后等分铜块的平面。由质量分布的对称性可知,铜块的质心应在此平面内通过圆洞中心的竖直线上。完整铜块的质心应在正立方体中心 O 处。把挖去的铜柱塞回原处,其质心应在其中心 A 处。挖去铜柱后剩余铜块的质心应在 AO 连线上,设在 B 处。由于挖去的铜柱塞回后铜块复归完整,由此完整铜块的质心定义应有

$$m_1 BO = m_2 AO$$

其中,m_2 为铜柱的质量 $\left(m_2 = \pi \left(\dfrac{a}{4}\right)^2 a\rho\right)$,$m_1$ 为挖去铜柱后剩余铜块的质量 $\left(m_1 = a^3\rho - m_2 = a^3\left(1 - \dfrac{\pi}{16}\right)\rho,\rho\ 为铜的密度\right)$。将 m_1 和 m_2 代入上式可得

$$BO = \frac{m_2}{m_1} AO = \frac{\pi/16}{1 - \pi/16} \times AO = \frac{\pi a}{4 \times (16 - \pi)} = 0.061a$$

即剩余铜块的质心在正方体中心上方 $0.061a$ 处。

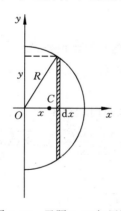

图 3.13　习题 3.17 解用图

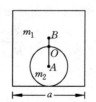

图 3.14　习题 3.18 解用图

3.19　在楼顶释放一质量 $m_1 = 20$ g 的石子后,1 s 末又自同一点释放另一质量为 $m_2 = 50$ g 的石子。求在前者释放后 $t(t > 1)$s 末,这两个石子系统的质心的速度和加速度。

解　$v_C = \dfrac{m_1 v_1 + m_2 v_2}{m_1 + m_2} = \dfrac{20gt + 50g(t-1)}{20 + 50} = \left(t - \dfrac{5}{7}\right)g$

$a_C = \dfrac{m_1 a_1 + m_2 a_2}{m_1 + m_2} = \dfrac{20g + 50g}{20 + 50} = g$

3.20 哈雷彗星绕太阳运动的轨道是一个椭圆。它与太阳最近的距离是 $r_1 = 8.75 \times 10^{10}$ m，此时它的速率是 $v_1 = 5.46 \times 10^4$ m/s。它与太阳最远时的速率是 $v_2 = 9.08 \times 10^2$ m/s，这时它与太阳的距离 r_2 是多少？

解 彗星运行受的引力指向太阳，所以它对太阳的角动量守恒，它在走过离太阳最近或最远的地点时，速度的方向均与对太阳的径矢方向垂直，所以角动量守恒给出

$$mr_1 v_1 = mr_2 v_2$$

由此得

$$r_2 = \frac{r_1 v_1}{v_2} = \frac{8.75 \times 10^{10} \times 5.46 \times 10^4}{9.08 \times 10^2} = 5.26 \times 10^{12} \text{(m)}$$

3.21 求月球对地球中心的角动量及掠面速度。将月球轨道看作圆，其转动周期按 27.3 d 计算。

解 月球对地球中心的角动量为

$$L_M = m_M R_M v_M = 2\pi m_M R_M^2 / T_M = \frac{2\pi \times 7.35 \times 10^{22} \times (3.82 \times 10^8)^2}{27.3 \times 86400}$$

$$= 2.86 \times 10^{34} \text{(kg} \cdot \text{m}^2/\text{s)}$$

月球对地心的掠面速度

$$\frac{dS}{dt} = \frac{L_M}{2m_M} = \frac{2.86 \times 10^{34}}{2 \times 7.35 \times 10^{22}} = 1.94 \times 10^{11} \text{(m}^2/\text{s)}$$

3.22 我国 1988 年 12 月发射的通信卫星在到达同步轨道之前，先要在一个大的椭圆形"转移轨道"上运行若干圈。此转移轨道的近地点高度为 205.5 km，远地点高度为 35835.7 km。卫星越过近地点时的速率为 10.2 km/s。

（1）求卫星越过远地点时的速率；

（2）求卫星在此轨道上运行的周期（提示：注意用椭圆的面积公式）。

解 如图 3.15 所示，$h_P = 205.5$ km，$h_A = 35835.7$ km，$v_P = 10.2$ km/s，$R_E = 6378$ km。

（1）由卫星对地心的角动量守恒可得卫星越过远地点时的速率为

$$v_A = v_P \frac{r_P}{r_A} = v_P \frac{R_E + h_P}{R_E + h_A} = 10.2 \times \frac{6378 + 35835.7}{6378 + 205.5} = 1.59 \text{ (km/s)}$$

（2）椭圆面积

$$S = \frac{\pi}{2}(r_A + r_P)\sqrt{r_A r_P}$$

掠面速度

$$\frac{dS}{dt} = \frac{1}{2} v_P r_P$$

卫星的运行周期

$$T = \frac{S}{dS/dt} = \frac{\pi(r_A + r_P)\sqrt{r_A r_P}}{v_P r_P} = \frac{\pi(r_A + r_P)}{v_P}\sqrt{\frac{r_A}{r_P}}$$

$$= \frac{\pi(42213.7 + 6583.5)}{10.2}\sqrt{\frac{42213.7}{6583.5}} = 38057 \text{(s)} = 10.6 \text{ (h)}$$

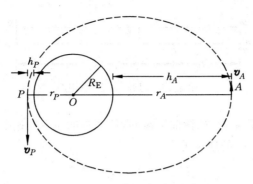

图 3.15　习题 3.22 解用图

3.23　用绳系一小方块使之在光滑水平面上作圆周运动(图 3.16),圆半径为 r_0,速率为 v_0。今缓慢地拉下绳的另一端,使圆半径逐渐减小。求圆半径缩短至 r 时,小方块的速率 v 是多大。

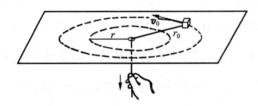

图 3.16　习题 3.23 解用图

解　绳缩短时,方块受的拉力指向圆心。此力对圆心的力矩为零,因而方块运动的角动量守恒。以 m 表示物块的质量,应有

$$mr_0v_0 = mrv$$

由此可得

$$v = v_0\frac{r_0}{r}$$

*3.24　有两个质量都是 m 的质点,由长度为 a 的一根轻质硬杆连接在一起,在自由空间二者质心静止,但杆以角速度 ω 绕质心转动。杆上的一个质点与第三个质量也是 m、但静止的质点发生碰撞,结果粘在一起。

(1) 碰撞前一瞬间三个质点的质心在何处?此质心的速度多大?

(2) 碰撞前一瞬间,这三个质点对它们的质心的总角动量是多少?碰后一瞬间,又是多少?

(3) 碰撞后,整个系统绕质心转动的角速度多大?

解　(1) 如图 3.17 所示,以 C 表示三个质点的共同质心,在碰撞前一瞬间,应有

$$2ml_1 = m(a - l_1)$$

由此得

$$l_1 = \frac{a}{3}$$

即 C 与静止的质点的距离为 $a/3$。

图 3.17 习题* 3.24 解用图

对自由空间的惯性系来说,碰撞前一瞬间,杆两端的质点的速度大小相等、方向相反,第三个质点静止,所以质心 C 的速度为

$$v_C = \frac{mv + m(-v) + m \cdot 0}{m + m + m} = 0$$

(2) 碰撞前一瞬间,杆两端的质点的速度(对自由空间)的大小为 $v = \omega a/2$。由于质心 C 的速度为 0,所以这两个质点的速度的大小也是 $\omega a/2$,于是三质点对质心 C 的总角动量为

$$L_1 = m\frac{a}{3} \times \frac{\omega a}{2} + m\frac{2a}{3} \times \frac{\omega a}{2} + m\frac{a}{3} \times 0 = \frac{1}{2}ma^2\omega$$

由于两质点碰撞合一的过程中,对三质点系统来说,并无外力作用,所以对其质心 C 来说,总角动量应守恒。因此,碰后一瞬间,三质点对其质心的总角动量仍为 $L_2 = \frac{1}{2}ma^2\omega$。

(3) 以 ω' 表示系统绕质心 C 转动的角速度,则其总角动量应为

$$L_2 = 2m\frac{a}{3}\frac{a}{3}\omega' + m\frac{2a}{3}\frac{2a}{3}\omega' = \frac{1}{2}ma^2\omega$$

由此可得

$$\omega' = \frac{3}{4}\omega$$

第4章

功 和 能

一、概念原理复习

1. 对质点的动能定理

质点运动经过一段路径时外力做的功等于质点动能的增量,即

$$dA = \boldsymbol{F} \cdot d\boldsymbol{r} = d\left(\frac{1}{2}mv^2\right)$$

或

$$A_{AB} = \int_A^B \boldsymbol{F} \cdot d\boldsymbol{r} = \frac{1}{2}mv_B^2 - \frac{1}{2}mv_A^2 (= E_{kB} - E_{kA})$$

动能定理说明力对质点作用的空间积累的效果表现为质点动能的增量,它是牛顿第二定律的直接推论。它也只适用于惯性参考系。

2. 功的计算

$$dA = \boldsymbol{F} \cdot d\boldsymbol{r}, \quad A_{AB} = \int_A^B \boldsymbol{F} \cdot d\boldsymbol{r}$$

功是力和位移的点积,没有方向但有正负,一个力的功是负值表示质点在反抗此力的条件下运动。在数学上,功是力沿质点运动轨道的线积分。

合力的功等于各分力的功的代数和。

3. 对质点系的动能定理

在一惯性系中,

$$A_{ex} + A_{in} = E_{kB} - E_{kA}$$

式中 A_{ex} 是外力对系统做的功, A_{in} 是内力做的功,内力虽然成对出现,它们做的功一般并不等于零。 E_k 为系统的总动能

$$E_k = \sum \frac{1}{2} m_i v_i^2$$

根据柯尼希定理,

$$E_k = E_{kC} + E_{k,in}$$

式中 E_{kC} 为轨道动能,即系统的质量集中在质心运动的动能, $E_{k,in}$ 为内动能,即在系统的质心参考系中各质点动能之和。

一对内力的功：两个质点间一对内力 f_1 和 f_2 的功之和为

$$A_{AB} = \int_A^B f_2 \cdot \mathrm{d}r_{21}$$

即等于其中一个质点受的力沿着该质点相对于另一个质点所移动的路径所做的功。

4. 势能

保守力：做功与路径形状无关的力，或者说，沿相对的闭合路径移动一周时做功为零的力。

势能：对保守力可以引进势能概念。一个系统的势能 E_p 取决于系统的位形，定义为

$$-\Delta E_p = E_{pA} - E_{pB} = A_{AB} = \int_A^B f_2 \cdot \mathrm{d}r_{21}$$

取 B 点为势能零点，即 $E_{pB} = 0$，则

$$E_{pA} = A_{AB}$$

势能属于相互有保守力作用的系统，势能的值与参考系的选择无关。

引力势能：$E_p = -\dfrac{Gm_1 m_2}{r_{12}}$，以两质点无限分离时为势能零点。

重力势能：$E_p = mgh$，以物体在地面时为势能零点。

弹簧的弹性势能：$E_p = \dfrac{1}{2}kx^2$，以弹簧处于自然长度时为势能零点。

由势能求保守力：

$$F_l = -\frac{\mathrm{d}E_p}{\mathrm{d}l}$$

即保守力沿某一方向的分量等于势能沿此方向的空间变化率的负值。用直角坐标系时

$$F = F_x i + F_y j + F_z k = -\left(\frac{\partial E_p}{\partial x} i + \frac{\partial E_p}{\partial y} j + \frac{\partial E_p}{\partial z} k \right)$$

即保守力等于势能梯度的负值。

5. 机械能守恒定律

相对于一惯性参考系，

$$A_{ex} + A_{in,n\text{-}con} = E_B - E_A$$

式中 $A_{in,n\text{-}con}$ 为系统的非保守内力的功。$E = E_k + E_p$，为系统的总动能与势能之和，称为系统的机械能。由柯尼希定理可得

$$E = E_k + E_p = E_{kC} + E_{k,in} + E_p = E_{kC} + E_{in}$$

即系统的机械能等于系统的轨道动能与系统的内能（$E_{in} = E_{k,in} + E_p$）之和。

对于一系统，如果只有保守内力做功（这意味着 $A_{ex} = 0$，$A_{in,n\text{-}con} = 0$），则 $E_B = E_A$，即系统的机械能保持不变。

机械能守恒定律是普遍的能量守恒定律的力学特例。

质心系中的机械能守恒定律：对于保守系统（即内部各质点间只有保守力相互作用的系统），相对于其质心参考系，外力对系统做的功 A'_{ex} 等于系统内能的增量，即

$$A'_{ex} = E_{in,B} - E_{in,A}$$

此结论与质心的运动形式（匀速或加速）无关。

6. 守恒定律的意义

其特点是不究过程的细节而根据一定的整体条件就能对系统的初、末状态下结论。其普遍的深刻的根基在于自然界的对称性。如动量守恒来自空间的均匀性,或平移对称性;角动量守恒来自空间的各向同性,或转动对称性;能量守恒来自时间的均匀性,或时间的平移对称性等。

7. 碰撞

完全非弹性碰撞:碰后合在一起。

弹性碰撞:碰撞过程无动能损失。

*8. 两体问题

两个质点在相互作用下的运动可约化为一个质点相对于另一个质点的相对运动而仍用牛顿第二定律求解,这时运动质点的质量需改用约化质量 μ,则

$$\mu = \frac{m_1 m_2}{m_1 + m_2}$$

二、解题要点

(1)功是由过程决定的量。计算功时要明确所涉及的过程,并且要明确是什么力做功,然后计算此力沿质点运动轨道的线积分。力对一质点(或系统)做功也常说是施力物体对该质点(或系统)做功。功是标量,但有正负。同一过程中,外界对系统做的功与系统对外界做的功,大小一样,符号相反。

(2)应用动能定律求解时,分析方法与要求和应用牛顿第二定律时相同,但要注意分清所涉及的过程和系统的初末状态。在公式的"能量"一侧只有系统动能的增量,公式的"功"一侧则包括外力的功和内力的功,而内力的功又分成保守内力的功和非保守内力的功两部分。

(3)应用机械能守恒定律求解时,要辨明所涉及的过程及系统的初末状态。这时,公式的"能量"一侧是机械能(即动能和势能之和)的增量,公式的"功"一侧则没有了保守内力的功这一项,因为它已用势能的概念包括到机械能中了。对保守系统来说,"功"一侧的非保守内力的功也没有了。

(4)守恒定律是解决物理问题的强有力的工具。利用机械能守恒定律解题和利用动量守恒定律解题的思路相似。在分析系统的运动状态时,要着重分清初态和终态系统内各质点的动能和各质点间的势能,从而计算出初态和终态时系统的总机械能。如果系统内无非保守力作用,由于系统内各质点间的保守力的功已由势能概念取代而包括在系统的机械能之内了,所以机械能的改变就只由系统所受的外力的功决定。

还应指明的是考虑一个物体的重力势能时,一定要把地球包括在内,即系统涉及物体和地球两者。在物体下落过程中,由于动量守恒,地球的速度和物体速度的比为 m/M_E。在计算机械能时,由于地球的动能和物体的动能的比也等于 m/M_E,所以在对物体-地球系统应用机械能守恒定律时,常常忽略地球的动能而只考虑物体的动能。

关于势能的计算,一定要明确势能零点的选择。

(5)对于质点和质点系的问题,到此已有三条守恒定律——分别对于动量、角动量和机械能可用。因此在解力学问题时,除直接利用牛顿定律及其变形(如动量定理、动能定理和

角动量定理)外,要自觉地想到用守恒定律进行分析。当然,要注意这些守恒定律的条件是各不相同的。

三、思考题选答

4.5 如果两个质点间的相互作用力沿着两质点的连线作用,而大小取决于它们之间的距离,即一般地,$f_1 = f_2 = f(r)$,这样的力叫**有心力**。万有引力就是一种有心力。任何有心力都是保守力,这个结论对吗?

答 以质点 1 所在处为原点,以 r 表示质点 2 相对质点 1 的径矢,则质点 2 受质点 1 的力应可写成 $\boldsymbol{f}_2 = f_2 \boldsymbol{e}_r = f(r) \boldsymbol{e}_r$。质点 2 沿任意路径 C 由 A 点移到 B 点的过程中,力 $\boldsymbol{f}_2$ 做的功为

$$A_{AB} = \int_{C(A)}^{(B)} \boldsymbol{f}_2 \cdot \mathrm{d}\boldsymbol{r} = \int_{C(A)}^{(B)} f(r)\boldsymbol{e}_r \cdot \mathrm{d}\boldsymbol{r} = \int_{C(A)}^{(B)} f(r)\mathrm{d}r$$

由于这一积分的结果总有 $F(r_B) - F(r_A)$ 的形式,即只与起点 A 和终点 B 的位置有关而与路径无关,所以"任何有心力都是保守力"的结论是对的。

4.9 在匀速水平开行的车厢内悬吊一个单摆。相对于车厢参考系,摆球的机械能是否保持不变? 相对于地面参考系,摆球的机械能是否也保持不变?

答 对于车厢参考系,在任何时刻摆球受的外力(线的拉力)总与其速度方向垂直,此拉力不做功,所以摆球的机械能保持不变。对于地面参考系,此拉力的方向与摆球速度方向不再垂直,它就要对摆球做功,因而摆球的机械能将随时间变化。

4.12 飞机机翼断面形状如原书图 4.46 所示。当飞机起飞或飞行时机翼的上下两侧的气流流线如图。试据此图说明飞机飞行时受到"升力"的原因。这和气球上升的原因有何不同?

答 由气流流线图可知,机翼上方气体的流速大于机翼下方的,因而机翼上表面所受气体向下的压力小于机翼下表面受的向上的压力。二力的合力有向上的分力,即机翼受到的升力。这是流体动力学效应,气球因受浮力而上升。浮力是气球上下表面所受气体静压力之差,是流体静力学效应。

四、习题解答

4.1 电梯由一个起重间与一个配重组成。它们分别系在一根绕过定滑轮的钢缆的两端(图 4.1)。起重间(包括负载)的质量 $M = 1200$ kg,配重的质量 $m = 1000$ kg。此电梯由和定滑轮同轴的电动机所驱动。假定起重间由低层从静止开始加速上升,加速度 $a = 1.5$ m/s²。

(1) 这时滑轮两侧钢缆中的拉力各是多少?

(2) 加速时间 $t = 1.0$ s,在此时间内电动机所做功是多少(忽略滑轮与钢缆的质量)?

(3) 在加速 $t = 1.0$ s 以后,起重间匀速上升。求它再上升 $\Delta h = 10$ m 的过程中,电动机又做了多少功?

解 (1) 如图 4.1 所示,沿竖直方向,分别对 M 和 m 用牛顿第二定律,可得

$$T_1 - Mg = Ma$$

$$mg - T_2 = ma$$

由此可得

$$T_1 = M(g+a) = 1200 \times (9.8+1.5) = 1.36 \times 10^4 (\text{N})$$

$$T_2 = m(g-a) = 1000 \times (9.8-1.5) = 0.83 \times 10^4 (\text{N})$$

（2）在加速 $t = 1.0$ s 的过程中，起重间上升的距离为 $h = \dfrac{1}{2}at^2$，这也就是电动机拖动钢缆的距离，电动机做的功为

$$A = (T_1 - T_2)h = (1.36 - 0.83) \times \frac{1}{2} \times 1.5 \times 1^2 = 3.95 \times 10^3 (\text{J})$$

（3）起重间匀速上升时，滑轮两侧钢缆中的张力分别为 $T_1' = Mg$，$T_2' = mg$。拖动钢缆的距离为 Δh 时电动机又做的功是

$$A' = (T_1' - T_2')\Delta h = (M-m)g\Delta h = (1200-1000) \times 9.8 \times 10 = 1.96 \times 10^4 (\text{J})$$

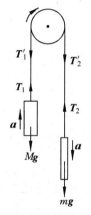

图 4.1 习题 4.1 解用图

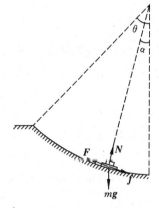

图 4.2 习题 4.2 解用图

4.2 一匹马拉着雪橇沿着冰雪覆盖的圆弧形路面极缓慢地匀速移动。设圆弧路面的半径为 R，马对雪橇的拉力总是平行于路面，雪橇的质量为 m，与路面的滑动摩擦系数为 μ_k。当把雪橇由底端拉上 $45°$ 圆弧时，马对雪橇做功多少？重力和摩擦力各做功多少？

解 如图 4.2 所示，以 F 表示马拉雪橇的力，则对雪橇，由牛顿第二定律

切向：$\qquad\qquad\qquad F - mg\sin\alpha - f = 0$

法向：$\qquad\qquad\qquad N - mg\cos\alpha = 0$

再由 $f = \mu_k N$ 可解得

$$F = \mu_k mg\cos\alpha + mg\sin\alpha$$

由此得马拉雪橇做功

$$A_F = \int_0^\theta (\mu_k mg\cos\alpha + mg\sin\alpha)R\,\mathrm{d}\alpha = R[\mu_k mg\sin\theta - mg(\cos\theta - 1)]$$

$$= Rmg[\mu_k\sin45° - \cos45° + 1] = mgR\left[\left(1 - \frac{\sqrt{2}}{2}\right) + \frac{\sqrt{2}}{2}\mu_k\right]$$

重力对雪橇做的功为

$$A_g = \int_0^\theta -mg\sin\alpha\, R\,\mathrm{d}\alpha = mgR(\cos\theta - 1) = mgR\left(\frac{\sqrt{2}}{2} - 1\right)$$

摩擦力对雪橇做的功为

$$A_f = \int_0^\theta -mg\mu_k\cos\alpha\, R\,\mathrm{d}\alpha = -mg\mu_k\sin\theta R = -\frac{\sqrt{2}}{2}mg\mu_k R$$

4.3   2001 年 9 月 11 日美国纽约世贸中心双子塔遭恐怖分子劫持的飞机袭击而被撞毁(原书图 4.51)。据美国官方发表的数据,撞击南楼的飞机是波音 767 客机,质量为 132 t,速度为 942 km/h。求该客机的动能,这一能量相当于多少 TNT 炸药的爆炸能量?

解   将题给数据代入动能公式中即可得该客机的动能为

$$E_k = \frac{1}{2}mv^2 = \frac{1}{2} \times 1.32 \times 10^5 \times \left(\frac{1.42 \times 10^5}{3600}\right)^2 = 4.52 \times 10^9\,(\mathrm{J})$$

由于 1 kg TNT 爆炸放出能量为 4.6×10^6 J(见原书表 4.1),所以上述动能相当于

$$\frac{4.52 \times 10^9}{4.6 \times 10^6} = 0.982 \times 10^3\,(\mathrm{kg}) \approx 1\,(\mathrm{t})$$

的 TNT 爆炸所放出的能量。

4.4   矿砂由料槽均匀落在水平运动的传送带上,落砂流量 $q = 50$ kg/s。传送带匀速移动,速率为 $v = 1.5$ m/s。求电动机拖动皮带的功率,这一功率是否等于单位时间内落砂获得的动能? 为什么?

解   如图 4.3 所示,设在 $\mathrm{d}t$ 时间内有质量为 $\mathrm{d}m$ 的砂落到传送带上,在带的摩擦力 F 作用下速度由 0 增大到 v 而随带一起运动。对这一点砂,由动量定理

$$F\,\mathrm{d}t = \mathrm{d}m(v - 0)$$

由此得

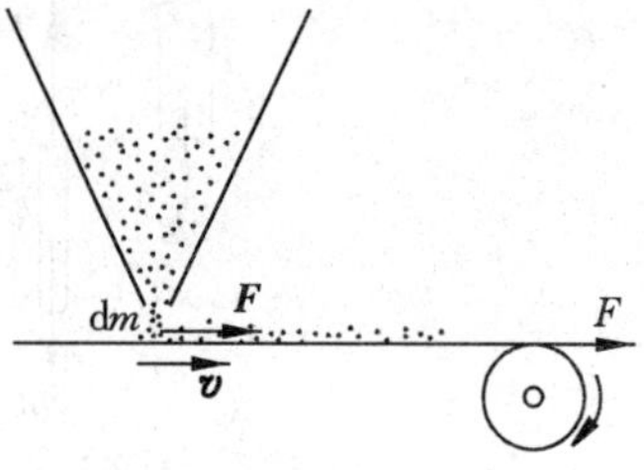

图 4.3   习题 4.4 解用图

$$F = \frac{\mathrm{d}m}{\mathrm{d}t}v = qv$$

由牛顿第三定律,带受砂的向后的作用力也等于 F,方向向后。由于带作匀速运动,电动机拖动传送带的力也等于 F。于是电动机拖动皮带的功率为

$$P = Fv = qv^2 = 50 \times 1.5^2 = 113\,(\mathrm{W})$$

单位时间内落砂获得的动能为

$$\frac{\mathrm{d}E_k}{\mathrm{d}t} = \frac{1}{2}\mathrm{d}mv^2/\mathrm{d}t = \frac{1}{2}qv^2 = \frac{1}{2}P$$

此动能小于电动机的功率是因为在 $\mathrm{d}m$ 落到皮带上速度由 0 增大到 v 的过程中,相对于带向后运动,所经过的距离为 $s' = v\mathrm{d}t/2$。单位时间内,摩擦力 F 对此相对位移做的功为

$$A' = -\frac{Fs'}{\mathrm{d}t} = -\frac{qv^2}{2}$$

这些功转变成了皮带和落砂的内能。正是这一部分能量和砂获得的动能等于同一时间内电动机所做的功。

4.5   如图 4.4 所示,A 和 B 两物体的质量 $m_A = m_B$,物体 B 与桌面间的滑动摩擦系数

$\mu_k=0.20$,滑轮摩擦不计。试求物体 A 自静止落下 $h=1.0$ m 时的速度。

解　如图 4.4 所示,对两物体用动能定理可得

$$-fh+m_Bgh=\frac{1}{2}(m_A+m_B)v^2$$

又由于 $f=\mu_k m_A gh$,代入上式可得

$$v=\sqrt{(1-\mu_k)gh}=\sqrt{(1-0.2)\times 9.8\times 1}=2.8\ (\text{m/s})$$

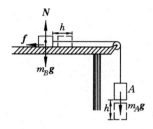

图 4.4　习题 4.5 解用图

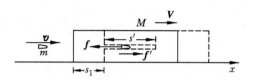

图 4.5　习题 4.6 解用图

4.6　如图 4.5 所示,一木块 M 静止在光滑地平面上。一子弹 m 沿水平方向以速度 v 射入木块内前进一段距离 s' 而停在木块内,使木块移动了 s_1 的距离。

(1) 相对于地面参考系,在这一过程中子弹和木块的动能变化各是多少?子弹和木块间的摩擦力对子弹和木块各做了多少功?

(2) 证明子弹和木块的总机械能的增量等于一对摩擦力之一沿相对位移 s' 做的功。

解　如图 4.5 所示。在地面参考系中,对子弹和木块系统,水平方向不受外力,动量守恒。以 V 表示二者最后的共同速度,则有

$$mv=(m+M)V$$

由此得

$$V=\frac{m}{m+M}v$$

(1) 以 s_1 表示子弹停在木块内前木块移动的距离,则子弹对地面的位移为 $s=s_1+s'$。对子弹用动能定理,摩擦力 f 对子弹做的功等于子弹动能的增量,即

$$-f(s_1+s')=\frac{1}{2}mV^2-\frac{1}{2}mv^2=\frac{1}{2}mv^2\left[\left(\frac{m}{m+M}\right)^2-1\right]$$

对木块,摩擦力 f' 对它做的功等于木块动能的增量,即

$$f's_1=\frac{1}{2}MV^2=\frac{1}{2}M\left(\frac{m}{m+M}\right)^2v^2$$

(2) 考虑到 $f'=f$,将两等式相加,可得

$$-fs'=\left(\frac{1}{2}mV^2+\frac{1}{2}MV^2\right)-\frac{1}{2}mv^2$$

此式即说明子弹和木块的总机械能增量等于一对摩擦力之一沿相对位移 s' 做的功。

4.7　参考系 S' 相对于参考系 S 以速度 u 作匀速运动。试用伽利略变换和牛顿定律证明:如果在参考系 S 中,动能定理(原书式(4.9))成立,则在参考系 S' 中,形式完全相同的动能定理也成立,即必然有 $A'_{AB}=\frac{1}{2}m(v'_B)^2-\frac{1}{2}m(v'_A)^2$(注意:相对于两参考系的功以及

动能并不相等)。

证　以 $\mathrm{d}\boldsymbol{r}$ 表示在力 $\boldsymbol{F}$ 作用下质点相对 S 系在 $\mathrm{d}t$ 时间内的位移,以 $\mathrm{d}\boldsymbol{r}'$ 表示该质点相对 S' 系相应的位移,以 $\mathrm{d}\boldsymbol{r}_0 = \boldsymbol{u}\mathrm{d}t$ 表示 $\mathrm{d}t$ 时间内 S' 相对于 S 系的位移。在 S' 系中测量,质点从 A 到 B 的过程中力 $\boldsymbol{F}$ 做的功为

$$A'_{AB} = \int_A^B \boldsymbol{F} \cdot \mathrm{d}\boldsymbol{r}' = \int_A^B \boldsymbol{F} \cdot (\mathrm{d}\boldsymbol{r} - \mathrm{d}\boldsymbol{r}_0) = \int_A^B \boldsymbol{F} \cdot \mathrm{d}\boldsymbol{r} - \int_A^B \boldsymbol{F} \cdot \boldsymbol{u}\,\mathrm{d}t$$

$$= A_{AB} - \left(\int_A^B \boldsymbol{F}\,\mathrm{d}t\right) \cdot \boldsymbol{u}$$

由牛顿第二定律(或动量定理)

$$\int_A^B \boldsymbol{F}\,\mathrm{d}t = m(\boldsymbol{v}_B - \boldsymbol{v}_A)$$

所以

$$A'_{AB} = A_{AB} - m(\boldsymbol{v}_B - \boldsymbol{v}_A) \cdot \boldsymbol{u}$$

在 S' 系中,质点从 A 到 B 动能的增量为

$$\frac{1}{2}mv_B'^2 - \frac{1}{2}mv_A'^2 = \frac{1}{2}m(\boldsymbol{v}_B - \boldsymbol{u})^2 - \frac{1}{2}m(\boldsymbol{v}_A - \boldsymbol{u})^2$$

$$= \frac{1}{2}mv_B^2 - \frac{1}{2}mv_A^2 - m(\boldsymbol{v}_B - \boldsymbol{v}_A) \cdot \boldsymbol{u}$$

与上一公式比较可知,如果动能定理在 S 系中成立,即 $A_{AB} = \frac{1}{2}mv_B^2 - \frac{1}{2}mv_A^2$,则必然有

$$A'_{AB} = \frac{1}{2}mv_B'^2 - \frac{1}{2}mv_A'^2$$

即在 S' 系中形式完全相同的动能定理也成立$\left(\text{但 } A'_{AB} \neq A_{AB}, \frac{1}{2}mv_A'^2 \neq \frac{1}{2}mv_A^2, \frac{1}{2}mv_B'^2 \neq \frac{1}{2}mv_B^2\right)$。

4.8　一竖直悬挂的弹簧(劲度系数为 k)下端挂一物体,平衡时弹簧已有一伸长量。若以物体的平衡位置为竖直 y 轴的原点,相应位形作为弹性势能和重力势能的零点。试证:当物体的位置坐标为 y 时,弹性势能和重力势能之和为 $\frac{1}{2}ky^2$。

证　如图 4.6 所示。设在平衡时弹簧已被拉长 y_0,则

$$mg = ky_0$$

当物体再下降一段距离 y 时,以 y_0 为弹簧弹性势能零点,则此时的弹性势能为

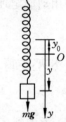

图 4.6　习题 4.8 解用图

$$E_{\mathrm{p1}} = \frac{1}{2}k(y + y_0)^2 - \frac{1}{2}ky_0^2 = \frac{1}{2}ky^2 + ky_0 y$$

以平衡位置为重力势能零点,则此时重力势能为

$$E_{\mathrm{p2}} = -mgy = -ky_0 y$$

此时弹性势能和重力势能的和为

$$E_{\mathrm{p}} = E_{\mathrm{p1}} + E_{\mathrm{p2}} = \frac{1}{2}ky^2 + ky_0 y - ky_0 y = \frac{1}{2}ky^2$$

4.9　一轻质量弹簧原长 l_0，劲度系数为 k，上端固定，下端挂一质量为 m 的物体，先用手托住，使弹簧保持原长。然后突然将物体释放，物体达最低位置时弹簧的最大伸长和弹力是多少？物体经过平衡位置时的速率多大？

解　以 v 表示物体在落下一段距离 y 时的速度，则机械能守恒定律给出

$$-mgy + \frac{1}{2}ky^2 + \frac{1}{2}mv^2 = 0$$

物体到达最低位置时，$v=0$，$y=y_{\max}$，上式给出

$$y_{\max} = 2mg/k$$

此时弹力为最大值

$$f_{\max} = ky_{\max} = 2mg$$

物体经过平衡位置时，应有 $mg = ky_0$。上述机械能守恒公式给出

$$-mgy_0 + \frac{1}{2}ky_0^2 + \frac{1}{2}mv_0^2 = -\frac{m^2g^2}{k} + \frac{1}{2}k\frac{m^2g^2}{k^2} + \frac{1}{2}mv_0^2 = 0$$

由此得此时物体速度为

$$v_0 = \sqrt{y_0(2mg - ky_0)/m} = \sqrt{y_0 g} = \sqrt{\frac{m}{k}}\, g$$

4.10　如图 4.7 所示质量为 72 kg 的人跳蹦极。弹性蹦极带长 20 m，劲度系数为 60 N/m（忽略空气阻力）。

（1）此人自跳台跳出后，落下多高时速度最大？此最大速度是多少？

（2）已知跳台高于下面水面 60 m。此人跳下后会不会触到水面？

解　（1）此人下落时，当蹦极带对他的向上拉力和他受的重力相等时速度最大。以 l_0 表示蹦极带的原长，以 l 表示伸长的长度，则速度最大时，$mg = kl$。由此得 $l = mg/k$。此人速度最大时已下落的距离为

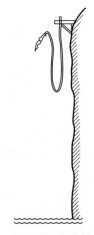

$$h = l_0 + l = l_0 + \frac{mg}{k} = 20 + \frac{72 \times 9.8}{60} = 31.8\ (\text{m})$$

由机械能守恒，以 v_m 表示最大速度，则应有

$$mgh = \frac{1}{2}kl^2 + \frac{1}{2}mv_m^2$$

图 4.7　习题 4.10 解用图

由此得

$$v_m = \sqrt{\frac{mg^2}{k} + 2gl_0} = \sqrt{\frac{72 \times 9.8^2}{60} + 2 \times 9.8 \times 20} = 22.5\ (\text{m/s})$$

（2）人降到最下面时，动能为零。由机械能守恒定律，以 l' 表示蹦极带的最大伸长，则有

$$mg(l_0 + l') = \frac{1}{2}kl'^2$$

代入 m, l_0, k 的数据，可得一数字方程

$$l'^2 - 27.4l' - 549 = 0$$

解此方程可得

$$l' = 38.1 \text{ m}$$

此时人在跳台下的距离为

$$l_0 + l' = 20 + 38.1 = 58.1 \text{ (m)} < 60 \text{ (m)}$$

所以人不会触及水面。

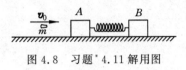

图 4.8　习题 *4.11 解用图

*4.11　如图 4.8 所示,一轻质弹簧劲度系数为 k,两端各固定一质量均为 M 的物块 A 和 B,放在水平光滑桌面上静止。今有一质量为 m 的子弹沿弹簧的轴线方向以速度 $\boldsymbol{v}_0$ 射入一物块而不复出,求此后弹簧的最大压缩长度。

解　由于子弹射入物块 A 所需时间甚短,当二者获得共同速度 V_0 时,弹簧长度几乎未变,而 B 尚未起动。由于 A 受水平弹力为零,所以子弹和 A 在子弹射入前后水平方向动量守恒,即

$$mv_0 = MV_0 + mV_0$$

由此得

$$V_0 = \frac{mv_0}{m+M}$$

此后弹簧将被压缩而 B 开始运动,当 B 的速度与 A 的速度相同时,弹簧将达到最大压缩长度 x_{m}。以 V 表示此时 A 与 B 的共同速度,则由动量守恒又可得

$$mv_0 = (M+m+M)V$$

由此得

$$V = \frac{mv_0}{2M+m}$$

在子弹进入 A 达到共同速度 V_0 到 A 和 B 达到共同速度 V 的过程中,整个系统的机械能守恒给出

$$\frac{1}{2}(m+M)V_0^2 = \frac{1}{2}(2M+m)V^2 + \frac{1}{2}kx_{\text{m}}^2$$

由此可解得

$$x_{\text{m}} = mv_0 \left[\frac{M}{k(m+M)(m+2M)} \right]^{1/2}$$

4.12　如图 4.9 所示,弹簧下面悬挂着质量分别为 m_1, m_2 的两个物体,开始时它们都处于静止状态。突然把 m_1 与 m_2 的连线剪断后,m_1 的最大速率是多少?设弹簧的劲度系数 $k=8.9$ N/m,而 $m_1 = 500$ g,$m_2 = 300$ g。

解　在 m_1 与 m_2 的连线剪断前,由 $m_1 + m_2$ 处于平衡,所以有

$$(m_1 + m_2)g = ky_0$$

这时弹簧被拉长的长度为

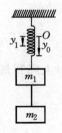

图 4.9　习题 4.12 解用图

$$y_0 = \frac{(m_1 + m_2)g}{k} = \frac{(0.5 + 0.3) \times 9.8}{8.9} = 0.88 \,(\text{m})$$

连线剪断后，m_1 的平衡位置在弹簧被拉长 y_1 处，而

$$y_1 = \frac{m_1 g}{k} = \frac{0.5 \times 9.8}{8.9} = 0.55 \,(\text{m})$$

m_1 越过其平衡位置处具有最大速率 v_{m}。由机械能守恒定律可得

$$\frac{1}{2}m_1 v_{\text{m}}^2 + \frac{1}{2}k y_1^2 - m_1 g y_1 = \frac{1}{2}k y_0^2 - m_1 g y_0$$

由此可得

$$v_{\text{m}} = \sqrt{\frac{1}{m_1}\left[k(y_0^2 - y_1^2) - 2m_1 g(y_0 - y_1)\right]}$$

$$= \sqrt{\frac{1}{0.5} \times \left[8.9 \times (0.88^2 - 0.55^2) - 2 \times 0.5 \times 9.8 \times (0.88 - 0.55)\right]}$$

$$= 1.40 \,(\text{m/s})$$

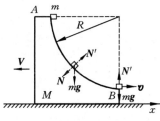

图 4.10 习题 *4.13 解用图

*4.13 一质量为 m 的物体，从质量为 M 的圆弧形槽顶端由静止滑下，设圆弧形槽的半径为 R，张角为 $\pi/2$（图 4.10）。如所有摩擦都可忽略，求：

（1）物体刚离开槽底端时，物体和槽的速度各是多少？

（2）在物体从 A 滑到 B 的过程中，物体对槽所做的功 A。

（3）物体到达 B 时对槽的压力。

解 （1）如图 4.10 所示，对物体、槽和地球系统，外力不做功，物体和槽的相互压力 N 和 N' 具有相同位移，所以做功之和为零。因此系统的机械能守恒。以 v 和 V 分别表示物体刚离开槽时物体和槽的速度，则有

$$mgR = \frac{1}{2}mv^2 + \frac{1}{2}MV^2$$

对物体和槽系统，由于水平方向不受外力，所以水平方向动量守恒。又由于 v 和 V 皆沿水平方向，所以有

$$mv - MV = 0$$

联立解以上两式可得

$$v = \sqrt{\frac{2MgR}{M+m}}, \quad V = m\sqrt{\frac{2gR}{M(M+m)}}$$

（2）对槽来说，只有物体对它的压力 N 推它做功，重力和桌面对它的支持力不做功。由动能定理可知在物体下落过程中，物体对槽做的功就等于槽的动能的增量，即

$$A_N = \frac{1}{2}MV^2 = \frac{m^2 gR}{M+m}$$

（3）物体到达最低点 B 的瞬间，槽在水平方向不受外力，加速度为零，此时可以把槽当作惯性系。在此惯性系中，物体的水平速度为

$$v' = v + V = \sqrt{\frac{2MgR}{M+m}} + m\sqrt{\frac{2gR}{M(M+m)}}$$

由牛顿第二定律

$$N' - mg = m\frac{v'^2}{R}$$

由此得

$$N' = mg + m\frac{v'^2}{R} = \left(3 + \frac{2m}{M}\right)mg$$

再由牛顿第三定律可知此时物体对槽的压力为

$$N = N' = \left(3 + \frac{2m}{M}\right)mg$$

方向向下。

4.14　证明：一个运动的小球与另一个静止的质量相同的小球作弹性的非对心碰撞后，它们将总沿互成直角的方向离开（参看原书图 4.24 和图 4.25）。

证　以 $\boldsymbol{v}_{10}$ 表示一个小球的初速度，以 $\boldsymbol{v}_1$ 和 $\boldsymbol{v}_2$ 分别表示碰撞后此小球和另一小球的速度。在 $m_1 = m_2$ 的情况下，对两球用动量守恒可得

$$\boldsymbol{v}_{10} = \boldsymbol{v}_1 + \boldsymbol{v}_2$$

此等式两侧都平方，得

$$v_{10}^2 = v_1^2 + 2\boldsymbol{v}_1 \cdot \boldsymbol{v}_2 + v_2^2$$

又由弹性碰撞前后动能守恒可得

$$v_{10}^2 = v_1^2 + v_2^2$$

此式和上式对比，可知

$$\boldsymbol{v}_1 \cdot \boldsymbol{v}_2 = v_1 v_2 \cos\theta = 0$$

$\boldsymbol{v}_1$ 和 $\boldsymbol{v}_2$ 的标量积为零，就说明二者方向的夹角 θ 总是 $90°$。

4.15　对于一维情况证明：若两质点以某一相对速率靠近并作完全弹性碰撞，那么碰撞后恒以同一相对速率离开，即

$$v_{10} - v_{20} = -(v_1 - v_2)$$

证　已知两质点作弹性碰撞后的速度为

$$v_1 = \frac{m_1 - m_2}{m_1 + m_2}v_{10} + \frac{2m_2}{m_1 + m_2}v_{20}$$

$$v_2 = \frac{m_2 - m_1}{m_1 + m_2}v_0 + \frac{2m_1}{m_1 + m_2}v_0$$

碰撞后的相对速度为

$$v_2 - v_1 = \left(\frac{m_2 - m_1}{m_1 + m_2} - \frac{2m_2}{m_1 + m_2}\right)v_{20} + \left(\frac{2m_1}{m_1 + m_2} - \frac{m_1 - m_2}{m_1 + m_2}\right)v_{10} = -v_{20} + v_{10}$$

亦即

$$v_{10} - v_{20} = -(v_1 - v_2)$$

式中负号表示碰后两质点是相互离开的。

4.16　一质量为 m 的人造地球卫星沿一圆形轨道运动，离开地面的高度等于地球半径的 2 倍（即 $2R$）。试以 m, R，引力恒量 G，地球质量 M 表示出：

（1）卫星的动能；

（2）卫星在地球引力场中的引力势能；

（3）卫星的总机械能。

解　（1）对卫星用牛顿第二定律

$$\frac{GmM}{(3R)^2}=\frac{mv^2}{3R}$$

式中 v 为卫星的速率。由此式可得卫星的动能为

$$E_k=\frac{1}{2}mv^2=\frac{GmM}{6R}$$

（2）引力势能为

$$E_p=-\frac{GmM}{3R}$$

（3）卫星的总机械能为

$$E=E_k+E_p=\frac{GmM}{6R}-\frac{GmM}{3R}=-\frac{GmM}{6R}$$

*4.17　证明：行星在轨道上运动的总能量为

$$E=-\frac{GMm}{r_1+r_2}$$

式中，M,m 分别为太阳和行星的质量；r_1,r_2 分别为太阳到行星轨道的近日点和远日点的距离。

证　以 v_1 和 v_2 分别表示行星通过近日点和远日点时的速率。由于行星所受太阳引力指向太阳，故行星对太阳的角动量守恒，即

$$mr_1v_1=mr_2v_2$$

又行星和太阳只有引力相互作用，所以行星的机械能守恒，即

$$\frac{1}{2}mv_1^2-\frac{GMm}{r_1}=\frac{1}{2}mv_2^2-\frac{GMm}{r_2}$$

联立解以上两式，可得

$$\frac{1}{2}mv_2^2=\frac{GMmr_1}{(r_1+r_2)r_2}$$

行星运行的总能量为

$$E=\frac{1}{2}mv_2^2-\frac{GMm}{r_2}=-\frac{GMm}{r_1+r_2}$$

4.18　发射地球同步卫星要利用"霍曼轨道"（图 4.11）。设发射一颗质量为 500 kg 的地球同步卫星。先把它发射到高度为 1400 km 的停泊轨道上，然后利用火箭推力使它沿此轨道的切线方向进入霍曼轨道。霍曼轨道远地点即同步高度 36000 km，在此高度上利用火箭推力使之进入同步轨道。

（1）先后两次火箭推力给予卫星的能量各是多少？

（2）先后两次推力使卫星的速率增加多少？

解　（1）卫星在停泊轨道（圆形）上的总能量为 $E_s=-GMm/(2r_1)$，在霍曼轨道（椭圆）上的总能量为 $E_h=-\dfrac{GMm}{r_1+r_2}$。由此得卫星进入霍曼轨道时火箭推力给予卫星的能量是

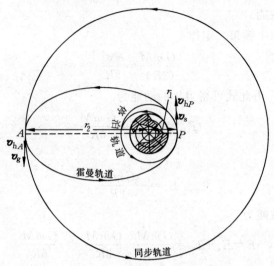

图 4.11　习题 4.18 解用图

$$\Delta E_1 = E_h - E_s = GMm\left[\frac{r_2 - r_1}{2r_1(r_1 + r_2)}\right]$$

$$= 6.67 \times 10^{-11} \times 5.98 \times 10^{24} \times 500 \times \left[\frac{42300 - 7800}{2 \times 7800 \times (7800 + 42300) \times 10^3}\right]$$

$$= 8.80 \times 10^9 (\text{J})$$

在同步轨道上卫星的总能量为 $E_g = -\dfrac{GMm}{2r_2}$。卫星进入同步轨道时火箭推力给予卫星的能量是

$$\Delta E_2 = E_g - E_h = GMm\left[\frac{r_2 - r_1}{2r_2(r_1 + r_2)}\right]$$

$$= 6.67 \times 10^{-11} \times 5.98 \times 10^{24} \times 500 \times \left[\frac{42300 - 7800}{2 \times 42300 \times (7800 + 42300) \times 10^3}\right]$$

$$= 1.62 \times 10^9 (\text{J})$$

（2）卫星在停泊轨道上的速率为

$$v_s = \sqrt{\frac{GM}{r_1}} = \sqrt{\frac{6.67 \times 10^{-11} \times 5.98 \times 10^{24}}{7800 \times 10^3}} = 7.15 \ (\text{km/s})$$

以 v_{hP} 表示卫星在霍曼轨道上近地点时的速率,则有

$$\frac{1}{2}mv_{hP}^2 - \frac{GMm}{r_1} = -\frac{GMm}{r_1 + r_2}$$

由此得

$$v_{hP} = \sqrt{\frac{2GMr_2}{r_1(r_1 + r_2)}} = \sqrt{\frac{2 \times 6.67 \times 10^{-11} \times 5.98 \times 10^{24} \times 4.23 \times 10^7}{7800 \times 10^3 \times (7800 + 42300) \times 10^3}} = 9.29 \ (\text{km/s})$$

以 v_{hA} 表示卫星在霍曼轨道上远地点时的速率,则有

$$v_{hA} = v_{hP}\frac{r_1}{r_2} = 9.29 \times \frac{7800}{42300} = 1.71 \ (\text{km/s})$$

卫星在地球同步轨道上的速率为

$$v_{\mathrm{g}} = \sqrt{\frac{GM}{r_2}} = \sqrt{\frac{6.67 \times 10^{-11} \times 5.98 \times 10^{24}}{42300 \times 10^3}} = 3.07 \ (\mathrm{km/s})$$

卫星进入霍曼轨道时火箭推力使卫星增加的速率为

$$\Delta v_1 = v_{\mathrm{hP}} - v_{\mathrm{s}} = 9.29 - 7.15 = 2.14 \ (\mathrm{km/s})$$

卫星进入地球同步轨道时火箭推力使卫星增加的速率为

$$\Delta v_2 = v_{\mathrm{g}} - v_{\mathrm{hA}} = 3.07 - 1.71 = 1.36 \ (\mathrm{km/s})$$

4.19　两颗中子星质量都是 10^{30} kg,半径都是 20 km,相距 10^{10} m。如果它们最初都是静止的,试求:

(1) 当它们的距离减小到一半时,它们的速度各是多大?

(2) 当它们就要碰上时,它们的速度又将各是多大?

解　(1) 由机械能守恒可得,对两中子星的距离 r 减小到一半的过程,有

$$-\frac{Gmm}{r} = -\frac{Gmm}{r/2} + 2 \times \frac{1}{2} m v_1^2$$

由此得

$$v_1 = \sqrt{\frac{Gm}{r}} = \sqrt{\frac{6.67 \times 10^{-11} \times 10^{30}}{10^{10}}} = 8.2 \times 10^4 (\mathrm{m/s})$$

(2) 同理,对两中子星的距离减小到就要碰上的过程,有

$$-\frac{Gmm}{r} = -\frac{Gmm}{2R} + 2 \times \frac{1}{2} m v_2^2$$

由此得

$$v_2 = \sqrt{Gm \left(\frac{1}{2R} - \frac{1}{r} \right)} = \sqrt{6.67 \times 10^{-11} \times 10^{30} \left(\frac{1}{2 \times 2 \times 10^4} - \frac{1}{10^{10}} \right)} = 4.1 \times 10^7 (\mathrm{m/s})$$

4.20　有一种说法认为地球上的一次灾难性物种(如恐龙)灭绝是由于 6500 万年前一颗大的小行星撞入地球引起的。设小行星的半径是 10 km,密度为 6.0×10^3 kg/m³(和地球的一样),它撞入地球将释放多少引力势能?这能量是唐山地震估计能量(见原书表 4.1)的多少倍?

解　小行星落到地面上所释放的引力势能为

$$\Delta E = -\frac{GM_{\mathrm{E}} m_{\mathrm{A}}}{r_{\mathrm{A}}} - \left(-\frac{GM_{\mathrm{E}} m_{\mathrm{A}}}{R_{\mathrm{E}}} \right)$$

由于小行星运行轨道半径 r_{A} 比地球半径 R_{E} 大得多,所以有

$$\Delta E = \frac{GM_{\mathrm{E}} m_{\mathrm{A}}}{R_{\mathrm{E}}} = \frac{GM_{\mathrm{E}}}{R_{\mathrm{E}}} \times \frac{4}{3} \pi r_{\mathrm{A}}^3 \rho$$

$$= \frac{6.67 \times 10^{-11} \times 5.98 \times 10^{24} \times 4 \times \pi \times (10^4)^3 \times 6.0 \times 10^3}{6400 \times 10^3 \times 3}$$

$$= 1.6 \times 10^{24} (\mathrm{J})$$

此能量约是唐山地震释放能量(约 10^{18} J)的 10^6 倍。

4.21　一个星体的逃逸速度为光速时,亦即由于引力的作用光子也不能从该星体表面逃离时,该星体就成了一个"黑洞"。理论证明,对于这种情况,逃逸速度公式($v_{\mathrm{e}} =$

$\sqrt{2GM/R}$)仍然正确。试计算太阳要是成为黑洞,它的半径应是多大(目前半径为 $R = 7 \times 10^8$ m)? 质量密度是多大? 比原子核的平均密度(2.3×10^{17} kg/m³)大多少倍?

解 以光速 c 代入逃逸速度公式,可得太阳成为黑洞时的半径为

$$R_b = \frac{2GM}{c^2} = \frac{2 \times 6.67 \times 10^{-11} \times 1.99 \times 10^{30}}{(3.0 \times 10^8)^2} = 2.95 \times 10^3 (\text{m})$$

这时太阳的密度为

$$\rho_b = \frac{3M}{4\pi R_b^3} = \frac{3 \times 1.99 \times 10^{30}}{4\pi \times (2.95 \times 10^3)^3} = 1.85 \times 10^{19} (\text{kg/m}^3)$$

这是原子核平均密度的($1.85 \times 10^{19}/2.3 \times 10^{19}$)80 倍。

4.22 理论物理学家霍金教授认为"黑洞"并不是完全"黑"的,而是不断向外发射物质。这种发射称为黑洞的"蒸发"。他估计一个质量是太阳两倍的黑洞的温度大约是 10^{-6} K,完全蒸发掉需要 10^{67} 年的时间。又据信宇宙大爆炸开始曾产生过许多微型黑洞,但到如今这些微型黑洞都已由于蒸发而消失了。若一个黑洞蒸发完所需的时间和它的质量的 3 次方成正比,而宇宙大爆炸发生在 200 亿年以前,那么当时产生的而至今已蒸发完的最大的微型黑洞的质量和半径各是多少?

解 由于蒸发完所需时间 T 和黑洞质量 M 的 3 次方成正比,所以有

$$\frac{T_{mi}}{T_s} = \left(\frac{M_{mi}}{M_s}\right)^3$$

所以微型黑洞的初始质量

$$M_{mi} = M_s \left(\frac{T_{mi}}{T_s}\right)^{1/3} = 1.99 \times 10^{30} \times \left(\frac{2 \times 10^{10}}{10^{67}}\right)^{1/3} = 5 \times 10^{11} (\text{kg})$$

由逃逸速度公式($c = \sqrt{2GM/R}$)得微型黑洞的半径为

$$R_{mi} = \frac{2GM_{mi}}{c^2} = \frac{2 \times 6.67 \times 10^{-11} \times 5 \times 10^{11}}{(3 \times 10^8)^2} = 7.4 \times 10^{-16} (\text{m})$$

4.23 ^{238}U 核放射性衰变放出 α 粒子时释放的总能量是 4.27 MeV,求一个静止的 ^{238}U 核放出的 α 粒子的动能。

解 ^{238}U 核放射 α 粒子后变为 ^{234}Th 核。由动量守恒可得

$$m_{Th} v_{Th} = m_\alpha v_\alpha$$

由此可得

$$\frac{1}{2} m_{Th} v_{Th}^2 m_{Th} = \frac{1}{2} m_\alpha v_\alpha^2 m_\alpha$$

即

$$E_{Th} m_{Th} = E_\alpha m_\alpha$$

由能量守恒可得

$$E_{Th} + E_\alpha = E$$

利用上式可得

$$E_\alpha = \frac{E}{1 + m_\alpha/m_{Th}} = \frac{4.27}{1 + 4/234} = 4.20 (\text{MeV})$$

*4.24 证明:把两体问题化为单体问题后,一质点在另一质点参考系中的动能等于两

质点的内动能。

证 约化动能为

$$E_{k,r}=\frac{1}{2}\mu v_{21}^2=\frac{1}{2}\frac{m_1 m_2}{m_1+m_2}(v_2-v_1)^2$$

两质点的内动能为

$$E_{k,in}=\frac{1}{2}m_1 v_1'^2+\frac{1}{2}m_2 v_2'^2=\frac{1}{2}m_1(v_1-v_C)^2+\frac{1}{2}m_2(v_2-v_C)^2$$

由于

$$v_C=\frac{m_1 v_1+m_2 v_2}{m_1+m_2}$$

将此 v_C 代入上式可得

$$E_{k,in}=\frac{1}{2}m_1\frac{m_2^2(v_2-v_1)^2}{(m_1+m_2)^2}+\frac{1}{2}m_2\frac{m_1^2(v_2-v_1)^2}{(m_1+m_2)^2}=\frac{1}{2}\frac{m_1 m_2}{m_1+m_2}(v_2-v_1)^2$$

由此得

$$E_{k,r}=E_{k,in}$$

***4.25** 水平光滑桌面上放有质量分别为 M 和 m 的两个物体,二者用一根劲度系数为 k 的弹簧相连而处于静止状态。今用棒击质量为 m 的物体,使之获得一指向另一物体的速度 $\boldsymbol{v}_0$。试利用约化质量概念求出此后弹簧的最大压缩长度。

解 以 M 为参考系,则机械能守恒给出

$$\frac{1}{2}\mu v_{mM}^2=\frac{1}{2}kx_{max}^2$$

由于 $\mu=\dfrac{mM}{m+M}$, $v_{mM}=v_0$,代入上式即可得弹簧的最大压缩量为

$$x_{max}=\sqrt{\frac{mM}{(m+M)k}}v_0$$

***4.26** 在实验室内观察到相距很远的一个质子(质量为 m_p)和一个氦核(质量 $M=4m_p$)相向运动,速率都是 v_0。求二者能达到的最近距离(忽略质子和氦核间的引力势能,但二者间的电势能需计入。电势能公式可根据引力势能公式猜出)。

解 仿引力势能公式,两电荷 e(质子)和 $2e$(氦核)相距 r 时的势能为

$$E_p=\frac{k2e\cdot e}{r}=\frac{2ke^2}{r}$$

式中 k 为一常量。

在质子和氦核相向运动的过程中,速度方向假设如图 4.12 所示。由动量守恒可得

$$-m_p v_0+M v_0=m_p v+MV$$

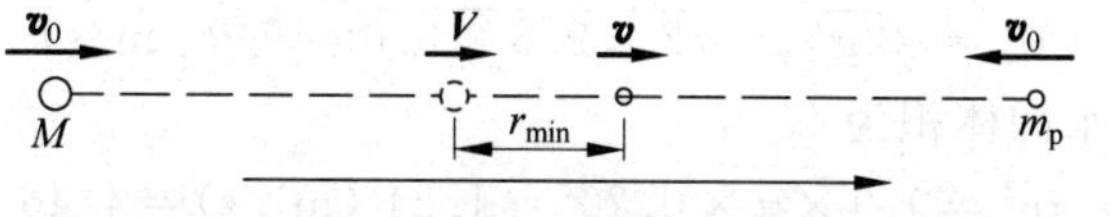

图 4.12 习题*4.26 解用图

由此得

$$V = \frac{-m(v_0 + v) + Mv_0}{M}$$

由能量守恒可得

$$\frac{2ke^2}{r} + \frac{1}{2}m_p v^2 + \frac{1}{2}MV^2 = \frac{1}{2}m_p v_0^2 + \frac{1}{2}MV_0^2$$

此式中当 r 最小时，第一项势能最大，而动能 $E_k = \left(\frac{1}{2}m_p v^2 + \frac{1}{2}MV^2\right)$ 应最小。将上面的 V 值代入动能表示式可得

$$E_k = \frac{1}{2}m_p v^2 + \frac{1}{2}\frac{1}{M}[-m_p(v_0 + v) + Mv_0]^2$$

E_k 最小值出现在 $\frac{dE_k}{dv} = 0$ 时，上式对 v 求导可得当 $r = r_{min}$ 时

$$v = \frac{M - m_p}{M + m_p}v_0$$

将此结果代入上面求 V 的公式中可得

$$V = \frac{M - m_p}{M + m_p}v_0$$

这说明当质子和氦核速度相同时，二者相距最近。

将

$$v = V = \frac{4m_p - m_p}{4m_p + m_p}v_0 = \frac{3}{5}v_0$$

代入上面的能量守恒表示式即可得

$$r_{min} = \frac{5}{4}\cdot\frac{ke^2}{m_p v_0^2}$$

4.27　有的黄河区段的河底高于堤外田地。为了用河水灌溉堤外田地就用虹吸管越过堤面把河水引入田中。虹吸管如图 4.13 所示，是倒 U 形，其两端分别处于河内和堤外的水渠口上。如果河水水面和堤外管口的高度差是 5.0 m，而虹吸管的半径是 0.20 m，则每小时引入田地的河水的体积是多少？

解　对河水水面和堤外管口的水来说，$p_1 = 1$ atm，$v_1 = 0$，$p_2 = 1$ atm。以堤外管口高度为 0，水的流速为 v_2，则伯努利定理给出

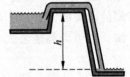

图 4.13　习题 4.27 解用图

$$\rho g h = \frac{1}{2}\rho v_2^2$$

由此得

$$v_2 = \sqrt{2gh} = \sqrt{2 \times 9.8 \times 5.0} = 9.9 \ (m/s)$$

每小时引进田中的河水的体积为

$$V = v_2 S = v_2 \pi r^2 = 9.9 \times \pi \times 0.20^2 = 1.24 \ (m^3/s) = 4.46 \times 10^3 \ (m^3/h)$$

4.28　喷药车的加压罐内杀虫剂水的表面的压强是 $p_0 = 21$ atm，管道另一端的喷嘴的直径是 0.8 cm（图 4.14）。求喷药时，每分钟喷出的杀虫剂水的体积，设喷嘴与罐内液面处

于同一高度。

　　解　对罐内液面和喷嘴处的水,根据伯努利定理,有

$$p_0 + \frac{1}{2}\rho v_0^2 = p_1 + \frac{1}{2}\rho v_1^2$$

$v_0 = 0, p_0 = 21 \text{ atm}, p_1 = 1 \text{ atm}$。代入上式可得杀虫剂水喷出的速率为

$$v_1 = \sqrt{2(p_0 - p_1)/\rho} = \sqrt{2 \times (21-1) \times 1.01 \times 10^5/10^3} = 63.6 \text{ (m/s)}$$

每分钟喷出的体积为

$$V = v_1 \cdot \pi r^2 = 63.6 \times \pi \times 0.4^2 \times 10^{-4} = 3.19 \times 10^{-3} \text{ (m}^3/\text{s)} = 0.19 \text{ (m}^3/\text{min)}$$

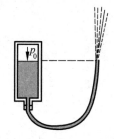

图 4.14　习题 4.28 解用图

第 5 章

刚体的转动

一、概念原理复习

1. 概述

本章所提及的概念原理都是前 4 章所述概念原理对刚体定轴转动的具体应用。

2. 刚体的转动

刚体是一种理想模型,是受力时不改变形状和体积的物体。它的定轴转动是指它绕惯性参考系中一固定的轴线的转动。这种转动用角动量描述。对匀加速转动,

$$\omega = \omega_0 + \alpha t, \quad \theta = \omega_0 t + \frac{1}{2}\alpha t^2, \quad \omega^2 - \omega_0^2 = 2\alpha\theta$$

3. 转动定律

转动定律是质点系的角动量定律沿固定轴(取作 z 轴)的分量式,即

$$M_z = \frac{\mathrm{d}L_z}{\mathrm{d}t}$$

式中,M_z 为外力对转轴的力矩之和(为代数值),L_z 为刚体对转轴的角动量。可以证明,$L_z = J\omega$,式中 J 为刚体对转轴的转动惯量,ω 为刚体绕转轴转动的角速度。以此 L_z 代入上式,去掉 M_z 的下标,即可得

$$M = J\,\frac{\mathrm{d}\omega}{\mathrm{d}t} = J\alpha$$

这就是刚体定轴转动定律。

转动惯量:取决于刚体的质量相对于转轴的分布,定义为

$$J = \sum m_i r_i^2 \quad \text{或} \quad J = \int r^2 \,\mathrm{d}m$$

式中,r 为质点 $\mathrm{d}m$(或 m_i)到转轴的垂直距离。

平行轴定理:
$$J = J_C + md^2$$

4. 刚体转动的功和能

力矩的功:
$$A = \int_{\theta_1}^{\theta_2} M \,\mathrm{d}\theta$$

转动动能：
$$E_k = \frac{1}{2} J \omega^2$$

重力势能：
$$E_p = mgh_C$$

5. 守恒定律

包含有定轴转动的刚体的系统同样遵守机械能和角动量守恒定律。

*6. 进动

自旋物体在外力矩作用下,自旋轴发生转动的现象。

二、解题要点

（1）由于定轴转动的刚体遵循的规律是前 4 章所述规律的特殊应用,所以此处解题思路与前 4 章各类习题解题思路基本相同。只是在这里要特别注意转轴的位置和方向,从而确定刚体的转动惯量的大小、力矩 M 的大小和正负以及角加速度 α 的正负,注意此处力矩是指力对转轴的力矩,它由下式给出：

$$M = r F_\perp \sin\theta$$

式中,r 为力的作用点到转轴的垂直距离,$F_\perp$ 为此力在垂直于轴的平面内的分量,θ 为此分量和 r 之间的夹角。

（2）在应用机械能守恒定律时,系统中刚体的重力势能按其质量集中在刚体的质心计算,即 $E_p = mgh_C$。单个质点对转轴的动能为

$$E_k = \frac{1}{2} J \omega^2$$

但由于 $J = mr^2$,$\omega = v/r$,所以也有

$$E_k = \frac{1}{2} m v^2$$

（3）在应用定轴转动定律时,刚体所受重力矩按重力集中在其质心计算。在应用角动量守恒定律时,刚体的角动量为 $L = J\omega$,质点的角动量对转轴来说为

$$L = J\omega = mr^2\omega = mrv$$

即也可以用质点的线动量来计算

（4）在问题涉及包含有定轴转动的刚体的系统时,所有和转动有关的量都应该是对一个定轴来说的。

三、思考题选答

5.3　走钢丝的杂技演员,表演时为什么要拿一根长直棍(原书图 5.26)？

答　演员拿一根长直棍,能大大增加他本身对平行于钢丝的轴的转动惯量。这样,当他的身体一旦倾斜时,重力对他的力矩产生的角加速度就会大大减小。这就容许演员有时间及时调整回正确的平衡位置而不致翻倒。

5.6　花样滑冰运动员想高速旋转时,她先把一条腿和两臂伸开,并用脚蹬冰使自己转动起来,然后她再收拢腿和臂,这时她的转速就明显地加快了。这是利用了什么原理？

答 运动员的一条腿和两臂伸开时,她对于其竖直中心轴线的转动惯量 J_1 显然大于她将腿和两臂收回时的转动惯量 J_2。忽略她收回手臂过程中脚尖触冰处所受的摩擦力矩,她并没有受到其他外力矩,因而她对竖直中心轴线的角动量守恒。以 ω_1 和 ω_2 表示两臂收回前后的角速度,应该有

$$J_1\omega_1 = J_2\omega_2$$

由于 $J_1 > J_2$,自然有 $\omega_2 > \omega_1$,即两臂收回后,她的转速要明显地加快。

*5.10 杂技节目"转碟"是用直杆顶住碟底突沿内侧(图 5.1)不断晃动,使碟子旋转不停,碟子就不会掉下。为什么? 碟子在旋转的同时,整个碟子还要围绕顶杆转。又是为什么? 碟子围着顶杆转时,还会上下摆动,这是什么现象?

答 直杆顶住碟子时不断晃动,靠杆顶端对碟底的摩擦力不断拨动碟子旋转,碟子就具有了沿垂直于碟面的对称轴方向的角动量 L(图 5.1)。由于杆的支点并不在碟子的质(重)心上,重力对碟子相对于支点的力矩将使碟子绕通过支点的竖直轴进动而不会掉下来,这看起来就是整个碟子围绕顶杆转,至于碟子的上下摆动,那是由于碟子的旋转速度不够大而引起的章动现象,这种上下摆动更增大了转碟节目的可观赏性。

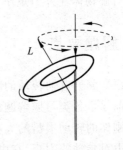

图 5.1 思考题*5.10 答用图

四、习题解答

5.1 掷铁饼运动员手持铁饼转动 1.25 圈后松手,此刻铁饼的速度值达到 $v = 25$ m/s。设转动时铁饼沿半径为 $R = 1.0$ m 的圆周运动并且均匀加速。求:

(1) 铁饼离手时的角速度;

(2) 铁饼的角加速度;

(3) 铁饼在手中加速的时间(把铁饼视为质点)。

解 (1) 铁饼离手时的角速度为

$$\omega = v/R = 25/1.0 = 25 \ (\text{rad/s})$$

(2) 铁饼的角加速度为

$$\alpha = \frac{\omega^2}{2\theta} = \frac{25^2}{2 \times 2\pi \times 1.25} = 39.8 \ (\text{rad/s}^2)$$

(3) 铁饼在手中加速的时间为

$$t = \frac{2\theta}{\omega} = \frac{2 \times 2\pi \times 1.25}{25} = 0.628 \ (\text{s})$$

5.2 一汽车发动机的主轴的转速在 7.0 s 内由 200 r/min 均匀地增加到 3000 r/min。

(1) 求在这段时间内主轴的初角速度和末角速度以及角加速度;

(2) 求这段时间内转过的角度和圈数。

解 (1) 主轴的初角速度为

$$\omega_0 = 2\pi \times 200/60 = 20.9 \ (\text{rad/s})$$

主轴的末角速度为

$$\omega = 2\pi \times 3000/60 = 314 \ (\text{rad/s})$$

主轴的角加速度为

$$\alpha = \frac{\omega - \omega_0}{t} = \frac{314 - 20.9}{7.0} = 41.9 \ (\text{rad/s}^2)$$

（2）转过的角度为

$$\theta = \frac{\omega_0 + \omega}{2} t = \frac{20.9 + 314}{2} \times 7.0 = 1.17 \times 10^3 (\text{rad}) = 186(\text{圈})$$

5.3 地球自转是逐渐变慢的。在 1987 年完成 365 次自转比 1900 年长 1.14 s。求在 1900 年到 1987 年这段时间内,地球自转的平均角加速度。

解 平均角加速度为

$$\alpha = \frac{\omega - \omega_0}{t} = \frac{\dfrac{365 \times 2\pi}{T_0 + \Delta t} - \dfrac{365 \times 2\pi}{T_0}}{87 T_0}$$

$$\approx -\frac{365 \times 2\pi \times \Delta t}{87 \times T_0^3} = -\frac{365 \times 2\pi \times 1.14}{87 \times (3.15 \times 10^7)^3}$$

$$= -9.6 \times 10^{-22} \ (\text{rad/s}^2)$$

5.4 求位于北纬 40° 的颐和园排云殿(以图 5.2 中 P 点表示)相对于地心参考系的线速度与加速度的数值和方向。

解 如图 5.2 所示,所求线速度的大小为

$$v = \omega R \cos\lambda = \frac{2\pi}{86400} \times 6370 \times 10^3 \times \cos\lambda = 463 \cos\lambda \ (\text{m/s})$$

方向垂直于地轴向东。

加速度的大小为

$$a = \omega^2 R \cos\lambda = \left(\frac{2\pi}{86400}\right)^2 \times 6370 \times 10^3 \times \cos\lambda = 3.37 \times 10^{-2} \cos\lambda \ (\text{m/s}^2)$$

方向垂直指向地轴。

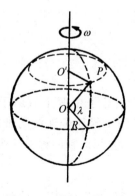

图 5.2 习题 5.4 解用图

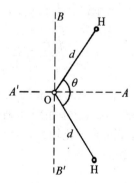

图 5.3 习题 5.5 解用图

5.5 水分子的形状如图 5.3 所示。从光谱分析得知水分子对 AA' 轴的转动惯量是 $J_{AA'} = 1.93 \times 10^{-47} \ \text{kg} \cdot \text{m}^2$,对 BB' 轴的转动惯量是 $J_{BB'} = 1.14 \times 10^{-47} \ \text{kg} \cdot \text{m}^2$。试由此数据和各原子的质量求出氢和氧原子间的距离 d 和夹角 θ。假设各原子都可当质点处理。

解 由图可得

$$J_{AA'} = 2m_H d^2 \sin^2 \frac{\theta}{2}$$

$$J_{BB'} = 2m_H d^2 \cos^2 \frac{\theta}{2}$$

此两式相加,可得

$$J_{AA'} + J_{BB'} = 2m_H d^2$$

$$d = \sqrt{\frac{J_{AA'} + J_{BB'}}{2m_H}} = \sqrt{\frac{(1.93 + 1.14) \times 10^{-47}}{2 \times 1.67 \times 10^{-27}}} = 9.59 \times 10^{-11} \, (m)$$

以上两式相比,可得

$$J_{AA'} / J_{BB'} = \tan^2 \frac{\theta}{2}$$

$$\theta = 2\arctan \sqrt{\frac{J_{AA'}}{J_{BB'}}} = 2\arctan \sqrt{\frac{1.93}{1.14}} = 104°54'$$

5.6 C_{60}(Fullerene,富勒烯)分子由 60 个碳原子组成,这些碳原子各位于一个球形 32 面体的 60 个顶角上(图 5.4),此球体的直径为 71 nm。

(1) 按均匀球面计算,此球形分子对其一个直径的转动惯量是多少?

(2) 在室温下一个 C_{60} 分子的自转动能为 6.12×10^{-21} J,求它的自转频率。

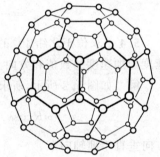

图 5.4 习题 5.6 解用图

解 (1) $J = \frac{2}{3} mR^2$

$$= \frac{2}{3} \times 12 \times 1.67 \times 10^{-27} \times 60 \times \left(\frac{71 \times 10^{-9}}{2}\right)^2$$

$$= 1.01 \times 10^{-39} \, (kg \cdot m^2)$$

(2) 由 $E = \frac{1}{2} J\omega^2 = \frac{1}{2} J (2\pi\nu)^2$ 可得频率

$$\nu = \frac{1}{2\pi} \sqrt{\frac{2E}{J}} = \frac{1}{2\pi} \sqrt{\frac{2 \times 6.12 \times 10^{-21}}{1.01 \times 10^{-39}}} = 5.54 \times 10^8 \, (Hz)$$

5.7 一个氧原子的质量是 2.66×10^{-26} kg,一个氧分子中两个氧原子的中心相距 1.21×10^{-10} m。求氧分子相对于通过其质心并垂直于两个氧原子连线的轴的转动惯量。如果一个氧分子相对于此轴的转动动能是 2.06×10^{-21} J,它绕此轴的转动周期是多少?

解 所求转动惯量为

$$J = 2 \cdot mr^2 = 2 \times 2.66 \times 10^{-26} \times \left(\frac{1.21}{2} \times 10^{-10}\right) = 1.95 \times 10^{-46} \, (kg \cdot m^2)$$

转动周期为

$$T = \frac{2\pi}{\sqrt{2E_k / J}} = \frac{2\pi}{\sqrt{\dfrac{2\pi}{2 \times 2.06 \times 10^{-21} / (1.95 \times 10^{-46})}}} = 1.37 \times 10^{-12} \, (s)$$

5.8　一个哑铃由两个质量为 m、半径为 R 的铁球和中间一根长 l 的连杆组成（图 5.5）。和铁球的质量相比,连杆的质量可以忽略。求此哑铃对于通过连杆中心并和它垂直的轴的转动惯量。它对于通过两球的连心线的轴的转动惯量又是多大?

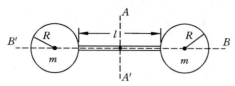

图 5.5　习题 5.8 解用图

解　对 AA' 轴的转动惯量为

$$J_{AA'} = 2\left[\frac{2}{5}mR^2 + m\left(\frac{l}{2} + R\right)^2\right] = m\left[\frac{14}{5}R^2 + 2lR + \frac{l^2}{2}\right]$$

对 BB' 轴的转动惯量为

$$J_{BB'} = 2 \times \frac{2}{5}mR^2 = \frac{4}{5}mR^2$$

5.9　在伦敦的英国议会塔楼上的大本钟的分针长 4.50 m,质量为 100 kg;时针长 2.70 m,质量为 60.0 kg。二者对中心轴的角动量和转动动能各是多少?将二者都当成均匀细直棒处理。

解　对分针,有

$$J_1 = \frac{1}{3}m_1 l_1^2 = \frac{1}{3} \times 100 \times 4.50^2 = 675 \ (\text{kg} \cdot \text{m}^2)$$

$$\omega_1 = \frac{2\pi}{T_1} = \frac{2\pi}{3600} = 1.75 \times 10^{-3} (\text{s}^{-1})$$

$$L_1 = J_1\omega_1 = 675 \times 1.75 \times 10^{-3} = 1.18 \ (\text{kg} \cdot \text{m}^2/\text{s})$$

$$E_{k,1} = \frac{1}{2}J_1\omega_1^2 = \frac{1}{2} \times 675 \times (1.75 \times 10^{-3})^2 = 1.03 \times 10^{-3}(\text{J})$$

对时针,有

$$J_s = \frac{1}{3}m_s l_s^2 = \frac{1}{3} \times 60.0 \times 2.70^2 = 146 \ (\text{kg} \cdot \text{m}^2)$$

$$\omega_s = \frac{2\pi}{T_s} = \frac{2\pi}{3600 \times 12} = 1.45 \times 10^{-4}(\text{s}^{-1})$$

$$L_s = J_s\omega_s = 146 \times 1.45 \times 10^{-4} = 2.12 \times 10^{-2}(\text{kg} \cdot \text{m}^2/\text{s})$$

$$E_{k,s} = \frac{1}{2}J_s\omega_s^2 = \frac{1}{2} \times 146 \times (1.45 \times 10^{-4})^2 = 1.54 \times 10^{-6}(\text{J})$$

*5.10　从一个半径为 R 的均匀薄板上挖去一个直径为 R 的圆板,所形成的圆洞中心在距原薄板中心 $R/2$ 处(图 5.6),所剩薄板的质量为 m。求此时薄板对于通过原中心而与板面垂直的轴的转动惯量。

解　由于转动惯量具有可加性,所以已挖洞的圆板的转动惯量 J 加上挖去的圆板补回原位后对原中心的转动惯量 J_1 就等于整个完整圆板对中心的转动惯量 J_2。设板的密度为 ρ,厚度为 a,则对于通过原中心而与板面垂直的轴

$$J_1 = \frac{1}{2}m_1\left(\frac{R}{2}\right)^2 + m_1\left(\frac{R}{2}\right)^2 = \frac{3}{2}\pi\left(\frac{R}{2}\right)^2 a\rho\left(\frac{R}{2}\right)^2 = \frac{3}{32}\pi a\rho R^4$$

$$J_2 = \frac{1}{2}m_2 R^2 = \frac{1}{2}\pi a\rho R^4$$

$$J = J_2 - J_1 = \frac{13}{32}\pi a\rho R^4$$

又由于 $\left[\pi R - \pi\left(\frac{R}{2}\right)^2\right]a\rho = m$,即

$$\pi a\rho R^2 = \frac{4}{3}m$$

代入上面求 J 的公式,最后可得

$$J = \frac{13}{24}mR^2$$

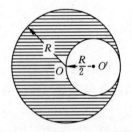

图 5.6　习题*5.10 解用图

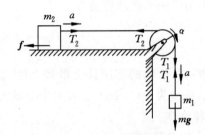

图 5.7　习题 5.11 解用图

5.11　如图 5.7 所示,两物体质量分别为 m_1 和 m_2,定滑轮的质量为 m,半径为 r,可视作均匀圆盘。已知 m_2 与桌面间的滑动摩擦系数为 μ_k,求 m_1 下落的加速度和两段绳子中的张力各是多少? 设绳子和滑轮间无相对滑动,滑轮轴受的摩擦力忽略不计。

解　对 m_1,由牛顿第二定律

$$m_1 g - T_1 = m_1 a$$

对 m_2,由牛顿第二定律

$$T_2 - \mu_k m_2 g = m_2 a$$

对滑轮,用转动定律

$$(T_1 - T_2)r = \frac{1}{2}mr^2\alpha$$

又由运动学关系,设绳在滑轮上不打滑

$$\alpha = a/r$$

联立解以上诸方程,可得

$$a = \frac{m_1 - \mu_k m_2}{m_1 + m_2 + m/2}g$$

$$T_1 = \frac{(1+\mu_k)m_2 + m/2}{m_1 + m_2 + m/2}m_1 g, \quad T_2 = \frac{(1+\mu_k)m_1 + \mu_k m/2}{m_1 + m_2 + m/2}m_2 g$$

5.12　一根均匀米尺,在 60 cm 刻度处被钉到墙上,且可以在竖直平面内自由转动。先用手使米尺保持水平,然后释放。求刚释放时米尺的角加速度和米尺到竖直位置时的角速度各是多大?

解　如图 5.8 所示,设米尺的总质量为 m ,则直尺对悬点的转动惯量为

$$I=\frac{1}{3}m_1l_1^2+\frac{1}{3}m_2l_2^2=\frac{1}{3}\times\frac{2}{5}m\times0.4^2+\frac{1}{3}\times\frac{3}{5}m\times0.6^2=0.093m$$

对直尺,手刚释放时,由转动定律

$$mg\times OC=I\alpha$$

$$\alpha=\frac{mg\times OC}{I}=\frac{m\times9.8\times0.1}{0.093m}=10.5（rad/s^2）$$

在米尺转到竖直位置的过程中,机械能守恒给出

$$mg\times OC=\frac{1}{2}I\omega^2$$

$$\omega=\sqrt{\frac{2mg\times OC}{I}}=\sqrt{\frac{2m\times9.8\times0.1}{0.093m}}=4.58（rad/s）$$

5.13　从质元的动能表示式 $\Delta E_k=\frac{1}{2}\Delta mv^2$ 出发,导出刚体绕定轴转动的动能表示式 $E_k=\frac{1}{2}J\omega^2$ 。

解　以 r_i 表示质元 Δm_i 到转轴的垂直距离,此质元的速率为 $v_i=r_i\omega$,于是整个刚体的动能为

$$E_k=\sum\frac{1}{2}\Delta m_iv_i^2=\sum\frac{1}{2}\Delta m_ir_i^2\omega^2=\frac{1}{2}\left(\sum\Delta m_ir_i^2\right)\omega^2=\frac{1}{2}J\omega^2$$

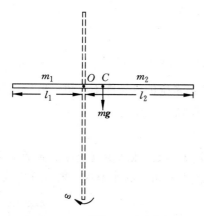

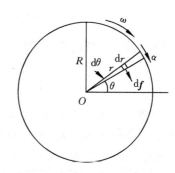

图 5.8　习题 5.12 解用图　　　　　　　图 5.9　习题 5.14 解用图

5.14　唱机的转盘绕着通过盘心的固定竖直轴转动,唱片放上去后将受转盘的摩擦力作用而随转盘转动(图 5.9)。设唱片可以看成是半径为 R 的均匀圆盘,质量为 m ,唱片和转盘之间的滑动摩擦系数为 μ_k 。转盘原来以角速度 ω 匀速转动,唱片刚放上去时它受到的摩擦力矩多大?唱片达到角速度 ω 需要多长时间?在这段时间内,转盘保持角速度 ω 不变,驱动力矩共做了多少功?唱片获得了多大动能?

解　如图 5.9 所示,唱片上一面元面积为 $dS=rd\theta dr$,质量为 $dm=mrd\theta dr/(\pi R^2)$,此面元受转盘的摩擦力矩为

$$dM=rdf=r\mu_kdmg=\frac{mg\mu_kr^2d\theta dr}{\pi R^2}$$

各质元所受力矩方向相同,所以整个唱片受的摩擦力矩为

$$M = \int \mathrm{d}M = \frac{\mu_k mg}{\pi R^2} \int_0^{2\pi} \mathrm{d}\theta \int_0^R r^2 \mathrm{d}r = \frac{2}{3} \mu_k mgR$$

唱片在此力矩作用下作匀加速转动,角速度从 0 增加到 ω 需要时间

$$t = \frac{\omega}{\alpha} = \frac{\omega}{M / \left(\frac{1}{2} mR^2 \right)} = \frac{3R\omega}{4\mu_k g}$$

唱机驱动力矩做的功为

$$A = M \cdot \Delta\theta = M \cdot \omega t = \frac{1}{2} mR^2 \omega^2$$

唱片获得的动能为

$$E_k = \frac{1}{2} J \omega^2 = \frac{1}{2} \left(\frac{1}{2} mR^2 \right) \omega = \frac{1}{4} mR^2 \omega^2$$

5.15　坐在转椅上的人手握哑铃(原书图 5.12)。两臂伸直时,人、哑铃和椅系统对竖直轴的转动惯量为 $J_1 = 2 \ \mathrm{kg \cdot m^2}$。在外人推动后,此系统开始以 $n_1 = 15 \ \mathrm{r/min}$ 的转速转动。当人的两臂收回,使系统的转动惯量变为 $J_2 = 0.80 \ \mathrm{kg \cdot m^2}$ 时,它的转速 n_2 是多大?两臂收回过程中,系统的机械能是否守恒?什么力做了功?做功多少?设轴上摩擦忽略不计。

解　由于两臂收回过程中,人体受的沿竖直轴的外力矩为零,所以系统沿此轴的角动量守恒。由此得

$$J_1 \cdot 2\pi n_1 = J_2 \cdot 2\pi n_2$$

于是

$$n_2 = n_1 \frac{J_1}{J_2} = 15 \times \frac{2}{0.8} = 37.5 \ (\mathrm{r/min})$$

在两臂收回时,系统的内力(臂力)做了功,所以系统的机械能不守恒。臂力做的总功为

$$A = \frac{1}{2} J_2 \omega_2^2 - \frac{1}{2} J_1 \omega_1^2 = \frac{1}{2} \left[0.8 \times \left(2\pi \times \frac{37.5}{60} \right)^2 - 2 \times \left(2\pi \times \frac{15}{60} \right)^2 \right] = 3.70 \ (\mathrm{J})$$

5.16　图 5.10 中均匀杆长 $L = 0.40 \ \mathrm{m}$,质量 $M = 1.0 \ \mathrm{kg}$,由其上端的光滑水平轴吊起而处于静止。今有一质量 $m = 8.0 \ \mathrm{g}$ 的子弹以 $v_0 = 200 \ \mathrm{m/s}$ 的速率水平射入杆中而不复出,射入点在轴下 $d = 3L/4$ 处。

(1) 求子弹停在杆中时杆的角速度;

(2) 求杆的最大偏转角。

解　(1) 由子弹和杆系统对悬点 O 的角动量守恒可得

$$m v \times \frac{3}{4} L = \left[\frac{1}{3} ML^2 + m \left(\frac{3L}{4} \right)^2 \right] \omega$$

$$\omega = \frac{3mv}{4 \times \left[\frac{1}{3} ML + \frac{9}{16} mL \right]}$$

$$= \frac{3 \times 0.008 \times 200}{4 \times \left[\frac{1}{3} \times 1 \times 0.4 + \frac{9}{16} \times 0.008 \times 0.4 \right]}$$

$$= 8.89 \ (\mathrm{rad/s})$$

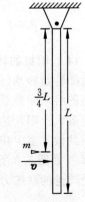

图 5.10　习题 5.16 解用图

（2）对杆、子弹和地球系统，由机械能守恒可得

$$\frac{1}{2}\left(\frac{1}{3}ML^2+\frac{9}{16}mL^2\right)\omega^2=\left(Mg\frac{L}{2}+mg\frac{3}{4}L\right)(1-\cos\theta)$$

由此得

$$\theta=\arccos\left[1-\frac{\left(\frac{1}{3}M+\frac{9}{16}m\right)L\omega^2}{\left(M+\frac{3}{2}m\right)g}\right]$$

$$=\arccos\left[1-\frac{\left(\frac{1}{3}\times1+\frac{9}{16}\times0.008\right)\times0.4\times8.89^2}{\left(1+\frac{3}{2}\times0.008\right)\times9.8}\right]$$

$$=94°18'$$

5.17　一转台绕竖直固定轴转动，每转一周所需时间为 $t=10$ s，转台对轴的转动惯量为 $J=1200$ kg·m²。一质量为 $M=80$ kg 的人，开始时站在转台的中心，随后沿半径向外跑去，当人离转台中心 $r=2$ m 时转台的角速度是多大？

解　由于转台和人系统未受到沿轴方向的外力矩，所以系统的角动量守恒，即

$$J\omega_1=(J+Mr^2)\omega_2$$

由此可得转台后来的角速度为

$$\omega_2=\frac{J}{J+Mr^2}\omega_1=\frac{1200}{1200+80\times2^2}\times\frac{2\pi}{10}=0.496\text{ (rad/s)}$$

5.18　两辆质量都是 1200 kg 的汽车在平直公路上都以 72 km/h 的高速迎面开行。由于两车质心轨道间距离太小，仅为 0.5 m，因而发生碰撞，碰后两车扣在一起，此残体对于其质心的转动惯量为 2500 kg·m²，求：

（1）两车扣在一起时的旋转角速度；

（2）由于碰撞而损失的机械能。

解　（1）对两汽车的质心，两汽车的角动量守恒给出

$$2mvr=I\omega$$

由此得

$$\omega=\frac{2mvr}{I}=\frac{2\times1200\times20\times0.25}{2500}=4.8\text{ (rad/s)}$$

（2）损失的机械能为

$$2\times\frac{1}{2}mv^2-\frac{1}{2}I\omega^2=1200\times20^2-\frac{1}{2}\times2500\times4.8^2=4.5\times10^5\text{(J)}$$

5.19　宇宙飞船中有三个宇航员绕着船舱环形内壁按同一方向跑动以产生人造重力。

（1）如果想使人造重力等于他们在地面上时受的自然重力，那么他们跑动的速率应多大？设他们的质心运动的半径为 2.5 m，人体当质点处理。

（2）如果飞船最初未动，当宇航员按上面速率跑动时，飞船将以多大角速度旋转？设每个宇航员的质量为 70 kg，飞船船体对于其纵轴的转动惯量为 3×10^5 kg·m²。

（3）要使飞船转过 30°，宇航员需要跑几圈？

解 （1）由于 $v^2/r = g$

$$v = \sqrt{gr} = \sqrt{9.8 \times 2.5} = 4.95 \text{（m/s）}$$

（2）由飞船和宇航员系统角动量守恒可得

$$3mvR - J\omega = 0$$

由此得飞船角速度为

$$\omega = \frac{3mvR}{J} = \frac{3 \times 70 \times 4.95 \times 2.5}{3 \times 10^5} = 8.67 \times 10^{-3} \text{（rad/s）}$$

（3）飞船转过 30° 用的时间 $t = \pi/(6\omega)$，宇航员对飞船的角速度为 $\omega + v/R$，在时间 t 内跑过的圈数

$$n = \frac{(\omega + v/R)t}{2\pi} = \frac{1}{12}\left(1 + \frac{v}{\omega R}\right) = \frac{1}{12} \times \left(1 + \frac{4.95}{8.67 \times 10^{-3} \times 2.5}\right) = 19 \text{（圈）}$$

5.20 把太阳当成均匀球体，试由原书的"数值表"给出的数据计算太阳的自转角动量。太阳的自转角动量是太阳系总角动量（3.3×10^{43} J·s）的百分之几？

解 太阳自转周期按 25 d 计算，太阳的自转角动量为

$$J_s = \frac{2}{5}mR^2\omega = \frac{2}{5} \times 1.99 \times 10^{30} \times (6.96 \times 10^8)^2 \times \frac{2\pi}{25 \times 86400}$$

$$= 1.1 \times 10^{42} \text{（kg·m}^2\text{/s）}$$

此角动量占太阳系总角动量的百分数为

$$\frac{0.11 \times 10^{43}}{3.3 \times 10^{43}} = 3.3\%$$

***5.21** 蟹状星云（原书图 5.38）中心是一颗脉冲星，代号 PSR 0531+21。它以十分确定的周期（0.033 s）向地球发射电磁波脉冲。这种脉冲星实际上是转动着的中子星，由中子密聚而成，脉冲周期就是它的转动周期。实测还发现，上述中子星的周期以 1.26×10^{-5} s/a 的速率增大。

（1）求此中子星的自转角加速度。

（2）设此中子星的质量为 1.5×10^{30} kg（近似太阳的质量），半径为 10 km。求它的转动动能以多大的速率（以 J/s 计）减小（这减小的转动动能就转变为蟹状星云向外辐射的能量）。

（3）若这一能量变化率保持不变，该中子星经过多长时间将停止转动。设此中子星可作均匀球体处理。

解 （1）中子星的自转角加速度为

$$\alpha = \frac{\mathrm{d}\omega}{\mathrm{d}t} = \frac{\mathrm{d}}{\mathrm{d}t}\left(\frac{2\pi}{T}\right) = -\frac{2\pi}{T^2}\frac{\mathrm{d}T}{\mathrm{d}t} = -\frac{2\pi}{0.033^2} \times \frac{1.26 \times 10^5}{3.15 \times 10^7} = -2.3 \times 10^{-9} \text{（rad/s}^2\text{）}$$

（2）中子星动能的变化率为

$$\frac{\mathrm{d}E}{\mathrm{d}t} = \frac{\mathrm{d}}{\mathrm{d}t}\left(\frac{1}{2}J\omega^2\right) = \frac{1}{2}J \times 2\omega\frac{\mathrm{d}\omega}{\mathrm{d}t} = \frac{2}{5}mR^2\omega\frac{\mathrm{d}\omega}{\mathrm{d}t}$$

$$= \frac{2}{5} \times 1.5 \times 10^{30} \times (10^4)^2 \times \frac{2\pi}{0.033} \times (-2.3 \times 10^{-9})$$

$$= -2.6 \times 10^{31} (\text{J/s})$$

负号表示减小。

（3）中子星转动持续时间为

$$t = \frac{E}{\left| \dfrac{\mathrm{d}E}{\mathrm{d}t} \right|} = \frac{1}{2} J\omega^2 \bigg/ \left| \frac{\mathrm{d}E}{\mathrm{d}t} \right| = \frac{2 \times 1.5 \times 10^{30} \times (10^4)^2 (2\pi)^2}{2 \times 5 \times 0.033^2 \times 2.6 \times 10^{31}}$$

$$= 4.18 \times 10^{10} (\text{s}) = 1300 (\text{a})$$

*5.22　地球对自转轴的转动惯量是 $0.33MR^2$，其中 M 是地球的质量，R 是地球的半径。求地球的自转动能。

由于潮汐对海岸的摩擦作用，地球自转的速度逐渐减小，每百万年自转周期增加 16 s。这样，地球自转动能的减小相当于摩擦消耗多大的功率？一年内消耗的能量相当于我国 2004 年发电量（7.3×10^{18} kW）的几倍？潮汐对地球的平均力矩多大（提示：$\mathrm{d}E_\mathrm{k}/E_\mathrm{k} = 2\mathrm{d}\omega/\omega = -2\mathrm{d}T/T$）？

解　地球的自转动能为

$$E = \frac{1}{2} J\omega^2 = \frac{1}{2} \times 0.33MR^2 \times \left(\frac{2\pi}{T}\right)^2$$

$$= \frac{1}{2} \times 0.33 \times 5.98 \times 10^{24} \times (6.4 \times 10^6)^2 \times \left(\frac{2\pi}{8.64 \times 10^4}\right)^2$$

$$= 2.14 \times 10^{29} (\text{J})$$

地球自转动能的变化率为

$$\frac{\mathrm{d}E}{\mathrm{d}t} = \frac{\mathrm{d}}{\mathrm{d}t} \left[\frac{1}{2} J \left(\frac{2\pi}{T}\right)^2 \right] = -J \frac{(2\pi)^2}{T^3} \frac{\mathrm{d}T}{\mathrm{d}t}$$

$$= -0.33 \times 5.98 \times 10^{24} \times (6.4 \times 10^6)^2 \times \frac{4\pi^2}{(8.64 \times 10^4)^3} \frac{16}{10^6 \times 3.15 \times 10^7}$$

$$= 2.6 \times 10^{12} (\text{J/s}) = -2.6 \times 10^9 (\text{kW})$$

即相当于摩擦消耗的功率为 2.6×10^9 kW，一年内消耗能量相当我国 2004 年发电量的倍数约为

$$\frac{2.6 \times 10^{12} \times 3.15 \times 10^7}{7.3 \times 10^{18}} \approx 11$$

潮汐作用对地球的平均力矩为

$$M = J\alpha = J \frac{\mathrm{d}\omega}{\mathrm{d}t} = -J \times \frac{2\pi}{T^2} \frac{\mathrm{d}T}{\mathrm{d}t}$$

$$= -\frac{0.33 \times 5.98 \times 10^{24} \times (6.4 \times 10^6)^2 \times 2\pi \times 16}{(8.64 \times 10^4)^2 \times 10^6 \times 3.15 \times 10^7}$$

$$= -3.5 \times 10^{16} (\text{N} \cdot \text{m})$$

5.23　太阳的热核燃料耗尽时，它将急速塌缩成半径等于地球半径的一颗白矮星。如果不计质量散失，那时太阳的转动周期将变为多少？太阳和白矮星均按均匀球体计算，目前太阳的自转周期按 26 d 计。

解　由太阳的自转角动量守恒可得

$$J_1 \frac{2\pi}{T_1} = J_2 \frac{2\pi}{T_2},$$

$$T_2 = T_1 \frac{J_2}{J_1} = T_1 \frac{R_2^2}{R_1^2} = 26 \times 24 \times 60 \times \frac{(6.4 \times 10^6)^2}{(6.96 \times 10^8)^2} = 3.1 \text{（min）}$$

***5.24**　证明：圆盘在平面上无滑动地滚动时，其上各点相对平面的速度 $\boldsymbol{v}$ 和圆盘的转动角速度 $\boldsymbol{\omega}$ 有下述关系：

$$\boldsymbol{v} = \boldsymbol{\omega} \times \boldsymbol{r}_P$$

其中矢量 $\boldsymbol{\omega}$ 的方向垂直于盘面，其指向根据盘的转动方向用右手螺旋定则确定，$\boldsymbol{r}_P$ 是从圆盘与平面的瞬时接触点 P 到各点的径矢。上式表明盘上各点在任一瞬时都是绕 P 点运动的。因此，接触点 P 称圆盘的瞬时转动中心。

证　如图 5.11 所示，以 $\boldsymbol{\omega}$ 表示圆盘的角速度矢量，它的方向是垂直纸面指离读者。在某一瞬时，盘边与平面的接触点为 P。圆盘质心相对于地面的速度为 $\boldsymbol{v}_C = \boldsymbol{\omega} \times \boldsymbol{R}_\perp$，盘上一点 A 相对于质心参考系（以质心为原点）的速度为 $\boldsymbol{v}' = \boldsymbol{\omega} \times \boldsymbol{R}$。根据伽利略速度变换，可得点 A 对平面的速度为

$$\boldsymbol{v} = \boldsymbol{v}' + \boldsymbol{v}_C = \boldsymbol{\omega} \times \boldsymbol{R} + \boldsymbol{\omega} \times \boldsymbol{R}_\perp = \boldsymbol{\omega} \times (\boldsymbol{R} + \boldsymbol{R}_\perp)$$

由图可知 $\boldsymbol{R} + \boldsymbol{R}_\perp = \boldsymbol{r}_P$，代入上式，即得题目要求证明的关系。

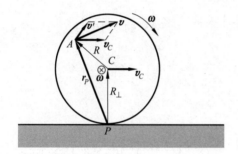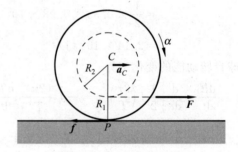

图 5.11　习题*5.24 证用图　　　　　　图 5.12　习题*5.25 解用图

***5.25**　绕有电缆的大轮轴，总质量为 $M = 1000$ kg，轮半径为 $R_1 = 1.00$ m，电缆在轴上绕至半径为 $R_2 = 0.60$ m 处。设此时整个轮轴对其中心轴的转动惯量为 $J_C = 300$ kg·m²。今用 $F = 2000$ N 的力在底部沿水平方向拉电缆，如果轮轴在路面上无滑动地滚动，它将向哪个方向滚动？滚动的角加速度多大？质心前进的加速度多大？轮轴受到地面的摩擦力多大？

解　如图 5.12 所示，设轮轴起动时加速度 $\boldsymbol{a}_C$ 与力 $\boldsymbol{F}$ 的方向相同，则它将沿顺时针方向转动，而且 $a_C = R_1 \alpha$。若地面光滑，则轮轴将沿 $\boldsymbol{F}$ 方向起动，由不滑动可知，它受地面的静摩擦力方向与 $\boldsymbol{F}$ 的方向相反，如图示。对轮轴用质心运动定律，沿水平方向，

$$F - f = Ma_C = MR_1 \alpha$$

对轮轴的质心用转动定律，

$$fR_1 - FR_2 = J_C \alpha$$

将以上两式联立求解，可得

$$\alpha = \frac{F(R_1 - R_2)}{MR_1^2 + J_C} = \frac{2000 \times (1.00 - 0.60)}{1000 \times 1.00^2 + 300} = 0.62 \text{（rad/s}^2\text{）}$$

而质心前进的加速度为

$$a_C = R_1\alpha = 1.00 \times 0.62 = 0.62 \ (\text{m/s}^2)$$

轮轴受到的摩擦力为

$$f = F - Ma_C = 2000 - 1000 \times 0.62 = 1380 \ (\text{N})$$

以上计算所得 α，a_C 和 f 的值均为正值。所以，开始所设的 $\boldsymbol{a}_C$ 方向是合乎实际的，即轮轴沿拉力 $\boldsymbol{F}$ 的方向向前滚动。

*5.26　小学生爱玩的"悠悠球"是把一根线绕在一个扁圆柱体的中间沟内的中央轴上，再用手抓住线放开的一端上下抖动，使扁圆柱体在上下运动的同时还不停地绕其水平轴转动。下面为简单起见，假定线就绕在扁圆柱体的圆柱面上并设扁圆柱体的质量为 m，半径为 R。

（1）若手不动，让圆柱体沿竖直的线自行滚下，它下降的加速度多大？手需用多大的力提住线端？

（2）若要使圆柱体停留在一定高度上，手需用多大力向上提起线端？圆柱体转动的角加速度多大？

（3）手若用 $2mg$ 的力向上提起线端，则圆柱体上升的加速度多大？手向上提的加速度多大？

解　（1）如图 5.13 所示，对圆柱体用质心运动定律，

$$mg - T = ma_C$$

对圆柱体的质心用转动定律

$$TR = J_C\alpha = \frac{1}{2}mR^2\alpha$$

此两式结合运动学关系 $a_C = R\alpha$ 联立求解，可得

$$\alpha = \frac{2g}{3R}$$

圆柱体下降的加速度为

$$a_C = R\alpha = \frac{2}{3}g$$

手提线的力为

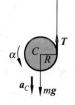

图 5.13　习题 *5.26(1)解用图

$$T = mg - ma_C = \frac{1}{3}mg$$

（2）圆柱体停在一定高度上，则 $a_C = 0$。质心运动定律给出

$$T = mg$$

转动定律给出

$$TR = J_C\alpha = \frac{1}{2}mR^2\alpha$$

从而有圆柱体的角加速度

$$\alpha = \frac{2g}{R}$$

（3）如图 5.14 所示，当手用 $2mg$ 的力向上提起线端时，则质心运动定律给出

$$T - mg = 2mg - mg = ma_C$$

由此得圆柱体上升的加速度为

$$a_C = g$$

对质心的转动定律给出 $TR = J_C\alpha$,即

$$2mgR = \frac{1}{2}mR^2\alpha$$

由此得

$$\alpha = \frac{4g}{R}$$

而圆柱体边沿对质心的加速度为

$$a' = R\alpha = 4g$$

由伽利略变换可得手向上提线端的加速度为

$$a = a' + a_C = 4g + g = 5g$$

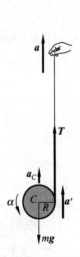

图 5.14 习题*5.26(3)解用图

图 5.15 习题 5.27 解用图

*5.27   地球的自转轴与它绕太阳的轨道平面的垂线间的夹角是 23.5°(图 5.15)。由于太阳和月亮对地球的引力产生力矩,地球的自转轴绕轨道平面的垂线进动,进动一周需时间约 26000 a。已知地球绕自转轴的转动惯量为 $J = 8.05 \times 10^{37}\ \text{kg} \cdot \text{m}^2$。求地球自旋角动量矢量变化率的大小,即 $|\,\text{d}L/\text{d}t\,|$,并求太阳和月亮对地球的合力矩多大?

解　$\left|\dfrac{\text{d}\boldsymbol{L}}{\text{d}t}\right| = L\sin\theta\,\dfrac{\text{d}\Theta}{\text{d}t} = J\omega\sin\theta\,\dfrac{\text{d}\Theta}{\text{d}t}$

$\qquad = 8.05 \times 10^{37} \times \dfrac{2\pi}{86400} \times \sin 23.5° \times \dfrac{2\pi}{26000 \times 3.15 \times 10^7}$

$\qquad = 1.79 \times 10^{22}\,(\text{kg} \cdot \text{m/s}^2)$

太阳和月亮对地球的合力矩的大小为

$$M = \left|\frac{\text{d}\boldsymbol{L}}{\text{d}t}\right| = 1.79 \times 10^{22}\ \text{N} \cdot \text{m}$$

*5.28   一艘船中装的回转稳定器是一个质量为 50.0 t、半径为 2.00 m 的固体圆盘。它绕着一个竖直轴以 800 r/min 的角速度转动。

　　(1) 如果用恒定输入功率 7.46×10^4 W 起动,要经过多少时间才能使它从静止达到上述额定转速?

　　(2) 如果船的轴在船的纵向竖直平面内以 $1.00(°)/s$ 的角速度进动,说明船体受到了左倾或右倾的多大力矩。

解　(1) 由 $Pt = \dfrac{1}{2} J \omega^2$ 得

$$t = \frac{J \omega^2}{2P} = \frac{m R^2 \times (2\pi n)^2}{2 \times 2P} = \frac{50 \times 10^3 \times 2^2 \times 4\pi^2 \times 800^2}{2 \times 2 \times 7.46 \times 10^4} = 78.4 \text{ (min)}$$

(2) $M = L\Omega = J\omega\Omega = \dfrac{1}{2} m R^2 \times 2\pi n \times \Omega$

$$= 50 \times 10^3 \times 2^2 \times \pi \times \frac{800}{60} \times \frac{\pi}{180}$$

$$= 1.46 \times 10^5 (\text{N} \cdot \text{m})$$

第**6**章

振　　动

一、概念原理复习

1. 简谐运动

（1）运动学定义：运动函数为

$$x = A\cos(\omega t + \varphi)$$

其中，$(\omega t + \varphi)$ 为振动质点在时刻 t 的相。

简谐运动的加速度特征：$a = -\omega^2 x$。

质点作匀速圆周运动时，它在直径上投影的运动就是简谐运动，因此可以用一个长度等于振幅 A 的旋转径矢表示一个简谐运动。这样的旋转矢量图叫向量图，旋转的角速度为 ω，矢量的初角位置为初相 φ。

（2）动力学定义：质点受的合力 F 与质点对平衡位置的位移 x 成正比而反向，即

$$F = -kx$$

时的运动就是简谐运动。再根据牛顿第二定律可得

$$\frac{\mathrm{d}^2 x}{\mathrm{d}t^2} + \frac{k}{m}x = 0$$

任一物理量 x 随时间的变化遵守这一形式的微分方程时，它的变化就是简谐变化。

（3）简谐运动的固有角频率等于上述运动微分方程中 x 项的系数的平方根。

对弹簧振子，$\omega = \sqrt{k/m}$，$T = 2\pi\sqrt{m/k}$，k 为劲度系数。

对单摆，$\omega = \sqrt{g/l}$，$T = 2\pi\sqrt{l/g}$，l 为摆长。

系统的势能函数为 E_p 时，在其稳定平衡位置（$x=0$）附近的微小振动是简谐运动，角频率为

$$\omega = \left[\frac{1}{m}\left(\frac{\mathrm{d}^2 E_p}{\mathrm{d}x^2}\right)_{x=0}\right]^{1/2}$$

2. 简谐运动的能量

$$E = E_k + E_p = \frac{1}{2}mv^2 + \frac{1}{2}kx^2 = \frac{1}{2}kA^2$$

$$\overline{E}_k = \overline{E}_p = \frac{1}{2}E = \frac{1}{4}kA^2$$

3. 阻尼振动

在欠阻尼情况下

$$A = A_0 e^{-\beta t}$$

时间常量：
$$\tau = 1/2\beta$$

在时间 τ 内可能振动的次数的 2π 倍叫振动的品质因数或 Q 值，即

$$Q = 2\pi \frac{\tau}{T} = \omega\tau$$

4. 受迫振动

受迫振动是在驱动力作用下的振动。稳态时的振动频率等于驱动力的频率；当驱动力的频率等于振动系统的固有频率时发生共振，这时系统最大限度地从外界吸收能量。

5. 两个简谐运动的合成

（1）同一直线上的两个同频率的振动合成时，其合振幅取决于两个振动的相差：二者同相时合振幅为二分振幅之和，反相时为二分振幅之差。

（2）同一直线上的两个不同频率的振动合成时，如果二者频率差较小，就会产生拍的现象。拍频等于二分振动的频率之差。

（3）相互垂直的两个同频率振动合成时，合运动轨迹一般为椭圆。

（4）相互垂直的两个不同频率的振动合成时，如果二分振动周期成简单整数比，形成的合运动轨迹为封闭的李萨如图。

6. 复杂的周期性（以及非周期性的）运动

都可看成是频率和振幅不同的简谐运动的合成。

二、解题要点

（1）关于简谐运动表达式的练习，主要问题在求振动的相［位］。注意一个振动的相取决于起始条件 x_0 和 v_0，应该学会用向量图由已知 x_0 和 $\boldsymbol{v}_0$ 求出初相 φ。

（2）在利用运动微分方程判断简谐运动时，要用解力学题的方法求出物体是否受到与其对平衡位置的位移成正比而反向的合力。在物体的总能量容易计算的情况下，也可以先计算物体的总能量（动能加势能），然后将其和简谐运动的标准能量公式对比而得出结果。

三、思考题选答

6.7 弹簧振子的无阻尼自由振动是简谐运动，同一弹簧振子在简谐驱动力持续作用下的稳态受迫振动也是简谐运动，这两种简谐运动有什么不同？

答 弹簧振子的无阻尼自由振动是在"无阻尼"，包括没有空气等外界施加的阻力和弹簧内部的塑性因素引起的阻力的情况下发生的，是一种理想情况。由于外界不输入能量，所以弹簧振子的机械能守恒。这时振动的频率由弹簧振子的自身因素（k 和 m）决定。

在简谐驱动力作用下的稳态简谐运动是在驱动力作用下产生的。这时实际上弹簧振子受的阻力也起作用，只是在策动力对弹簧振子做功且输入弹簧振子的能量等于弹簧振子由于阻力消耗的能量时，振动才达到稳态。这样弹簧振子的能量才保持不变。还有，稳态受迫

振动的频率取决于驱动力的频率而和弹簧振子的固有频率无关。

6.8 任何一个实际的弹簧都是有质量的,如果考虑弹簧的质量,弹簧振子的振动周期将变大还是变小?

答 从质量的意义上说,质量表示物体的惯性。计入弹簧本身的质量时,系统的质量增大,更不易改变运动状态。对不断地周期性改变运动状态的弹簧振子的简谐运动来说,其进程一定要变慢。这就是说,考虑弹簧的质量时,弹簧振子的振动周期要变大。

四、习题解答

6.1 一个小球和轻弹簧组成的系统,按

$$x = 0.05\cos\left(8\pi t + \frac{\pi}{3}\right)$$

的规律振动。

(1) 求振动的角频率、周期、振幅、初相、最大速度及最大加速度;

(2) 求 $t = 1\ \text{s}, 2\ \text{s}, 10\ \text{s}$ 等时刻的相;

(3) 分别画出位移、速度、加速度与时间的关系曲线。

解 (1) 与简谐运动的标准表示式 $x = A\cos(\omega t + \varphi)$ 比较即可得

$$\omega = 8\pi = 25.1\ \text{s}^{-1}$$
$$T = 2\pi/\omega = 0.25\ \text{s}$$
$$A = 0.05\ \text{m}$$
$$\varphi = \pi/3$$
$$v_{\text{m}} = \omega A = 8\pi \times 0.05 = 1.26\ (\text{m/s})$$
$$a_{\text{m}} = \omega^2 A = (8\pi)^2 \times 0.05 = 31.6\ (\text{m/s}^2)$$

(2) $\varphi_1 = \omega t_1 + \varphi = 8\pi \times 1 + \pi/3 = 25\pi/3$

$\varphi_2 = \omega t_2 + \varphi = 8\pi \times 2 + \pi/3 = 49\pi/3$

$\varphi_3 = \omega t_3 + \varphi = 8\pi \times 10 + \pi/3 = 241\pi/3$

(3) x, v, a 和 t 的关系图线如图 6.1 所示。

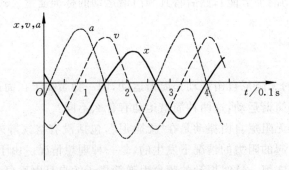

图 6.1 习题 6.1 解用图

6.2 有一个和轻弹簧相连的小球,沿 x 轴作振幅为 A 的简谐运动。该振动的表达式用余弦函数表示。若 $t = 0$ 时,球的运动状态分别为:(1) $x_0 = -A$;(2)过平衡位置向 x 正

方向运动；(3)过 $x=A/2$ 处,且向 x 负方向运动。试用相量图法分别确定相应的初相。

解 (1) $\varphi=\pi$；(2) $\varphi=-\pi/2$；(3) $\varphi=\pi/3$。相量图如图 6.2 所示。

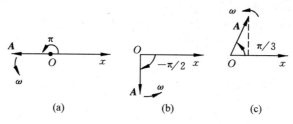

图 6.2 习题 6.2 解用图

6.3 已知一个谐振子(即作简谐运动的质点)的振动曲线如图 6.3 所示。

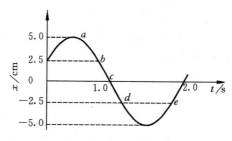

图 6.3 习题 6.3 用图

(1) 求和 a,b,c,d,e 各状态相应的相；

(2) 写出振动表达式；

(3) 画出相量图。

解 (1) 以 $x=A\cos\varphi$ 表示振动曲线,则由各点的 x 值可得

$$x_a=A, \qquad \varphi_a=0$$
$$x_b=\frac{A}{2}, \qquad \varphi_b=\pi/3$$
$$x_c=0, \qquad \varphi_c=\pi/2$$
$$x_d=-\frac{A}{2}, \quad \varphi_d=2\pi/3$$
$$x_e=-\frac{A}{2}, \quad \varphi_e=4\pi/3$$

(2) 由 $t=0$ 时, $x=\frac{A}{2}$, 可知 $\varphi=\arccos(1/2)=\pm\pi/3$；再由 $v>0$, 可知 $\varphi=-\pi/3$。又由 $\frac{T}{2}=1.2$ s,可得 $\omega=\frac{2\pi}{T/2}=\frac{5\pi}{6}$。由此可写出振动表达式为

$$x=0.05\cos\left(\frac{5}{6}\pi t-\frac{\pi}{3}\right)$$

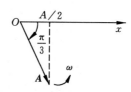

图 6.4 习题 6.3 解(3)用图

(3) 向量图如图 6.4 所示。

6.4 作简谐运动的小球,速度最大值为 $v_m=3$ cm/s,振幅 $A=2$ cm,若从速度为正的

最大值的某时刻开始计算时间。

(1) 求振动的周期；

(2) 求加速度的最大值；

(3) 写出振动表达式。

解 (1) 由 $v_m = \omega A = 2\pi A/T$，可得

$$T = 2\pi A/v_m = 2 \times \pi \times 0.02/0.03 = 4.2 \text{ (s)}$$

(2) $a_m = \omega^2 A = v_m^2/A = 0.03^2/0.02 = 4.5 \times 10^{-2} \text{ (m/s}^2)$

(3) 由于 $t = 0$ 时，$v = +v_m$，可知 $\varphi = -\pi/2$，而 $\omega = \dfrac{v_m}{A} = 0.03/0.02 = 1.5 \text{ s}^{-1}$，所以有

$$x = A\cos(\omega t + \varphi) = 0.02\cos(1.5t - \pi/2)$$

6.5 一水平弹簧振子，振幅 $A = 2.0 \times 10^{-2}$ m，周期 $T = 0.50$ s。当 $t = 0$ 时，

(1) 振子过 $x = 1.0 \times 10^{-2}$ m 处，向负方向运动；

(2) 振子过 $x = -1.0 \times 10^{-2}$ m 处，向正方向运动。

分别写出以上两种情况下的振动表达式。

解 (1) $x = A\cos\left(\dfrac{2\pi}{T}t + \varphi\right) = 2.0 \times 10^{-2}\cos\left(4\pi t + \dfrac{\pi}{3}\right)$。

(2) $x = 2.0 \times 10^{-2}\cos(4\pi t - 2\pi/3)$。

6.6 两个谐振子作同频率、同振幅的简谐运动。第一个振子的振动表达式为 $x_1 = A\cos(\omega t + \varphi)$，当第一个振子从振动的正方向回到平衡位置时，第二个振子恰在正方向位移的端点。

(1) 求第二个振子的振动表达式和二者的相差；

(2) 若 $t = 0$ 时，第一个振子 $x_1 = -A/2$，并向 x 负方向运动，画出二者的 x-t 曲线及向量图。

解 (1) 第一谐振子的相为 $\pi/2$ 时，第二谐振子的相为零，于是 $\varphi_2 - \varphi_1 = 0 - \pi/2$。因此，$\varphi_2 = \varphi_1 - \pi/2 = \varphi - \pi/2$。第二谐振子的振动表达式为

$$x_2 = A\cos(\omega t + \varphi_2) = A\cos(\omega t + \varphi - \pi/2)$$

(2) 由 $t = 0$ 时，$x_1 = A/2$ 且 $v < 0$，可知 $\varphi = 2\pi/3$。由此得

$$x_1 = A\cos(\omega t + 2\pi/3), \quad x_2 = A\cos(\omega t + \pi/6)$$

两谐振子的 x-t 曲线和相量图如图 6.5 所示。

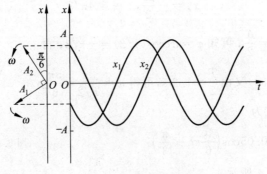

图 6.5 习题 6.6 解用图

6.7 两个质点平行于同一直线并排作同频率、同振幅的简谐运动。在振动过程中,每当它们经过振幅一半的地方时相遇,而运动方向相反。求它们的相差,并作相量图表示之。

解 如图 6.6 所示,

$$\frac{A}{2} = A\cos(\omega t + \varphi_1) = A\cos(\omega t + \varphi_2)$$

$$\omega t + \varphi_1 = \pm\pi/3, \quad \omega t + \varphi_2 = \pm\pi/3$$

$$|\Delta\varphi| = |\varphi_2 - \varphi_1| = 0, 2\pi/3, \text{取 } 2\pi/3$$

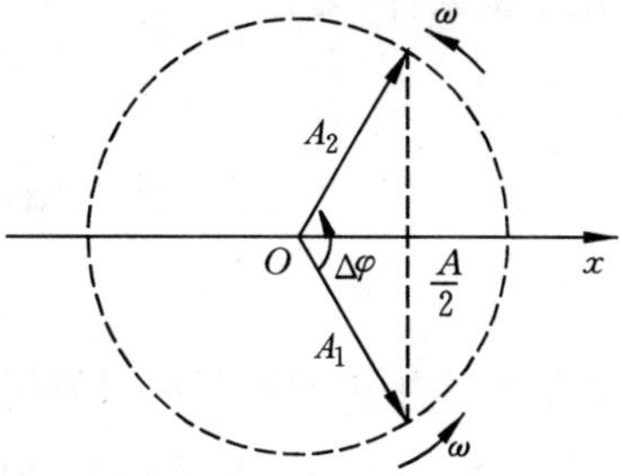

图 6.6 习题 6.7 解用图

6.8 一弹簧振子,弹簧劲度系数为 $k = 25$ N/m,当振子以初动能 0.2 J 和初势能 0.6 J 振动时,试回答:

(1) 振幅是多大?

(2) 位移是多大时,势能和动能相等?

(3) 位移是振幅的一半时,势能多大?

解 (1) $A = \sqrt{2E/k} = \sqrt{2(E_k + E_p)/k} = \sqrt{2 \times (0.2 + 0.6)/25} = 0.25$ (m)

(2) $E_p = E_k$ 时,

$$E_p = \frac{1}{2}kx^2 = \frac{1}{2}E = \frac{1}{2}kA^2/2$$

$$x = \pm\frac{\sqrt{2}}{2}A = \pm\frac{\sqrt{2}}{2} \times 0.25 = \pm 0.18 \text{ (m)}$$

(3) $E_p = \frac{1}{2}k\left(\frac{A}{2}\right)^2 = \frac{1}{4}\left(\frac{1}{2}kA^2\right) = \frac{1}{4}(0.2 + 0.6) = 0.2$ (J)

6.9 将一劲度系数为 k 的轻质弹簧上端固定悬挂起来,下端挂一质量为 m 的小球,平衡时弹簧伸长为 b。试写出以此平衡位置为原点的小球的动力学方程,从而证明小球将作简谐运动并求出其振动周期。若它的振幅为 A,它的总能量是否还是 $\frac{1}{2}kA^2$?(总能量包括小球的动能和重力势能以及弹性势能,两种势能均取平衡位置为势能零点。)

解 由平衡条件 $mg = kb$,可得 $k = mg/b$。

以平衡位置为原点,竖直向下为 x 轴正向,列出小球的动力学方程为

$$mg - k(x + b) = m\frac{\mathrm{d}^2 x}{\mathrm{d}t^2}$$

将 $mg = kb$ 代入,可得

$$m\frac{\mathrm{d}^2 x}{\mathrm{d}t^2} = -kx$$

由此可知小球以所选原点为中心作简谐运动,其周期为 $T = 2\pi\sqrt{m/k}$,与水平弹簧振子周期相同。

以所选原点作为弹性势能零点,则弹簧的弹性势能为

$$E_{p,e} = \frac{1}{2}k(x + b)^2 - \frac{1}{2}kb^2 = \frac{1}{2}kx^2 + kbx$$

小球的重力势能为

$$E_{p,g} = -mgx$$

弹簧振子的总能量为

$$E = E_k + E_p = E_k + E_{p,e} + E_{p,g} = \frac{1}{2}mv^2 + \frac{1}{2}kx^2 + (kb - mg)x$$

利用平衡条件,则有

$$E = \frac{1}{2}mv^2 + \frac{1}{2}kx^2$$

当 $x = A$ 时,$v = 0$。由此上式给出

$$E = \frac{1}{2}kA^2$$

即具有和水平弹簧振子相同的能量形式。

*6.10 在分析原书图 6.6 所示弹簧振子的振动时,都忽略了弹簧的质量,现在考虑一下弹簧质量的影响。设弹簧质量为 m',沿弹簧长度均匀分布,振子质量为 m。以 v 表示振子在某时刻的速度,弹簧各点的速度和它们到固定端的长度成正比。

(1)证明:此时刻弹簧振子的动能为 $\frac{1}{2}\left(m + \frac{m'}{3}\right)v^2$,从而可知此系统的有效质量为 $m + \frac{m'}{3}$。

(2)证明:此系统的角频率应为 $\left[\dfrac{k}{m + m'/3}\right]^{1/2}$。

证 (1)设弹簧某时刻长度为 L。则距离其固定端为 l,质量为 $\mathrm{d}m' = m'\,\mathrm{d}l/L$ 一段的动能为 $\frac{1}{2}\mathrm{d}m'\,v_l^2 = \frac{1}{2}\left(\dfrac{l}{L}v\right)^2\mathrm{d}m' = \dfrac{m'v^2}{2L^3}l^2\,\mathrm{d}l$。整个弹簧的动能为

$$E_k' = \int_0^L \frac{m'v^2}{2L^3}l^2\,\mathrm{d}l = \frac{1}{6}m'v^2$$

整个弹簧振子的动能为

$$E_k = \frac{1}{2}\left(m + \frac{m'}{3}\right)v^2$$

和 E_k 的定义式对比,可得有效质量为 $(m + m'/3)$。

(2)弹簧振子的总能量为

$$E = E_k + E_p = \frac{1}{2}\left(m + \frac{m'}{3}\right)v^2 + \frac{1}{2}kx^2 = 常量$$

此式对 x 求导,可得

$$\left(m + \frac{m'}{3}\right)v\frac{\mathrm{d}v}{\mathrm{d}x} = \left(m + \frac{m'}{3}\right)\frac{\mathrm{d}v}{\mathrm{d}t} = \left(m + \frac{m'}{3}\right)a = -kx$$

由此得此系统的角频率为

$$\omega = \left[\frac{k}{m + m'/3}\right]^{1/2}$$

6.11 将劲度系数分别为 k_1 和 k_2 的两根轻弹簧串联在一起,竖直悬挂着,下面系一质量为 m 的物体,做成一在竖直方向振动的弹簧振子,试求其振动周期。

解 由于此串联组合弹簧的劲度系数 k 为

$$k = \frac{1}{\dfrac{1}{k_1} + \dfrac{1}{k_2}} = \frac{k_1 k_2}{k_1 + k_2}$$

所以此竖挂弹簧振子的振动周期为

$$T = 2\pi\sqrt{m/k} = 2\pi\sqrt{\frac{m(k_1+k_2)}{k_1 k_2}}$$

*6.12 劲度系数分别为 k_1 和 k_2 的两根弹簧和质量为 m 的物体相连,如图 6.7 所示,试写出物体的动力学方程并证明该振动系统的振动周期为

$$T = 2\pi\sqrt{\frac{m}{k_1+k_2}}$$

解 如图 6.7 所示,设物体在平衡位置时,两弹簧伸长分别为 x_1 和 x_2,则平衡条件给出 $k_1 x_1 = k_2 x_2$。以物体的平衡位置为原点。当物体向右移 x 时,牛顿第二定律给出

$$k_1(x_1+x) - k_2(x_2-x) = -m\frac{d^2 x}{dt^2}$$

利用平衡条件即可得动力学方程为

$$m\frac{d^2 x}{dt^2} = -(k_1+k_2)x$$

由此可得此系统的周期为

$$T = 2\pi\sqrt{\frac{m}{k_1+k_2}}$$

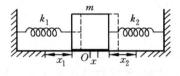

图 6.7 习题 6.12 解用图

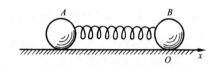

图 6.8 习题 6.13 解用图

*6.13 在水平光滑桌面上用轻弹簧连接两个质量都是 $0.05\ kg$ 的小球(图 6.8)。弹簧的劲度系数为 $1 \times 10^3\ N/m$。今沿弹簧轴线向相反方向拉开两球然后释放,求此后两球振动的频率。

解 如图 6.8 所示,对一个球,如 B 来说,以其平衡位置为原点。由于当 B 球向右移 x 时,A 球同时向左移了 x 的距离,所以弹簧伸长为 $2x$。对 B 球用牛顿第二定律得

$$m\frac{d^2 x}{dt^2} = -k(2x) = -2kx$$

由此得 B 球的振动频率,也就是 A 球的振动频率为

$$\nu = \frac{1}{2\pi}\sqrt{\frac{2k}{m}} = \frac{1}{2\pi}\sqrt{\frac{2 \times 1 \times 10^3}{0.05}} = 31.8\ (Hz)$$

*6.14 设想穿过地球挖一条直细隧道(图 6.9),隧道壁光滑。在隧道内放一质量为 m 的球,它与隧道中点的距离为 x。设地球为均匀球体,质量为 M_E,半径为 R_E。

(1) 求球受的重力。(提示:球只受其所在处的球面以内的地球质量的引力作用。)

(2) 证明球在隧道内在重力作用下的运动是简谐运动,并求其周期。

(3) 近地圆轨道人造地球卫星的周期多大?

解 (1) 如图 6.9 所示,球受的重力为

$$F = \frac{Gm}{r^2} M_E \frac{r^3}{R_E^3} = \frac{GmM_E}{R_E^3} r$$

（2）以隧道中点为 x 轴原点，则球的动力学方程为 $F_x = ma_x$。由于 $F_x = -F\sin\theta =$

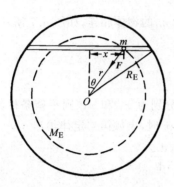

$-\dfrac{GmM_E}{R_E^3} r \cdot \dfrac{x}{r}$，所以有

$$a_x = -\frac{GM_E}{R_E^3} x$$

由此可知，球在隧道内作简谐运动。其周期为

$$T = 2\pi \sqrt{\frac{R_E^3}{GM_E}} = 2\pi R_E \sqrt{\frac{R_E}{GM_E}}$$

（3）对于近地圆轨道卫星，有

$$\frac{mv^2}{R_E} = \frac{GM_E m}{R_E^2}$$

图 6.9 习题 6.14 解用图

由此得

$$v = \sqrt{\frac{GM_E}{R_E}}$$

其运行周期为

$$T = 2\pi R_E / v = 2\pi R_E \sqrt{\frac{R_E}{GM_E}}$$

与上述隧道内作简谐运动的球的周期相同。

*6.15 一物体放在水平木板上，物体与板面间的最大静摩擦系数为 0.50。

（1）当此板沿水平方向作频率为 2.0 Hz 的简谐运动时，要使物体在板上不致滑动，振幅的最大值应是多大？

（2）若令此板改作竖直方向的简谐运动，振幅为 5.0 cm，要使物体一直保持与板面接触，则振动的最大频率是多少？

解 （1）物体不沿板滑动，要求

$$\mu_s mg = ma_m = mA\omega^2 = mA(2\pi\nu)^2$$

$$A = \frac{\mu_s g}{(2\pi\nu)^2} = 0.50 \times \frac{9.8}{(2\pi \times 2.0)^2} = 3.1 \times 10^{-2} \, (\text{m})$$

（2）物体总与板保持接触，要求

$$mg = ma_m = mA(2\pi\nu)^2$$

$$\nu = \frac{1}{2\pi} \sqrt{\frac{g}{A}} = \frac{1}{2\pi} \sqrt{\frac{9.8}{0.05}} = 2.2 \, (\text{Hz})$$

6.16 如图 6.10 所示，一块均匀的长木板质量为 m，对称地平放在相距 $l = 20$ cm 的两个滚轴上。如图所示，两滚轴的转动方向相反，已知滚轴表面与木板间的摩擦系数为 $\mu = 0.5$。今使木板沿水平方向移动一段距离后释放，证明此后木板将作简谐运动并求其周期。

证 如图 6.10 所示，当木板的质心由两滚轴之间距离的中点向右移 x 的距离时，由于板对滚轴的压力

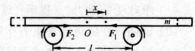

图 6.10 习题 6.16 证用图

与其质心到滚轴的距离成反比,所以板受滚轴的滑动摩擦力的合力为

$$F = F_1 - F_2 = -\mu m g \frac{l/2 + x}{l} + \mu m g \frac{l/2 - x}{l} = -\frac{2\mu m g x}{l}$$

由于此合力与 x 成正比而反向,所以木板将在水平方向作简谐运动,其周期为

$$T = 2\pi \sqrt{\frac{ml}{2\mu m g}} = 2\pi \sqrt{\frac{0.20}{2 \times 0.5 \times 9.8}} = 0.90 \ (\text{s})$$

6.17 质量为 $m = 121$ g 的水银装在 U 形管中,管截面积 $S = 0.30$ cm^2。当水银面上下振动时,其振动周期 T 是多大? 水银的密度为 13.6 g/cm^3。忽略水银与管壁的摩擦。

解 按 U 形管两臂竖直放置考虑,忽略水银与管壁的摩擦,以两臂中水银面相平时为水银的重力势能零点,则当水银上下振动而高水银面较两水银面相平高出 y 时,水银的重力势能变为

$$E_p = \rho y S g \cdot \frac{y}{2} - \left[\rho y S g \left(-\frac{y}{2}\right)\right] = \rho g S y^2$$

此时水银的动能为 $E_k = \frac{1}{2} m v^2$,而总机械能为

$$E = \frac{1}{2} m v^2 + \rho g S y^2$$

和简谐运动的能量公式比较,可知整个水银柱在 U 形管中来回作简谐运动,其周期为

$$T = 2\pi \sqrt{\frac{m}{k}} = 2\pi \sqrt{\frac{m}{2\rho g S}} = 2\pi \sqrt{\frac{0.121}{2 \times 13.6 \times 9.8 \times 0.30}} = 0.77 \ (\text{s})$$

***6.18** 行星绕太阳的运行速度可分解为径向分速度 $v_r = \dfrac{dr}{dt}$ 和角向(垂直于径向)分速度 $v_\theta = r \dfrac{d\theta}{dt}$。因此,质量为 m 的行星的机械能可写成

$$E = \frac{1}{2} m \left(\frac{dr}{dt}\right)^2 + \frac{1}{2} m r^2 \left(\frac{d\theta}{dt}\right)^2 - \frac{G m M_s}{r}$$

式中,M_s 为太阳的质量,r 为太阳到行星的径矢。

(1) 证明:以 L 表示行星对太阳的恒定角动量,则有

$$E = \frac{1}{2} m \left(\frac{dr}{dt}\right)^2 + \frac{1}{2} \frac{L^2}{m r^2} - \frac{G m M_s}{r}$$

(2) 对于圆轨道,$r = r_0$;对于一近似圆轨道,$r = r_0 + x$,$x \ll r_0$。证明:对于此近似圆轨道近似地有

$$E = \frac{1}{2} m \left(\frac{dx}{dt}\right)^2 + \frac{3}{2} \frac{L^2}{m r_0^4} x^2 - \frac{G m M_s}{r_0^3} x^2 - \frac{G m M_s}{2 r_0}$$

(3) 与简谐运动的能量公式,即原书式(6.25)对比,可知上式除最后一项的附加常量外,它表示行星沿径向作简谐运动。证明:与此简谐运动相应的"等效劲度系数"为

$$k = \frac{G M_s m}{r_0^3}$$

(4) 证明:上述径向简谐运动的周期等于该行星公转的周期。画出此行星的近似圆运

动的轨道图形。

证　（1）由 $L = mrv_\theta = mr^2 \dfrac{\mathrm{d}\theta}{\mathrm{d}t}$，所以有 $\left(\dfrac{\mathrm{d}\theta}{\mathrm{d}t}\right)^2 = \dfrac{L^2}{(mr^2)^2}$。代入能量公式中，即可得

$$E = \frac{1}{2}m\left(\frac{\mathrm{d}r}{\mathrm{d}t}\right)^2 + \frac{1}{2}\frac{L^2}{mr^2} - \frac{GmM_\mathrm{S}}{r}$$

（2）对于近似圆轨道，$v_\theta \approx v_0$，v_0 为半径为 r_0 的圆轨道速率。

$$L = m(r_0 + x)v_\theta \approx mr_0v_0 = L_0$$

L_0 为圆轨道的角动量

$$L^2 \approx m^2 r_0^2 v_0^2 = mr_0^3 mv_0^2/r_0 = mr_0^3 GM_\mathrm{S}m/r_0^2 = m^2 r_0 GM_\mathrm{S}$$

将 $r = r_0 + x$ 代入（1）中的能量公式，并近似到 x/r_0 的 2 阶，可得

$$E = \frac{1}{2}m\left[\frac{\mathrm{d}}{\mathrm{d}t}(r_0 + x)\right]^2 + \frac{1}{2}\frac{L^2}{mr_0^2(1 + x/r_0)^2} - \frac{GmM_\mathrm{S}}{r_0(1 + x/r_0)}$$

$$= \frac{1}{2}m\left(\frac{\mathrm{d}x}{\mathrm{d}t}\right)^2 + \frac{1}{2}\frac{L^2}{mr_0^2}\left(1 - \frac{2x}{r_0} + \frac{3x^2}{r_0^2}\right) - \frac{GmM_\mathrm{S}}{r_0}\left(1 - \frac{x}{r_0} + \frac{x^2}{r_0^2}\right)$$

由于

$$\frac{1}{2}\frac{L^2}{mr_0^2}\left(1 - \frac{2x}{r_0}\right) \approx \frac{m^2 r_0 GM_\mathrm{S}}{2mr_0^2}\left(1 - \frac{2x}{r_0}\right) = \frac{GmM_\mathrm{S}}{2r_0} - \frac{GmM_\mathrm{S}}{r_0^2}x$$

所以上面 E 的公式中含 x 的两项可以消去。这样便有

$$E = \frac{1}{2}m\left(\frac{\mathrm{d}x}{\mathrm{d}t}\right)^2 + \frac{3}{2}\frac{L^2}{mr_0^4}x^2 - \frac{GmM_\mathrm{S}}{r_0^3}x^2 - \frac{GmM_\mathrm{S}}{2r_0}$$

（3）由于 $L^2 \approx m^2 r_0 GM_\mathrm{S}$，上式中两个 x^2 平方项可以合并为一项，而 E 的公式可以写成

$$E = \frac{1}{2}mv_x^2 + \frac{1}{2}\frac{GmM_\mathrm{S}}{r_0^3}x^2 - \frac{GmM_\mathrm{S}}{2r_0}$$

与简谐运动的能量公式

$$E = \frac{1}{2}mv^2 + \frac{1}{2}kx^2$$

比较即可知近似圆轨道的行星沿径向作简谐运动。或者，上式对 t 求导，由于 E 为常量，所以有

$$m\frac{\mathrm{d}v_x}{\mathrm{d}t} = -\frac{GmM_\mathrm{S}}{r_0^3}x$$

此即简谐运动表示式，而等效劲度系数为

$$k = \frac{GmM_\mathrm{S}}{r_0^3}$$

（4）行星的上述简谐运动的周期为

$$T = 2\pi\sqrt{\frac{m}{k}} = 2\pi r_0\sqrt{\frac{r_0}{GmM_\mathrm{S}}}$$

这也等于该行星在圆轨道上运行的周期。此行星近似圆运动的轨道图形如图 6.11 所示（图中简谐运动的振幅被大大地夸大了）。

6.19　一质量为 m 的刚体在重力力矩的作用下绕固定的水平轴 O 作小幅度无阻尼自由摆动，如图 6.12 所示。设刚体质心 C 到轴线 O 的距离为 b，刚体对轴线 O 的转动惯量为

I。试用转动定律写出此刚体绕轴 O 的动力学方程,并证明 OC 与竖直线的夹角 θ 的变化为简谐运动,而且振动周期为

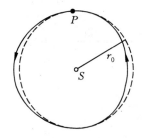 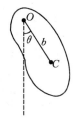

图 6.11 习题 6.18 证用图   图 6.12 习题 6.19 证用图

$$T = 2\pi\sqrt{\frac{I}{mgb}}$$

证 如图 6.12 所示,刚体所受的对轴线的力矩为 $-mgb\sin\theta$,于是由转动定律可得

$$I\frac{\mathrm{d}^2\theta}{\mathrm{d}t^2} = -mgb\sin\theta$$

对小幅度的振动,$\sin\theta \approx \theta$,上式给出

$$I\frac{\mathrm{d}^2\theta}{\mathrm{d}t^2} = -mgb\theta$$

此式说明 θ 的变化为简谐运动,其振动周期为

$$T = 2\pi\sqrt{I/mgb}$$

6.20 一细圆环质量为 m,半径为 R,挂在墙上的钉子上。求它的微小摆动的周期。

解 圆环摆起一角度 θ 时,将受到力矩 $-mgR\sin\theta$,由于圆环对悬挂点的转动惯量为 $2mR^2$,所以根据转动定律,对微小摆动,有

$$2mR^2\frac{\mathrm{d}^2\theta}{\mathrm{d}t^2} = -mgR\sin\theta \approx -mgR\theta$$

由此得

$$T = 2\pi\sqrt{\frac{2mR^2}{mgR}} = 2\pi\sqrt{\frac{2R}{g}}$$

*6.21 HCl 分子中两离子的平衡间距为 1.3×10^{-10} m,势能可近似地表示为

$$E_p(r) = -\frac{e^2}{4\pi\varepsilon_0 r} + \frac{B}{r^9}$$

式中 r 为两离子间的距离。

(1) 试求 HCl 分子的微小振动的频率。(由于 Cl 离子的质量比质子质量大得多,可以认为 Cl 离子不动。)

(2) 利用原书式(6.30),并设 HCl 分子处于基态振动能级($n=1$),按经典简谐运动计算,求其中质子振动的振幅。

解 在平衡时,

$$\frac{\mathrm{d}E_p(r)}{\mathrm{d}r}\bigg|_{r=r_0} = \left[\frac{e^2}{4\pi\varepsilon_0 r^2} - \frac{9B}{r^{10}}\right]\bigg|_{r=r_0} = \frac{e^2}{4\pi\varepsilon_0 r_0^2} - \frac{9B}{r_0^{10}} = 0$$

$$B = \frac{e^2 r_0^8}{36\pi\varepsilon_0}$$

（1）由于

$$\frac{\mathrm{d}^2 E_\mathrm{p}(r)}{\mathrm{d}r^2}\bigg|_{r=r_0} = \left[-\frac{e^2}{2\pi\varepsilon_0 r^3} + \frac{90B}{r^{11}}\right]\bigg|_{r=r_0} = \frac{2e^2}{\pi\varepsilon_0 r_0^3} > 0$$

所以 HCl 分子作微小振动，其频率为

$$\nu = \frac{1}{2\pi}\sqrt{\left(\frac{\mathrm{d}^2 E_\mathrm{p}}{\mathrm{d}r^2}\right)_{r=r_0}\bigg/m_\mathrm{p}} = \frac{1}{2\pi}\sqrt{\frac{2e^2}{\pi\varepsilon_0 r_0^3 m_\mathrm{p}}}$$

$$= \frac{1}{2\pi}\sqrt{\frac{8\times 9\times 10^9 \times (1.6\times 10^{-19})^2}{(1.3\times 10^{-10})^3 \times 1.67\times 10^{-27}}} = 1.1\times 10^{14}\,(\mathrm{Hz})$$

（2）按原书式(6.30)，并设 $n=1$，则有

$$E = \frac{3}{2}h\nu = \frac{1}{2}m\omega^2 A^2$$

$$A = \sqrt{\frac{3h\nu}{m\omega^2}} = \frac{1}{2\pi}\sqrt{\frac{3h}{m\nu}} = \frac{1}{2\pi}\sqrt{\frac{3\times 6.63\times 10^{-34}}{1.67\times 10^{-27}\times 1.1\times 10^{14}}} = 1.7\times 10^{-11}\,(\mathrm{m})$$

6.22　一单摆在空气中摆动，摆长为 1.00 m，初始振幅为 $\theta_0 = 5°$。经过 100 s，振幅减为 $\theta_1 = 4°$。再经过多长时间，它的振幅减为 $\theta_2 = 2°$？此单摆的阻尼系数多大？Q 值多大？

解　由 $\theta_1 = \theta_0 \mathrm{e}^{-\beta t}$，得阻尼系数为

$$\beta = \left(\ln\frac{\theta_0}{\theta_1}\right)\bigg/t = \left(\ln\frac{5}{4}\right)\bigg/100 = 2.2\times 10^{-3}\,(\mathrm{s}^{-1})$$

又 $\theta_2 = \theta_1 \mathrm{e}^{-\beta\Delta t}$，所以从 θ_1 到 θ_2 经过的时间为

$$\Delta t = \frac{\ln\dfrac{\theta_1}{\theta_2}}{\beta} = \frac{\ln\dfrac{4}{2}}{2.2\times 10^{-3}} = 311\,(\mathrm{s})$$

$$Q = \frac{\omega}{2\beta} = \frac{\pi}{\beta T} = \frac{\pi}{2\pi\beta}\sqrt{\frac{g}{l}} = \frac{1}{2\beta}\sqrt{\frac{g}{l}} = \frac{1}{2\times 2.2\times 10^{-3}}\sqrt{\frac{9.8}{1.00}} = 712$$

*6.23　证明：当驱动力的频率等于系统的固有频率时，受迫振动的速度幅达到最大值。

解　由 $x = A\cos(\omega t + \varphi)$ 得

$$v = \frac{\mathrm{d}x}{\mathrm{d}t} = -\omega A\sin(\omega t + \varphi) = -v_{\max}\sin(\omega t + \varphi)$$

$$v_{\max} = \omega A = \frac{\omega h}{[(\omega_0^2 - \omega^2)^2 + 4\beta^2\omega^2]^{1/2}}$$

$$\frac{\mathrm{d}v_{\max}}{\mathrm{d}\omega} = \frac{h}{[(\omega_0^2 - \omega^2)^2 + 4\beta^2\omega^2]}\left\{[(\omega_0^2 - \omega^2)^2 + 4\beta^2\omega^2]^{1/2} - \frac{-2\omega^2(\omega_0^2 - \omega^2) + 4\beta^2\omega^2}{[(\omega_0^2 - \omega^2)^2 + 4\beta^2\omega^2]^{1/2}}\right\}$$

$$= \frac{h}{[(\omega_0^2 - \omega^2)^2 + 4\beta^2\omega^2]^{3/2}}\{(\omega_0^2 - \omega^2)^2 + 2\omega^2(\omega_0^2 - \omega^2)\}$$

$$= \frac{h}{[(\omega_0^2 - \omega^2)^2 + 4\beta^2\omega^2]^{3/2}}(\omega_0 - \omega)(\omega_0 + \omega)(\omega_0^2 + \omega^2)$$

$v_{\max}$ 最大要求 $\dfrac{\mathrm{d}v_{\max}}{\mathrm{d}\omega}=0$，由此可由上式得

$$\omega=\omega_0$$

6.24 一质点同时参与两个在同一直线上的简谐运动，其表达式为

$$x_1=0.04\cos\left(2t+\frac{\pi}{6}\right)$$

$$x_2=0.03\cos\left(2t-\frac{\pi}{6}\right)$$

试写出合振动的表达式。

解 $A=\sqrt{A_1^2+A_2^2+2A_1A_2\cos(\varphi_2-\varphi_1)}$

$\qquad=\sqrt{0.04^2+0.03^2+2\times0.04\times0.03\times\cos(-\pi/6-\pi/6)}$

$\qquad=0.06\ \mathrm{m}$

$\qquad\varphi=\arctan\dfrac{A_1\sin\varphi_1+A_2\sin\varphi_2}{A_1\cos\varphi_1+A_2\cos\varphi_2}$

$\qquad=\arctan\dfrac{0.04\sin(\pi/6)+0.03\sin(-\pi/6)}{0.04\cos(\pi/6)+0.03\cos(-\pi/6)}$

$\qquad=0.08$

合振动的表达式为

$$x=A\cos(\omega t+\varphi)=0.06\cos(2t+0.08)$$

6.25 三个同方向、同频率的简谐运动为

$$x_1=0.08\cos\left(314t+\frac{\pi}{6}\right)$$

$$x_2=0.08\cos\left(314t+\frac{\pi}{2}\right)$$

$$x_3=0.08\cos\left(314t+\frac{5\pi}{6}\right)$$

求：（1）合振动的角频率、振幅、初相及振动表达式；

（2）合振动由初始位置运动到 $x=\dfrac{\sqrt{2}}{2}A$（A 为合振动振幅）所

需最短时间。

解 利用向量图进行合成（用矢量合成的三角形法）计算。

（1）由图 6.13 可得合振动的

$$\omega=314\ \mathrm{s}^{-1}$$

$$A=\frac{A_1}{2}+A_2+\frac{A_3}{2}=0.16\ \mathrm{m}$$

$$\varphi=\pi/2$$

$$x=0.16\cos(314t+\pi/2)$$

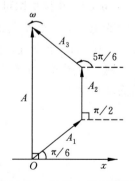

图 6.13 习题 6.25 解用图

（2）由图 6.13 可得矢量 A 第一次转到使 $x=\sqrt{2}A/2$ 时，已转过的角度为 $\pi+\pi/4=5\pi/4$，所需时间为

$$t_1 = 5\pi/4\omega = 5\pi/(314 \times 4) = 0.0125 \text{ (s)} = 12.5 \text{ (ms)}$$

*6.26 一质点同时参与互相垂直的两个简谐振动：

$$x = 0.06\cos(20\pi t)$$

$$y = 0.04\cos\left(20\pi t + \frac{\pi}{2}\right)$$

试证明其轨迹为一正椭圆（即其长短轴分别沿两个坐标轴）并求其半长轴和半短轴的长度以及绕行周期。此质点的绕行是右旋（即顺时针）还是左旋（即逆时针）的？

解 由于 $\cos\left(20\pi t + \dfrac{\pi}{2}\right) = -\sin20\pi t$，所以 $y = -0.04\sin20\pi t$。在 x,y 两式中消去 t，即可得质点的轨迹方程，由

$$\frac{x}{0.06} = \cos20\pi t, \qquad \frac{y}{0.04} = -\sin20\pi t$$

两式平方相加，即得质点的轨迹方程为

$$\frac{x^2}{0.06^2} + \frac{y^2}{0.04^2} = 1$$

这是一个典型的正椭圆方程，长轴沿 x 方向，其半长 0.06 m；短轴沿 y 方向，其半长 0.04 m。

质点绕椭圆运动的周期即每个分振动的周期，为 $T = 2\pi/\omega = 2\pi/20\pi = 0.1$ s。

由于 y 方向振动超前 x 方向的振动，即质点先到达 y 方向的正极大值然后在 $T/4$ 末到达 x 方向的正极大值，所以质点的绕行是右旋的，如图 6.14 所示。

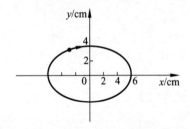

图 6.14 习题 6.26 解用图

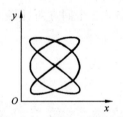

图 6.15 习题 6.27 用图

*6.27 李萨如图可用来测量频率。例如在示波器的水平和垂直输入端分别加上余弦式交变电压，荧光屏上出现如图 6.15 所示的闭合曲线，已知水平方向振动的频率为 2.70×10^4 Hz，求垂直方向的振动频率。

解 由图可知水平方向振动和垂直方向振动的频率比 $\nu_x : \nu_y = 3 : 2$，由此得垂直方向的振动频率为

$$\nu_y = \frac{2}{3}\nu_x = \frac{2 \times 2.7 \times 10^4}{3} = 1.8 \times 10^4 \text{ (Hz)}$$

第 **7** 章

波　　动

一、概念原理复习

1. 行波

设坐标原点处质元的运动函数为 $y_0 = f(t)$，则这一运动沿 x 轴传播时形成波的波函数为

$$y = f\left(t \mp \frac{x}{u}\right)$$

其中的负号和正号分别对应于沿 x 轴正向和沿 x 轴负向传播的波。在给定时刻 t，y 为 x 的函数，其图线叫波形曲线。波的传播表现为波形曲线以波速 u 平移。

2. 简谐波

原点处质元作简谐运动形成的波为简谐波，其波函数为

$$y = A\cos\omega\left(t \mp \frac{x}{u}\right) = A\cos 2\pi\left(\frac{t}{T} \mp \frac{x}{\lambda}\right) = A\cos(\omega t \mp kx)$$

其中，k 为波数，u 为相速度。

$$k = \frac{2\pi}{\lambda}, \quad u = \lambda\nu = \frac{\lambda}{T}$$

3. 波速

波的形成满足方程（一维弹性介质中的横波）

$$G\frac{\partial^2 y}{\partial x^2} = \rho\frac{\partial^2 y}{\partial t^2}$$

代入波的表达式可得波速取决于介质的弹性和密度 ρ，如

棒中纵波波速：　　　　　$u_1 = \sqrt{\dfrac{E}{\rho}}$，　E 为杨氏模量

拉紧的绳中横波波速：　$u_t = \sqrt{\dfrac{F}{\rho_l}}$，　F 为绳中张力，ρ_l 为线密度

各向同性介质中横波波速：$u_t = \sqrt{\dfrac{G}{\rho}}$，　G 为剪切模量

液体、气体中纵波波速：　　　$u_1 = \sqrt{\dfrac{K}{\rho}}$，　K 为体弹模量

气体中声波波速：　　　　$u_1 = \sqrt{\dfrac{\gamma RT}{M}}$，　γ 为气体比热容比

4. 简谐波的能量

随同波的传播有能量传播，每一质元的动能和势能都作周期性变化而且等幅同相。平均能流密度即波的强度为

$$I = \frac{1}{2}\rho\omega^2 A^2 u$$

5. 惠更斯原理（作图法）

介质中波阵面上各点都可看作子波波源，其后任一时刻这些子波的包迹就是新的波阵面。利用惠更斯原理可以证明波的反射定律和折射定律，并说明波的速度和折射的关系。

6. 驻波

两列频率、振动方向和振幅都相同而传播方向相反的简谐波叠加形成驻波，其表达式为

$$y = 2A\cos\frac{2\pi}{\lambda}\cos\omega t$$

驻波实际上是稳定的分段振动，有波节和波腹。

两端固定的弦的振动就是驻波。弦的两端必为波节，因而波长只可能是

$$\lambda_n = 2L/n, \quad n = 1,2,3,\cdots$$

而振动的频率只可能是

$$\nu_n = nu/2L, \quad n = 1,2,3,\cdots$$

式中，L 为弦长，u 为波速。由以上两式可知，两端固定的弦的驻波波长和振动频率都是"量子化"的，即只可能取一些分立的值。$n=1$ 的频率称为基频，$n=2,3,\cdots$ 的频率称为二次、三次、……谐频。乐器的弦的振动是基频振动和一些振幅各异的谐频振动的叠加。

一般来讲，有限范围的介质内的驻波波长以及共振频率都是"量子化"的。

7. 机械波实例

(1) 声波：声强级　$L(\mathrm{dB}) = 10\lg(I/I_0)$，　$I_0 = 10^{-12}\ \mathrm{W/m^2}$。

(2) 地震波：有 S 波（横波）和 P 波（纵波）之别，S 波速度较小。一次地震释放的能量 E 和里氏地震级 M 的关系为

$$M = 0.67\lg E - 2.9$$

(3) 水面波：重力波的浅水波速 $u = \sqrt{gh}$，深水波速 $u = \sqrt{g\lambda/2\pi}$。

8. 多普勒效应

接收器接收到的频率有赖于接收器（R）和波源（S）的运动。

波源静止，接收器迎来：　　　$\nu_R = \dfrac{u + v_R}{u}\nu_S$

接收器静止，波源迎来：　　　$\nu_R = \dfrac{u}{u - v_S}\nu_S$

光学多普勒效应：取决于光源与接收器的相对运动。当光源以相对速度 v 移近接收器时

$$\nu_R = \sqrt{\frac{c+v}{c-v}}\,\nu_S$$

当波源速度大于波速时,在介质中产生冲击波,最前面的波面为以波源为顶点的圆锥面。此马赫锥的半顶角 α 为

$$\alpha = \arcsin\frac{u}{v_S}$$

*9. 群速度

在色散介质中,波的相速和波长有关。诸多波长不同的波叠加形成波包,波包的速度称为群速度。群速度 u_g 和相速度 u 的关系为

$$u_g = u - \lambda\frac{\mathrm{d}u}{\mathrm{d}\lambda}$$

能量和信号以群速度在介质中传播。

二、解题要点

(1) 关于波函数的题目,基本的是两类。一类是识别给定波函数,即由给定的波函数公式求波的频率、振幅、速度、波长等。这时将给定波函数和波函数的标准式加以对比即可求得。另一类由已知条件,如某一质元的振动表达式和波速,写出波函数。这时要注意"沿波的传播方向振动逐点延迟"这一基本规律,求出延迟的时间($\Delta t = \Delta x / u$),然后改写已知质元的振动表达式即可得所求的波函数。

在写反射波的波函数时,也要先计算从给定质元到反射波中任一点的时间延迟。这时还要特别留意反射的情况。如果是遇到波密介质(或固定点)而反射,需要计入半波损失,即在传播距离上要加上(或减去)半个波长,或在波函数的相(位)式中加(或减)π。

(2) 在计算波的能量或强度时,要注意质元的振动速度($\partial y/\partial t$)和波的传播速度 u 的区别。质元的动能取决于前者,而波的强度还和后者有关。

(3) 对驻波的波函数,应注意到它是由一个振动因子($\cos\omega t$)和一个随坐标周期性变化的因子$\left(\cos\frac{2\pi}{\lambda}x\right)$的乘积组成,由此可制定各质元的振动频率以及振幅、相(位)随坐标的分布。

对于两端固定的弦上形成的驻波,应注意波长是"量子化"了的。由波长和弦中的波速可求得波的频率,此波的频率也就是弦振动的频率,而且也就是弦振动时所发出的声音的频率。

(4) 在计算由于多普勒效应而产生频率改变时,要注意公式中速度的符号。要注意区别发射的频率、波的频率和接收的频率的区别。

三、思考题选答

7.6 在原书图 7.23 的驻波形成图中,在 $t = T/4$ 时,各质元的能量是什么能?大小分布如何?在 $t = T/2$ 时,各质元的能量是什么能?大小分布又如何?波节和波腹处的质元的能量各是如何变化的?

答　在该图中,在 $t = T/4$ 时,各质元都在越过各自的平衡位置,因无形变而无弹性势能;但由于有速度而具有动能,在波节处的质元速度为零,动能为零;在波腹处的质元速度最大,动能最大;从波腹到波节,各质元动能逐渐减小。在 $t = T/2$ 时,各质元均达到各自的极端位移处,速度均为零而无动能。但由于形变而具有弹性势能。在波节处的质元形变最大而弹性势能最大;波腹处质元(即位移最大的质元)无形变而弹性势能为零;从波节到波腹,各质元弹性势能逐渐减小。波节处质元始终无动能,其弹性势能作周期性变化。波腹处质元始终无形变而无弹性势能,其动能作周期性变化。波腹处质元的动能最大时,波节处质元的弹性势能为零;波节处质元的弹性势能最大时,波腹处质元的动能为零。能量就这样周期性地在波节和波腹间转化并转移着。

7.7　二胡调音时,要旋动上部的旋杆,演奏时手指压触弦线的不同部位,就能发出各种音调不同的声音。这都是什么缘故?

答　拧旋杆是改变弦线中的张力,从而改变弦线中的波速使对应于弦线全长(从千斤到码子)的弦的振动频率发生改变,以确定二胡的标准基音。弦线张力固定后,手指触压弦的不同部位,就是改变弦线上振动部分的长度,也就是改变弦线所发出的基音的频率,即发出不同音阶的声音。

7.14　在有北风的情况下,站在南方的人听到在北方的警笛发出的声音和无风的情况下听到的有何不同? 你能导出一个相应的公式吗?

答　在警笛是静止的情况,北风只是改变了声波相对于地面的传播速度。对于站在南方的人来说,他听到的警笛的声音的频率并无改变。这是因为,以 u 和 u' 分别表示声波在静止的空气中的声速和北风相对地面的速度,则在有北风的情况下,相对于地面的声速为 $(u+u')$,这时由警笛发出向南的声音的波长为 $\lambda' = (u+u')T$,T 为警笛声音的周期。南方的人 1 周期内接收到的声波波列的长度为 $(u+u')$。这样,他 1 周期内接收到的波数就是 $(u+u')/\lambda' = 1/T = \nu$,这就是他接收到的声波的频率,也是警笛发射声波的频率。在没有风的情况下人接收到的频率也是这个频率。

***7.17**　二硫化碳对钠黄光的折射率为 1.64,由此算得光在二硫化碳中的速度为 1.83×10^8 m/s,但用光信号的传播直接测出的二硫化碳中钠荧光的速度为 1.70×10^8 m/s。你能解释这个差别吗?

答　测出折射率 n 后,用 $n = c/u$ 求出的光速 u 是光的相速度,直接测光的传播速度时所涉及的光不是纯正的单色光,而是复色光,有很多频率(或波长),这种情况下所测得的光速就是光的群速度。如果介质的色散很厉害,即 $du/d\lambda$ 很大,则由原书式(7.63)决定的群速度将明显地不同于相速度。二硫化碳正是这样的色散介质,所以有题述的光速数值的不同。

四、习题解答

7.1　太平洋上有一次形成的洋波速度为 740 km/h,波长为 300 km。这种洋波的频率是多少? 横渡太平洋 8000 km 的距离需要多长时间?

解　　$\nu = \dfrac{u}{\lambda} = \dfrac{740 \times 10^3}{300 \times 10^3 \times 3600} = 6.9 \times 10^{-4}$（Hz）

$t = s/u = 8000/740 = 10.8$（h）

7.2　一简谐横波以 0.8 m/s 的速度沿一长弦线传播。在 $x = 0.1$ m 处,弦线质点的位移随时间的变化关系为 $y = 0.05 \sin(1.0 - 4.0t)$。试写出波函数。

解　由 $x = 0.1$ m 处质点的振动函数

$$y = 0.05 \sin(1.0 - 4.0t)$$

可得 $\omega = 4.0$ s^{-1},

$$\lambda = \frac{2\pi u}{\omega} = \frac{2\pi \times 0.8}{4.0} = 0.4\pi \text{（m）}$$

任意 x 处的质元振动的相和 $x = 0.1$ m 处的相之差为

$$\Delta\varphi = \frac{2\pi(x - 0.1)}{\lambda} = 5x - 0.5$$

这样,波函数可以是

$$y = 0.05 \sin(1.0 - 4.0t + \Delta\varphi)$$
$$= 0.05 \sin(5x - 4.0t + 0.5)$$
$$= 0.05 \sin(4.0t - 5x + 2.64)$$

这表示的是沿 x 轴正向传播的波。

波函数也可以是

$$y = 0.05 \sin(1.0 - 4.0t - \Delta\varphi)$$
$$= 0.05 \sin(1.5 - 4.0t - 5x)$$
$$= 0.05 \sin(4.0t + 5x + 1.64)$$

这表示的是沿 x 轴负向传播的波。

7.3　一横波沿绳传播,其波函数为

$$y = 2 \times 10^{-2} \sin 2\pi(200t - 2.0x)$$

（1）求此横波的波长、频率、波速和传播方向;

（2）求绳上质元振动的最大速度并与波速比较。

解　（1）将所给波函数和标准式

$$y = A \sin 2\pi\left(\nu t - \frac{x}{\lambda}\right)$$

比较,即可得

$$\lambda = 1/2.0 = 0.50 \text{ m}, \quad \nu = 200 \text{ Hz}, \quad u = \lambda\nu = 100 \text{ m/s}$$

由于 t 和 x 的系数反号,知波沿 x 正向传播。

（2）由于振动速度为

$$v = \frac{\mathrm{d}y}{\mathrm{d}t} = 2\pi\nu A \cos 2\pi\left(\nu t - \frac{x}{\lambda}\right)$$

所以

$$v_{\max} = 2\pi\nu A = 2\pi \times 200 \times 2 \times 10^{-2} = 25 \text{（m/s）}$$

7.4 据报道,1976年唐山大地震时,当地某居民曾被猛地向上抛起2 m高。设地震横波为简谐波,且频率为1 Hz,波速为 3 km/s,它的波长多大? 振幅多大?

解 人离地的速度即地壳上下振动的最大速度,为

$$v_{\mathrm{m}} = \sqrt{2gh}$$

地震波的振幅为

$$A = \frac{v_{\mathrm{m}}}{2\pi\nu} = \frac{\sqrt{2gh}}{2\pi\nu} = \frac{\sqrt{2 \times 9.8 \times 2}}{2\pi \times 1} = 1.0 \text{ (m)}$$

地震波的波长 $\lambda = u/\nu = 3/1 = 3$ (km)。

7.5 一平面简谐波在 $t=0$ 时的波形曲线如图7.1所示。

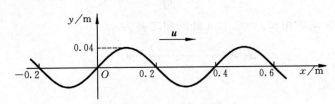

图7.1 习题7.5解用图

(1) 已知 $u=0.08$ m/s,写出波函数;

(2) 画出 $t=T/8$ 时的波形曲线。

解 (1) 由图7.1可知,$\lambda=0.4$ m,$u=0.08$ m/s,$\nu=u/\lambda=0.08/0.4=0.2$ (Hz)。

以余弦函数表示波函数,由图知,$t=0$,$x=0$ 时,$y=0$,因而 $\varphi=\pi/2$。由此可写波函数为

$$y = A\cos\left[2\pi\left(\nu t - \frac{x}{\lambda}\right) + \varphi\right] = 0.04\cos\left(0.4\pi t - 5\pi x + \frac{\pi}{2}\right)$$

(2) $t=T/8$ 的波形曲线可以将原曲线向 x 正向平移 $\lambda/8 = 0.05$ m而得,如图7.2所示。

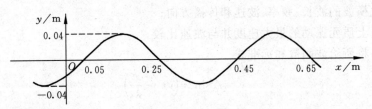

图7.2 习题7.5(2)解用图

7.6 已知波的波函数为 $y=A\cos\pi(4t+2x)$。

(1) 写出 $t=4.2$ s时各波峰位置的坐标表示式,并计算此时离原点最近的一个波峰的位置,该波峰何时通过原点?

(2) 画出 $t=4.2$ s时的波形曲线。

解 (1) $t=4.2$ s时波峰的位置由波函数中 $y=A$ 决定,即要求

$$\pi(4t+2x) = 2\pi n$$

将 $t=4.2$ s代入可得波峰的位置为

$$x = n - 8.4, \quad n = 0, \pm 1, \pm 2, \cdots$$

离原点最近要求 $|x|$ 为最小。据此，n 应取 8，而 $x = -0.4$ m。

此波峰通过原点的时刻应是对应于 $n = 8$ 而 $x' = 0$ 的时刻 t'，即

$$\pi(4t' + 2 \times 0) = 2\pi \times 8$$

由此得

$$t' = 4 \text{ s}$$

（2）此波长为 $\lambda = 2\pi/(2\pi) = 1$ m。按此 λ 值和波峰在 -0.4 m 处即可画出波形曲线，如图 7.3 所示。

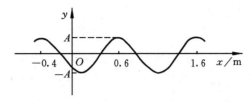

图 7.3　习题 7.6(2)解用图

7.7　频率为 500 Hz 的简谐波，波速为 350 m/s。

（1）沿波的传播方向，相差为 60° 的两点间相距多远？

（2）在某点，时间间隔为 10^{-3} s 的两个振动状态，其相差为多大？

解　（1）由 $\lambda = \dfrac{u}{\nu} = \dfrac{350}{500} = 0.7$ m 和 $\Delta\varphi = 2\pi\Delta\dfrac{x}{\lambda}$ 可得

$$\Delta x = \lambda \cdot \Delta\frac{\varphi}{2\pi} = 0.7 \times \frac{\frac{\pi}{3}}{2\pi} = 0.12 \text{ (m)}$$

（2）$\Delta\varphi = 2\pi\Delta\dfrac{t}{T} = 2\pi\nu\Delta t = 2\pi \times 500 \times 10^{-3} = \pi$。

7.8　在钢棒中声速为 5100 m/s，求钢的杨氏模量（钢的密度 $\rho = 7.8 \times 10^3$ kg/m³）。

解　由 $u = \sqrt{Y/\rho}$ 可得

$$Y = \rho u^2 = 7.8 \times 10^3 \times (5.1 \times 10^3)^2 = 2.03 \times 10^{11} \text{(N/m}^2)$$

7.9　证明固体或液体受到均匀压强 p 时的弹性势能密度为 $\dfrac{1}{2}K\left(\dfrac{\Delta V}{V}\right)^2$。注意，对固体和液体来说，$\Delta V \ll V$。

证　设一球形固体或液体，周围受均匀压强 p，表面积为 S，体积为 V_0，在 $p = p_0 = 0$ 时，体积为 V_0。由胡克定律知 $\Delta p = p - p_0 = p = -K(V - V_0)/V_0$，当其体积由 V_0 被压缩到 V 的过程中，外界反抗弹性力做的功为

$$A = -\int_{r_0}^{r}\int_{S} p \, dS \, dr = -\int_{r_0}^{r} pS \, dr = -\int_{V_0}^{V} p \, dV$$

$$= \frac{K}{V_0}\int_{V_0}^{V}(V - V_0) \, dV = \frac{K(V - V_0)^2}{2V_0} = \frac{1}{2}K\frac{(\Delta V)^2}{V_0}$$

这个功就等于固体或液体体积为 V 时所具有的弹性势能 W_p。由于 $V \approx V_0$，所以单位体积内的弹性势能为

$$w_{\mathrm{p}} = \frac{W_{\mathrm{p}}}{V} = \frac{1}{2} K \left(\frac{\Delta V}{V} \right)^2$$

7.10　钢轨中声速为 5.1×10^3 m/s。今有一声波沿钢轨传播,在某处振幅为 1×10^{-9} m,频率为 1×10^3 Hz。钢的密度为 7.9×10^3 kg/m^3,钢轨的截面积按 15 cm^2 计。

(1) 试求该声波在该处的强度;

(2) 试求该声波在该处通过钢轨输送的功率。

解　(1) $I = \dfrac{1}{2} \rho \omega^2 A^2 u = \dfrac{1}{2} \times 7.9 \times 10^3 \times (2\pi \times 10^3)^2 \times (10^{-9})^2 \times 5.1 \times 10^3$

$\qquad\qquad = 8 \times 10^{-4} (\mathrm{W/m^2})$

(2) $P = IS = 8 \times 10^{-4} \times 15 \times 10^{-4} = 1.2 \times 10^{-6} (\mathrm{W})$。

*__**7.11**__　行波中能量的传播是后面介质对前面介质做功的结果。参照原书图 7.12,先求出棒的一段长度 Δx 的左端面 S 受后方介质的推力表示式,再写出此端面的振动速度表示式,然后求出此推力的功率。此结果应与原书式(7.31)相同。

解　在棒中有横波

$$y = A \cos(\omega t - kx)$$

向右传播时,棒的一段长度 Δx 的左端面 S 受后方介质的推力为

$$F = -G \frac{\mathrm{d}y}{\mathrm{d}x} S = -GkAS \sin(\omega t - kx)$$

该端面的振动速度为

$$v = \frac{\partial y}{\partial t} = -\omega A \sin(\omega t - kx)$$

后方介质推动该端面的功率为

$$P = Fv = Gk\omega A^2 S \sin^2(\omega t - kx)$$

由于 $G = u^2 \rho$,$k = 2\pi/\lambda = 2\pi\nu/u = \omega/u$,所以又有

$$P = \rho \omega^2 A^2 u S \sin^2(\omega t - kx)$$

这正是原书式(7.31)所表示的波的能流公式。

7.12　位于 A, B 两点的两个波源,振幅相等,频率都是 100 Hz,相差为 π,若 A, B 相距 30 m,波速为 400 m/s,求 AB 连线上二者之间叠加而静止的各点的位置。

解　考虑 AB 间距离 A 为 x 的一点,两波由 A 和 B 传到此点的相差为

$$\Delta\varphi = \varphi_A - \frac{2\pi}{\lambda} x - \left[\varphi_B - \frac{2\pi}{\lambda}(l-x) \right] = \varphi_A - \varphi_B + \frac{2\pi\nu}{u}(l - 2x)$$

$$= \pi + \frac{2\pi \times 100}{400}(l - 2x) = \pi + \pi(l - 2x)/2$$

两波叠加而质点静止的条件是 $\Delta\varphi = (2n+1)\pi$,因而有

$$\pi + \pi(l - 2x)/2 = (2n+1)\pi$$

$$x = l/2 - 2n = 15 - 2n$$

n 为整数,$0 < x < 30$,所以有 $x = 1, 3, 5, \cdots, 29$ m。

7.13 一驻波波函数为

$$y = 0.02\cos 20x \cdot \cos 750t$$

求：(1) 形成此驻波的两行波的振幅和波速各为多少？

(2) 相邻两波节间的距离多大？

(3) $t = 2.0 \times 10^{-3}$ s 时，$x = 5.0 \times 10^{-2}$ m 处质点振动的速度多大？

解　(1) 与 $y = 2A\cos kx\cos\omega t$ 比较，可得 $A = 0.01$ m

$$u = \omega/k = 750/20 = 37.5 \text{（m/s）}$$

(2) 由于 $\lambda = 2\pi/k$，相邻两波节之间的距离为

$$\Delta x = \lambda/2 = \pi/k = \pi/20 = 0.157 \text{（m）}$$

(3) $v = \dfrac{\mathrm{d}y}{\mathrm{d}t} = -0.02 \times 750\cos 20x\sin 750t$

$$= -0.02 \times 750\cos(20 \times 0.05)\sin(750 \times 2.0 \times 10^{-3})$$

$$= -8.08 \text{（m/s）}$$

7.14 一平面简谐波沿 x 正向传播，如图 7.4 所示，振幅为 A，频率为 ν，传播速度为 u。

(1) $t = 0$ 时，在原点 O 处的质元由平衡位置向 x 轴正方向运动，试写出此波的波函数；

(2) 若经分界面反射的波的振幅和入射波的振幅相等，试写出反射波的波函数，并求在 x 轴上因入射波和反射波叠加而静止的各点的位置。

解　(1) 原点 O 处质元的振动表示式为

$$y_0 = A\cos(2\pi\nu t - \pi/2)$$

入射波的波函数为

$$y_i = A\cos\left(2\pi\nu t - \frac{2\pi\nu}{u}x - \frac{\pi}{2}\right) \quad \left(0 \leqslant x \leqslant \frac{3}{4}\lambda = \frac{3u}{4\nu}\right)$$

(2) 由于反射时有 π 的相位跃变，所以反射波的波函数为

$$y_r = A\cos\left[2\pi\nu t - \frac{2\pi\nu}{u}\frac{3}{4}\lambda - \frac{\pi}{2} + \pi - \frac{2\pi\nu}{u}\left(\frac{3}{4}\lambda - x\right)\right]$$

$$= A\cos\left(2\pi\nu t + \frac{2\pi\nu}{u}x - \frac{\pi}{2}\right) \quad \left(x \leqslant \frac{3}{4}\lambda = \frac{3u}{4\nu}\right)$$

y_i 和 y_r 叠加，P 点肯定是波节，另一波节与 P 点相距 $\lambda/2$，即 $x = \lambda/4$ 处。

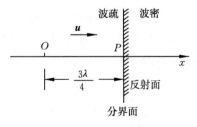

图 7.4　习题 7.14 解用图

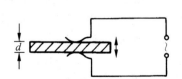

图 7.5　习题 7.15 解用图

7.15 超声波源常用压电石英晶片的驻波振动。如图 7.5 所示，在两面镀银的石英晶片上加上交变电压，晶片就沿厚度方向以电压频率发生伸缩的驻波振动，有电极的两面是自由的

而成为驻波的波腹。设晶片的厚度 $d = 2.0$ mm，沿此厚度方向的声速 $u = 5.74 \times 10^3$ m/s。要想激起石英片发生基频振动，外加电压的频率应是多少？

解 基频振动要求 $\lambda = 2d$。于是所求频率应为

$$\nu = u/\lambda = u/2d = 5.74 \times 10^3/(2 \times 2.0 \times 10^{-3}) = 1.44 \times 10^6 \,(\text{Hz})$$

7.16 一日本妇女的喊声创吉尼斯世界纪录，达到 115 dB。这喊声的声强多大？后来一中国女孩破了这个纪录，她的喊声达到 141 dB，这喊声的声强又是多大？

解 日本妇女的声强为

$$I = I_0 10^{L/10} = 10^{-12} \times 10^{115/10} = 0.316 \,(\text{W/m}^2)$$

中国女孩喊声的声强为

$$I_C = I_0 e^{L/10} = 10^{-12} \times 10^{141/10} = 10^{2.1} = 126 \,(\text{W/m}^2)$$

7.17 如图 7.6 所示为一次智利地震时在美国华盛顿记录下来的地震波图，其中显示了 P 波与 S 波到达的相对时间。如果 P 波和 S 波的平均速度分别为 8 km/s 与 6 km/s，试估算此次地震震中到华盛顿的距离。

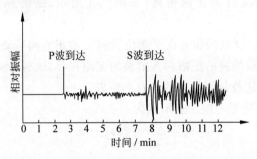

图 7.6 地震波记录图

解 以 v_P 和 v_S 分别表示 P 波和 S 波的速度，以 l 表示地震震中到华盛顿的距离，两波到达的时间差为 $\Delta t \approx 5.1$ min，则有

$$\Delta t = \frac{l}{v_S} - \frac{l}{v_P}$$

由此

$$l = \frac{v_P v_S \Delta t}{v_P - v_S} = \frac{8 \times 6 \times 5.1 \times 60}{8 - 6} = 7.3 \times 10^3 \,(\text{km})$$

7.18 1976 年唐山大地震为里氏 9.2 级（原书图 7.48），试根据地震能量公式（原书式(7.45)）求那次地震所释放的总能量，这能量相当于几个百万吨级氢弹爆炸所释放的能量？（"百万吨"是指相当的 TNT 炸药的质量，1 kg TNT 炸药爆炸时释放的能量为 4.6×10^6 J。）

解 该次地震释放的总能量为

$$E = 10^{(M+2.9)/0.67} = 10^{(9.2+2.9)/0.67} = 10^{18} \,(\text{J})$$

相当于百万吨级氢弹的个数

$$n = E/(4.6 \times 10^6 \times 10^6 \times 10^3) = 10^{18}/(4.6 \times 10^{15}) = 217$$

7.19 在海岸抛锚的船因海浪传来而上下振荡，振荡周期为 4.0 s，振幅为 60 cm，传来的波浪每隔 25 m 有一波峰。

（1）求海波的速度。

*（2）求海面上水的质点作圆周运动的线速度，并和波速比较。由此可知波传播能量的速度可以比介质质元本身运动的速度大得多。

解　（1）$u = \lambda/T = 25/4.0 = 6.25$ （m/s）

　　*（2）$v = 2\pi r/T = 2\pi A/T = 2 \times \pi \times 0.6/4.0 = 0.94$ （m/s）$< u$

7.20　一摩托车驾驶者撞人后驾车逃逸，一警车发现后开警车鸣笛追赶。二者均沿同一直路开行。摩托车速率为 80 km/h，警车速率为 120 km/h。如果警笛发声频率为 400 Hz，空气中声速为 330 m/s。摩托车驾驶者听到的警笛声的频率是多少？

解　此题应该用公式

$$\nu_R = \frac{u + v_R}{u - v_S}\nu_S$$

计算，其中 $u = 330$ m/s，$v_R = -22.2$ m/s，$v_S = 33.3$ m/s，$\nu_S = 400$ Hz。上式代入这些值可得摩托车驾驶者听到的警笛声的频率为

$$\nu_R = \frac{330 + (-22.2)}{330 - 33.3} \times 400 = 415 \text{ （Hz）}$$

7.21　海面上波浪的波长为 120 m，周期为 10 s。一艘快艇以 24 m/s 的速度迎浪开行。它撞击浪峰的频率是多大？多长时间撞击一次？如果它顺浪开行，它撞击浪峰的频率又是多大？多长时间撞击一次？

解　波浪的速度

$$u = \lambda/T = 120/10 = 12 \text{ （m/s）}$$

快艇迎浪开行时，撞击浪峰的频率为

$$\nu_f = (u + v)/\lambda = (24 + 12)/120 = 0.30 \text{ （Hz）}$$

周期为

$$T_f = 1/\nu_f = 1/0.30 = 3.3 \text{ （s）}$$

顺浪开行时，撞击浪峰的频率

$$\nu_a = (v - u)/\lambda = (24 - 12)/120 = 0.10 \text{ （Hz）}$$

周期为

$$T_a = 1/\nu_a = 1/0.10 = 10 \text{ （s）}$$

7.22　一驱逐舰停在海面上，它的水下声呐向一驶近的潜艇发射 1.8×10^4 Hz 的超声波。由该潜艇反射回来的超声波的频率和发射的频率相差 220 Hz，求该潜艇的速度。已知海水中声速为 1.54×10^3 m/s。

解　驱逐舰发射的超声波的频率为 ν_S，潜艇反射回来而被驱逐舰接收到的超声波的频率为 $\nu'_S = \dfrac{u + v}{u - v}\nu_S$。二者相差为

$$\Delta \nu = \nu'_S - \nu_S = \left(\frac{u + v}{u - v} - 1\right)\nu_S = \frac{2v}{u - v}\nu_S$$

一般的，$u \gg v$，所以 $\Delta \nu = \dfrac{2v\nu_S}{u}$，而潜艇速度为

$$v = \frac{u\Delta\nu}{2\nu_S} = \frac{1.54 \times 10^3 \times 220}{2 \times 1.8 \times 10^4} = 9.4 \text{ （m/s）}$$

7.23 主动脉内血液的流速一般是 0.32 m/s。今沿血流方向发射 4.0 MHz 的超声波,该红细胞反射回的波与原发射波将形成的拍频是多少?已知声波在人体内的传播速度为 1.54×10^3 m/s。

解 $\Delta \nu = \nu \left(1 - \dfrac{u-v}{u+v}\right) = \nu \dfrac{2v}{u+v} = \dfrac{2v\nu}{u} = \dfrac{2 \times 0.32 \times 4.0 \times 10^6}{1.54 \times 10^3} = 1.66 \times 10^3 \text{(Hz)}$

7.24 公路检查站上警察用雷达测速仪测来往汽车的速度,所用雷达波的频率为 5.0×10^{10} Hz。发出的雷达波被一迎面开来的汽车反射回来,与入射波形成了频率为 1.1×10^4 Hz 的拍频。此汽车是否已超过了限定车速 100 km/h?

解 由 $\Delta \nu = \dfrac{2v\nu}{u}$ 可得

$$v = \frac{u\Delta\nu}{2\nu} = \frac{3 \times 10^8 \times 1.1 \times 10^4}{2 \times 5 \times 10^{10}} = 33 \text{ (m/s)} = 119 \text{ (km/h)} > 100 \text{ (km/h)}$$

汽车超过了限定速度。

7.25 物体超过声速的速度常用马赫数表示,马赫数定义为物体速度与介质中声速之比。一架超音速飞机以马赫数为 2.3 的速度在 5000 m 高空水平飞行,声速按 330 m/s 计。

(1) 求空气中马赫锥的半顶角的大小。

(2) 飞机从人头顶上飞过后要经过多长时间人才能听到飞机产生的冲击波声?

解 (1) 如图 7.7 所示,马赫锥半顶角为

$$\alpha = \arcsin \frac{u}{v} = \arcsin \frac{1}{2.3} = 25.8°$$

(2) $\tan\alpha = \dfrac{h}{s} = \dfrac{h}{vt}$

$$t = \frac{h}{v\tan\alpha} = \frac{5000}{2.3 \times 330 \times \tan 25.8°} = 13.6 \text{ (s)}$$

要注意的是人最先听到的声音并不是飞机在头顶上时发出的声音,而是在较早时刻经过 C 点时发出的声音。

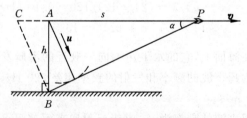

图 7.7 习题 7.25 解用图

7.26 千岛湖水面上快艇以 60 km/h 的速率开行时,其后留下的"艇波"的张角约为 $10°$。试估算湖面水波的静水波速。

解 题给马赫锥半顶角 $\alpha = 10°/2 = 5°$,由此得水波的静水波速为

$$u = v_S \sin\alpha = 16.7 \times \sin 5° = 1.46 \text{ (m/s)}$$

7.27 有两列平面波,波函数分别为

$$y_1 = A \sin(5x - 10t)$$

$$y_2 = A\sin(4x - 9t)$$

求：(1) 两波叠加后,合成波的波函数;

(2) 合成波的群速度;

(3) 一个波包的长度。

解 (1) $y = y_1 + y_2 = A\sin(5x - 10t) + A\sin(4x - 9t)$

$$= 2A\cos(0.5x - 0.5t)\sin(4.5x - 9.5t)$$

(2) $v_g = \dfrac{\Delta\omega}{\Delta k} = \dfrac{10 - 9}{5 - 4} = 1$ (m/s)

(3) $L = \dfrac{\lambda_1\lambda_2}{\lambda_2 - \lambda_1} = \dfrac{2\pi}{k_1 - k_2} = \dfrac{2\pi}{5 - 4} = 2\pi = 6.3$ (m)

*7.28 沿固定细棒传播的弯曲波(棒的中心线像弦上横波那样运动,但各小段棒并不发生切变)的"色散关系"为

$$\omega = \alpha k^2$$

式中,α 为正的常量,由棒材的性质和截面尺寸决定。试求这种波的群速度和相速度的关系。

解 $u_g = \dfrac{\mathrm{d}\omega}{\mathrm{d}k} = \dfrac{\mathrm{d}}{\mathrm{d}k}(\alpha k^2) = \dfrac{2\alpha k^2}{k} = \dfrac{2\omega}{k} = 2u$

即群速度为相速度的两倍。

*7.29 大气上层电离层对于短波无线电波是色散介质,其色散关系为

$$\omega^2 = \omega_p^2 + c^2 k^2$$

其中,c 是光在真空中的速度;ω_p 为一常量。求在电离层中无线电波的相速度 u 和群速度 u_g,并证明 $uu_g = c^2$。

解 $u = \dfrac{\omega}{k} = \dfrac{\sqrt{\omega_p^2 + c^2 k^2}}{k},\qquad u_g = \dfrac{\mathrm{d}\omega}{\mathrm{d}k} = \dfrac{\mathrm{d}}{\mathrm{d}k}\sqrt{\omega_p^2 + c^2 k^2} = \dfrac{c^2 k}{\sqrt{\omega_p^2 + c^2 k^2}}$

两者相乘,$uu_g = c^2$。

7.30 远方一星系发来的光的波长经测量是地球上同类原子发的光的波长的 3/2 倍。求该星系离开地球的退行速度。

解 由于 $\nu = \sqrt{\dfrac{c - v}{c + v}}\,\nu_s$,则 $\lambda = \sqrt{\dfrac{c + v}{c - v}}\,\lambda_s = \dfrac{3}{2}\lambda_s$,即

$$\sqrt{\dfrac{c + v}{c - v}} = \dfrac{3}{2},\qquad v = \dfrac{5}{13}c = 1.2 \times 10^8\,(\text{m/s})$$

*7.31 证明在原书图 7.38 中复波的一个波包的长度为

$$\Delta x = \dfrac{\lambda^2}{\Delta\lambda}$$

并进而证明

$$\Delta x \Delta k = 2\pi$$

以 Δt 表示波包的延续时间,即它通过某一定点的时间,则 $\Delta t = \Delta x / u_g$,再证明

$$\Delta t \Delta\nu = 1$$

这一关系式说明波包(或脉冲)延续时间越短,合成此波包的成分波的频率分布越宽。

以上两式是波的通性,也用于微观粒子的波动性。在量子力学中这两式表示微观粒子的"不确定关系"。

证　以 $\Delta\omega$ 和 Δk 分别表示复波中所含成分波的角频率范围和波数范围,则复波的波函数可如下求出:

$$y = y_1 + y_2 = A\sin(\omega t - kx) + A\sin\left[(\omega + \Delta\omega)t - (k + \Delta k)x\right]$$
$$= 2A\cos\left(\frac{\Delta\omega}{2}t - \frac{\Delta k}{2}x\right)\sin\left[\left(\omega + \frac{\Delta\omega}{2}\right)t - \left(k + \frac{\Delta k}{2}\right)x\right]$$

式中,cos 因子表示复波的包络外形,其波长的一半即一个波包的长度 Δx。所以

$$\Delta x = \frac{1}{2}\,\frac{2\pi}{\dfrac{\Delta k}{2}} = \frac{2\pi}{\Delta k} = \frac{1}{\Delta\left(\dfrac{1}{\lambda}\right)} = \frac{\lambda^2}{\Delta\lambda}$$

此式即得

$$\Delta x \Delta k = 2\pi$$

的关系式。

由于 $u_g = \Delta\omega/\Delta k$,所以

$$\Delta x = u_g \Delta t = \frac{\Delta\omega}{\Delta k}\Delta t$$

代入上一关系式就有

$$\Delta x \Delta k = \frac{\Delta\omega}{\Delta k}\Delta t\,\Delta k = \Delta\omega \Delta t = 2\pi\Delta\nu\Delta t = 2\pi$$

亦即

$$\Delta\nu\Delta t = 1$$

*7.32　17 世纪费马曾提出:光从某一点到达另一点所经过的实际路径是那一条所需时间最短的路径。试根据这一"费马原理"证明光的反射定律($i' = i$)和折射定律[原书式(7.36)]。参考图 7.8 和图 7.9,其中 Q_1 和 Q_2 为光线先后经过的两定点。

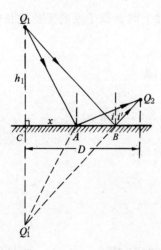
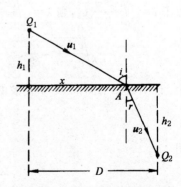

图 7.8　习题 7.32 证(1)用图　　　　图 7.9　习题 7.32 证(2)用图

证 反射的情况。如图 7.8 所示，比较在 A,B 两点反射的光线。作 Q_1' 为 Q_1 在反射面内的"像"，即 $Q_1C = Q_1'C$。

$$t_{Q_1AQ_2} = \frac{Q_1A + AQ_2}{c} = \frac{Q_1'A + AQ_2}{c}$$

作 $Q_1'Q_2$ 直线交反射面于 B，则光线由 Q_1 经 B 点反射到达 Q_2 的时间为

$$t_{Q_1BQ_2} = \frac{Q_1B + BQ_2}{c} = \frac{Q_1'B + BQ_2}{c} = \frac{Q_1'Q_2}{c} < \frac{Q_1'A + AQ_2}{c}$$

由于 Q_1' 和 Q_2 间的连线以直线 $Q_1'Q_2$ 为最短，所以 $t_{Q_1BQ_2}$ 时间最短，因此根据费马原理，Q_1BQ_2 为光线的实际路径。很易证明，对这条路径来说，$i' = i$。

折射的情况。如图 7.9 所示，光线由 Q_1 到达 Q_2 所经历的时间为

$$t = \frac{Q_1A}{u_1} + \frac{AQ_2}{u_2} = \frac{\sqrt{h_1^2 + x^2}}{u_1} + \frac{\sqrt{h_2^2 + (D-x)^2}}{u_2}$$

t 最小，要求 $\dfrac{\mathrm{d}t}{\mathrm{d}x} = 0$，即

$$\frac{\mathrm{d}t}{\mathrm{d}x} = \frac{x}{\sqrt{h_1^2 + x^2}\, u_1} - \frac{D-x}{\sqrt{h_2^2 + (D-x)^2}\, u} = \frac{\sin i}{u_1} - \frac{\sin r}{u_2} = 0$$

于是

$$\frac{\sin i}{\sin r} = \frac{u_1}{u_2}$$

这正是折射定律。

7.33 全题见原书。输入超声电机的电信号在金属片中产生的竖直的和水平的位移函数分别为

$$\xi_y = A_y\sin(\omega t - kx), \quad \xi_x = A_x\cos(\omega t - kx)$$

(1) 证明：薄金属片中各质元的合运动轨迹都是正椭圆，其轨迹方程为

$$\frac{\xi_x^2}{A_x^2} + \frac{\xi_y^2}{A_y^2} = 1$$

(2) 证明：薄金属片和金属滑块接触时的水平速度都是

$$v = -\omega A_x$$

负号表示速度方向沿 x 负方向。

解 (1) 在 ξ_y，ξ_x 的表示式中消去 t，即得轨迹方程，由于 $\xi_y/A_y = \sin(\omega t - kx)$，$\xi_x/A_x = \cos(\omega t - kx)$，二者平方即得要证明的轨迹方程。

(2) 薄金属片和金属滑块接触时，应该有 $\xi_y = \xi_{y,\max}$，$\xi_x = 0$，由此得 $\cos(\omega t - kx) = 0$，而 $\sin(\omega t - kx) = 1$。在接触点，$v_y = \dfrac{\partial \xi_y}{\partial t} = \omega A_y\cos(\omega t - kx) = 0$，$v_x = \dfrac{\partial \xi_x}{\partial t} = -\omega A_x\sin(\omega t - kx) = -\omega A_x$。此点的合速度 $v = v_x = -\omega A_x$，沿水平方向。

第 8 章

狭义相对论基础

一、概念原理复习

1. 概述

狭义相对论是牛顿力学时空概念和规律的发展。当参考系的相对速率和粒子的速率远小于光在真空中的速率时,狭义相对论的结论就趋向于和牛顿力学的相同。

2. 牛顿绝对时空观

长度和时间的测量与参考系的相对运动无关。由此可得

伽利略坐标变换:$x'=x-ut$,$y'=y$,$z'=z$,$t'=t$。

伽利略速度变换:$v'_x=v_x-u$,$v'_y=v_y$,$v'_z=v_z$。

式中带撇的和不带撇的量分别表示在 S' 系和 S 系中测得的值,而参考系 S' 沿 S 的 x 轴正向以恒定速度 u 运动,当二者的原点重合时两个参考系中在原点处的钟都指零。以下所涉及的两个参考系的时空测量均以此设定为基础。

在牛顿力学中,如果 $F=ma$ 在 S 系中成立,则必有 $F'=m'a'$,即牛顿定律在 S' 系中具有相同的形式。这一论断称为牛顿相对性原理。

3. 狭义相对论的基本假设

爱因斯坦相对性原理:物理规律对所有惯性系都是一样的。

光速不变原理:在任何惯性系中,光在真空中的速率都相等。

4. 相对论时空观

长度和时间的测量与参考系的相对速度有关。

同时性的相对性:两个事件在一个参考系中是同时发生的,在相对于此参考系运动的另一参考系中就可能不是同时发生的。

时间延缓效应:在一个参照系中同一地点发生的两事件之间的时间间隔叫固有时,以 $\Delta t'$ 表示固有时,则在另一个参考系中测得的同样两事件之间的时间间隔为

$$\Delta t = \frac{\Delta t'}{\sqrt{1-u^2/c^2}}$$

此式说明,固有时最短。

长度收缩效应:在一参考系中,一静止的棒的长度为固有长度,以 l' 表示固有长度,则

在沿棒长度方向运动的参考系中,测得的棒的长度为

$$l = l' \sqrt{1 - u^2/c^2}$$

此式说明,固有长度最长。

5. 洛伦兹变换

坐标变换式:

$$x' = \frac{x - ut}{\sqrt{1 - u^2/c^2}}, \quad y' = y, \quad z' = z, \quad t' = \frac{t - ux/c^2}{\sqrt{1 - u^2/c^2}}$$

速度变换式:

$$v'_x = \frac{v_x - u}{1 - \dfrac{uv_x}{c^2}}, \quad v'_y = \frac{v_y}{1 - \dfrac{uv_x}{c^2}} \sqrt{1 - u^2/c^2}, \quad v'_z = \frac{v_z}{1 - \dfrac{uv_x}{c^2}} \sqrt{1 - u^2/c^2}$$

6. 相对论质量和动量

以 m_0 表示一粒子在静止时的质量,叫静质量,则它以速度 $\boldsymbol{v}$ 运动时的质量为

$$m = \frac{m_0}{\sqrt{1 - v^2/c^2}}$$

这时它的动量为

$$\boldsymbol{p} = m\boldsymbol{v} = \frac{m_0 \boldsymbol{v}}{\sqrt{1 - v^2/c^2}}$$

7. 相对论能量

静质量为 m_0 的粒子的静能为 $E_0 = m_0 c^2$,它以速度 $\boldsymbol{v}$ 运动时的总(相对论)能量为

$$E = mc^2 = \frac{m_0 c^2}{\sqrt{1 - v^2/c^2}}$$

粒子的动能为

$$E_k = mc^2 - m_0 c^2$$

相对论动量-能量关系式为

$$E^2 = p^2 c^2 + m_0^2 c^4$$

8. 相对论动量-能量变换式

$$p'_x = \frac{p_x - uE/c^2}{\sqrt{1 - u^2/c^2}}, \quad p'_y = p_y, \quad p'_z = p_z, \quad E' = \frac{E - vp_x}{\sqrt{1 - u^2/c^2}}$$

9. 在相对论中质量守恒定律和能量守恒定律合并为质能守恒定律

在粒子发生反应变化时,反应前后粒子的总静质量的减少 Δm 称为质量亏损,随同这一亏损所释放的能量即为 Δmc^2。

二、解题要点

(1) 在解答有关时间、空间的问题时,关键点是要分辨清楚各事件在相对运动的参考系中各在什么地点和时刻发生,然后利用时间延缓公式和长度收缩公式或洛伦兹变换式求解。应用速度变换式时也是一样要辨明两个参考系。

（2）在质量、动量和能量的计算中要注意因子 $\sqrt{1-v^2/c^2}$ 中的 v 不是参考系的相对速度，而是粒子在选定的参考系中的速度。

三、思考题选答

8.3　前进中的一列火车的车头和车尾各遭到一次闪电轰击，据车上的观察者测定这两次轰击是同时发生的。试问，据地面上的观察者测定它们是否仍然是同时发生？如果不同时，何处先遭到轰击？

答　运动的车上的观察者测定为同时发生的两闪电轰击事件，在地球上观察不再是同时发生的。由同时性的相对性知，轰击车尾的那次闪电先发生。

8.5　如图 8.1 所示，在 S 和 S' 系中的 x 和 x' 轴上分别固定有 5 个钟。在某一时刻，原点 O 和 O' 正好重合，此时钟 C_3 和钟 C_3' 都指零。若在 S 系中观察，试画出此时刻其他各钟的指针所指的方位。

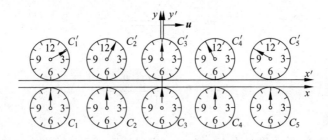

图 8.1　思考题 8.5 用图

答　在同一参考系中的所有的钟都是同步的，即在同一时刻的指数相同。在 S 系中观察，由于 $C_1, C_2, \cdots, C_5$ 各钟是同步的，所以它们的指数应相同，即指针都指零。在 S' 系中同步的钟 $C_1', C_2', \cdots, C_5'$ 在 S' 系中观察，任何时刻指数都相同，但在 S 系中观察，它们就不同步了。就 S' 中的各钟的指针指向"零"这一事件来说，越是靠后（图中即靠左）的钟发生得越早，在观察时刻都已走过了"零"，越是靠前（图中即靠右）的钟发生得越晚，在观察时刻都尚未到"零"。因此各指针的位置就大致如图所示。

8.7　长度的量度和同时性有什么关系？为什么长度的测量会和参考系有关？长度收缩效应是否因为棒的长度受到了实际的压缩？

答　对运动的棒的长度测量（棒沿自己的长度方向运动）要求同时记下棒两端的坐标。这就使长度测量和时间测量联系起来了。由于记录棒的两端的坐标这两事件的时间间隔在不同的参考系是不同的，所以长度的测量就和参考系有关了。长度收缩效应完全是一种由相对运动引起的一种"相对论效应"，并不是棒受到了实际的压缩。一根坚硬的钢棒和一根静长一样的橡皮棒，在速度（很大）一样时，它的长度收缩是一样的。但实际的压缩将产生不同的缩短。

四、习题解答

8.1　一根直杆在 S 系中观察，其静止长度为 l，与 x 轴的夹角为 θ，试求它在 S' 系中的

长度和它与 x' 轴的夹角。

解 $\Delta x' = \Delta x \sqrt{1 - \dfrac{u^2}{c^2}} = l\cos\theta \sqrt{1 - \dfrac{u^2}{c^2}}$

$\Delta y' = \Delta y = l\sin\theta$

在 S' 系中棒长为

$$l' = \sqrt{(\Delta x')^2 + (\Delta y')^2} = l\left(1 - \cos^2\theta\, \frac{u^2}{c^2}\right)^{1/2}$$

l' 与 x' 轴的夹角为

$$\theta' = \arctan \frac{l\sin\theta}{l\cos\theta \sqrt{1 - u^2/c^2}} = \arctan\left[\tan\theta \left(1 - \frac{u^2}{c^2}\right)^{-1/2}\right]$$

8.2 静止时边长为 a 的正立方体,当它以速率 u 沿与它的一个边平行的方向相对于 S' 系运动时,在 S' 系中测得它的体积将是多大?

解 在 S' 系中立方体平行于运动方向的边长将被测为长 $a' = a\sqrt{1 - u^2/c^2}$,垂直于运动方向的其他两边边长仍为 a 不变。于是立方体的体积被测得为

$$V = a'a^2 = a^3 \sqrt{1 - u^2/c^2}$$

8.3 S 系中的观察者有一根米尺固定在 x 轴上,其两端各装一手枪。固定于 S' 系中的 x' 轴上有另一根长刻度尺。当后者从前者旁边经过时,S 系的观察者同时扳动两枪,使子弹在 S' 系中的刻度上打出两个记号。求在 S' 尺上两记号之间的刻度值。在 S' 系中观察者将如何解释此结果?

解 两枪打出两个记号的事在 S 系和 S' 系中的坐标分别为 (x_1, t_1),(x_2, t_2) 和 (x'_1, t'_1),(x'_2, t'_2)(图 8.2),由洛伦兹变换

$$x'_2 - x'_1 = \frac{(x_2 - x_1) - u(t_2 - t_1)}{\sqrt{1 - u^2/c^2}}$$

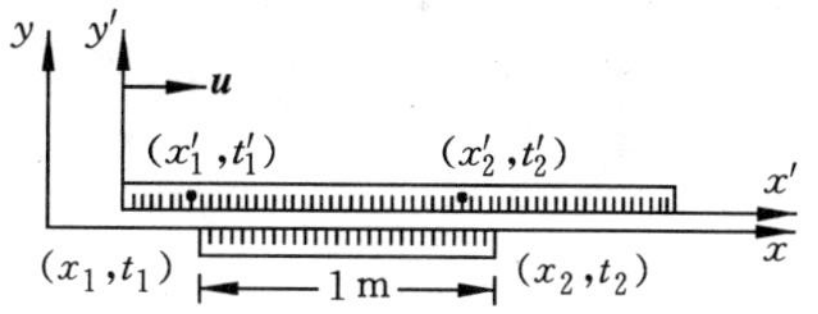

由于 $t_2 = t_1$,$x_2 - x_1 = 1$ m,所以有 S' 尺上两记号之间的距离为

图 8.2 习题 8.3 解用图

$$x'_2 - x'_1 = 1/\sqrt{1 - u^2/c^2} > 1 \text{ m}$$

在 S' 系中的观察者测量,两枪打出记号并不是同时发生的,而是米尺沿 $-x'$ 方向运动的后端,即 x_2 端的那支枪先发射,x_1 端的那支枪后发射,因此在 S' 系中那一根长刻度上打出的两记号之间的距离就大于 1 m 了。

8.4 在 S 系中观察到在同一地点发生两个事件,第二事件发生在第一事件之后 2 s。在 S' 系中观察到第二事件在第一事件后 3 s 发生。求在 S' 系中这两个事件的空间距离。

解 已知在 S 系中,$x_1 = x_2$,所以

$$\Delta t' = \Delta t \Big/ \sqrt{1 - u^2/c^2}$$

由此得

$$u = c\sqrt{1 - (\Delta t/\Delta t')^2}$$

再由洛伦兹变换可得在 S' 系中两事件的空间距离为

$$\Delta x' = \frac{\Delta x - u\Delta t}{\sqrt{1 - u^2/c^2}} = -u\Delta t' = -c\sqrt{1 - (\Delta t/\Delta t')^2} \times \Delta t'$$

$$= -3 \times 10^8 \times \sqrt{1 - (2/3)^2} \times 3 = -6.71 \times 10^8 (\mathrm{m})$$

8.5　在 S 系中观察到两个事件同时发生在 x 轴上,其间距离是 1 m。在 S' 系中观察这两个事件之间的距离是 2 m。求在 S' 系中这两个事件的时间间隔。

解　由于在 S 系中 $\Delta t = 0$, $\Delta x = 1$ m,所以由洛伦兹变换

$$\Delta x' = \frac{\Delta x}{\sqrt{1 - u^2/c^2}}$$

得

$$u = c\sqrt{1 - (\Delta x/\Delta x')^2}$$

再由洛伦兹变换可得在 S' 系中两事件的时间间隔为

$$|\Delta t'| = \left| \frac{\Delta t - \frac{u}{c^2}\Delta x}{\sqrt{1 - u^2/c^2}} \right| = \frac{u}{c^2}\Delta x' = \frac{\Delta x'}{c}\sqrt{1 - (\Delta x/\Delta x')^2}$$

$$= \frac{2}{3 \times 10^8}\sqrt{1 - (1/2)^2} = 5.77 \times 10^{-9} (\mathrm{s})$$

8.6　一只装有无线电发射和接收装置的飞船,正以 $u = \dfrac{4}{5}c$ 的速度飞离地球。当宇航员发射一无线电信号后,信号经地球反射,60 s 后宇航员才收到返回信号。

(1) 在地球反射信号的时刻,从飞船上测得的地球离飞船多远?

(2) 当飞船接收到反射信号时,地球上测得的飞船离地球多远?

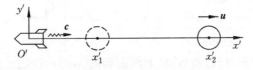

图 8.3　习题 8.6 解用图

解　(1) 在飞船上测量,无线电信号到达地球又反射回来,一去一回光速相等,所用时间也相等,都是 30 s。所以在地球反射信号时,地球与飞船的距离为

$$c \times 30 = 9 \times 10^9 \text{ m}$$

(2) 在飞船上测量,在宇航员发射信号时,它与地球的距离为

$$l' = c \times 30 - \frac{4}{5}c \times 30 = 6c$$

在地球上测量,在宇航员发射信号时,它与地球的距离为

$$l = l'/\sqrt{1 - u^2/c^2} = 6c/\sqrt{1 - (4/5)^2} = 10c = 3 \times 10^9 (\mathrm{m})$$

宇航员从发射到接收无线电信号,他自己的钟经过了 $\Delta t' = 60$ s,为固有时。在地球上测量,这一段时间长为

$$\Delta t = \Delta t'/\sqrt{1 - u^2/c^2} = 60/\sqrt{1 - (4/5)^2} = 100 (\mathrm{s})$$

在这段时间内,在原来离地球 $10c$ 的基础上,飞船又继续向前飞了

$$l_1 = u\Delta t = \frac{4c}{5} \times 100 = 80c$$

的距离。因此,在地球上测量,宇航员接收到反射信号时,飞船与地球的距离为

$$l + l_1 = 10c + 80c = 90c = 2.7 \times 10^{10} \text{ m}$$

8.7　一宇宙飞船沿 x 方向离开地球(S 系,原点在地心),以速率 $u = 0.80c$ 航行,宇航员观察到在自己的参考系(S' 系,原点在飞船上)中,在时刻 $t' = -6.0 \times 10^8$ s,$x' = 1.8 \times 10^{17}$ m,$y' = 1.2 \times 10^{17}$ m,$z' = 0$ 处有一超新星爆发,他把这一观测通过无线电发回地球,在地球参考系中该超新星爆发事件的时空坐标如何? 假定飞船飞过地球时其上的钟与地球上的钟的示值都指零。

解　由洛伦兹变换可得超新星爆发在地球参考系中的时空坐标如下:

$$x = \frac{x' + ut'}{\sqrt{1 - u^2/c^2}} = \frac{1.8 \times 10^{17} + 0.8 \times 3 \times 10^8 \times (-6.0 \times 10^8)}{\sqrt{1 - 0.8^2}} = 6.0 \times 10^{16} \text{ (m)}$$

$$y = y' = 1.2 \times 10^{17} \text{ m}, \quad z = z' = 0$$

$$t = \frac{t' + \frac{u}{c^2}x'}{\sqrt{1 - u^2/c^2}} = \frac{-6.0 \times 10^8 + \frac{0.8}{3 \times 10^8} \times 1.8 \times 10^{17}}{\sqrt{1 - 0.8^2}} = -2.0 \times 10^8 \text{ (s)}$$

*8.8　在习题 8.7 中,由于光从超新星传到飞船需要一定的时间,所以宇航员的报告并非直接测量的结果,而是从光到达飞船的时刻和方向推算出来的。

(1) 试问在何时刻(S' 系中)超新星的光到达飞船?

(2) 假定宇航员在他看到超新星时立即向地球发信息,在什么时刻(S 系中)地球上的观察者收到此信息?

(3) 在什么时刻(S 系中)地球上的观察者看到该超新星?

解　如图 8.4 所示,以超新星爆发作为事件 1,光到达飞船作为事件 2,地球上收到报告作为事件 3,地球上看到超新星发的光到达地球作为事件 4。则已知

$$t_1' = -6.0 \times 10^8 \text{ s}, \quad x_1' = 1.8 \times 10^{17} \text{ m}$$

$$y_1 = 1.2 \times 10^{17} \text{ m}, \quad z_1' = 0$$

$$t_1 = -2.0 \times 10^8 \text{ s}, \quad x_1 = 6.0 \times 10^{16} \text{ m}$$

$$y_1 = 1.2 \times 10^{17} \text{ m}, \quad z_1 = 0$$

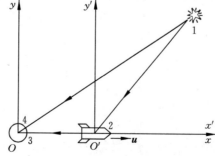

图 8.4　习题 8.8 解用图

（1）在 S' 系中超新星的光到达飞船的时刻为

$$t'_2 = t'_1 + \Delta t'_{12} = t'_1 + \frac{\sqrt{x'^2_1 + y'^2_1}}{c} = -6.0 \times 10^8 + \frac{10^{17} \sqrt{1.8^2 + 1.2^2}}{3 \times 10^8} = 1.2 \times 10^8 (\text{s})$$

（2）地球上接收到报告的时刻为

$$t_3 = t_2 + \Delta t_{23} = \frac{t'_2 + \frac{u}{c^2} x'_2}{\sqrt{1 - u^2/c^2}} + \frac{x_2}{c} = \frac{t'_2}{\sqrt{1 - u^2/c^2}} + \frac{u t'_2}{c \sqrt{1 - u^2/c^2}}$$

$$= \frac{t'_2}{\sqrt{1 - u^2/c^2}} \left(1 + \frac{u}{c} \right) = \frac{1.2 \times 10^8}{\sqrt{1 - 0.8^2}} \left(1 + \frac{0.8 \times 3 \times 10^8}{3 \times 10^8} \right)$$

$$= 3.6 \times 10^8 (\text{s})$$

（3）地球上看到超新星的时刻为

$$t_4 = t_1 + \Delta t_{14} = t_1 + \frac{\sqrt{x^2_1 + y^2_1}}{c} = -2.0 \times 10^8 + \frac{10^{17} \sqrt{0.6^2 + 1.2^2}}{3 \times 10^8} = 2.5 \times 10^8 (\text{s})$$

8.9　地球上的观察者发现一艘以速率 $0.60c$ 向东航行的宇宙飞船将在 5 s 后同一个以速率 $0.80c$ 向西飞行的彗星相撞。

（1）飞船中的人们看到彗星以多大速率向他们接近？

（2）按照他们的钟，还有多少时间允许他们离开原来航线避免碰撞？

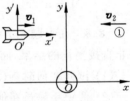

解　（1）由洛伦兹速度变换，在飞船测得的彗星速度为

$$v'_2 = \frac{v_2 - v_1}{1 - \frac{v_2 v_1}{c^2}} = \frac{-0.8c - 0.6c}{1 - (-0.8 \times 0.6)} = -0.95c$$

图 8.5　习题 8.9 解用图

即彗星以 $0.95c$ 的速率向飞船接近。

（2）以地球上发现飞船经过某地时飞船和彗星最初隔一段距离（并于 5 s 后就要碰撞）为事件 1，以地球上发现飞船和彗星就要相撞为事件 2。这两件事对飞船来说发生在同一地点，飞船上测得的时间间隔应为固有时，此时间间隔为

$$\Delta t' = \Delta t \sqrt{1 - v^2_1/c^2} = 5 \times \sqrt{1 - 0.6^2} = 4 (\text{s})$$

8.10　一光源在 S' 系的原点 O' 发出一光线，其传播方向在 $x'y'$ 平面内并与 x' 轴夹角为 θ'，试求在 S 系中测得的此光线的传播方向，并证明在 S 系中此光线的速率仍是 c。

解　在 S' 系中光的传播速度 $v' = c$。由洛伦兹速度变换可得在 S 系中光的两个分速度分别为

$$v_x = \frac{v'_x + u}{1 + \frac{v'_x u}{c^2}} = \frac{v' \cos\theta' + u}{1 + \frac{v' \cos\theta' u}{c^2}} = \frac{c \cos\theta' + u}{1 + \frac{u \cos\theta'}{c}}$$

$$v_y = \frac{v'_y \sqrt{1 - u^2/c^2}}{1 + \frac{v'_x u}{c^2}} = \frac{v' \sin\theta' \sqrt{1 - u^2/c^2}}{1 + \frac{v' \cos\theta u}{c^2}} = \frac{c \sin\theta' \sqrt{1 - u^2/c^2}}{1 + \frac{u \cos\theta'}{c}}$$

由此得在 S' 中光线与 x 轴的夹角为

$$\theta = \arctan \frac{v_y}{v_x} = \arctan \frac{\sin\theta' \sqrt{1 - u^2/c^2}}{\cos\theta' + u/c}$$

而光的速率为

$$v = \sqrt{v_x^2 + v_y^2} = \frac{c}{c + u\cos\theta'} \left[(u + c\cos\theta')^2 + c^2 \sin^2\theta' \left(1 - \frac{u^2}{c^2}\right) \right]^{1/2}$$

$$= \frac{c}{c + u\cos\theta'} [u^2 \cos^2\theta + 2uc\cos\theta + c^2]^{1/2} = c$$

*8.11 参照原书图 8.9 所示的两个参考系 S 和 S'，设一质点在 S 系中沿 x 方向以速度 $\boldsymbol{v} = \boldsymbol{v}(t)$ 运动，有加速度 $\boldsymbol{a}$。证明：在 S' 系中它的加速度 $\boldsymbol{a}'$ 为

$$\boldsymbol{a}' = \frac{(1 - u^2/c^2)^{3/2}}{(1 - uv/c^2)^3} \boldsymbol{a}$$

显然，这一关系和伽利略变换给出的结果不同。当 $u, v \ll c$ 时，此结果说明什么？

证 由洛伦兹坐标变换和速度变换，可得

$$a' = \frac{\mathrm{d}v'}{\mathrm{d}t'} = \frac{\dfrac{\mathrm{d}v'}{\mathrm{d}t}}{\dfrac{\mathrm{d}t'}{\mathrm{d}t}} = \frac{\dfrac{\mathrm{d}}{\mathrm{d}t}\left(\dfrac{v - u}{1 - uv/c^2}\right)}{\dfrac{\mathrm{d}}{\mathrm{d}t}\left(\dfrac{t - ux/c^2}{\sqrt{1 - u^2/c^2}}\right)}$$

$$= \frac{\dfrac{(1 - uv/c^2) + \dfrac{u}{c^2}(v - u)}{(1 - uv/c^2)^2}}{} \bigg/ \left(\frac{1 - uv/c^2}{\sqrt{1 - u^2/c^2}}\right)$$

$$= \frac{(1 - u^2/c^2)^{3/2}}{(1 - uv/c^2)^3} a$$

由于在 S 系和 S' 系中质点都是沿 x 或 x' 方向运动的，所以上式中 a' 和 a 都可改为矢量从而得到题目要求证明的结果。

当 $u, v \ll c$ 时，$\boldsymbol{a}' = \boldsymbol{a}$，又回到了伽利略变换给出的结果。

8.12 一个静质量为 m_0 的质点在恒力 $\boldsymbol{F} = F\boldsymbol{i}$ 的作用下开始运动，经过时间 t，它的速度 v 和位移 x 各是多少？在时间很短（$t \ll m_0 c/F$）和时间很长（$t \gg m_0 c/F$）的两种极限情况下，v 和 x 的值又各是多少？

解 由于恒力 $\boldsymbol{F}$ 方向不变，所以质点作直线运动，再由 $F = \mathrm{d}(mv)/\mathrm{d}t$ 可得经过时间 t

$$v = \int_0^t F\,\mathrm{d}t / m = \frac{Ft \sqrt{1 - v^2/c^2}}{m_0}$$

由此可得

$$v = \frac{Ft/(m_0 c)}{[1 + (Ft/(m_0 c))^2]^{1/2}} c$$

位移为

$$x = \int_0^t v\,\mathrm{d}t = \int_0^t \frac{Ft/m_0}{[1 + (Ft/(m_0 c))^2]^{1/2}}\,\mathrm{d}t = \left\{ [1 + (Ft/(m_0 c))^2]^{1/2} - 1 \right\} \frac{m_0 c^2}{F}$$

在时间很短（$t \ll m_0 c/F$）的情况下，

$$v \approx Ft/m_0 = at$$

$$x \approx \left[1 + \frac{1}{2} \left(\frac{Ft}{m_0 c} \right)^2 - 1 \right] \frac{m_0 c^2}{F} = \frac{Ft^2}{2m_0} = \frac{1}{2} at^2$$

以上两式中 $a = F/m_0$ 为"经典力学加速度",而两式分别表示匀加速运动的速度和位移。

在时间很长 $(t \gg m_0 c/F)$ 的情况下,

$$v \approx c$$

$$x \approx \frac{Ft}{m_0 c} \frac{m_0 c^2}{F} = ct$$

这一结果表示质点将以近于 c 的速度作匀速运动。

8.13   在什么速度下粒子的动量等于非相对论动量的两倍? 又在什么速度下粒子的动能等于非相对论动能的两倍?

解   对动量问题,由题知

$$\frac{m_0 v}{\sqrt{1 - v^2/c^2}} = 2m_0 v$$

由此解得

$$v = \sqrt{3} c/2 = 0.866c$$

对动能问题有

$$mc^2 - m_0 c^2 = 2 \times \frac{1}{2} m_0 v^2$$

由此得

$$1 = \left(1 + \frac{v^2}{c^2} \right)^2 \left(1 - \frac{v^2}{c^2} \right)$$

解此式可得

$$v = 0.786c$$

8.14   在北京正负电子对撞机中,电子可以被加速到动能为 $E_k = 2.8 \times 10^9$ eV。

(1) 这种电子的速率和光速相差多少?

(2) 这样的一个电子动量多大?

(3) 这种电子在周长为 240 m 的储存环内绕行时,它受的向心力多大? 需要多大的偏转磁场?

解   (1) 由 $E_k = \left(\dfrac{m_0}{\sqrt{1 - v^2/c^2}} - m_0 \right) c^2$ 可得

$$c^2 - v^2 = \left(\frac{m_0 c^3}{E_k + m_0 c^2} \right)^2$$

由于 $c \approx v$,所以 $c^2 - v^2 = (c + v)(c - v) \approx 2c(c - v)$,从而由上式可得

$$c - v = \frac{1}{2c} \left(\frac{m_0 c^3}{E_k + m_0 c^2} \right)^2$$

又由于 $E_k = 2.8 \times 10^9$ eV $\gg m_0 c^2 = 0.511 \times 10^6$ eV,所以又有

$$c - v = \frac{m_0^2 c^5}{2E_k^2} = \frac{(0.911 \times 10^{-30})^2 \times (3 \times 10^8)^5}{2 \times (2.8 \times 10^9 \times 1.6 \times 10^{-19})^2} = 5.02 \ (\text{m/s})$$

（2）电子的动量为

$$p = \sqrt{\frac{E^2 - m_0^2 c^4}{c^2}} = \frac{\sqrt{E_k(E_k + 2m_0 c^2)}}{c}$$

由于 $E_k \gg m_0 c^2$，所以有

$$p \approx \frac{E_k}{c} = \frac{2.8 \times 10^9 \times 1.6 \times 10^{-19}}{3 \times 10^8} = 1.49 \times 10^{-18} (\text{kg} \cdot \text{m/s})$$

（3）电子绕行所需的向心力为

$$F = \frac{mv^2}{R} \approx \frac{mc^2}{R} = \frac{E}{R} \approx \frac{E_k}{R} = \frac{2.8 \times 10^9 \times 1.6 \times 10^{-19}}{240/2\pi} = 1.2 \times 10^{-11} (\text{N})$$

所需的偏转磁场为

$$B = \frac{F}{ev} \approx \frac{F}{ec} = \frac{1.2 \times 10^{-11}}{1.6 \times 10^{-19} \times 3 \times 10^8} = 0.25 \ (\text{T})$$

8.15 最强的宇宙射线具有 50 J 的能量，如果这一射线是由一个质子形成的，这样一个质子的速率和光速差多少？

解 由 $E = m_0 c^2 / \sqrt{1 - v^2/c^2}$ 可得

$$c^2 - v^2 = \frac{m_0^2 c^6}{E^2}$$

由于 $v \approx c$，$v + c \approx 2c$，所以有

$$2c(c - v) = \frac{m_0^2 c^6}{E^2}$$

最后得

$$c - v = \frac{m_0^2 c^5}{2E^2} = \frac{(1.67 \times 10^{-27})^2 \times (3 \times 10^8)^5}{2 \times 50^2}$$
$$= 1.36 \times 10^{-15} (\text{m/s})$$

8.16 一个质子的静质量为 $m_p = 1.67265 \times 10^{-27}$ kg，一个中子的静质量为 $m_n = 1.67495 \times 10^{-27}$ kg，一个质子和一个中子结合成的氘核的静质量为 $m_D = 3.34365 \times 10^{-27}$ kg。求结合过程中放出的能量是多少 MeV？ 这能量称为氘核的结合能，它是氘核静能量的百分之几？

一个电子和一个质子结合成一个氢原子，结合能是 13.58 eV，这一结合能是氢原子静能量的百分之几？ 已知氢原子的静质量为 $m_H = 1.67323 \times 10^{-27}$ kg。

解 氘核的结合能为

$$(\Delta E)_D = (\Delta m)_D c^2$$
$$= (1.67265 + 1.67495 - 3.34365) \times 10^{-27} \times (3 \times 10^8)^2$$
$$= 3.55 \times 10^{-13} (\text{J}) = 2.22 (\text{MeV})$$

这一结合能是氘核的静质量的百分数为

$$\eta_D = \frac{(\Delta E)_D}{m_D c^2} = \frac{3.55 \times 10^{-13}}{3.34365 \times 10^{-27} \times (3 \times 10^8)^2} = 0.12\%$$

氢原子的结合能是氢原子静质量的百分数为

$$\eta_H = \frac{(\Delta E)_H}{m_H c^2} = \frac{13.58 \times 1.6 \times 10^{-19}}{1.67323 \times 10^{-27} \times (3 \times 10^8)^2} = 1.45 \times 10^{-6}\%$$

8.17 太阳发出的能量是由质子参与一系列反应产生的,其总结果相当于下述热核反应:

$$^1_1H + ^1_1H + ^1_1H + ^1_1H \longrightarrow ^4_2He + 2^0_1e$$

已知一个质子(^1_1H)的静质量是 $m_p = 1.6726 \times 10^{-27}$ kg,一个氦核(^4_2He)的静质量是 $m_{He} = 6.6425 \times 10^{-27}$ kg。 一个正电子(^0_1e)的静质量是 $m_e = 0.0009 \times 10^{-27}$ kg。

(1) 这一反应释放多少能量?

(2) 这一反应的释能效率多大?

(3) 消耗 1 kg 质子可以释放多少能量?

(4) 目前太阳辐射的总功率为 $P = 3.9 \times 10^{26}$ W,它一秒钟消耗多少千克质子?

(5) 目前太阳约含有 $m = 1.5 \times 10^{30}$ kg 质子。 假定它继续以上述(4)求得的速率消耗质子,这些质子可供消耗多长时间?

解　(1) 释放能量为

$$\Delta E = \Delta m c^2 = (4 \times 1.6726 - 6.6425 - 2 \times 0.0009) \times 10^{-27} \times (3 \times 10^8)^2$$
$$= 4.15 \times 10^{-12}(J)$$

(2) 释能效率为

$$\eta = \frac{\Delta E}{4 m_p c^2} = \frac{4.15 \times 10^{-12}}{4 \times 1.6726 \times 10^{-27} \times (3 \times 10^8)^2} = 0.69\%$$

(3) 消耗 1 kg 质子可释放的能量为

$$4.15 \times 10^{-12}/(4 \times 1.6726 \times 10^{-27}) = 6.20 \times 10^{14}(J/kg)$$

(4) 一秒钟消耗质子的质量为

$$3.9 \times 10^{26}/(6.20 \times 10^{14}) = 6.29 \times 10^{11}\ (kg/s)$$

(5) 消耗的时间为

$$1.5 \times 10^{30}/(6.29 \times 10^{11}) = 2.38 \times 10^{18}(s) = 7.56 \times 10^{10}(a)$$

8.18 20 世纪 60 年代发现的类星体的特点之一是它发出极强烈的辐射。这一辐射的能源机制不可能用热核反应来说明。一种可能的巨大能源机制是黑洞或中子星吞食或吸积远处物质时所释放的引力能。

(1) 1 kg 物质从远处落到地球表面上时释放的引力能是多少? 释能效率(即所释放能量与落到地球表面的物质的静能的比)又是多大?

(2) 1 kg 物质从远处落到一颗中子星表面时释放的引力能是多少?(设中子星的质量等于一个太阳的质量而半径为 10 km) 释能效率又是多大?和习题 8.17 所求热核反应的释能效率相比又如何?

解　(1) 释放的引力能为

$$(\Delta E)_E = 0 - \frac{-GM_E m}{R_E} = \frac{6.67 \times 10^{-11} \times 5.98 \times 10^{24} \times 1}{6.37 \times 10^6} = 6.3 \times 10^7(J)$$

释能效率为

$$\eta_E = \frac{(\Delta E)_E}{m} = \frac{6.3 \times 10^7}{1 \times (3 \times 10^8)^2} = 7 \times 10^{-8}\%$$

（2）释放的引力能为

$$(\Delta E)_N = 0 - \frac{-GM_N m}{R_N} = \frac{6.67 \times 10^{-11} \times 1.99 \times 10^{30} \times 1}{10 \times 10^3} = 1.3 \times 10^{16} \text{(J)}$$

释能效率为

$$\eta = \frac{(\Delta E)_N}{m} = \frac{1.3 \times 10^{16}}{1 \times (3 \times 10^8)^2} \times 100\% = 14\%$$

此释能效率是太阳热核反应释能效率（0.69%）的约 20 倍。

8.19　两个质子以 $\beta = 0.5$ 的速率从一共同点反向运动，求：

（1）每个质子相对于共同点的动量和能量；

（2）一个质子在另一个质子处于静止的参考系中的动量和能量。

解　（1）$p_1 = m_1 v_1 = m_0 \beta c \big/ \sqrt{1-\beta^2} = 0.5 m_0 c \big/ \sqrt{1-0.5^2} = 0.58 m_0 c$

$$E_1 = m_1 c^2 = m_0 c^2 \big/ \sqrt{1-\beta^2} = m_0 c^2 \big/ \sqrt{1-0.5^2} = 1.15 m_0 c^2$$

（2）一个质子相对于另一质子的速度为

$$\beta_2 = \frac{\beta + \beta}{1 + \beta^2} = \frac{1}{1.25}$$

从而有

$$p_2 = m_2 v_2 = \frac{m_0 \beta_2 c}{\sqrt{1-\beta_2^2}} = \frac{\dfrac{m_0 c}{1.25}}{\sqrt{1-\left(\dfrac{1}{1.25}\right)^2}} = 1.33 m_0 c$$

$$E_2 = m_2 c^2 = \frac{m_0 c^2}{\sqrt{1-\beta_2^2}} = \frac{m_0 c^2}{\sqrt{1-\left(\dfrac{1}{1.25}\right)^2}} = 1.67 m_0 c^2$$

8.20　能量为 22 GeV 的电子轰击静止的质子时，其资用能多大？

解　电子的质量 $m = 0.0005 \text{ GeV}/c^2$，质子的质量为 $M \approx 1 \text{ GeV}/c^2$，所以 $E_k = 22 \text{ GeV}$ 的入射电子的资用能为

$$E_{av} = \sqrt{2Mc^2 E_k + [(m+M)c^2]^2} = \sqrt{2 \times 1 \times 22 + (0.0005 + 1)^2} = 6.7 \text{ (GeV)}$$

8.21　北京正负电子对撞机设计为使能量都是 2.8 GeV 的电子和正电子发生对撞。这一对撞的资用能是多少？如果用高能电子去轰击静止的正电子而想得到同样多的资用能，入射高能电子的能量应多大？

解　由于实验室参考系就是对撞的电子和正电子的质心参考系，所以对撞时的资用能为 $2.8 \times 2 = 5.6 \text{ GeV}$。

如果用高能电子去轰击静止的正电子，则资用能为

$$E_{av} = \sqrt{2Mc^2 E_k + [(m+M)c^2]^2}$$

由此得

$$E_k = \frac{E_{av}^2 - [(m+M)c^2]^2}{2Mc^2}$$

将 $M = m = 0.00051\ \text{GeV}/c^2$ 和 $E_{av} = 5.6\ \text{GeV}$ 代入，可得

$$E_k = \frac{5.6^2 - [2 \times 0.00051]^2}{2 \times 0.00051} = 3.1 \times 10^4\ (\text{GeV})$$

8.22　用动量-能量的相对论变换式证明 $E^2 - c^2 p^2$ 是一不变量（即在 S 和 S' 系中此式的数值相等：$E^2 - c^2 p^2 = E'^2 - c^2 p'^2$）。

证　利用动量-能量变换式可得

$$
\begin{aligned}
E'^2 - c^2 p'^2 &= \gamma^2 (E - \beta c p_x)^2 - c^2 \left[\gamma^2 \left(p_x - \frac{\beta E}{c} \right)^2 + p_y^2 + p_z^2 \right] \\
&= \gamma^2 [(E - \beta c p_x)^2 - (c p_x - \beta E)^2] - c^2 (p_y^2 + p_z^2) \\
&= \gamma^2 [(E - \beta c p_x + c p_x - \beta E)(E - \beta c p_x - c p_x + \beta E)] - c^2 (p_y^2 + p_z^2) \\
&= \gamma^2 (1 - \beta)(E + c p_x)(1 + \beta)(E - c p_x) - c^2 (p_y^2 + p_z^2) \\
&= E^2 - c^2 (p_x^2 + p_y^2 + p_z^2) = E^2 - c p^2
\end{aligned}
$$

***8.23**　根据爱因斯坦质能公式（原书式(8.42)）质量具有能量，把这一关系式代入牛顿引力公式，可得两静止质子之间的引力和二者的能量 E_{01} 成正比。(1)一个质子的静止能量是多少？(2)在现实世界中，两静止质子之间的电力要比引力大 10^{36} 倍，要使二者间的引力等于电力，质子的能量需要达到多少？ 这能量是现今粒子加速器（包括在建的）的能量范围（$10^3\ \text{GeV}$）的多少倍？

解　(1) 一个质子的静止能量为

$$E_{01} = m_0 c^2 = 1.67 \times 10^{-27} \times (3 \times 10^8)^2 / (1.6 \times 10^{-19} \times 10^9) = 1\ (\text{GeV})$$

(2) 因两静止质子间的引力与 E_{01}^2 成正比，所以该引力增大 10^{36} 倍达到电力的大小，二者每一个的能量 E 应增大到 E_{01} 的 $\sqrt{10^{36}} = 10^{18}$ 倍，即 $10^{18}\ \text{GeV}$，这能量是现今粒子加速器能量范围（$10^3\ \text{GeV}$）的 10^{15} 倍，难以想象得大！ 只有宇宙诞生的极早期才可能有这样的能量。

第 2 篇

热　　学

第**9**章

温度和气体动理论

·

一、概念原理复习

1. 平衡态

在特定问题中作为研究对象的物体或物体系称为**热力学系统**,简称系统。系统之外的物体统称**外界**。

平衡态是在不受外界影响的条件下,一个系统的宏观性质不随时间改变的状态。处于平衡态的系统,其状态可用少数几个宏观状态参量描写。从微观上看,平衡态是分子运动的**热动平衡**状态。

2. 温度的宏观概念

温度:温度是决定一个系统能否与其他系统处于平衡的宏观性质,处于平衡态的各系统的温度相等。温度相等的平衡态叫**热平衡**。

热力学第零定律:如果系统 A 和系统 B 分别都与系统 C 的同一状态处于热平衡,那么当 A 和 B 接触时,它们也必定处于热平衡状态。

温标:温度的数值表示方法。用玻意耳定律规定理想气体的温度 $T \propto pV$,再加上将水的三相点温度规定为 $T_3 = 273.16\ \text{K}$,即可得**理想气体温标**。它和热学理论规定的**热力学温标**在理想气体温标适用的范围内数值相同,都用 K 做单位。日常生活中用的摄氏温度 $t(\text{℃})$ 和热力学温度 $T(\text{K})$ 的数值关系为

$$t = T - 273.15$$

热力学第三定律:热力学温标的 0 K(又称绝对零度)是不能达到的。

3. 理想气体状态方程

在平衡态下

$$pV = \frac{m}{M}RT$$

或

$$p = nkT$$

式中,n 为单位体积内气体的分子数。上式中 R 称为气体普适常量,即

$$R = \frac{p_0 V_{m,0}}{T_0} = 8.31\ \text{J}/(\text{mol} \cdot \text{K})$$

k 称为玻耳兹曼常量，

$$k = R/N_A = 1.38 \times 10^{-23} \text{ J/K}$$

4. 气体分子的无规则运动

平均自由程(λ)：分子的无规则运动中各段自由路程（连续两次碰撞间分子经过的路程）的平均值。

平均碰撞频率($\bar{z}$)：一个气体分子单位时间内被碰撞次数的平均值：

$$\bar{\lambda} = \bar{v}/\bar{z}$$

碰撞截面(σ)：一个气体分子在运动中可能与其他分子发生碰撞的截面面积。对于分子都相同的气体，其分子的平均自由程

$$\bar{\lambda} = 1/\sqrt{2}\sigma n = kT/\sqrt{2}\sigma p$$

5. 理想气体的压强

按分子的无相互作用的本身体积可以忽略的弹性小球模型以及平衡态下气体中分子按位置均匀分布和速度按方向均匀分布的假设导出

$$p = \frac{1}{3}nm\bar{v}^2 = \frac{2}{3}n\bar{\varepsilon}_t$$

式中，$\bar{\varepsilon}_t$ 为分子的平均平动动能。

6. 温度的微观统计意义

由上述公式和理想气体压强公式可得

$$\bar{\varepsilon}_t = \frac{3}{2}kT$$

由此式可知，从微观上看，温度反映物体内分子无规则运动的激烈程度；温度是描述系统的平衡态的物理量；它是一个统计概念，只适用于大量分子的集体；它所涉及的分子运动是在系统的质心系中分子的无规则运动。

7. 能量均分定理

在温度为 T 的平衡态下，气体分子每个自由度的平均动能都相等，而且等于 $kT/2$。

以 i 表示分子的总自由度数，理想气体分子的平均总动能就是

$$\bar{\varepsilon}_k = \frac{i}{2}kT$$

ν(mol)理想气体的内能就是

$$E = \frac{i}{2}kT \cdot N = \frac{i}{2}\nu N_A kT = \frac{i}{2}\nu RT$$

此式表明，理想气体的内能只是温度的函数，而且和热力学温度成正比。

8. 速率分布律

速率分布函数

$$f(v) = \frac{\mathrm{d}N_v}{N\mathrm{d}v}$$

它的意义是速率在 v 附近的单位速率区间($\mathrm{d}v$)内的分子数($\mathrm{d}N_v$)占分子总数(N)的百分比；或者说一个分子的速率在 v 附近单位速率区间的概率。$f(v)$ 又叫分子速率分布的概率密度。

速率分布函数满足归一化条件：

$$\int_0^\infty f(v)\mathrm{d}v = \int_0^N \frac{\mathrm{d}N_v}{N} = 1$$

麦克斯韦速率分布律：即在平衡态下，气体分子的速率分布函数为

$$f(v) = 4\pi\left(\frac{m}{2\pi kT}\right)^{3/2} v^2 \mathrm{e}^{-mv^2/kT}$$

由此式决定的最概然速率：

$$v_{\mathrm{p}} = \sqrt{\frac{2kT}{m}} = \sqrt{\frac{2RT}{M}} \approx 1.41\sqrt{\frac{RT}{M}}$$

相应的 $f(v)$ 的极大值为

$$f(v_{\mathrm{p}}) = \left(\frac{8m}{\pi kT}\right)^{1/2}\Big/e$$

平均速率：
$$\bar{v} = \sqrt{\frac{8kT}{\pi m}} = \sqrt{\frac{8RT}{\pi M}} \approx 1.60\sqrt{\frac{RT}{M}}$$

方均根速率：
$$v_{\mathrm{rms}} = \sqrt{\frac{3kT}{\pi m}} = \sqrt{\frac{3RT}{\pi M}} \approx 1.73\sqrt{\frac{RT}{M}}$$

9. 平均值和涨落

在用统计方法从微观出发研究热现象时，总要求微观量的统计平均值压强公式中的 n，$\bar{\varepsilon_{\mathrm{t}}}$，$\bar{v^2}$，$p$，速率分布函数中的 $\mathrm{d}N_v$，$\bar{v}$ 都是统计平均值，即对大量分子求平均的结果。求平均值时涉及的区间，如 $\mathrm{d}V$，$\mathrm{d}A$，$\mathrm{d}t$，$\mathrm{d}v$ 等，都必须是宏观小微观大的区间。和宏观现象相联系的统计平均值都是对足够大（理论上无限大）区间求平均的结果。正是因为这样，所以涉及的区间不够大（即分子数不够多）时，一定微观量的平均值和该微观量的统计平均值有差别，这个差别叫涨落。系统包含的分子数越小，涨落越大。分子数足够小时，涨落将非常大，以致该情况下谈论平均值在物理上就没有什么意义了。

10. 玻耳兹曼分布律

平衡态下某状态区间（粒子能量为 E）的粒子数正比于 $\mathrm{e}^{-E/kT}$，$\mathrm{e}^{-E/kT}$ 叫玻耳兹曼因子。

重力场中粒子数密度按高度的分布（设温度 T 上下均匀）为

$$n = n_0 \mathrm{e}^{-mgh/kT}$$

11. 实际气体等温变化

在某些温度和压强下，可能存在液气共存的平衡状态，这时的蒸气叫饱和蒸气。在液体或气体十分纯净的情况下，有可能出现过热液体和过饱和蒸气。温度高于某一限度，当气体压强改变时，不可能存在液气共存的状态，气体也就不可能被压缩而液化。这一温度限度叫临界温度。

*12. 范德瓦尔斯方程

采用有吸引力的刚性球分子模型，对 1 mol 气体，状态方程为

$$\left(p + \frac{a}{V_{\mathrm{m}}^2}\right)(V_{\mathrm{m}} - b) = RT$$

*13. 非平衡态输运过程

内摩擦——在微观上是输运分子运动的定向动量的过程，

$$\mathrm{d}f = -\eta\left(\frac{\mathrm{d}u}{\mathrm{d}z}\right)_{z_0}\mathrm{d}S, \quad \eta = \frac{1}{3}mn\bar{v}\bar{\lambda}$$

热传导——在微观上是输运分子无规则运动能量的过程,

$$dQ = -\kappa \left(\frac{dT}{dz}\right)_{z_0} dS dt, \quad \kappa = \frac{1}{3} m n \bar{v} \bar{\lambda} c_V$$

扩散——在微观上是输运分子质量的过程,

$$dM = -D \left(\frac{d\rho}{dz}\right)_{z_0} dS dt, \quad D = \frac{1}{3} \bar{v} \bar{\lambda}$$

二、解题要点

(1) 利用理想气体状态方程解题时,一般首先确定要分析的系统,然后辨别其所处的状态,最后将同一平衡态的相关状态参量(指 p, V, T, m)代入状态方程求解。解题时要注意各量的单位。

(2) 为了正确解答本章有关分子无规则运动的习题,要首先建立统计概念,这里包括两点。一是要理解平均值的意义。对于分子的微观运动,我们不能给出一个分子的确定信息,只能求出平均值,如分子数密度、平均动能、平均速率、平均自由程都是对大量分子(或在宏观小微观大的区间内)的平均值。二是要理解分布的概念,这是从宏观上说明气体微观运动情况的方法(在宏观上或总体上对社会或经济状况也用给出分布的方法,如人口分布、年龄分布、财产分布等)。应注意的是速率分布公式中的 $f(v)$ 也是一种平均值,因为由于分子间的无停息地无规则碰撞,在某一给定速率区间的分子数在微观上是不可能恒定的,只有其平均值才有实际的意义。

(3) 本章多数习题都可以直接选取已有公式求解,但要注意分析题目所给条件是否真的符合所用公式的条件。

三、思考题选答

9.6 地球大气层上层的电离层中,电离气体的温度可达 2000 K,但每立方厘米中的分子数不超过 10^5 个。这温度是什么意思?一块锡放到该处会不会被熔化?已知锡的熔点是 505 K。

答 在该处温度的意义适用对温度的微观意义的理解,即温度和气体分子的平均动能有关。该处气体因紫外线照射而吸收能量使运动速度增大,因而温度高了。但因分子数密度较小,它们和锡块碰撞时并不能提供足够大的能量,所以锡块不会熔化(人处在那种环境中也会感到很冷的)。

9.8 在大气中随着高度的增加,氮气分子数密度与氧气分子数密度的比值也增大,为什么?

答 将氮气和氧气按理想气体处理,在大气中各产生自身的压强,则根据原书式(9.14)和式(9.16)有

$$n_{N_2} = \frac{p_{N_2}}{kT} = \frac{1}{kT} p_{N_2,0} e^{-\frac{M_{N_2} g}{RT} h}$$

$$n_{O_2} = \frac{p_{O_2}}{kT} = \frac{1}{kT} p_{O_2,0} e^{-\frac{M_{O_2} g}{RT} h}$$

由此得

$$\frac{n_{N_2}}{n_{O_2}} = \frac{p_{N_2,0}}{p_{O_2,0}} e^{\frac{M_{O_2}-M_{N_2}}{RT}gh}$$

由于 $M_{O_2} > M_{N_2}$，所以指数上 h 的系数为正值，因而上述比值就随 h 的增大而增大。

9.16　在深秋或冬日的清晨，有时会看到蓝天上一条笔直的白练在不断延伸。再仔细看去，那是一架正在向右飞行的喷气式飞机留下的径迹（原书图 9.29）。喷气式飞机在飞行中喷出的"废气"中充满了带电粒子，那条白练实际上是小水珠形成的雾条。你能解释这白色雾条形成的原因吗？

答　在深秋或冬日的清晨，高空有时由于湿度大和温度低，可以形成过饱和蒸气，喷气式飞机喷出的废气中带电粒子就形成了凝结核而使水分子聚积其上而形成小水珠，由此就留下了飞机飞行的径迹。这种现象和云室实验径迹是一样的。这白练并不是飞行表演中飞机喷出的烟雾。

四、习题解答

9.1　定体气体温度计的测温气泡放入水的三相点管的槽内时，气体的压强为 6.65×10^3 Pa。

（1）用此温度计测量 373.15 K 的温度时，气体的压强是多大？

（2）当气体压强为 2.20×10^3 Pa 时，待测温度是多少 K？多少℃？

解　（1）对定体气体温度计，由于体积不变，气体的压强与温度成正比，即

$$T_1/T_3 = p_1/p_3$$

由此

$$p_1 = p_3 T_1/T_3 = 6.65 \times 10^3 \times 373.15/273.16 = 9.08 \times 10^3 (Pa)$$

（2）同理可得

$$T_2 = T_3 p_2/p_3 = 273.16 \times 2.20 \times 10^3/(6.65 \times 10^3) = 90.4 \ (K) = -182.8(℃)$$

9.2　温度高于环境的物体会逐渐冷却。实验指出，在物体温度 T 和环境温度 T_s 差别不太大的情况下，物体的冷却速率和温差 $(T - T_s)$ 成正比，即

$$-\frac{dT}{dt} = A(T - T_s)$$

其中，A 是比例常量。试由上式导出，在 T_s 保持不变，物体初温度为 T_1 的情况下，经过时间 t，物体的温度变为

$$T = T_s + (T_1 - T_s)e^{-At}$$

一天早上房内温度是 25℃时停止供暖，室外气温为 −10℃。40 min 后房内温度降为 20℃，再经过多长时间房内温度将降至 15℃？

解　由 $-\frac{dT}{dt} = A(T - T_s)$ 可得

$$A dt = -\frac{dT}{T - T_s}$$

两边积分

$$-\int_0^t A\,\mathrm{d}t = \int_{T_1}^T \frac{\mathrm{d}T}{T-T_s}$$

可得

$$-At = \ln\frac{T-T_s}{T_1-T_s}$$

由此可进一步得出

$$T = T_s + (T_1 - T_s)\mathrm{e}^{-At}$$

对最初 $t_1 = 40$ min 的降温,有

$$20 = -10 + (25+10)\mathrm{e}^{-At_1}$$

由此得

$$t_1 = \frac{1}{A}\ln\frac{35}{30}$$

以 t_2 表示室内温度由 25℃降至 15℃所需时间,则

$$15 = -10 + (25+10)\mathrm{e}^{-At_2}$$

由此得

$$t_2 = \frac{1}{A}\ln\frac{35}{25} = t_1\frac{\ln\dfrac{35}{25}}{\ln\dfrac{35}{30}}$$

室内温度由 20℃降至 15℃所需时间为

$$t_2 - t_1 = t_1\left[\frac{\ln(35/25)}{\ln(35/30)} - 1\right] = 40 \times \left[\frac{\ln(7/5)}{\ln(7/6)} - 1\right] = 47 \text{ (min)}$$

9.3 "28"自行车车轮直径为 71.12 cm(相当于 28 英寸),内胎截面直径为 3 cm。在 −3℃的天气里向空胎里打气。打气筒长 30 cm,截面半径 1.5 cm。打了 20 下,气打足了,问此时车胎内压强是多少? 设车胎内最后气体温度为 7℃。

解　$T_1 = 273 - 3 = 270$ K,　$V_1 = 20 \times \pi \times 1.5^2 \times 30$ cm³,　$p_1 = 1$ atm,　$T_2 = 273 + 7 = 280$ K,　$V_2 = \pi \times 71.12 \times \pi \times 1.5^2$ cm³。

由于气体被打入时质量不变,所以有

$$\frac{p_1 V_1}{T_1} = \frac{p_2 V_2}{T_2}$$

由此得

$$p_2 = \frac{p_1 V_1 T_2}{T_1 V_2} = \frac{1 \times 20 \times \pi \times 1.5^2 \times 30 \times 280}{270 \times \pi \times 71.12 \times \pi \times 1.5^2} = 2.8 \text{ (atm)}$$

9.4　在 90 km 高空,大气的压强为 0.18 Pa,密度为 3.2×10^{-6} kg/m³。求该处的温度和分子数密度。空气的摩尔质量取 29.0 g/mol。

解　由 $pV = \dfrac{m}{M}RT$ 可得

$$T = \frac{pVM}{mR} = \frac{pM}{\rho R}$$

以相应高度的压强和密度(ρ)代入,可得 90 km 高度处的温度为 196 K。

在该处的分子数密度为

$$n = \frac{p}{kT} = \frac{0.18}{1.38 \times 10^{-23} \times 196} = 6.65 \times 10^{19} (\text{m}^{-3})$$

9.5　一个大热气球的容积为 2.1×10^4 m^3,气球本身和负载质量共 4.5×10^3 kg,若其外部空气温度为 20℃,要想使气球上升,其内部空气最低要加热到多少摄氏度?

解　以 ρ_0 表示标准状况下空气的密度,$\rho_0 = 1.29$ kg/m^3。以 ρ_1 和 ρ_2 分别表示热气球外内空气的密度,则由于热气球外内压强相等(均取 1 atm),所以有

$$\rho_1 = \rho_0 T_0 / T_1, \quad \rho_2 = \rho_0 T_0 / T_2$$

由热气球所受浮力与负载重量平衡可得

$$(\rho_1 - \rho_2) V g = m g$$

即

$$\rho_0 T_0 \left(\frac{1}{T_1} - \frac{1}{T_2} \right) V = m$$

由此得内部空气所需的最低温度为

$$T_2 = \frac{V \rho_0 T_0 T_1}{V \rho_0 T_0 - m T_1} = \frac{2.1 \times 10^4 \times 1.29 \times 273 \times 293}{2.1 \times 10^4 \times 1.29 \times 273 - 4.5 \times 10^3 \times 293} = 357 \ (\text{K}) = 84 (℃)$$

9.6　目前可获得的极限真空度为 1.00×10^{-18} atm。求在此真空度下 1 cm^3 空气内平均有多少个分子?设温度为 20℃。

解　$n = \dfrac{p}{kT} = \dfrac{1.00 \times 10^{-18} \times 1.01 \times 10^5}{1.38 \times 10^{-23} \times 293} = 2.5 \times 10^7 (\text{m}^{-3}) = 25 \ (\text{cm}^{-3})$

9.7　星际空间氢云内的氢原子数密度可达 10^{10} m^{-3},温度可达 10^4 K。求这云内的压强。

解　$p = nkT = 10^{10} \times 1.38 \times 10^{-23} \times 10^4 = 1.4 \times 10^{-9} (\text{Pa})$

9.8　在较高的范围内大气温度 T 随高度 y 的变化可近似地取下述线性关系:

$$T = T_0 - \alpha y$$

其中,T_0 为地面温度,α 为一常量。

(1) 试证明在这一条件下,大气压强随高度变化的关系为

$$p = p_0 \exp \left[\frac{Mg}{\alpha R} \ln \left(1 - \frac{\alpha y}{T_0} \right) \right]$$

(2) 证明 $\alpha \to 0$ 时,上式转变为原书式(9.16)。

(3) 通常取 $\alpha = 0.6$℃/100 m,试求珠穆朗玛峰峰顶的温度和大气压强。已知 $M = 29.0$ g/mol,$T_0 = 273$ K,$p_0 = 1.00$ atm。

解　(1) 在压强 p 和高度 y 的微分关系(原书式(9.15))中,将 $T = T_0 - \alpha y$ 代入,可得

$$\frac{\mathrm{d}p}{p} = -\frac{Mg \, \mathrm{d}y}{R(T_0 - \alpha y)}$$

两边积分

$$\int_{p_0}^{p} \frac{\mathrm{d}p}{p} = -\int_0^y \frac{Mg \, \mathrm{d}y}{R(T_0 - \alpha y)}$$

可得

$$\ln(p/p_0) = \frac{Mg}{\alpha R}\ln\frac{T_0 - \alpha y}{T_0}$$

亦即

$$p = p_0\exp\left[\frac{Mg}{\alpha R}\ln\left(1 - \frac{\alpha y}{T_0}\right)\right]$$

（2）$\alpha \to 0$ 时，$\ln\left(1 - \dfrac{\alpha y}{T_0}\right) \to -\dfrac{\alpha y}{T_0}$，于是可得

$$p = p_0\exp\left(-\frac{Mgy}{RT_0}\right)$$

此即原书式(9.16)。

（3）在珠峰峰顶，$y = 8844.43$ m，代入其他已知数据，可得

$$T = T_0 - \alpha y = 273 - 0.6\times 10^{-2}\times 8844.43 = 220\ (\text{K}) = -53(\text{℃})$$

$$p = p_0\exp\left[\frac{Mg}{\alpha R}\ln\left(1 - \frac{\alpha y}{T_0}\right)\right]$$

$$= 1.00\times\exp\left[\frac{29\times 10^{-3}\times 9.8}{0.6\times 10^{-2}\times 8.31}\ln\left(1 - \frac{0.6\times 10^{-2}\times 8844.43}{273}\right)\right]$$

$$= 0.29\ (\text{atm})$$

和恒温气压公式给出的结果(0.33 atm，见原书例 9.2)相差不多。

9.9 证明：在平衡态下，两分子热运动相对速率的平均值 $\bar{u}$ 与分子的平均速率 $\bar{v}$ 有下述关系：

$$\bar{u} = \sqrt{2}\,\bar{v}$$

（提示：写 u_{12} 和 v_1, v_2 的关系式，然后求平均值。）

证　以 $\boldsymbol{v}_1$ 和 $\boldsymbol{v}_2$ 表示任意两个分子的热运动速度，则它们的相对速度

$$\boldsymbol{u}_{12} = \boldsymbol{v}_1 - \boldsymbol{v}_2$$

由此可得

$$u_{12}^2 = v_1^2 + v_2^2 - 2v_1v_2\cos\theta$$

其中 θ 为 $\boldsymbol{v}_1$ 和 $\boldsymbol{v}_2$ 之间的夹角。对此式求平均值，可得

$$\overline{u_{12}^2} = \overline{v_1^2} + \overline{v_2^2} - \overline{v_1v_2\cos\theta}$$

在平衡态下，θ 角随机地在 $0°$ 和 $180°$ 之间分布，因而

$$\overline{\cos\theta} = 0$$

又由于 $\overline{u_{12}^2} = \overline{u^2}$，$\overline{v_1^2} = \overline{v_2^2} = \overline{v^2}$，所以有

$$\overline{u^2} = 2\overline{v^2}$$

由此得

$$\sqrt{\overline{u^2}} = \sqrt{2}\,\sqrt{\overline{v^2}}$$

又由于方均根速率和平均速率对于温度 T 和摩尔质量具有相同的量纲，所以最后可得

$$\bar{u} = \sqrt{2}\,\bar{v}$$

9.10　试证不论气体分子速率分布函数的形式如何,其分子热运动的速率均满足式

$$\sqrt{\overline{v^2}} \geqslant \overline{v}$$

(提示：考虑速率对平均值的偏差 $(v-\overline{v})$ 的平方的平均值。)

证　已知 $\overline{(v-\overline{v})^2} \geqslant 0$,而

$$\overline{(v-\overline{v})^2} = \overline{v^2 + \overline{v}^2 - 2v\overline{v}} = \overline{v^2} + \overline{v}^2 - 2\overline{v} \times \overline{v} = \overline{v^2} - \overline{v}^2$$

所以有

$$\overline{v^2} - \overline{v}^2 \geqslant 0$$

由此可得

$$\sqrt{\overline{v^2}} \geqslant \overline{v}$$

9.11　氮分子的有效直径为 3.8×10^{-10} m。求它在标准状态下的平均自由程和连续两次碰撞间的平均时间间隔。

解　$\lambda = \dfrac{kT}{\sqrt{2}\pi d^2 p} = \dfrac{1.38 \times 10^{-23} \times 273}{\sqrt{2}\pi(3.8 \times 10^{-10})^2 \times 1.01 \times 10^5} = 5.8 \times 10^{-8}\,(\text{m})$

连续两次碰撞间的平均时间间隔为

$$\overline{\tau} = \frac{\overline{\lambda}}{\overline{v}} = \overline{\lambda} \times \sqrt{\frac{\pi M}{8RT}} = 5.8 \times 10^{-8} \times \sqrt{\frac{\pi \times 28 \times 10^{-3}}{8 \times 8.31 \times 273}} = 1.3 \times 10^{-10}\,(\text{s})$$

9.12　真空管的线度为 10^{-2} m,其中真空度为 1.33×10^{-3} Pa,设空气分子的有效直径为 3×10^{-10} m,求 27℃时单位体积内的空气分子数、平均自由程和平均碰撞频率。

解　$n = \dfrac{p}{kT} = \dfrac{1.33 \times 10^{-3}}{1.38 \times 10^{-23} \times 300} = 3.2 \times 10^{17}\,(\text{m}^{-3})$

容器足够大时

$$\overline{\lambda} = \frac{1}{\sqrt{2}\pi d^2 n} = \frac{1}{\sqrt{2}\pi \times (3 \times 10^{-10})^2 \times 3.2 \times 10^{17}} = 7.8\,(\text{m})$$

此 $\overline{\lambda}$ 比真空管线度(10^{-2} m)大得多,所以空气分子之间实际上不可能发生相互碰撞,而只能和管壁碰撞。所以平均自由程就应是真空管的线度,即 $\overline{\lambda} = 10^{-2}$ m。这样,平均碰撞频率为

$$\overline{z} = \frac{\overline{v}}{\overline{\lambda}} = \frac{1}{\overline{\lambda}}\sqrt{\frac{8RT}{\pi M}} = \frac{1}{10^{-2}}\sqrt{\frac{8 \times 8.31 \times 300}{\pi \times 29 \times 10^{-3}}} = 4.7 \times 10^4\,(\text{s}^{-1})$$

9.13　在 160 km 高空,空气密度为 1.5×10^{-9} kg/m³,温度为 500 K。分子直径以 3.0×10^{-10} m 计,求该处空气分子的平均自由程与连续两次碰撞相隔的平均时间。

解　$\overline{\lambda} = \dfrac{1}{\sqrt{2}\pi d^2 n} = \dfrac{M}{\sqrt{2}\pi d^2 \rho N_A} = \dfrac{29 \times 10^{-3}}{\sqrt{2}\pi \times (3 \times 10^{-10})^2 \times 1.5 \times 10^{-9} \times 6.02 \times 10^{23}} = 80\,(\text{m})$

$$\overline{\tau} = \frac{\overline{\lambda}}{\overline{v}} = \overline{\lambda}\sqrt{\frac{\pi M}{8RT}} = 80 \times \sqrt{\frac{\pi \times 29 \times 10^{-3}}{8 \times 8.31 \times 500}} = 0.13\,(\text{s})$$

9.14　在气体放电管中,电子不断与气体分子碰撞。因电子的速率远大于气体分子的

平均速率,所以气体分子可以认为是不动的。设电子的"有效直径"比起气体分子的有效直径 d 来可以忽略不计。求:(1)电子与气体分子的碰撞截面;(2)电子与气体分子碰撞的平均自由程(以 n 表示气体分子数密度)。

解 (1) $\sigma = \pi \left(\dfrac{d}{2} + \dfrac{d_e}{2} \right)^2$

由于 $d_e \ll d$,所以可以得

$$\sigma = \pi d^2 / 4$$

(2) $\bar{\lambda} = \dfrac{\overline{v_e}}{\bar{z}} = \dfrac{\overline{v_e}}{n\sigma\bar{u}}$

由于电子之间互相碰撞机会极小,$\bar{z}$ 就是一个电子与气体分子的碰撞频率。由于电子的热运动平均速度 $\overline{v_e}$ 比气体分子的热运动平均速度大得多,所以电子对气体分子的相对速度 $\bar{u} = \overline{v_e}$。这样就有

$$\bar{\lambda} = \dfrac{1}{n\sigma} = \dfrac{4}{\pi d^2 n}$$

9.15 一篮球充气后,其中有氮气 8.5 g,温度为 17℃,在空中以 65 km/h 作高速飞行。求:

(1) 一个氮分子(设为刚性分子)的热运动平均平动动能、平均转动动能和平均总动能;

(2) 球内氮气的内能;

(3) 球内氮气的轨道动能。

解 (1) $\bar{\varepsilon}_t = \dfrac{t}{2}kT = \dfrac{3}{2} \times 1.38 \times 10^{-23} \times 290 = 6.00 \times 10^{-21} \text{(J)}$

$\bar{\varepsilon}_r = \dfrac{r}{2}kT = \dfrac{2}{2} \times 1.38 \times 10^{-23} \times 290 = 4.00 \times 10^{-21} \text{(J)}$

$\bar{\varepsilon}_k = \dfrac{i}{2}kT = \dfrac{5}{2} \times 1.38 \times 10^{-23} \times 290 = 10.00 \times 10^{-21} \text{(J)}$

(2) $E = \dfrac{i}{2}\nu RT = \dfrac{5}{2} \times \dfrac{8.5}{28} \times 8.31 \times 290 = 1.83 \times 10^3 \text{(J)}$

(3) $E_k = \dfrac{1}{2}mv^2 = \dfrac{1}{2} \times 8.5 \times 10^{-3} \times \left(\dfrac{65000}{3600} \right)^2 = 1.39 \text{(J)}$

9.16 温度为 27℃时,1 mol 氦气、氢气和氧气各有多少内能?1 g 的这些气体各有多少内能?

解 $E_{m, \text{He}} = \dfrac{i}{2}RT = \dfrac{3}{2} \times 8.31 \times 300 = 3.74 \times 10^3 \text{(J/mol)}$

$E_{m, \text{H}_2} = \dfrac{i}{2}RT = \dfrac{5}{2} \times 8.31 \times 300 = 6.23 \times 10^3 \text{(J/mol)}$

$E_{m, \text{O}_2} = \dfrac{i}{2}RT = \dfrac{5}{2} \times 8.31 \times 300 = 6.23 \times 10^3 \text{(J/mol)}$

对 1 g 的气体

$$E_{\text{He}} = \nu E_{m, \text{He}} = \dfrac{1}{4} \times 3.74 \times 10^3 = 0.935 \times 10^3 \text{(J)}$$

$$E_{H_2} = \nu E_{m, H_2} = \frac{1}{2} \times 6.23 \times 10^3 = 3.12 \times 10^3 (J)$$

$$E_{O_2} = \nu E_{m, O_2} = \frac{1}{32} \times 6.23 \times 10^3 = 0.195 \times 10^3 (J)$$

9.17　一容器被中间的隔板分成相等的两半,一半装有氢气,温度为 250 K;另一半装有氧气,温度为 310 K。二者压强相等。求去掉隔板两种气体混合后的温度。

解　混合前,对氢气有 $p_1 V_1 = \nu_1 R T_1$,对氧气有 $p_2 V_2 = \nu_2 R T_2$。由于 $p_1 V_1 = p_2 V_2$,所以有

$$\nu_1 T_1 = \nu_2 T_2$$

混合前的总内能为

$$E_0 = E_1 + E_2 = \frac{3}{2}\nu_1 R T_1 + \frac{5}{2}\nu_2 R T_2 = \frac{8}{2}\nu_1 R T_1$$

混合后,气体的温度变为 T,总内能为

$$E = \frac{3}{2}\nu_1 R T + \frac{5}{2}\nu_2 R T = \left(\frac{3}{2} + \frac{5 T_1}{2 T_2}\right)\nu_1 R T$$

由于混合前后,总内能相等,即 $E_0 = E$,所以有

$$\frac{8}{2}\nu_1 R T_1 = \left(\frac{3}{2} + \frac{5 T_1}{2 T_2}\right)\nu_1 R T$$

由此得

$$T = \frac{8 T_1}{3 + 5 T_1 / T_2} = \frac{8 \times 250}{3 + 5 \times 250/310} = 284 \ (K)$$

9.18　有 N 个粒子,其速率分布函数为

$$f(v) = a v / v_0, \qquad 0 \leqslant v \leqslant v_0$$
$$f(v) = a, \qquad v_0 \leqslant v \leqslant 2 v_0$$
$$f(v) = 0, \qquad v > 2 v_0$$

(1) 作速率分布曲线并求常数 a;

(2) 分别求速率大于 v_0 和小于 v_0 的粒子数;

(3) 求粒子的平均速率。

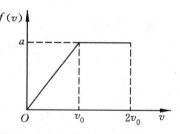

图 9.1　习题 9.18 解用图

解　(1) 速率分布曲线如图 9.1 所示。由归一化条件

$$\int_0^\infty f(v) dv = \int_0^{v_0} \frac{a v}{v_0} dv + \int_{v_0}^{2 v_0} a \, dv = \frac{a v_0}{2} + a v_0 = \frac{3}{2} a v_0 = 1$$

可得

$$a = \frac{2}{3 v_0}$$

(2) $v > v_0$ 的分子数为

$$(\Delta N)_1 = \int_{v_0}^\infty dN = \int_{v_0}^\infty N f(v) dv = \int_{v_0}^{2 v_0} N a \, dv = \frac{2}{3} N$$

$v < v_0$ 的分子数为

$$(\Delta N)_2 = N - (\Delta N)_1 = \frac{1}{3} N$$

$$(3)\ \bar{v} = \int_0^\infty vf(v)\mathrm{d}v = \int_0^{v_0} v\,\frac{av}{v_0}\mathrm{d}v + \int_{v_0}^{2v_0} va\,\mathrm{d}v = \frac{11v_0}{9}$$

9.19　日冕的温度为 2×10^6 K，求其中电子的方均根速率。星际空间的温度为 2.7 K，其中气体主要是氢原子，求那里氢原子的方均根速率。1994 年曾用激光冷却的方法使一群 Na 原子几乎停止运动，相应的温度是 2.4×10^{-11} K，求这些 Na 原子的方均根速率。

解　日冕中电子的方均根速率为

$$v_{\mathrm{rms,e}} = \sqrt{\frac{3kT}{m_{\mathrm{e}}}} = \sqrt{\frac{3 \times 1.38 \times 10^{-23} \times 2 \times 10^6}{9.1 \times 10^{-31}}} = 0.95 \times 10^7 (\mathrm{m/s})$$

星际空间氢原子的方均根速率为

$$v_{\mathrm{rms,H}} = \sqrt{\frac{3RT}{M_{\mathrm{H}}}} = \sqrt{\frac{3 \times 8.31 \times 2.7}{1 \times 10^{-3}}} = 2.6 \times 10^2 (\mathrm{m/s})$$

激光冷却的 Na 原子的方均根速率为

$$v_{\mathrm{rms,Na}} = \sqrt{\frac{3RT}{M_{\mathrm{Na}}}} = \sqrt{\frac{3 \times 8.31 \times 2.4 \times 10^{-11}}{23 \times 10^{-3}}} = 1.6 \times 10^{-4} (\mathrm{m/s})$$

9.20　火星的质量为地球质量的 0.108 倍，半径为地球半径的 0.531 倍，火星表面的逃逸速度多大？以表面温度 240 K 计，火星表面 CO_2 和 H_2 分子的方均根速率多大？以此说明火星表面有 CO_2 而无 H_2（实际上，火星表面大气中 96% 是 CO_2）。

木星质量为地球质量的 318 倍，半径为地球半径的 11.2 倍，木星表面的逃逸速度多大？以表面温度 130 K 计，木星表面 H_2 分子的方均根速率多大？以此说明木星表面有 H_2（实际上木星大气 78% 质量为 H_2，其余的是 He，其上盖有冰云，木星内部为液态甚至固态氢）。

解　对火星

$$v_{\mathrm{e,M}} = \sqrt{\frac{2GM_{\mathrm{M}}}{R_{\mathrm{M}}}} = \sqrt{\frac{2G \times 0.108M_{\mathrm{E}}}{0.531 \times R_{\mathrm{E}}}}$$

$$= \sqrt{\frac{2 \times 6.67 \times 10^{-11} \times 0.108 \times 5.98 \times 10^{24}}{0.531 \times 6.37 \times 10^6}}$$

$$= 5.0 \times 10^3 (\mathrm{m/s})$$

$$v_{\mathrm{rms,CO_2}} = \sqrt{\frac{3RT}{M_{\mathrm{CO_2}}}} = \sqrt{\frac{3 \times 8.31 \times 240}{44 \times 10^{-3}}} = 3.68 \times 10^2 (\mathrm{m/s})$$

$$v_{\mathrm{rms,H_2}} = \sqrt{\frac{3RT}{M_{\mathrm{H_2}}}} = \sqrt{\frac{3 \times 8.31 \times 240}{2 \times 10^{-3}}} = 1.73 \times 10^3 (\mathrm{m/s})$$

与 CO_2 分子相比，H_2 分子容易逃逸，所以火星表面有 CO_2 而无 H_2。

对木星

$$v_{\mathrm{e,J}} = \sqrt{\frac{2GM_{\mathrm{J}}}{R_{\mathrm{J}}}} = \sqrt{\frac{2G \times 318M_{\mathrm{E}}}{11.2R_{\mathrm{E}}}} = \sqrt{\frac{2 \times 6.67 \times 10^{-11} \times 318 \times 5.98 \times 10^{24}}{11.2 \times 6.37 \times 10^6}}$$

$$= 6.0 \times 10^4 (\mathrm{m/s})$$

$$v_{\mathrm{rms,H_2}} = \sqrt{\frac{3RT}{M_{\mathrm{H_2}}}} = \sqrt{\frac{3 \times 8.31 \times 130}{2 \times 10^{-3}}} = 1.27 \times 10^3 (\mathrm{m/s})$$

由于 H_2 分子不易逃逸,所以木星表面有 H_2。

9.21　烟粒悬浮在空气中受空气分子的无规则碰撞作布朗运动的情况可用普通显微镜观察,它和空气处于同一平衡态。一颗烟粒的质量为 1.6×10^{-16} kg,求在 300 K 时它悬浮在空气中的方均根速率。此烟粒如果是在 300 K 的氢气中悬浮,它的方均根速率与在空气中的相比会有不同吗?

解　$$v_{rms} = \sqrt{\frac{3kT}{m}} = \sqrt{\frac{3 \times 1.38 \times 10^{-23} \times 300}{1.6 \times 10^{-16}}} = 8.8 \times 10^{-3} \, (m/s)$$

烟粒在氢气中悬浮和在空气中悬浮,其方均根速率不会有不同。

9.22　质量为 6.2×10^{-14} g 的碳粒悬浮在 27℃ 的液体中,观察到它的方均根速率为 1.4 cm/s。试由气体普适常量 R 值及此实验结果求阿伏加德罗常量的值。

解　由方均根速率

$$\sqrt{\overline{v^2}} = \sqrt{\frac{3kT}{m}} = \sqrt{\frac{3RT}{N_A m}}$$

可得

$$N_A = \frac{3RT}{\overline{v^2}m} = \frac{3 \times 8.31 \times 300}{(1.4 \times 10^{-2})^2 \times 6.2 \times 10^{-14} \times 10^{-3}} = 6.15 \times 10^{23} \, (mol^{-1})$$

9.23　试将麦克斯韦速率分布律改写成按平动动能 ε_t 分布的形式

$$F(\varepsilon_t)d\varepsilon_t = \frac{2}{\sqrt{\pi}} (kT)^{-3/2} \varepsilon_t^{1/2} e^{-\varepsilon_t/kT} d\varepsilon_t$$

由此求出最概然平动动能,并和 $\frac{1}{2}mv_p^2$ 比较。

解　由 $\varepsilon_t = \frac{1}{2}mv^2$ 可得

$$v = \sqrt{\frac{2\varepsilon_t}{m}}, \quad dv = (2m\varepsilon_t)^{-\frac{1}{2}} d\varepsilon_t$$

将此两式代入麦克斯韦速率分布律

$$f(v)dv = 4\pi \left(\frac{m}{2\pi kT}\right)^{3/2} v^2 e^{-mv^2/2kT} dv$$

即得

$$F(\varepsilon_t)d\varepsilon_t = \frac{2}{\sqrt{\pi}} (kT)^{-3/2} \varepsilon_t^{\frac{1}{2}} e^{-\varepsilon_t/kT} d\varepsilon_t$$

当 ε_t 为最概然平动动能时,$F(\varepsilon_t)$ 对 ε_t 的导数应为零,即

$$\frac{dF(\varepsilon_t)}{d\varepsilon_t}\bigg|_{\varepsilon_{t,p}} = \frac{1}{\sqrt{\pi}} (kT)^{-3/2} e^{-\varepsilon_t/kT} \left[\frac{1}{2}\varepsilon_{t,p}^{-1/2} + \varepsilon_{t,p}^{1/2}\left(-\frac{1}{kT}\right)\right] = 0$$

由此得最概然平动动能为

$$\varepsilon_{t,p} = \frac{kT}{2}$$

由最概然速率求出的平动动能为

$$\varepsilon_{t}(v_{p}) = \frac{1}{2}mv_{p}^{2} = \frac{1}{2}m\frac{2kT}{m} = kT$$

为 $\varepsilon_{t,p}$ 的 2 倍。

9.24 皮兰对悬浮在水中的藤黄粒子数按高度分布的实验应用了公式

$$\frac{RT}{N_A}\ln\frac{n_0}{n} = \frac{4}{3}\pi a^3(\Delta - \delta)gh$$

式中, n 和 n_0 分别表示上下高度差为 h 的两处粒子数密度, Δ 为藤黄的密度, δ 为水的密度, a 为藤黄粒子的半径。

(1) 试根据玻耳兹曼分布律推证此公式;

(2) 皮兰在一次实验中测得的数据是 $a = 0.212 \times 10^{-6}$ m, $\Delta - \delta = 0.2067$ g/cm³, $t = 20℃$, 显微镜物镜每升高 30×10^{-6} m 时数出的同一液层内的粒子数分别是 7160, 3360, 1620, 860。试验算这一组数目基本上是几何级数, 从而证明粒子数密度是按指数规律递减的, 并利用第一和第二个数计算阿伏加德罗常量的值。

解 (1) 由玻耳兹曼分布律可得

$$\ln\frac{n_0}{n} = \frac{mgh}{kT}$$

其中 mgh 为粒子在 h 处的势能。由于粒子在水中要受到浮力, 所以它受的"有效重力"为 $(m - m_w)g$, 以此代替上式中的 mg, 可得粒子在 h 处的粒子的势能应为

$$(m - m_w)gh = \frac{4}{3}\pi a^3(\Delta - \delta)gh$$

其中 m_w 为与粒子同体积的水的质量。于是就有

$$\ln\frac{n_0}{n} = \frac{1}{kT} \times \frac{4}{3}\pi a^3(\Delta - \delta)gh = \frac{N_A}{RT} \times \frac{4}{3}\pi a^3(\Delta - \delta)gh$$

由此可得

$$\frac{RT}{N_A}\ln\frac{n_0}{n} = \frac{4}{3}\pi a^3(\Delta - \delta)gh$$

(2) 相邻液层内粒子数的比为

$$\frac{860}{1620} = 0.53, \quad \frac{1620}{3360} = 0.48, \quad \frac{3360}{7160} = 0.47$$

各比值基本上相等, 因而这组粒子数基本上是几何级数。

$$N_A = \frac{3RT}{4\pi a^3(\Delta - \delta)gh}\ln\frac{n_1}{n_2}$$

$$= \frac{3 \times 8.31 \times 293 \times \ln(7160/3360)}{4\pi(0.212 \times 10^{-6})^3 \times 0.2067 \times 10^3 \times 9.8 \times 30 \times 10^{-6}}$$

$$= 7.6 \times 10^{23} \ (\text{mol}^{-1})$$

9.25 一汽缸内封闭有水和饱和水蒸气, 其温度为 100℃, 压强为 1 atm, 已知这时水蒸气的摩尔体积为 3.01×10^4 cm³/mol。

(1) 每立方厘米水蒸气中含有多少个水分子?

(2) 每秒钟有多少个水蒸气分子碰撞到 1 cm² 面积的水面上?

(3) 设所有碰到水面上的水蒸气分子都凝聚成水,则每秒钟有多少水分子从 1 cm^2 面积的水面上跑出?

(4) 等温压进活塞使水蒸气的体积缩小一半后,水蒸气的压强是多少?

解 (1) 每立方厘米水蒸气中含有的水分子数

$$n = \frac{N_A}{V_m} = \frac{6.02 \times 10^{23}}{3.01 \times 10^4} = 2.00 \times 10^{19} (\text{cm}^{-3})$$

(2) 每秒钟碰到 1 cm^2 面积的水面的水蒸气分子数为

$$\Gamma = \frac{1}{4} n \bar{v} = \frac{1}{4} n \sqrt{\frac{8RT}{\pi M}} = \frac{1}{4} \times 2.00 \times 10^{19} \times 10^6 \sqrt{\frac{8 \times 8.31 \times 373}{\pi \times 18 \times 10^{-3}}}$$

$$= 3.31 \times 10^{27} (\text{m}^{-2} \cdot \text{s}^{-1}) = 3.31 \times 10^{23} (\text{cm}^{-2} \cdot \text{s}^{-1})$$

(3) 在饱和情况下,动态平衡要求每秒钟从 1 cm^2 面积的水面上跑出的水分子数应等于每秒钟凝聚在 1 cm^2 面积上的水分子数,即等于 $3.31 \times 10^{23} \text{cm}^{-2} \cdot \text{s}^{-1}$。

(4) 等温条件下,饱和蒸气压强与体积无关。体积缩小一半后,水蒸气压强仍是 1 atm。

9.26 容器容积为 20 L,其中装有 1.1 kg 的 CO_2 气体,温度为 13℃,试用范德瓦耳斯方程求气体的压强(取 $a = 3.64 \times 10^5 \text{Pa} \cdot \text{L}^2/\text{mol}^2$,$b = 0.0427 \text{ L/mol}$),并与用理想气体状态方程求出的结果作比较。这时 CO_2 气体的内压强多大?

解 用范德瓦耳斯方程

$$p_V = \frac{mRT}{MV - mb} - \frac{m^2 a}{M^2 V^2}$$

$$= \frac{1.1 \times 8.31 \times 286}{44 \times 10^{-3} \times 20 \times 10^{-3} - 1.1 \times 0.0427 \times 10^{-3}} - \frac{1.1^2 \times 3.64 \times 10^5 \times 10^{-6}}{44^2 \times 10^{-6} \times 20^2 \times 10^{-6}}$$

$$= 2.57 \times 10^6 (\text{Pa})$$

用理想气体状态方程

$$p_1 = \frac{mRT}{MV} = \frac{1.1 \times 8.31 \times 286}{44 \times 10^{-3} \times 20 \times 10^{-3}} = 2.97 \times 10^6 (\text{Pa})$$

内压强为

$$p_{in} = \frac{m^2 a}{M^2 V^2} = \frac{1.1^2 \times 3.64 \times 10^5 \times 10^{-6}}{(44 \times 10^{-3})^2 \times (20 \times 10^{-3})^2} = 5.69 \times 10^5 (\text{Pa})$$

**9.27 对比原书的图 9.18 和图 9.21,可看出 CO_2 气体的临界等温线上的临界点 K 是范德瓦耳斯临界等温线的水平拐点。

(1) 将范德瓦耳斯方程(原书式(9.59))写成 $p = f(V_m)$ 的形式并利用水平拐点的数学条件证明两个范德瓦耳斯常量

$$a = 3V_{m,c}^2 p_c, \quad b = \frac{V_{m,c}}{3}$$

(2) 根据原书图 9.18 中标出的临界点 K 的压强和体积求 CO_2 气体的 a 和 b 的数值。

解 (1) 由范德瓦耳斯方程(原书式(9.59))可得

$$p = \frac{RT}{V_m - b} - \frac{a}{V_m^2}$$

在临界点

$$p_c = \frac{RT_c}{V_{m,c} - b} - \frac{a}{V_{m,c}^2} \qquad \text{①}$$

由于曲线在临界点的切线水平,所以有

$$\left.\frac{dp}{dV_m}\right|_c = -\frac{RT_c}{(V_{m,c} - b)^2} + \frac{2a}{V_{m,c}^3} = 0$$

即

$$RT_c V_{m,c}^3 = 2a(V_{m,c} - b)^2 \qquad \text{②}$$

又由于曲线上临界点为拐点,所以又有

$$\left.\frac{d^2 p}{dV_m^2}\right|_c = \frac{2RT_c}{(V_{m,c} - b)^3} - \frac{6a}{V_{m,c}^4} = 0$$

即

$$RT_c V_{m,c}^4 = 3a(V_{m,c} - b)^3 \qquad \text{③}$$

③/②,可得

$$V_{m,c} = \frac{3}{2}(V_{m,c} - b)$$

由此得

$$b = \frac{V_{m,c}}{3}$$

由式②可得

$$RT_c = \frac{8a}{9V_{m,c}}$$

将此式代入式①,化简即可得

$$a = 3V_{m,c}^2 p_c$$

(2) 由原书图 9.18 可知 $V_{m,c} = 9.55 \times 10^{-5}$ m³/mol, $p_c = 7.23 \times 10^6$ Pa。将此值代入上面求 a, b 的公式中,可得

$$a = 3V_{m,c}^2 p_c = 3 \times (9.55 \times 10^{-5})^2 \times 7.23 \times 10^6 = 0.198 \ (\text{J} \cdot \text{m}^3/\text{mol}^2)$$

$$b = \frac{V_{m,c}}{3} = \frac{9.55 \times 10^{-5}}{3} = 3.18 \times 10^{-5} \ (\text{m}^3/\text{mol})$$

9.28 在标准状态下氦气(He)的黏度 $\eta = 1.89 \times 10^{-5}$ Pa·s, $M = 0.004$ kg/mol, $\bar{v} = 1.20 \times 10^3$ m/s,试求:

(1) 在标准状况下氦原子的平均自由程;

(2) 氦原子的直径。

解 (1) 由 $\eta = \frac{1}{3} \rho \bar{v} \bar{\lambda}$,可得

$$\bar{\lambda} = \frac{3\eta}{\rho \bar{v}} = \frac{3 \times 1.89 \times 10^{-5}}{0.004 \times 1.20 \times 10^3 / (22.4 \times 10^{-3})} = 2.65 \times 10^{-7} \ (\text{m})$$

(2) $\bar{\lambda} = 1/(\sqrt{2} \pi d^2 n) = \frac{kT}{\sqrt{2} \pi d^2 p}$

$$d = \left(\frac{kT}{\sqrt{2} \pi p \bar{\lambda}}\right)^{1/2} = \left(\frac{1.38 \times 10^{-23} \times 273}{\sqrt{2} \pi \times 1.01 \times 10^5 \times 2.65 \times 10^{-7}}\right)^{1/2} = 1.78 \times 10^{-10} \ (\text{m})$$

*9.29 热水瓶胆的两壁间距 $l=0.4$ cm,其间充满 $t=27℃$ 的 N_2,N_2 分子的有效直径 $d=3.7×10^{-10}$ m,问两壁间的压强降低到多大以下时,N_2 的热导率才会比它在常压下的数值小?

解 由热导率 $k=\dfrac{1}{3}nm\bar{v}\bar{\lambda}c_V$ 和 $\bar{\lambda}=\dfrac{1}{\sqrt{2}\pi d^2 n}$ 可知,当 n 不太小时,$\bar{\lambda}\propto 1/n$,因而 k 与 n 无关。由 $p=nkT$,可知在此情况下,k 与气体压强无关。

如果气体压强减小以至 n 增大得使 $\bar{\lambda}=l$ 后,再减小压强,$\bar{\lambda}$ 值将保持为容器的线度 l 而不变。这时,k 将随 n 的减小,即 p 的减小而减小。此压强的限度由下式决定:

$$\bar{\lambda}=\frac{kT}{\sqrt{2}\pi d^2 p}=l$$

由此可得

$$p=\frac{kT}{\sqrt{2}\pi d^2 l}=\frac{1.38×10^{-23}×300}{\sqrt{2}\pi×(3.7×10^{-10})^2×0.4×10^{-2}}=1.7\ (\text{Pa})$$

*9.30 设有一半径为 R 的水滴悬浮在空气中,由于蒸发而体积逐渐缩小,蒸发出的水蒸气扩散到周围空气中。设其近邻处水蒸气的密度为 ρ,远处水蒸气的密度为 ρ_∞,水蒸气在空气中的扩散系数为 D,水的密度为 ρ_w。证明:

(1) 水滴的蒸发速率为 $W=4\pi D(\rho-\rho_\infty)R$;

(2) 全部蒸发完需要的时间为 $t=\rho_w R^2/(2D(\rho-\rho_\infty))$。

证 (1) 单位时间内通过以水滴中心为球心、半径为 r 的空气中的球面扩散的水蒸气质量为

$$\frac{\mathrm{d}M}{\mathrm{d}t}=-D\frac{\mathrm{d}\rho}{\mathrm{d}r}4\pi r^2=-4\pi D\frac{\mathrm{d}\rho}{\mathrm{d}r}r^2$$

在稳定情况下,通过各同心球面向外扩散的水蒸气质量应相等。因此有

$$\frac{\mathrm{d}\rho}{\mathrm{d}r}r^2=C$$

积分

$$\int_\rho^{\rho_\infty}\mathrm{d}\rho=C\int_R^\infty\frac{\mathrm{d}r}{r^2}$$

由此得

$$C=(\rho_\infty-\rho)R$$

于是水滴蒸发的速率为

$$W=\frac{\mathrm{d}M}{\mathrm{d}t}=-4\pi DC=4\pi D(\rho-\rho_\infty)R$$

(2) 设全部蒸发完需要的时间为 t,则由上一结果可得在 $\mathrm{d}t$ 时间内的蒸发量为

$$-\mathrm{d}M=4\pi D(\rho-\rho_\infty)R\mathrm{d}t$$

式中 R 应为变量。将 $M=\rho_w\dfrac{4}{3}\pi R^3$ 代入上式可得

$$-\rho_w 4\pi R^2\mathrm{d}R=4\pi D(\rho-\rho_\infty)R\mathrm{d}t$$

或

$$-\rho_w R\,dR = D(\rho - \rho_\infty)\,dt$$

两边积分,水滴从半径 R 到消失,有

$$-\int_R^0 \rho_w R\,dR = \int_0^t D(\rho - \rho_\infty)\,dt$$

由此可得

$$t = \rho_w R^2 / (2D(\rho - \rho_\infty))$$

第**10**章

热力学第一定律

一、概念原理复习

1. 功、热量和热力学第一定律

从微观上看来(在力学上就是把系统当成分子组成的质点系处理),系统和外界交换能量的过程有两种情况:

一是系统和外界的边界发生宏观位移,这种情况下外界对系统做宏观功,简称功。它实质上是系统和外界交换的分子有规则运动的能量。

二是没有上述宏观位移,系统和外界的分子通过碰撞对系统做微观功而交换无规则运动的能量。这种交换只有在系统和外界分子的无规则运动平均动能不同时,亦即在系统和外界的温度不同时才能发生。这种交换方式叫热传递,所传递的无规则运动能量的多少叫热量。

系统中所有分子的无规则运动能量的总和称为系统的内能。

从微观上应用对质心系的机械能守恒定律,以 A' 表示外界对系统做的宏观功,以 Q 表示外界对系统做的微观功,即输入系统的热量,以 E 表示系统的内能,则有

$$A' + Q = \Delta E$$

这一能量守恒式就叫热力学第一定律。常用 A 表示系统对外界做的功。由于 $A = -A'$,所以可将上式换写为常用的形式

$$Q = \Delta E + A$$

热力学第一定律是普遍的能量守恒定律的"初级形式"。它适用于系统的任意过程。

2. 准静态过程

过程进行中的每一时刻,系统的状态都无限接近于平衡态。"无限缓慢"的过程就是准静态过程。

准静态过程可以用状态图上的曲线表示。

在无摩擦准静态过程中系统对外做的"体积功"为

$$A = \int_{V_1}^{V_2} p\,dV$$

功是"过程量"。

3. 热容[量]

热量也是"过程量"。和温度变化有关的热量可用热容量计算。

摩尔定压热容
$$C_{p,\mathrm{m}} = \frac{1}{\nu}\left(\frac{\mathrm{d}Q}{\mathrm{d}T}\right)_p$$

摩尔定体热容
$$C_{V,\mathrm{m}} = \frac{1}{\nu}\left(\frac{\mathrm{d}Q}{\mathrm{d}T}\right)_V$$

对理想气体
$$C_{p,\mathrm{m}} = \frac{i+2}{2}R, \quad C_{V,\mathrm{m}} = \frac{i}{2}R$$

迈耶公式
$$C_{p,\mathrm{m}} - C_{V,\mathrm{m}} = R$$

比热[容]比
$$\gamma = C_{p,\mathrm{m}}/C_{V,\mathrm{m}} = (i+2)/i$$

4. 绝热过程

$Q=0$,热力学第一定律给出 $A = E_1 - E_2$。

理想气体的准静态绝热过程:

过程方程:$pV^\gamma =$ 常量,绝热线比等温线陡,即在两条曲线中前者的斜率较大。

对外做的功:

$$A = \int_{V_1}^{V_2} p\,\mathrm{d}V = \frac{1}{\gamma - 1}(p_1 V_1 - p_2 V_2)$$

绝热自由膨胀:气体向真空的膨胀是一种非准静态过程。理想气体经绝热自由膨胀后内能不变。

5. 循环过程

由于系统状态复原,所以 $\Delta E = 0$。热力学第一定律给出 $Q = A$,即系统从外界吸收的净热量等于系统对外做的净功。

做功循环:系统从高温热库吸热 Q_1,对外做净功 A,向低温热库放热 $Q_2 = Q_1 - A$。循环的效率为

$$\eta = \frac{A}{Q_1} = 1 - \frac{Q_2}{Q_1}$$

制冷循环:系统从低温热库吸热 Q_2,接受外界对它做的功 A,向高温热库放热 $Q_1 = A + Q_2$,制冷系数

$$w = \frac{Q_2}{A} = \frac{Q_2}{Q_1 - Q_2}$$

6. 卡诺循环

卡诺循环是系统只在两个恒温热库($T_1 > T_2$)进行热交换的准静态循环过程(无摩擦),循环效率和制冷系数为

$$\eta_{\mathrm{C}} = 1 - \frac{T_2}{T_1}, \qquad w_{\mathrm{C}} = \frac{T_2}{T_1 - T_2}$$

7. 热力学温标

利用卡诺循环定义的温标,

$$T_1/T_2 = (Q_1/Q_2)_{\mathrm{C}}$$

定点取水的三相点温度为 $T_3 = 273.16$ K。

二、解题要点

(1) 对于本章中有关热力学第一定律的习题,解题的一般思路也可以总结成为"热学三字经"如下:

① 认系统　即要确定题目中要作为分析对象的系统。这同时也就确定了外界。

② 辨状态　即要辨别清楚所选定的系统的初状态和末状态以及相应的状态参量,并对同一状态参量 p,V,T 等加注同一数字下标,如 p_1,V_1,T_1 等。对所关注的状态要弄清楚是否平衡。对理想气体的平衡状态的各状态参量才能应用理想气体状态方程。内能表示式也只能用于平衡态。

③ 明过程　即要明确所选定的系统经历的是什么过程。首先要分清是否是准静态过程。有很多公式,如求体积功的积分公式和绝热过程的过程方程,都只是准静态过程才适用的方程。其次要明确是怎样的具体过程,如等温、等压、等体、绝热等。

④ 列方程　即根据以上分析列出相应的方程求解。功是过程量,可以利用求体积功的积分公式直接计算功的大小。热量也是过程量,可以直接利用定压或定容热容量计算热量的多少。也可以利用热力学第一定律公式由已知热量求功或已知功求热量。要注意 $A,Q,\Delta E$ 各量的正负的物理意义。

在解题过程中,最好能画出过程图线。这样做对理解题目和分析求解都会有帮助。

(2) 关于循环过程,要先理解效率和制冷系数的意义,即如何用热量和功定义的。其次要明确卡诺循环的效率和制冷系数的意义以及它们和热力学温度的关系。这样就可以利用给出的温度计算相应的功或热,或者相反地利用给的功或热求出相应的温度。

三、思考题选答

10.4　有可能对系统加热而不致升高系统的温度吗?有可能不作任何热交换,而使系统的温度发生变化吗?

答　加热而系统温度不升高是可能的。如果对一定量理想气体加热的同时使它推动活塞对外做功,而且做的功正好等于加给它的热量,它的温度就可以保持不变。对一定量液体在沸点对它加热使之汽化,则液体和蒸气都可以保持温度不变,这时所加热量等于蒸气对外做的功以及液体变为蒸气时内能的增量。

外界和系统不作任何热交换也可以使系统的温度发生变化。绝热压缩气体时气体温度升高,气体绝热膨胀时温度降低就是例子。

10.8　一个卡诺机在两个温度一定的热库间工作时,如果工质体积膨胀得多些,它做的净功是否就多些?它的效率是否就高些?

答　工质体积膨胀得多些,卡诺机做的功就会多些。但因这时必须从高温热库吸收更多的热量,所以效率并不会提高。这可以用卡诺热机的效率只由两个热库的温度决定来说明。

四、习题解答

10.1 使一定质量的理想气体的状态按图 10.1 中的曲线沿箭头所示的方向发生变化，图线的 BC 段是以 p 轴和 V 轴为渐近线的双曲线。

(1) 已知气体在状态 A 时的温度 $T_A = 300$ K，求气体在 B，C 和 D 状态时的温度。

(2) 从 A 到 D 气体对外做的功总共是多少？

(3) 将上述过程在 V-T 图上画出，并标明过程进行的方向。

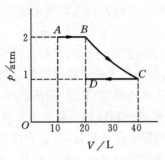

图 10.1　习题 10.1 解用图

解　(1) AB 为等压过程：　　　$T_B = T_A \dfrac{V_B}{V_A} = 300 \times \dfrac{20}{10} = 600$ （K）

BC 为等温过程：　　　　　　$T_C = T_B = 600$ K

CD 为等压过程：　　　$T_D = T_C \dfrac{V_D}{V_C} = 600 \times \dfrac{20}{40} = 300$ （K）

(2) $A = A_{AB} + A_{BC} + A_{CD}$

$$= p_A(V_B - V_A) + p_B V_B \ln \frac{V_C}{V_B} + p_C(V_D - V_C)$$

$$= \left[2 \times (20 - 10) + 2 \times 20 \times \ln \frac{40}{20} + 1 \times (20 - 40) \right] \times 1.01 \times 10^2$$

$$= 2.81 \times 10^3 \text{（J）}$$

(3) V-T 图见图 10.2。

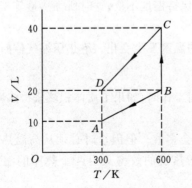

图 10.2　习题 10.1 解(3)用图

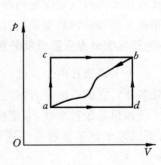

图 10.3　习题 10.2 解用图

10.2　一热力学系统由如图 10.3 所示的状态 a 沿 acb 过程到达状态 b 时,吸收了 560 J 的热量,对外做了 356 J 的功。

(1) 如果它沿 adb 过程到达状态 b 时,对外做了 220 J 的功,它吸收了多少热量?

(2) 当它由状态 b 沿曲线 ba 返回状态 a 时,外界对它做了 282 J 的功,它将吸收多少热量? 是真吸了热,还是放了热?

解　$E_b - E_a = Q_{acb} - A_{acb} = 560 - 356 = 204$ (J)

(1) $Q_{adb} = E_b - E_a + A_{adb} = 204 + 220 = 424$ (J)

(2) $Q_{ba} = E_a - E_b + A_{ba} = -204 + (-282) = -486$ (J)

负号表示系统对外界放了 486 J 的热量。

10.3　64 g 氧气的温度由 0℃ 升至 50℃,(1)保持体积不变;(2)保持压强不变。在这两个过程中氧气各吸收了多少热量? 各增加了多少内能? 对外各做了多少功?

解　(1) $Q = \nu\, C_{V,m} \Delta T = \dfrac{64}{32} \times \dfrac{5}{2} \times 8.31 \times (50-0) = 2.08 \times 10^3$ (J)

$\quad\quad \Delta E = Q = 2.08 \times 10^3$ J

$\quad\quad A = 0$

(2) $Q = \nu\, C_{p,m} \Delta T = \dfrac{64}{32} \times \dfrac{5+2}{2} \times 8.31 \times (50-0) = 2.91 \times 10^3$ (J)

$\quad\quad \Delta E = 2.08 \times 10^3$ J

$\quad\quad A = Q - \Delta E = (2.91 - 2.08) \times 10^3 = 0.83 \times 10^3$ (J)

10.4　10 g 氢气吸收 10^3 J 的热量时压强未发生变化,它原来的温度是 300 K,最后的温度是多少?

解　由 $Q = \nu\, C_{p,m} \Delta T = \dfrac{m}{M} \dfrac{i+2}{2} R \times (T_2 - T_1)$ 得

$$T_2 = T_1 + \frac{2QM}{(i+2)Rm} = 300 + \frac{2 \times 10^3 \times 4}{(3+2) \times 8.31 \times 10} = 319 \text{ (K)}$$

10.5　一定量氢气在保持压强为 4.00×10^5 Pa 不变的情况下,温度由 0.0℃ 升高到 50.0℃ 时,吸收了 6.0×10^4 J 的热量。

(1) 氢气的量是多少摩尔?

(2) 氢气内能变化多少?

(3) 氢气对外做了多少功?

(4) 如果这氢气的体积保持不变而温度发生同样变化,它该吸收多少热量?

解　(1) 由 $Q = \nu\, C_{p,m} \Delta T = \nu \dfrac{i+2}{2} R \Delta T$ 得

$$\nu = \frac{2Q}{(i+2)R\Delta T} = \frac{2 \times 6.0 \times 10^4}{(5+2) \times 8.31 \times 50} = 41.3 \text{ (mol)}$$

(2) $\Delta E = \nu\, C_{V,m} \Delta T = \nu \times \dfrac{i}{2} R \Delta T = 41.3 \times \dfrac{5}{2} \times 8.31 \times 50 = 4.29 \times 10^4$ (J)

(3) $A = Q - \Delta E = (6.0 - 4.29) \times 10^4 = 1.71 \times 10^4$ (J)

(4) $Q = \Delta E = 4.29 \times 10^4$ J

10.6 用比较曲线斜率的方法证明在 p-V 图上相交于任一点的理想气体的绝热线比等温线陡。

证 过 p-V 图上 (p,V) 点,等温线的斜率为

$$\left(\frac{\mathrm{d}p}{\mathrm{d}V}\right)_T = \left[\frac{\mathrm{d}}{\mathrm{d}V}\left(\frac{C}{V}\right)\right]_T = -\frac{p}{V}$$

绝热线的斜率为

$$\left(\frac{\mathrm{d}p}{\mathrm{d}V}\right)_S = \left[\frac{\mathrm{d}}{\mathrm{d}V}\left(\frac{C'}{V^\gamma}\right)\right]_S = -\gamma\frac{p}{V}$$

$$\left(\frac{\mathrm{d}p}{\mathrm{d}V}\right)_S \bigg/ \left(\frac{\mathrm{d}p}{\mathrm{d}V}\right)_T = \gamma > 1$$

所以绝热线比等温线陡。

10.7 一定量的氮气,压强为 1 atm,体积为 10 L,温度为 300 K。当其体积缓慢绝热地膨胀到 30 L 时,其压强和温度各是多少? 在过程中对外界做了多少功? 内能改变了多少?

解 $p_1=1$ atm, $V_1=10$ L, $V_2=30$ L, $T_1=300$ K

由原书式(10.18)得

$$p_2 = p_1(V_1/V_2)^\gamma = (10/30)^{1.4} = 0.21 \text{ (atm)}$$

由原书式(10.19)得

$$T_2 = T_1(V_1/V_2)^{\gamma-1} = (10/30)^{1.4-1} = 193 \text{ (K)}$$

因绝热 $Q=0$,所以由原书式(10.2)得

$$A = \frac{1}{\gamma-1}(p_1V_1 - p_2V_2)$$

$$= \frac{1}{1.4-1}(1\times10 - 0.21\times30)\times1.01\times10^5\times10^{-3} = 934 \text{ (J)}$$

$$\Delta E = -A = -934 \text{ J}$$

10.8 3 mol 氧气在压强为 2 atm 时体积为 40 L,先将它绝热压缩到一半体积,接着再令它等温膨胀到原体积。

(1) 求这一过程的最大压强和最高温度;

(2) 求这一过程中氧气吸收的热量、对外做的功以及内能的变化;

(3) 在 p-V 图上画出整个过程曲线。

解 (1) 最大压强和最高温度出现在绝热过程的终态:

$$p_2 = p_1(V_1/V_2)^\gamma = 2\times(40/20)^{1.4} = 5.28 \text{ (atm)}$$

$$T_2 = \frac{p_2V_2}{\nu R} = \frac{5.28\times1.013\times10^5\times20\times10^{-3}}{3\times8.31} = 429 \text{ (K)}$$

(2) $Q = 0 + \nu RT_2\ln\frac{V_1}{V_2} = 3\times8.31\times429\times\ln\frac{40}{20} = 7.41\times10^3 \text{(J)}$

$$A = \frac{1}{\gamma-1}(p_1V_1 - p_2V_2) + \nu RT_2\ln\frac{V_1}{V_2}$$

$$= \frac{1}{1.4-1}(2\times40 - 5.28\times20)\times1.013\times10^2 + 3\times8.31\times429\times\ln\frac{40}{20}$$

$$=0.93\times10^3(\text{J})$$
$$\Delta E=Q-A=(7.41-0.93)\times10^3=6.48\times10^3(\text{J})$$

（3）整个过程曲线如图 10.4 所示。

10.9　如图 10.5 所示,有一汽缸由绝热壁和绝热活塞构成。最初汽缸内体积为 30 L,有一隔板将其分为两部分:体积为 20 L 的部分充以 35 g 氮气,压强为 2 atm;另一部分为真空。今将隔板上的孔打开,使氮气充满整个汽缸。然后缓慢地移动活塞使氮气膨胀,体积变为 50 L。

（1）求最后氮气的压强和温度;

（2）求氮气体积从 20 L 变到 50 L 的整个过程中氮气对外做的功及氮气内能的变化;

（3）在 p-V 图中画出整个过程的过程曲线。

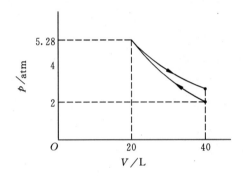

图 10.4　习题 10.8(3)解用图

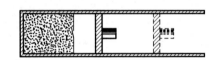

图 10.5　习题 10.9 用图

解　（1）氮气的初温度为

$$T_1=\frac{Mp_1V_1}{mR}=\frac{28\times2\times1.013\times10^5\times20\times10^{-3}}{35\times8.31}=390\ (\text{K})$$

打开隔板上的孔,气体绝热自由膨胀到 30 L,温度为 $T_2=T_1=390$ K,压强 $p_2=p_1V_1/V_2=2\times20/30=\dfrac{4}{3}$ atm。最后的压强为

$$p_3=p_2(V_2/V_3)^2=\frac{4}{3}\times\left(\frac{30}{50}\right)^{1.4}=0.652\ (\text{atm})$$

最后的温度为

$$T_3=\frac{Mp_3V_3}{mR}=\frac{28\times0.652\times1.0\times10^5\times50\times10^{-3}}{35\times8.31}=317\ (\text{K})$$

（2）$\Delta E=\dfrac{m}{M}\dfrac{i}{2}R\Delta T=\dfrac{35}{28}\times\dfrac{5}{2}\times8.31\times(317-390)=-1.90\times10^3(\text{J})$。由于 $Q=0$

$$A=-\Delta E=1.90\times10^3\ \text{J}$$

（3）曲线如图 10.6 所示。

10.10　在标准状态下,在氧气中的声速为 3.172×10^2 m/s。试由此求出氧气的比热比 γ。

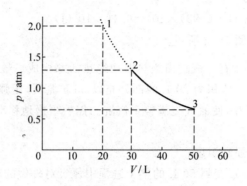

图 10.6　习题 10.9 解用图

解　标准状态下,氧气的密度为

$$\rho = \frac{32 \times 10^{-3} \text{ kg}}{22.4 \times 10^{-3} \text{ m}^3} = 1.43 \text{ kg/m}^3$$

由声速公式 $u = \sqrt{\dfrac{\gamma p}{\rho}}$ 可知

$$\gamma = \frac{\rho u^2}{p} = 1.42$$

*10.11　按准静态绝热过程模型证明:大气压强 p 随高度 h 的变化关系为

$$p = p_0 \left(1 - \frac{Mgh}{C_{p,m} T_0} \right)^{\gamma/(\gamma-1)}$$

式中,p_0,T_0 分别为 $h=0$ 处的大气压强和温度;$C_{p,m}$ 为空气的摩尔定压热容。

证　仍借助原书例 9.2 的图 9.6,通过分析厚度为 dh 的一层空气的平衡条件得到

$$\frac{dp}{dh} = -\frac{Mgp}{RT}$$

考虑到温度随高度变化,此式可写成

$$\frac{dp}{dT} \frac{dT}{dh} = -\frac{Mgp}{RT} \tag{①}$$

对绝热过程方程之一原书式(10.20)微分,可得对准静态绝热过程,

$$\frac{dp}{dT} = \frac{\gamma}{\gamma-1} \frac{p}{T} \tag{②}$$

对此式积分可得

$$\frac{p}{p_0} = \left(\frac{T}{T_0} \right)^{\frac{\gamma}{\gamma-1}} \tag{③}$$

将式①中的 $\dfrac{dp}{dT}$ 用式②代入可得

$$\frac{dT}{dh} = \frac{\gamma-1}{\gamma} \frac{Mg}{R}$$

将此式积分可得

$$T - T_0 = \frac{(\gamma - 1)Mgh}{\gamma R} = -\frac{Mgh}{C_{p,m}}$$

而

$$C_{p,m} = \frac{\gamma R}{\gamma - 1}$$

所以又有

$$\frac{T}{T_0} = 1 - \frac{Mgh}{C_{p,m}T_0}$$

将此结果代入式③,即可得欲证明的关系式。

10.12　美国马戏团曾有将人作为炮弹发射的节目。原书图 10.25 是 2005 年 8 月 27 日在墨西哥边境将著名美国人体炮弹戴维·史密斯发射到美国境内的情景。

假设炮筒直径是 0.8 m,炮筒长 4.0 m。史密斯原来屈缩在炮筒底部。火药爆炸后产生的气体在推动他之前的体积为 2.0 m³,压强为 2.7 atm,然后经绝热膨胀把他推出炮筒。如果气体推力对他做的功的 75% 用来推他前进,而史密斯的质量是 70 kg,则史密斯在出口处速率多大? 当时大气压强按 1.0 atm 计算,火药产生的气体的比热比 γ 取 1.4。

解　史密斯临飞出炮口时,已爆炸火药产生的气体体积为

$$V_2 = V_1 + \pi R^2 \cdot l = 2.0 + \pi \times 0.4^2 \times 4.0 = 2.0 + 2.0 = 4.0 \, (\text{m}^3)$$

这时气体的压强变为

$$p_2 = p_1(V_1/V_2)^\gamma = 2.7 \times (2/4)^{1.4} = 0.99 \, (\text{atm})$$

气体膨胀时推史密斯做的功减去他在炮筒中运动时要克服大气压做的功,为

$$A_{\text{eff}} = \frac{1}{\gamma - 1}(p_1 V_1 - p_2 V_2) \times 75\% - p_0 \cdot \pi R^2 \cdot l$$

$$= \frac{1}{1.4 - 1}(2.6 \times 2 - 0.99 \times 4) \times 75\% - 1 \times \pi \times 0.4^2 \times 4.0$$

$$= 0.315 \, (\text{atm} \cdot \text{m}^3) = 3.18 \times 10^4 \, (\text{J})$$

这样多的能量转变成了史密斯的出口动能,他在出口处的速率为

$$v = \sqrt{\frac{2A_{\text{eff}}}{m}} = \sqrt{\frac{2 \times 3.18 \times 10^4}{75}} = 29 \, (\text{m/s})$$

10.13　试证明:一定量的气体在节流膨胀前的压强为 p_1,体积为 V_1,经过节流膨胀后(原书图 10.12)压强变为 p_2,体积变为 V_2,则总有

$$E_1 + p_1 V_1 = E_2 + p_2 V_2$$

热力学中定义 $E + pV \equiv H$,称作系统的焓。很明显,焓也是系统的状态函数。上面的证明表明,经过节流过程,系统的焓不变。

证　设气体原来全在绝热管道一侧,压强为 p_1。今将这一侧活塞缓缓推进,使气体完全经过多孔塞进入另一侧,这另一侧气体压强为 p_2,在这一过程中,气体对外做的功为

$$A = p_2 V_2 - p_1 V_1$$

由于整个过程是绝热的,所以由热力学第一定律可得

$$0 = E_2 - E_1 + A = E_2 + p_2 V_2 - (E_1 + p_1 V_1)$$

即

$$E_1 + p_1 V_1 = E_2 + p_2 V_2$$

*10.14　一种测量气体的比热比 γ 的方法如下：一定量的气体，初始温度、压强、体积分别为 T_0, p_0, V_0，用一根铂丝通过电流对气体加热。第一次加热时保持气体体积不变，温度和压强各变为 T_1 和 p_1。第二次加热时保持气体压强不变而温度和体积变为 T_2 和 V_1。设两次加热的电流和时间均相同，试证明

$$\gamma = \frac{(p_1 - p_0) V_0}{(V_1 - V_0) p_0}$$

证　气体原来的温度为

$$T_0 = \frac{p_0 V_0}{\nu R}$$

体积不变加热后的温度为

$$T_1 = \frac{p_1 V_1}{\nu R} = \frac{p_1 V_0}{\nu R}$$

压强不变加热后的温度为

$$T_2 = \frac{p_2 V_2}{\nu R} = \frac{p_0 V_1}{\nu R}$$

由于加热的电流和时间都相同，所以两次加热气体吸收的热量相同，即

$$\nu C_{V,m} (T_1 - T_0) = \nu C_{p,m} (T_2 - T_0)$$

由此得

$$\gamma = \frac{C_{p,m}}{C_{V,m}} = \frac{T_1 - T_0}{T_2 - T_0} = \frac{(p_1 - p_0) V_0}{(V_1 - V_0) p_0}$$

*10.15　理想气体的既非等温也非绝热而其过程方程可表示为 $pV^n = $ 常量的过程叫多方过程，n 叫多方指数。

(1) 说明 $n = 0, 1, \gamma$ 和 ∞ 时各是什么过程。

(2) 证明：多方过程中外界对理想气体做的功为

$$\frac{p_2 V_2 - p_1 V_1}{n - 1}$$

(3) 证明：多方过程中理想气体的摩尔热容为

$$C_m = C_{V,m} \left(\frac{\gamma - n}{1 - n} \right)$$

并就此说明(1)中各过程的 C_m 值。

解　(1) $n = 0$, $pV^n = p = $ 常量，是等压过程；

$\qquad\qquad n = 1$, $pV^n = pV = $ 常量，是等温过程；

$\qquad\qquad n = \gamma$, $pV^n = pV^\gamma = $ 常量，是绝热过程；

$\qquad\qquad n = \infty$, $p^{\frac{1}{n}} V = p^{\frac{1}{\infty}} V = V = $ 常量，是等体过程。

（2）外界对理想气体做的功为

$$A' = -\int_{V_1}^{V_2} p\,\mathrm{d}V = -\int_{V_1}^{V_2} \frac{C}{V^n}\,\mathrm{d}V = \frac{C}{n-1}(V_2^{1-n} - V_1^{1-n})$$

$$= \frac{1}{n-1}(p_2V_2 - p_1V_1)$$

（3）1 mol 气体经多方过程温度从 T_1 升高到 T_2 时吸收的热量为

$$Q = \Delta E + A = \Delta E - A' = C_{V,m}(T_2 - T_1) - \frac{R}{n-1}(T_2 - T_1)$$

多方过程的摩尔热容为

$$C_m = \frac{Q}{T_2 - T_1} = C_{V,m} - \frac{R}{n-1} = C_{V,m} - \frac{\gamma C_{V,m} - C_{V,m}}{n-1} = C_{V,m}\left(\frac{\gamma - n}{1 - n}\right)$$

$n=0$ 时，等压过程，$C_{p,m} = \gamma C_{V,m}$；

$n=1$ 时，等温过程，$C_{T,m} = \infty$，即吸多少热温度也不升高；

$n=\gamma$ 时，绝热过程，$C_{S,m} = 0$，即不吸热温度也能升高；

$n=\infty$ 时，等体过程，$C_{V,m} = C_{V,m}$。

10.16 如图 10.7 所示总容积为 40 L 的绝热容器，中间用一绝热隔板隔开，隔板重量忽略，可以无摩擦地自由升降。A,B 两部分各装有 1 mol 的氮气，它们最初的压强都是 1.013×10^3 Pa，隔板停在中间。现在使微小电流通过 B 中的电阻而缓缓加热，直到 A 部分气体体积缩小到一半为止，求在这一过程中：

（1）B 中气体的过程方程，以其体积和温度的关系表示；

（2）两部分气体各自的最后温度；

（3）B 中气体吸收的热量。

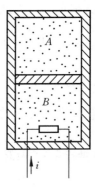

图 10.7 习题 10.16 解用图

解 （1）A 经历的是绝热过程，因而有

$$p_A V_A^\gamma = C = p_{A1}V_{A1}^\gamma = 1.013 \times 10^5 \times 0.02^{1.4} = 4.2 \times 10^2$$

由于在活塞上升过程中

$$p_A = p_B, \quad V_A = V - V_B = 0.04 - V_B$$

代入上式可得

$$p_B(0.04 - V_B)^\gamma = 4.2 \times 10^2$$

这就是 B 中气体的过程方程，也可将 $p_B = \dfrac{RT_B}{V_B}$ 代入上式，得过程方程的另一形式

$$T_B(0.04 - V_B)^\gamma = 51V_B$$

（2）$T_{A2} = T_{A1}\left(\dfrac{V_{A1}}{V_{A2}}\right)^{\gamma-1} = \dfrac{p_{A1}V_{A1}}{R}\left(\dfrac{V_{A1}}{V_{A2}}\right)^{\gamma-1} = \dfrac{1.013 \times 10^5 \times 0.02}{8.31} \times \left(\dfrac{0.02}{0.01}\right)^{0.4} = 322 \ (\text{K})$

$$T_{B2} = \frac{51V_{B2}}{(0.04 - V_{B2})^{1.4}} = \frac{51 \times 0.03}{(0.04 - 0.03)^{1.4}} = 965 \ (\text{K})$$

(3) $Q_B = \Delta E_B + A_B = \dfrac{i}{2} R(T_{B2} - T_{B1}) + \displaystyle\int_{V_{B1}}^{V_{B2}} p_B \, dV_B$

$\qquad = \dfrac{i}{2} R\left(T_{B2} - \dfrac{p_{B1} V_{B1}}{R}\right) + \displaystyle\int_{V_{B1}}^{V_{B2}} \dfrac{4.2 \times 10^2}{(0.04 - V_B)^\gamma} \, dV_B$

$\qquad = \dfrac{i}{2} R\left(T_{B2} - \dfrac{p_{B1} V_{B1}}{R}\right) + \dfrac{4.2 \times 10^2}{1-\gamma} \times \left[(0.04 - V_{B1})^{1-\gamma} - (0.04 - V_{B2})^{1-\gamma}\right]$

$\qquad = \dfrac{5}{2} \times 8.31 \times \left(965 - \dfrac{1.013 \times 10^5 \times 0.02}{8.31}\right) + \dfrac{4.2 \times 10^2}{1 - 1.4}\left[0.02^{-0.4} - 0.01^{-0.4}\right]$

$\qquad = 1.66 \times 10^4 \,(\text{J})$

10.17 现代喷气式飞机和热电站所用燃气轮机进行的循环过程可简化为下述布瑞顿循环（Brayton cycle）（见图 10.8）：1→2，一定量空气在压缩室内被绝热压缩后进入燃烧室；2→3，在燃烧室内燃料被喷入燃烧，气体等压膨胀；3→4 高温高压，气体被导入轮机内绝热膨胀推动叶轮做功；4→1，废气排入热交换器等压压缩，对冷却剂（水或空气）放热。(1) 证明：以 1，2，3，4 点表示的循环效率为 $\eta = 1 - \dfrac{T_4 - T_1}{T_3 - T_2}$；(2) 以 $r_p = p_{\max}/p_{\min}$ 表示此循环的压缩比，则其效率可表示为 $\eta = 1 - \dfrac{1}{r_p^{(\gamma-1)/\gamma}}$。取 $\gamma = 1.40$，则当 $r_p = 10$ 时，此循环的效率是多少？

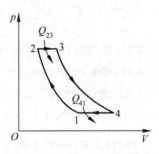

图 10.8 习题 10.17 解用图

解 (1) 对等压过程 2→3，气体吸收的热量为

$$Q_{23} = \nu c_p (T_3 - T_2)$$

对等压过程 4→1，气体放出的热量为

$$Q_{41} = \nu c_p (T_4 - T_1)$$

于是

$$\eta = 1 - \frac{Q_{41}}{Q_{23}} = 1 - \frac{T_4 - T_1}{T_3 - T_2}$$

(2) 由绝热过程方程得

对绝热过程 1→2，$T_2 = T_1 \left(\dfrac{p_2}{p_1}\right)^{(\gamma-1)/\gamma}$

对绝热过程 3→4，$T_3 = T_4 (p_2/p_1)^{(\gamma-1)/\gamma}$

将此两式代入 (1) 中 η 公式，可得

$$\eta = 1 - \left(\frac{p_2}{p_1}\right)^{-(\gamma-1)/\gamma} = 1 - \left(\frac{p_{\max}}{p_{\min}}\right)^{(1-\gamma)/\gamma} = 1 - r_p^{(1-\gamma)/\gamma}$$

将 $r_p = 10$，$\gamma = 1.40$ 代入可得 $\eta = 0.48$。

***10.18** 空气标准狄赛尔循环（柴油内燃机的工作循环）由两个绝热过程 ab 和 cd、一个等压过程 bc 及一个等容过程 da 组成（图 10.9），试证明此热机效率为

$$\eta = 1 - \frac{\left(\dfrac{V'_1}{V_2}\right)^\gamma - 1}{\gamma\left(\dfrac{V_1}{V_2}\right)^{\gamma-1}\left(\dfrac{V'_1}{V_2} - 1\right)}$$

证 bc 过程工质吸热

$$Q_1 = \nu\, C_{p,\text{m}}(T_c - T_b)$$

da 过程工质放热

$$Q_2 = \nu\, C_{V,\text{m}}(T_d - T_a)$$

$$\eta = 1 - \frac{Q_2}{Q_1} = 1 - \frac{C_{V,\text{m}}(T_d - T_a)}{C_{p,\text{m}}(T_c - T_b)} = 1 - \frac{1}{\gamma}\,\frac{\dfrac{T_d}{T_a} - 1}{\dfrac{T_b}{T_a}\left(\dfrac{T_c}{T_b} - 1\right)}$$

由于 cd 为绝热过程,所以有

$$\frac{T_c}{T_d} = \left(\frac{V_1}{V'_1}\right)^{\gamma-1}$$

ab 绝热过程,所以有

$$\frac{T_b}{T_a} = \left(\frac{V_1}{V_2}\right)^{\gamma-1}$$

bc 为等压过程,所以有

$$\frac{T_c}{T_b} = \frac{V'_1}{V_2}$$

由此可求得

$$\frac{T_d}{T_a} = \frac{T_d}{T_c} \times \frac{T_b}{T_a} \times \frac{T_c}{T_b} = \left(\frac{V'_1}{V_2}\right)^\gamma$$

代入上面的效率公式,即可得

$$\eta = 1 - \frac{\left(\dfrac{V'_1}{V_2}\right)^\gamma - 1}{\gamma\left(\dfrac{V_1}{V_2}\right)^{\gamma-1}\left(\dfrac{V'_1}{V_2} - 1\right)}$$

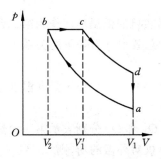

图 10.9 习题 10.18 证用图

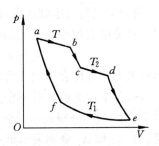

图 10.10 习题 10.19 解用图

10.19　克劳修斯在 1854 年的论文中曾设计了一个如图 10.10 所示的循环过程,其中 ab,cd,ef 分别是系统与温度为 T,T_2 和 T_1 的热库接触而进行的等温过程,bc,de,fa 则是绝热过程。他还设定系统在 cd 过程吸的热和 ef 过程放的热相等。设系统是一定质量的理想气体,而 T_1,T_2,T 又是热力学温度,试计算此循环的效率。

解　ab 过程气体吸热

$$Q_{ab} = \nu RT \ln \frac{V_b}{V_a}$$

cd 过程气体吸热

$$Q_{cd} = \nu RT_2 \ln \frac{V_d}{V_c}$$

ef 过程气体放热

$$Q_{ef} = \nu RT_1 \ln \frac{V_e}{V_f}$$

由绝热过程方程可得

$$TV_b^{\gamma-1} = T_2 V_c^{\gamma-1}, \quad T_2 = T_1 \left(\frac{V_e}{V_d} \right)^{\gamma-1}, \quad T = T_1 \left(\frac{V_f}{V_a} \right)^{\gamma-1}$$

由此可得

$$\frac{V_b}{V_a} = \frac{V_e}{V_f} \frac{V_c}{V_d}$$

又因为 $Q_{cd} = Q_{ef}$,所以有

$$\frac{\ln(V_d/V_c)}{\ln(V_e/V_f)} = \frac{T_1}{T_2}$$

于是循环的效率为

$$\eta = 1 - \frac{Q_{ef}}{Q_{ab} + Q_{cd}} = 1 - \frac{\nu RT_1 \ln \dfrac{V_e}{V_f}}{\nu R \left[T \ln \dfrac{V_b}{V_a} + T_2 \ln \dfrac{V_d}{V_c} \right]}$$

$$= 1 - \frac{T_1 \ln \dfrac{V_e}{V_f}}{T \left(\ln \dfrac{V_e}{V_f} - \ln \dfrac{V_d}{V_c} \right) + T_2 \ln \dfrac{V_d}{V_c}} = 1 - \frac{T_1 T_2}{T(T_2 - T_1) + T_1 T_2}$$

10.20　两台卡诺热机串联运行,即以第一台卡诺热机的低温热库作为第二台卡诺热机的高温热库。试证明它们的效率 η_1,η_2 和此联合机的总效率 η 有如下的关系:

$$\eta = \eta_1 + (1 - \eta_1)\eta_2$$

再用卡诺热机效率的温度表示式证明这联合机的总效率和一台工作于最高温度与最低温度的热库之间的一台卡诺热机的效率相同。

证　以 T_1,T_2,T_3 分别表示三个热库的温度,以 Q_1 和 Q_2 分别表示第一台热机吸收和放出的热量,以 A_1 和 A_2 分别表示第一台和第二台热机对外做的功,则

$$A_1 = \eta_1 Q_1, \quad A_2 = \eta_2 Q_2 = \eta_2 (Q_1 - A_1) = Q_1 \eta_2 (1 - \eta_1)$$

总的效率为

$$\eta = \frac{A_1 + A_2}{Q_1} = \eta_1 + (1 - \eta_1)\eta_2$$

由于 $\eta_1 = 1 - \dfrac{T_2}{T_1}$，$\eta_2 = 1 - \dfrac{T_3}{T_2}$，所以

$$\eta = \left(1 - \frac{T_2}{T_1}\right) + \left[1 - \left(1 - \frac{T_2}{T_1}\right)\right]\left(1 - \frac{T_3}{T_2}\right) = 1 - \frac{T_3}{T_1}$$

即与一台卡诺热机的效率相同。

10.21　有可能利用表层海水和深层海水的温差来制成热机。已知热带水域表层水温约 25℃，300 m 深处水温约 5℃。

（1）在这两个温度之间工作的卡诺热机的效率多大？

（2）如果一电站在此最大理论效率下工作时获得的机械功率是 1 MW，它将以何速率排出废热？

（3）此电站获得的机械功和排出的废热均来自 25℃的水冷却到 5℃所放出的热量，问此电站将以何速率取用 25℃的表层水？

解　（1）$\eta = 1 - \dfrac{T_2}{T_1} = 1 - \dfrac{278}{298} = 6.7\%$。

（2）由 $\eta = 1 - Q_2/Q_1 = 1 - Q_2/(A + Q_2)$ 可得

$$Q_2 = \frac{A(1-\eta)}{\eta} = \frac{10^6 \times (1 - 0.067)}{0.067} = 14 \times 10^6 (\text{J})$$

即电站将以 14 MW 的速率排出废热。

（3）$Q_1 = A + Q_2 = Cm\Delta T$

$$m = \frac{A + Q_2}{C\Delta T} = \frac{1 \times 10^6 + 14 \times 10^6}{4.18 \times 10^3 (25 - 5)} = 1.8 \times 10^2 (\text{kg})$$

即以 1.8×10^2 kg/s$= 6.5 \times 10^2$ t/h 的速率取用表层水。

10.22　一台冰箱工作时，其冷冻室中的温度为 −10℃，室温为 15℃。若按理想卡诺制冷循环计算，则此制冷机每消耗 10^3 J 的功，可以从冷冻室中吸出多少热量？

解　由于

$$w = \frac{Q_2}{A} = \frac{T_2}{T_1 - T_2}$$

所以

$$Q_2 = \frac{AT_2}{T_1 - T_2} = \frac{10^3 \times 263}{288 - 263} = 1.05 \times 10^4 (\text{J})$$

10.23　当外面气温为 32℃时，用空调器维持室内温度为 21℃。已知漏入室内热量的速率是 3.8×10^4 kJ/h，求所用空调器需要的最小机械功率是多少？

解　$A = \dfrac{Q_2}{w} > \dfrac{Q_2}{w_C} = \dfrac{Q_2(T_1 - T_2)}{T_2} = \dfrac{3.8 \times 10^4 \times (305 - 294)}{294} = 1.4 \times 10^3 (\text{kJ/h})$

所需最小功率为

$$P_{\min} = \frac{A_{\min}}{t} = \frac{1.4 \times 10^6}{3600} = 0.39 \ (\text{kW})$$

10.24　有一暖气装置如下：用一热机带动一制冷机，制冷机自河水中吸热而供给暖气系统中的水，同时这暖气中的水又作为热机的冷却器。热机的高温热库的温度是 $t_1 = 210℃$，河水温度是 $t_2 = 15℃$，暖气系统中的水温为 $t_3 = 60℃$。设热机和制冷机都以理想气体为工质，分别以卡诺循环和卡诺逆循环工作，那么每燃烧 1 kg 煤，暖气系统中的水得到的热量是多少？是煤所发热量的几倍？已知煤的燃烧值是 3.34×10^7 J/kg。

解　如图 10.11 所示，$T_1 = 483$ K，$T_2 = 333$ K，$T_3 = 288$ K，$Q_1 = 3.34 \times 10^7$ J。

$$A = \eta Q_1 = \left(1 - \frac{T_2}{T_1}\right) Q_1$$

$$Q_2 = Q_1 - A = \frac{T_2}{T_1} Q_1$$

$$Q_2' = Q_1' + A = A(\omega' + 1) = A\left(\frac{T_3}{T_2 - T_3} + 1\right)$$

$$= A \frac{T_2}{T_2 - T_3} = \frac{(T_1 - T_2)T_2}{T_1(T_2 - T_3)} Q_1$$

$$Q_2 + Q_2' = \left[\frac{T_2}{T_1} + \frac{T_2(T_1 - T_2)}{T_1(T_2 - T_3)}\right] Q_1$$

$$= \left[\frac{333}{483} + \frac{333 \times (483 - 333)}{483 \times (333 - 288)}\right] \times 3.34 \times 10^7$$

$$= 9.98 \times 10^7 (\text{J})$$

这一热量是煤所发热量的倍数为

$$\frac{9.98 \times 10^7}{4.43 \times 10^7} = 2.99 (\text{倍})$$

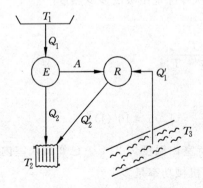

图 10.11　习题 10.24 解用图

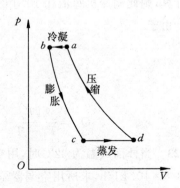

图 10.12　习题 10.25 解用图

***10.25**　一台制冷机的循环过程如图 10.12 所示(参看原书图 9.18 中的气液转变过程),其中压缩过程 da 和膨胀过程 bc 都是绝热的。工质在 a,b,c,d 四个状态的温度、压强、体积以及内能如下所示:

状态	$T/℃$	p/kPa	V/m^3	E/kJ	液体占的百分比/%
a	80	2305	0.0682	1969	0
b	80	2305	0.00946	1171	100
c	5	363	0.2202	1015	54
d	5	363	0.4513	1641	5

(1) 每一次循环中,工质在蒸发器内从制冷机内部吸收多少热量?

(2) 每一次循环中,工质在冷凝器内向机外空气放出多少热量?

(3) 每一次循环,压缩机对工质做功多少?

(4) 计算此制冷机的制冷系数。如按卡诺制冷机计算,制冷系数又是多少?

解　(1) $Q_{cd} = E_d - E_c + A_{cd} = E_d - E_c + p_c(V_d - V_c)$

$$= (1.641 - 1.015) \times 10^6 + 363 \times 10^3 \times (0.4513 - 0.2202)$$

$$= 7.10 \times 10^5 (\text{J})$$

(2) $-Q_{ab} = -A_{ab} - (E_b - E_a) = p_a(V_a - V_b) - (E_b - E_a)$

$$= 2.305 \times 10^6 \times (0.0682 - 0.00946) - (1.171 - 1.969) \times 10^6$$

$$= 9.33 \times 10^5 (\text{J})$$

(3) 压缩机对工质做的功为

$$A' = A'_{da} + A'_{ab} - A'_{bc} - A'_{cd}$$

$$= E_a - E_d + p_a(V_a - V_b) - (E_b - E_c) - p_c(V_d - V_c)$$

$$= (1.969 - 1.641) \times 10^6 + 2.305 \times 10^6 \times$$

$$(0.0682 - 0.00946) - (1.171 - 1.015) \times 10^6 -$$

$$363 \times 10^3 \times (0.4513 - 0.2202)$$

$$= 2.23 \times 10^5 (\text{J})$$

(4) $w = \dfrac{Q_2}{A'} = \dfrac{Q_{cd}}{A'} = \dfrac{7.10 \times 10^5}{2.23 \times 10^5} = 3.18$

按卡诺制冷机计算

$$w_C = \frac{T_2}{T_1 - T_2} = \frac{278}{80 - 5} = 3.71$$

***10.26**　一定量的理想气体进行如图 10.13 所示的逆向斯特林循环,其中 1→2 为等温(T_1)压缩过程。3→4 为等温(T_2)膨胀过程,其他两过程为等体积过程。求证此循环的制冷系数和逆卡诺循环的制冷系数相等,因而具有较好的制冷效果。(这一循环是回热式制冷机中的工作循环。4→1 过程从热库吸收的热量在 2→3 过程中又放回给了热库,故均不计入循环效率计算。)

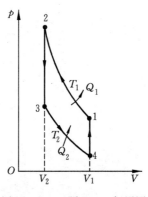

图 10.13　习题 10.26 解用图

解　1→2 过程气体放热

$$Q_1 = \nu\, RT_1 \ln\frac{V_1}{V_2}$$

3→4 过程气体吸热

$$Q_2 = \nu\, RT_2 \ln\frac{V_1}{V_2}$$

由于 4→1 和 2→3 过程的热量交换不计入循环制冷系数的计算，所以有

$$w = \frac{Q}{A} = \frac{Q_2}{Q_1 - Q_2} = \frac{T_2}{T_1 - T_2} = w_C$$

第11章

热力学第二定律

一、概念原理复习

1. 自然过程的不可逆性

各种自然的宏观过程都是不可逆的,而且它们的不可逆性又是互相沟通的。

三个实例:功热转换,热传导,气体绝热自由膨胀。

2. 热力学第二定律的宏观表述

热力学第二定律是关于自然过程的方向的规律。可以用任何一个实际的自然过程进行的方向表述。

克劳修斯表述:热量不能自动地由低温物体传向高温物体。

开尔文表述:其唯一效果是热全部转变为功的过程是不可能的(第二类永动机不可能造成)。

热力学第二定律的微观意义:自然过程总是沿着使分子运动更加无序的方向进行。这是一条关于大量分子集体行为的统计规律。

3. 热力学第二定律的微观表述

玻耳兹曼的宏观-微观关系:从微观上来看,对于一个系统状态的宏观表述是非常不完善的,系统的同一个宏观状态可能对应于非常多的微观状态,而这些微观状态是粗略的宏观描述所不能加以区别的。

系统的任一宏观状态所对应的微观状态数称为该宏观状态的热力学概率,以 Ω 表示。它是分子运动无序性的一种量度。

基本统计假设:对于孤立系,各个微观状态出现的概率是相同的。由此推论得:

(1) 对孤立系,在一定条件下的平衡态对应于 Ω 为最大的状态,即分子运动最无序的状态。对于实际的系统来说,Ω 的最大值实际上就等于该系统在给定条件下的所有微观状态总数。

(2) 系统在非平衡态(即 Ω 不是最大值)时将自发地向平衡态过渡。

对于孤立系,自然过程总是向着 Ω 增大的方向进行,Ω 的最大值对应于平衡态。这是热力学第二定律的微观表述。

4. 玻耳兹曼熵公式与熵增加原理

玻耳兹曼熵公式：定义熵为

$$S = k \ln \Omega$$

此熵具有可加性，即对于有两个子系统的系统，

$$S = S_1 + S_2$$

由玻耳兹曼熵公式表示的 S 和 Ω 的关系可知，在孤立系中进行的自然过程总是沿着熵增大的方向进行，它是不可逆的，即

$$\Delta S > 0 \quad \text{（孤立系，自然过程）}$$

这就是用熵概念表述的热力学第二定律，称为熵增加原理。

熵增加原理是一条统计规律，只适用于大量分子组成的集体。孤立系的熵减小的过程，不是原则上不可能，而是概率非常小，实际上不会发生。

5. 克劳修斯熵公式

可逆过程：一个过程进行时，如果使外界条件改变一无穷小的量，这个过程就可以反向进行（其结果是系统和外界能同时回到初态），这样的过程叫作可逆过程。这需要系统在过程中无内外摩擦并与外界进行等温热传导。严格意义上的准静态过程都是可逆过程。

克劳修斯熵公式：一个系统进行一可逆过程时，

$$dS = \frac{dQ_R}{T}$$

和

$$\Delta S = S_2 - S_1 = \int_{R\,1}^{2} \frac{dQ}{T}$$

可以证明克劳修斯的熵 S 和玻耳兹曼的熵 S 是同一个物理量（只是克劳修斯熵只用于平衡态）。前者更便于利用系统的状态参量和能量交换来计算熵的变化。

6. 熵和能量退降

熵的增加是能量退降（即不再能做功）的量度。随着不可逆过程的进行，能量越来越多地不能被用来做功了。

就能量转化来讲，对于一个实际过程，热力学第一定律告诉我们不可能多得能量；热力学第二定律告诉我们，想得到和能量相等的功也不可能。这就是说："你不可能赢，连打平手也不可能！"（You can't get ahead, and you can't even break even!）

二、解题要点

本章习题主要是利用克劳修斯熵公式积分求熵变。对具体题目的分析求解要注意以下几点：

（1）明确要计算其熵变的系统。它可以是一个特定的系统，也可能是包括所有参与变化的几个系统组成的"孤立系统"。

（2）要明确过程的初态和末态。用克劳修斯熵公式求熵变时，初末态都应是平衡态。

（3）要明确用来计算熵变的过程必须是可逆过程。遇到实际的过程不可逆时，也要选一个可逆过程。对初末态温度相同的过程，可以选一个连接初末态的等温过程进行计算。如果

初末态温度不同,则必须用克劳修斯熵公式原形进行积分运算,这时 dQ 可用 $dE+pdV$ 代入。

注意,可逆的绝热过程和孤立系内进行的可逆过程,熵变为零。不可逆过程总要引起宇宙中熵的增加。

三、思考题选答

11.4　一条等温线与一条绝热线是否能有两个交点？为什么？

答　不可能！设有两个交点分别在系统处于状态 1 和状态 2 处。等温线和绝热线表明系统进行的是可逆过程。按克劳修斯熵公式计算,对可逆绝热过程,$\Delta S_{12} = \int_1^2 \dfrac{dQ}{T} = 0$,对可逆等温过程则有 $\Delta S_{12} = \int_1^2 \dfrac{dQ}{T} = Q/T \neq 0$。由于熵是状态量,状态 1 和状态 2 的熵变有唯一的值。上述计算给出的结果与此不符。所以一条等温线和一条绝热线不可能有两个交点。

11.6　一杯热水置于空气中,它总是要冷却到与周围环境相同的温度。在这一自然过程中,水的熵减小了。这与熵增加原理矛盾吗？

答　不矛盾。因为熵增加原理只能应用于孤立系。此处水和环境交换热量,水并不是孤立系。如果把水和环境一起算在系统内构成一个孤立系,则水的熵虽然减小了,但环境却同时由于吸热而熵增大了。由于传热是在有限温度差的条件下产生的,水和环境构成的孤立系的熵还是增加了。

*11.8　现在已确认原子核都具有自旋角动量,好像它们都围绕自己的轴线旋转运动。这种运动就叫自旋(图 11.1),自旋角动量是**量子化的**。在磁场中其自旋轴的方向只能取某些特定的方向,如与外磁场平行或反平行的方向。由于原子核具有电荷,所以伴随着自旋,它们就有**自旋磁矩**,如小磁针那样。通常以 μ_0 表示自旋磁矩。磁矩在磁场中具有和磁场相联系的能量。例如,μ_0 和磁场 B 平行时能量为 $-\mu_0 B$,其值较低;μ_0 和磁场 B 反平行时能量为 $+\mu_0 B$,其值较高。

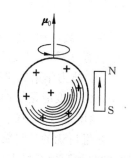

图 11.1　核的自旋模型

现在考虑某种晶体中由 N 个原子核组成的系统,并假定其磁矩只能取与外磁场平行或反平行两个方向。对此系统加一磁场 B 后,最低能量的状态应是所有磁矩的方向都平行于磁场 B 的状态,如图 11.2(a)所示,其中小箭头表示核的磁矩。这时系统的总能量为 $E = -N\mu_0 B_0$。当逐渐增大系统的能量时(如用频率适当的电磁波照射),磁矩与 B 的方向相同的核数 n 将逐渐减少,而磁矩与 B 反平行的能量较高的核的数目将增多,如图 11.2(b),(c),(d)依次所示。当所有核的磁矩方向都和磁场 B 相反时(图 11.2(e)),系统的能量到了最大值 $E = +N\mu_0 B$,系统不可能具有更大的能量了。

(1) 用核的取向的无序性大小或热力学概率大小判断,从(a)到(e)的变化过程中,此核自旋系统的熵是怎样变化的？何状态熵最大？(a)(e)两状态的熵各是多少？

(2) 对于从(a)到(c)的各个状态,系统的温度 $T>0$。对于从(c)到(e)的各个状态,系统的温度 $T<0$,即系统处于负热力学温度状态(此温度称自旋温度)。试用玻耳兹曼分布律(能量为 E 的粒子数和 $e^{-E/kT}$ 成正比,从而具有较高能量 E_2 的粒子数 N_2 和具有较低能量

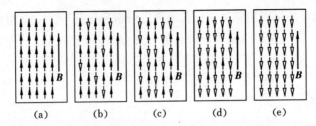

图 11.2 自旋系统在外磁场中的磁矩取向随能量变化的情况

E_1 的粒子数 N_1 的比为 $N_2/N_1 = e^{-(E_2-E_1)/kT}$)加以解释。

(3) 由热力学第二定律,热量只能从高温物体传向低温物体。试分析以下关于系统温度的论断是否正确。状态(a)的能量最低,因而再不能从系统传出能量(指相关的磁矩-磁场能量),所以其(自旋)温度是最低的。状态(e)的能量最高,因而再不能传给系统能量,所以系统的温度是最高的。就(a)到(c)各状态和(c)到(e)各状态对比,$T<0$ 的状态的温度比 $T>0$ 的状态的温度还要高。

答 (1) 从各个核的取向的无序性判断,应该是从(a)到(c)无序性增大,熵增大;从(c)到(e)无序性减小,熵减小。(c)是最无序状态,熵最大。(a)和(e)的可能微观状态数为 1。由玻耳兹曼熵公式知 $S = k\ln\Omega = k\ln 1 = 0$。

(2) 在从(a)到(e)的各状态中,具有较高能量 E_2 的核数 N_2 小于具有较低能量 E_1 的核数 N_1,$N_2/N_1 < 1$。由玻耳兹曼公式 $N_2/N_1 = e^{-\frac{E_2-E_1}{kT}} < 1$,e 的指数应为负值。因为 $E_2 > E_1$,所以应有 $T>0$。

从(c)到(e)的过程中 $N_2/N_1 > 1$,$e^{-\frac{E_2-E_1}{kT}} > 1$,e 的指数应为正值。同样由于 $E_2 > E_1$,所以应有 $T<0$。即这时此自旋系统的温度为负热力学温度。

(3) 热力学第二定律的克劳修斯说法可以作为温度高低的判定标准。不能再输入能量的系统的温度应是最高的。不能再从其中取出能量的系统的温度应是最低的。所以状态(a)的温度最低,而状态(e)的温度最高。这说明 $T<0$ 的温度比 $T>0$ 的温度还要"高"。

这里讨论的是自旋系统的"自旋温度"。由于只考虑核的自旋时,这一系统的能量可能达到"饱和",即有最大值的限制,所以它在吸收能量时无序性可能减小,导致熵的减小。根据克劳修斯熵公式 $dS = dQ/T$,在 $dQ>0$ 的情况下 $dS<0$,所以必然有 $T<0$ 的结果。

此思考题扩展了温度的概念,但熵的概念和能量的概念并没有改变。

实际上,核作为晶体原子的一部分,它们不可能孤立于原子之外。原子的热运动能量是无上限的,所以晶体的基于其原子热运动的温度(也就是通常说的温度)是不会出现 $T<0$ 的情况的。在实验上,可以做到核自旋系统的负温度现象。但因为它的温度高于晶体原子系统的温度,由于核和原子的相互联系,核的自旋能量要传给原子,核自旋的负温度很快就会消失而使整个晶体具有相同的通常意义下的温度了。

四、习题解答

11.1 1 mol 氧气(当成刚性分子理想气体)经历如图 11.3 所示的过程由 a 经 b 到 c。求在此过程中气体对外做的功、吸的热以及熵变。

解 气体对外做的功等于 abc 过程曲线下的面积,即

$$A = \frac{1}{2}(p_a + p_b)(V_b - V_a) + \frac{1}{2}(p_b + p_c)(V_c - V_b)$$

$$= \frac{1}{2}(8 + 6) \times 10^5 \times (2 - 1) \times 10^{-3} +$$

$$\quad \frac{1}{2}(8 + 4) \times 10^5 \times (3 - 2) \times 10^{-3}$$

$$= 1.3 \times 10^3 (\text{J})$$

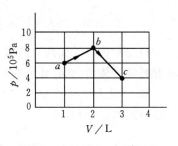

图 11.3 习题 11.1 解用图

气体吸热为

$$Q = E_c - E_a + A = C_{V,m}(T_c - T_a) + A$$

$$= \frac{i}{2}R(T_c - T_a) + A = \frac{i}{2}(p_c V_c - p_a V_a) + A$$

$$= \frac{5}{2}(4 \times 3 - 6 \times 1) \times 10^5 \times 10^{-3} + 1.3 \times 10^3$$

$$= 2.79 \times 10^3 (\text{J})$$

熵变为

$$\Delta S = C_V \ln \frac{T_c}{T_a} + R \ln \frac{V_c}{V_a} = \frac{i}{2}R \ln \frac{p_c V_c}{p_a V_a} + R \ln \frac{V_c}{V_a}$$

$$= R\left(\frac{i}{2}\ln \frac{p_c}{p_a} + \frac{i+2}{2}\ln \frac{V_c}{V_a}\right)$$

$$= 8.31 \times \left(\frac{5}{2} \times \ln \frac{4}{6} + \frac{5+2}{2} \times \ln \frac{3}{1}\right) = 23.5 \ (\text{J/K})$$

11.2 求在一个大气压下,30 g、-40°C 的冰变为 100°C 的水蒸气时的熵变。已知冰的比热容 $c_1 = 2.1 \ \text{J/(g·K)}$,水的比热容 $c_2 = 4.2 \text{J/(g·K)}$,在 $1.013 \times 10^5 \ \text{Pa}$ 气压下冰的熔化热 $\lambda = 334 \ \text{J/g}$,水的汽化热 $L = 2260 \ \text{J/g}$。

解 -40°C 的冰升温至 0°C 时的熵变为

$$\Delta S_1 = \int_{R} {}_{T_1}^{T_2} \frac{\mathrm{d}Q}{T} = \int_{R} {}_{T_1}^{T_2} \frac{c_1 m \mathrm{d}T}{T} = c_1 m \ln \frac{T_2}{T_1}$$

冰等压等温熔成 0°C 的水时的熵变为

$$\Delta S_2 = {}_R\int_{T_2} \frac{\mathrm{d}Q}{T_2} = \frac{Q_2}{T_2} = \frac{\lambda m}{T_2}$$

0°C 的水等压升温至 100°C 时的熵变为

$$\Delta S_3 = \int_{R} {}_{T_2}^{T_3} \frac{\mathrm{d}Q}{T} = \int_{R} {}_{T_2}^{T_3} \frac{c_2 m \mathrm{d}T}{T} = c_2 m \ln \frac{T_3}{T_2}$$

100°C 的水等压等温汽化为 100°C 的水蒸气时的熵变为

$$\Delta S_4 = {}_R\int_{T_3} \frac{\mathrm{d}Q}{T_3} = \frac{Q_4}{T_3} = \frac{L m}{T_3}$$

-40°C 的冰变为 100°C 的水蒸气时的总熵变为

$$\Delta S = \Delta S_1 + \Delta S_2 + \Delta S_3 + \Delta S_4 = m\left(c_1 \ln \frac{T_2}{T_1} + \frac{\lambda}{T_2} + c_2 \ln \frac{T_3}{T_2} + \frac{L}{T_3}\right)$$

$$= 30 \times \left(2.1 \times \ln \frac{273}{233} + \frac{334}{273} + 4.2 \times \ln \frac{373}{273} + \frac{2260}{373} \right) = 268 \ (\text{J/K})$$

11.3 你一天大约向周围环境散发 8×10^6 J 热量,试估算你一天产生多少熵? 忽略你进食时带进体内的熵,环境的温度按 273 K 计算。

解 设人体温度为 $T_1 = 36\,^\circ\text{C} = 309$ K,环境温度为 $T_2 = 273$ K。一天产生的熵即人和环境熵的增量之和,即

$$\Delta S = \Delta S_1 + \Delta S_2 = \frac{-Q}{T_1} + \frac{Q}{T_2} = 8 \times 10^6 \left(\frac{-1}{309} + \frac{1}{273} \right) = 3.4 \times 10^3 \ (\text{J/K})$$

11.4 在冬日一座房子散热的速率为 2×10^8 J/h。设室内温度是 $20\,^\circ\text{C}$,室外温度是 $-20\,^\circ\text{C}$,这一散热过程产生熵的速率(J/(K·s))是多大?

解 $\quad \Delta S = \Delta S_1 + \Delta S_2 = \dfrac{-Q}{T_1} + \dfrac{Q}{T_2} = 2 \times 10^8 \left(\dfrac{-1}{293} + \dfrac{1}{253} \right) = 1.08 \times 10^5 \ (\text{J/K})$

产生熵的速率为

$$\frac{\Delta S}{\Delta t} = 1.08 \times 10^5 / 3600 = 30 \ [\text{J/(K·s)}]$$

11.5 一汽车匀速开行时,消耗在各种摩擦上的功率是 20 kW。求由于这个原因而产生熵的速率(J/(K·s))是多大? 设气温为 $12\,^\circ\text{C}$。

解 产生熵的速率为

$$\frac{\Delta S}{\Delta t} = \frac{Q}{T \Delta t} = \frac{20 \times 10^3}{285 \times 1} = 70 \ [\text{J/(K·s)}]$$

11.6 贵州黄果树瀑布宽 83 m,落差为 74 m,大水时流量为 1500 m^3/s,如果当时气温为 $12\,^\circ\text{C}$,此瀑布每秒钟产生多少熵?

解 水落下后机械能转变为内能使水温从 T_1 升高到 T_2。T_2 可由下式求得

$$mgh = cm(T_2 - T_1)$$

即

$$T_2 = \frac{gh}{c} + T_1$$

由给定数值

$$\frac{gh}{c} = \frac{9.8 \times 74}{4.2 \times 10^3} = 0.17 \ll T_1 = 285$$

此问题中只有水发生熵变,1 秒钟内水的熵变为

$$\Delta S = \int_R^{T_2}_{T_1} \frac{\mathrm{d}Q}{T} = \int_R^{T_2}_{T_1} \frac{cm\,\mathrm{d}T}{T} = cm \ln \frac{T_2}{T_1} = cm \ln \frac{T_1 + gh/c}{T_1}$$

$$= cm \ln \left(1 + \frac{gh}{cT_1} \right) \approx cm \times \frac{gh}{cT_1} = \frac{mgh}{T_1}$$

$$= \frac{1500 \times 10^3 \times 9.8 \times 74}{285} = 3.8 \times 10^6 \ (\text{J/K})$$

11.7 (1) 1 kg、$0\,^\circ\text{C}$ 的水放到 $100\,^\circ\text{C}$ 的恒温热库上,最后达到平衡,求这一过程引起的水和恒温热库所组成的系统的熵变,是增加还是减少?

（2）如果 1 kg、0℃的水，先放到 50℃的恒温热库上使之达到平衡，然后再把它移到 100℃的恒温热库上使之达到平衡。求这一过程引起的整个系统（水和两个恒温热库）的熵变，并与（1）比较。

解　（1）$\Delta S = \Delta S_{water} + \Delta S_{reservoir} = \int_{T_1}^{T_2} \dfrac{cm\,\mathrm{d}T}{T} + \dfrac{Q}{T_2}$

$$= cm\ln\dfrac{T_2}{T_1} + \dfrac{-cm(T_2 - T_1)}{T_2}$$

$$= 4.18 \times 10^3 \times 1 \times \ln\dfrac{373}{273} + \dfrac{-4.18 \times 10^3 \times 1 \times (373 - 273)}{373}$$

$$= 184\ (\mathrm{J/K}) > 0$$

熵增加了。

（2）$\Delta S = \Delta S_{w1} + \Delta S_{w2} + \Delta S_{r1} + \Delta S_{r2} = \Delta S_w + \Delta S_{r1} + \Delta S_{r2}$

$$= cm\ln\dfrac{T_2}{T_1} + \dfrac{-cm(T' - T_1)}{T'} + \dfrac{-cm(T_2 - T')}{T_2}$$

$$= 4.18 \times 10^3 \times 1 \times \ln\dfrac{373}{273} - \dfrac{4.18 \times 10^3 \times 1 \times (323 - 373)}{323} -$$

$$\dfrac{4.18 \times 10^3 \times 1 \times (373 - 323)}{373}$$

$$= 97\ (\mathrm{J/K})$$

熵也增加了，但比只用两个热库时增得少。中间热库越多，熵增加得越少。如果中间热库"无限多"，过程就变成可逆的，而系统的熵将保持不变。

11.8　一金属筒内放有 2.5 kg 水和 0.7 kg 冰，温度为 0℃而处于平衡态。

（1）今将金属筒置于比 0℃稍有不同的房间内使筒内达到水和冰质量相等的平衡态。求在此过程中冰水混合物的熵变以及它和房间的整个熵变各是多少？

（2）现将筒再放到温度为 100℃的恒温箱内使筒内的冰水混合物状态复原。求此过程中冰水混合物的熵变以及它和恒温箱的整个熵变各是多少？

解　（1）要达到水和冰的质量相等，需有 0.9 kg 的水变为冰。这是在保持温度为 0℃的情况下发生的。这一变化过程的熵变为

$$\Delta S_w = \dfrac{-Q}{T} = \dfrac{-334 \times 10^3 \times 0.9}{273} = -1.10 \times 10^3 (\mathrm{J/K})$$

与此同时，环境（0℃）吸热引起的熵变为

$$\Delta S_{en} = \dfrac{Q}{T} = \dfrac{334 \times 10^3 \times 0.9}{273} = 1.10 \times 10^3 (\mathrm{J/K})$$

水和房间的总熵变为

$$\Delta S_w + \Delta S_{en} = 0$$

（2）冰水混合物的熵变为

$$\Delta S'_w = -\Delta S_w = 1.10 \times 10^3\ \mathrm{J/K}$$

恒温箱放热的熵变为

$$\Delta S'_{en} = -\dfrac{Q}{T'} = -\dfrac{334 \times 10^3 \times 0.9}{373} = -0.81 \times 10^3 (\mathrm{J/K})$$

总熵变为

$$\Delta S'_w + \Delta S'_{en} = (1.10 - 0.81) \times 10^3 = 0.29 \times 10^3 (\text{J/K})$$

11.9 一理想气体开始处于 $T_1 = 300$ K，$p_1 = 3.039 \times 10^5$ Pa，$V_1 = 4$ m³。该气体等温地膨胀到体积为 16 m³，接着经过一等体过程而达到某一压强，从这个压强再经一绝热压缩就能使气体回到它的初态。设全部过程都是可逆的。

（1）在 $p\text{-}V$ 图到 $T\text{-}S$ 图上分别画出上述循环。

（2）计算每段过程和循环过程气体所做的功和熵的变化（已知 $\gamma = 1.4$）。

解　（1）如图 11.4 所示。

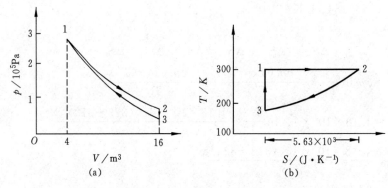

图 11.4　习题 11.9 解用图

（2）等温过程中气体对外做的功为

$$A_T = \nu R T_1 \ln \frac{V_2}{V_1} = p_1 V_1 \ln \frac{V_2}{V_1}$$

$$= 3.039 \times 10^5 \times 4 \times \ln \frac{16}{4}$$

$$= 1.69 \times 10^6 (\text{J})$$

熵变为

$$\Delta S_T = \frac{Q}{T_1} = \nu R \ln \frac{V_2}{V_1} = \frac{p_1 V_1}{T_1} \ln \frac{V_2}{V_1}$$

$$= \frac{3.039 \times 10^5 \times 4}{300} \ln \frac{16}{4}$$

$$= 5.63 \times 10^3 (\text{J/K})$$

等体过程中气体对外做的功 $A_V = 0$，熵变为

$$\Delta S_V = \int_{T_2}^{T_3} \frac{\nu C_{V,m} \mathrm{d} T}{T} = \nu C_{V,m} \ln \frac{T_3}{T_2}$$

由于 $T_3/T_2 = T_3/T_1 = (V_1/V_2)^{\gamma-1}$，所以又有

$$\Delta S_V = \nu C_{V,m} \ln \left(\frac{V_1}{V_2} \right)^{\gamma-1} = \nu(\gamma-1) C_{V,m} \ln \frac{V_1}{V_2}$$

$$= \frac{p_1 V_1}{R T_1} (\gamma-1) C_{V,m} \ln \frac{V_1}{V_2} = \frac{p_1 V_1}{T_1} \ln \frac{V_1}{V_2}$$

$$= \frac{3.039 \times 10^5 \times 4}{300} \ln \frac{4}{16}$$

$$= -5.63 \times 10^3 (\text{J/K})$$

绝热过程中气体对外做的功为

$$A_S = \frac{1}{\gamma - 1}(p_2 V_2 - p_1 V_1)$$

$$= \frac{p_1 V_1}{\gamma - 1}\left[\left(\frac{V_1}{V_2}\right)^{\gamma-1} - 1\right]$$

$$= \frac{3.039 \times 10^5 \times 4}{1.4 - 1}\left[\left(\frac{4}{16}\right)^{1.4-1} - 1\right]$$

$$= -1.30 \times 10^6 (\text{J})$$

熵变为

$$\Delta S_S = 0$$

整个循环过程气体对外做功为

$$A = A_T + A_V + A_S$$

$$= 1.69 \times 10^6 + 0 + (-1.30 \times 10^6)$$

$$= 0.39 \times 10^6 (\text{J})$$

熵变为

$$\Delta S = \Delta S_T + \Delta S_V + \Delta S_S = 5.63 \times 10^3 + (-5.63 \times 10^3) + 0 = 0$$

11.10　在绝热容器中,有两部分同种液体在等压下混合,这两部分的质量相等,都等于 m,但初温度不同,分别为 T_1 和 T_2,且 $T_2 > T_1$。二者混合后达到新的平衡态。求这一混合引起的系统的总熵的变化,并证明熵是增加了。已知定压比热容 c_p 为常量。

解　两部分液体混合后的温度为

$$T_0 = (T_1 + T_2)/2$$

混合过程总的熵变为(设两部分液体的量都是 m mol)

$$\Delta S = \Delta S_1 + \Delta S_2 = \int_{T_1}^{T_0} \frac{m c_p}{T} dT + \int_{T_2}^{T_0} \frac{m c_p}{T} dT$$

$$= m c_p \ln \frac{T_0^2}{T_1 T_2} = m c_p \ln \frac{(T_1 + T_2)^2}{4 T_1 T_2}$$

由于 $(T_1 + T_2)^2 > 4 T_1 T_2$,所以 $\Delta S > 0$。

*11.11　两个绝热容器各装有 ν(mol)的同种理想气体。最初两容器互相隔绝,但温度相同而压强分别为 p_1 和 p_2,然后使两容器接通使气体最后达到平衡态。证明这一过程引起的整个系统熵的变化为

$$\Delta S = \nu R \ln \frac{(p_1 + p_2)^2}{4 p_1 p_2}$$

并证明 $\Delta S > 0$。

证　以 T 和 T' 分别表示气体最初和最后的温度,以 V_1 和 V_2 分别表示原来两个容器内气体的体积。由于容器绝热,连通时气体未对外做功,所以内能保持不变,即

$$\frac{1}{2}\nu C_{V,m}T + \frac{1}{2}\nu C_{V,m}T = \frac{1}{2}(\nu + \nu)C_{V,m}T'$$

由此得
$$T' = T$$

即气体最后温度和最初温度相同。因此可设想气体的可逆等温过程来计算熵变。

由于在最后平衡态时,两部分气体压强相等,温度和量也相同,所以最后两部分气体的体积相等而为 $V' = (V_1 + V_2)/2$,总体积为 $V_1 + V_2$。最后气体的压强为

$$p = \frac{2\nu RT}{V_1 + V_2} = \frac{2\nu RT}{\dfrac{\nu RT}{p_1} + \dfrac{\nu RT}{p_2}} = \frac{2p_1 p_2}{p_1 + p_2}$$

设想每部分气体均可逆等温地变化到体积 V',则二者的总熵变为

$$\Delta S = \Delta S_1 + \Delta S_2 = \nu R \ln \frac{V'}{V_1} + \nu R \ln \frac{V'}{V_2}$$

$$= \nu R \ln \frac{V_1 + V_2}{2V_1} + \nu R \ln \frac{V_1 + V_2}{2V_2}$$

$$= \nu R \ln \frac{(V_1 + V_2)^2}{4V_1 V_2} = \nu R \ln \frac{(p_1 + p_2)^2}{4p_1 p_2}$$

这时,两部分气体等温等压,再令混合,熵不改变。所以两部分气体从最初到最后混合的平衡态其熵变就是上面求出的结果。

由于 $(p_1 + p_2)^2 > 4p_1 p_2$,所以 $\Delta S > 0$。

*11.12 在和外界绝热并保持压强不变的情况下,将一块金属(质量为 m,定压比热容为 c_p,温度为 T_i)没入液体(质量为 m',定压比热容为 c_p',温度为 T_i')中。证明系统达到平衡的条件,即二者最后的温度相同,可以根据能量守恒及使熵的变化为最大值求出。

证 根据能量守恒有

$$c_p m(T_i - T) = c_p' m'(T' - T_i')$$

式中 T 和 T' 分别表示金属和液体最后达到的平衡温度。二者的总熵的变化为

$$\Delta S = c_p m \ln \frac{T}{T_i} + c_p' m' \ln \frac{T'}{T_i'}$$

熵变的最大值要求

$$\mathrm{d}(\Delta S) = \frac{c_p m}{T}\mathrm{d}T + \frac{c_p' m'}{T'}\mathrm{d}T' = 0$$

由上面能量守恒式可得

$$-c_p m \,\mathrm{d}T = c_p' m' \,\mathrm{d}T'$$

代入上式可得

$$\frac{c_p m}{T}\mathrm{d}T - \frac{c_p m \,\mathrm{d}T}{T'} = 0$$

由此可得

$$T = T'$$

即最后达到平衡时二者的温度相等。

*11.13 在气体液化技术中常用到绝热制冷或节流制冷过程,这要参考气体的温熵

图。图 11.5 为氢气的温熵图,其中画了一系列等压线和等焓线(图中 H_m 表示摩尔焓,S_m 表示摩尔熵)。试由图回答:

(1) 氢气由 80 K、50 MPa 节流膨胀到 20 MPa 时,温度变为多少?

(2) 氢气由 70 K、2.0 MPa 节流膨胀到 0.1 MPa 时,温度变为多少?

(3) 氢气由 76 K、5.0 MPa 可逆绝热膨胀到 0.1 MPa 时,温度变为多少?

解 (如图 11.5 所示)

(1) 等焓过程,最后温度 $T_1 = 95$ K;

(2) 等焓过程,最后温度 $T_2 = 65$ K;

(3) 等熵过程,最后温度 $T_3 = 20$ K,此状态已在气液共存区域,故有液氢出现。

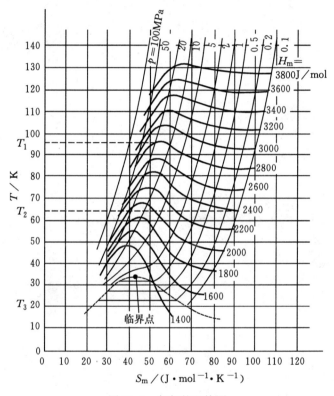

图 11.5 氢气的温熵图

第 3 篇

电 磁 学

第12章

静 电 场

一、概念原理复习

1. 电荷的基本性质
两种电荷,量子性,电荷守恒,相对论不变性。

2. 库仑定律
真空中两个静止的点电荷之间的相互作用力为

$$\boldsymbol{F} = \frac{q_1 q_2}{4\pi\varepsilon_0 r^2}\boldsymbol{e}_r$$

其中 $\varepsilon_0 = 8.85 \times 10^{-12} \mathrm{C}^2/(\mathrm{N} \cdot \mathrm{m}^2)$,称为真空的介电常量。

电力叠加原理:一个电荷受几个电荷的作用力等于它受各个电荷单独存在时的作用力的矢量和,即

$$\boldsymbol{F} = \sum \boldsymbol{F}_i$$

3. 电场强度
由静止电荷 q_0 受力 $\boldsymbol{F}$ 测定,即

$$\boldsymbol{E} = \boldsymbol{F}/q_0$$

场强叠加原理:由力的叠加原理得

$$\boldsymbol{E} = \sum \boldsymbol{E}_i$$

由此,已知静止电荷分布时,其静电场分布为

$$\boldsymbol{E} = \sum_i \frac{q_i}{4\pi\varepsilon_0 r_i^2}\boldsymbol{e}_{ri}, \quad \boldsymbol{E} = \int_q \frac{\mathrm{d}q}{4\pi\varepsilon_0 r^2}\boldsymbol{e}_r$$

已知电场强度分布时,电荷 q 受的电场力为

$$\boldsymbol{F} = q\boldsymbol{E}$$

一般来讲,此式给出 q 静止时受的其他电荷的作用力。在静电场中,q 受的力与它的运动状态无关,都由上式给出。

4. 高斯定律
电通量:电场中通过某一面积 S 的电通量为

$$\Phi_e = \int_S \boldsymbol{E} \cdot \mathrm{d}\boldsymbol{S}$$

即场强对面积 S 的面积分。它形象化地等于通过面积 S 的电场线的条数。

高斯定律：电场中通过任意封闭面的电通量等于该封闭面所包围的电荷的电量的代数和的 $1/\varepsilon_0$ 倍，即

$$\oint_S \boldsymbol{E} \cdot \mathrm{d}\boldsymbol{S} = \sum q_{\mathrm{in}}/\varepsilon_0$$

库仑定律是关于静电场的规律，即场源电荷是静止的；高斯定律则不受场源电荷运动与否的限制，是一条关于场源电荷与其电场关系的普遍定律，由它可以利用空间的对称性导出库仑定律。

对于有特定对称性分布的静止场源电荷，可以利用高斯定律求其静电场分布，例如：

均匀带电球面： $\quad\boldsymbol{E}_{\mathrm{in}} = \boldsymbol{0}, \quad \boldsymbol{E}_{\mathrm{ex}} = \dfrac{q}{4\pi\varepsilon_0 r^2}\boldsymbol{e}_r$

均匀带电球体： $\quad\boldsymbol{E}_{\mathrm{in}} = \dfrac{q}{4\pi\varepsilon_0 R^3}\boldsymbol{r} = \dfrac{\rho}{3\varepsilon_0}\boldsymbol{r}, \quad \boldsymbol{E}_{\mathrm{ex}} = \dfrac{q}{4\pi\varepsilon_0 r^2}\boldsymbol{e}_r$

无限长均匀带电直线： $E = \dfrac{\lambda}{2\pi\varepsilon_0 r}$ ，方向垂直于带电直线

无限大均匀带电平面： $E = \dfrac{\sigma}{2\varepsilon_0}$ ，方向垂直于带电平面

5. 电偶极子在电场中受的力矩

$$\boldsymbol{M} = \boldsymbol{p} \times \boldsymbol{E} \qquad (\boldsymbol{p} = q\boldsymbol{l})$$

此力矩使电偶极子的电矩 $\boldsymbol{p}$ 的方向（由 $-q$ 指向 $+q$）和外电场方向趋于一致。

二、解题要点

本章习题主要是根据静止的场源电荷的分布求其静电场的分布。求法有两种：

（1）叠加法：基于点电荷的场强分布公式利用叠加原理求解。要特别注意叠加是求矢量和，要先求出各点电荷（或连续分布电荷的元电荷）在所考虑场点的分电场强度，然后用矢量加法或求积分求出场点处的总场强。

（2）高斯定律法：这一方法的应用建立在场源电荷分布具有特定的对称性的基础之上。根据场源电荷分布的对称性分析出场强分布的对称性，然后在求电通量时就可以将场强从积分号下提出而得到结果。

（3）由于电荷有两种，所以在某些情况下可以应用"补偿法"通过已知分电场强度的叠加求出要求的电场，如习题 12.11、习题 12.22。

三、思考题选答

12.1 点电荷的电场公式为

$$E = \dfrac{q}{4\pi\varepsilon_0 r^2}\boldsymbol{e}_r$$

当所考查的点与点电荷的距离 $r \to 0$ 时,场强 $E \to \infty$,这是没有物理意义的。你对此如何解释?

答 这涉及对点电荷概念的理解。一个带电体被看作点电荷,只有在讨论所涉及的距离,例如考查点到带电体的距离比带电体的线度大很多时才可以,在题述 $r \to 0$ 时,带电体已不能看作点电荷,该公式不再适用,也就没有什么物理意义了。

12.5 三个相等的电荷放在等边三角形的三个顶点上,问是否可以以三角形中心为球心作一个球面,利用高斯定律求出它们所产生的场强? 对此球面高斯定律是否成立。

答 对此三电荷系统不能用所述球面求出它们所产生的场强,因为此电荷系统不具备所需要的对称性。但高斯定律对所述球面亦然是成立的。

12.10 在真空中,有两个相对的平行板,相距为 d,板面积均为 S,分别带电量 $+q$ 和 $-q$。有人说,根据库仑定律,两板之间的作用力 $f = q^2/4\pi\varepsilon_0 d^2$。又有人说,因 $f = qE$,而板间 $E = \sigma/\varepsilon_0$,$\sigma = q/S$,所以 $f = q^2/\varepsilon_0 S$,有人说,由于一个板上的电荷在另一板处的电场为 $E = \sigma/2\varepsilon_0$,所以 $f = qE = q^2/2\varepsilon_0 S$。试问这三种说法哪种对? 为什么?

答 由于 $+q$ 和 $-q$ 相对 d 来说,不能看作点电荷,所以根据库仑定律求两板间的作用力的说法是错的。由于 $E = \sigma/\varepsilon_0$ 是 $+q$ 和 $-q$ 在两板间产生的合电场。用这个电场强度,求两板的相互作用力也是错误的。一个板上的电荷对另一个板上的电荷的作用力应是前者在后者所在处所产生的电场对后者的作用力,所以第三种说法是对的。

四、习题解答

12.1 在边长为 a 的正方形的四角,依次放置点电荷 q,$2q$,$-4q$ 和 $2q$,它的正中放着一个单位正电荷,求这个电荷受力的大小和方向。

解 如图 12.1 所示,两个 $2q$ 对 q_0 的作用力相抵消,q_0 受的即 q 和 $-4q$ 对它的合力,其大小为

$$F = \frac{qq_0}{4\pi\varepsilon_0 r^2} + \frac{4qq_0}{4\pi\varepsilon_0 r^2} = \frac{5qq_0}{2\pi\varepsilon_0 a^2} = \frac{5q}{2\pi\varepsilon_0 a^2}$$

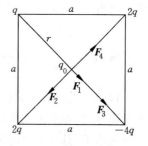

图 12.1 习题 12.1 解用图

12.2 三个电量为 $-q$ 的点电荷各放在边长为 r 的等边三角形的三个顶点上,电荷 $Q(Q>0)$ 放在三角形的重心上。为使每个负电荷受力为零,Q 之值应为多大?

解 如图 12.2 所示,Q 受其他三个电荷的合力等于 0,与 Q 的大小无关。一个 $-q$ 受其他三个电荷的合力的大小为

$$2F_1\cos 30° - F_3 = 2 \times \frac{q^2}{4\pi\varepsilon_0 r^2} \times \frac{\sqrt{3}}{2} - \frac{qQ}{4\pi\varepsilon_0 l^2} = \frac{q}{4\pi\varepsilon_0 r^2}(\sqrt{3}q - 3Q)$$

此合力为零给出

$$Q = \sqrt{3}q/3$$

12.3 如图 12.3 所示,用四根等长的线将四个带电小球相连,带电小球的电量分别是 $-q$,Q,$-q$ 和 Q。试证明当此系统处于平衡时,$\cot^3\alpha = q^2/Q^2$。

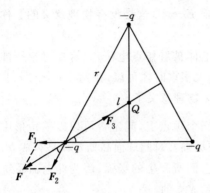

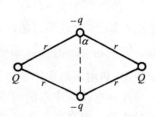

图 12.2 习题 12.2 解用图   图 12.3 习题 12.3 解用图

解   如图 12.3 所示,电荷$-q$受合力为零要求

$$\frac{q^2}{4\pi\varepsilon_0(2r\cos\alpha)^2}=\frac{2qQ\cos\alpha}{4\pi\varepsilon_0 r^2}$$

化简后可得 $q/(2Q)=4\cos^3\alpha$

同理,电荷 Q 受合力为零要求

$$Q/(2q)=4\sin^3\alpha$$

将上两式相比,即得各电荷受力均为零时,

$$\cot^3\alpha=q^2/Q^2$$

12.4   一个正 π 介子由一个 u 夸克和一个反 d 夸克组成。u 夸克带电量为$\frac{2}{3}e$,反 d 夸克带电量为$\frac{1}{3}e$。将夸克作为经典粒子处理,试计算正 π 介子中夸克间的电力(设它们之间的距离为 1.0×10^{-15} m)。

解 $F=\dfrac{q_d q_u}{4\pi\varepsilon_0^2 r^2}=\dfrac{9\times10^9\times\dfrac{1}{3}\times\dfrac{2}{3}\times(1.6\times10^{-19})^2}{(1.0\times10^{-15})^2}=51.2\ (\text{N})$

12.5   精密的实验已表明,一个电子与一个质子的电量在实验误差为$\pm10^{-21}e$的范围内是相等的,而中子的电量在$\pm10^{-21}e$的范围内为零。考虑这些误差综合的最坏情况,问一个氧原子(具有 8 个电子、8 个质子和 8 个中子)所带的最大可能净电荷是多少?若将原子看成质点,试比较两个氧原子间电力和万有引力的大小,其净力是相吸还是相斥?

解   一个氧原子所带的最大可能净电荷为

$$q_{max}=(8+8+8)\times(\pm10^{-21}e)=\pm24\times10^{-21}e$$

两个氧原子间的最大库仑力为

$$|f_e|=\frac{q_{max}^2}{4\pi\varepsilon_0 r^2}$$

两个氧原子间的引力为

$$f_G=G\frac{m^2}{r^2}$$

$$f_e/f_G = \frac{q_{max}^2}{4\pi\varepsilon_0 Gm^2} = \frac{(24\times10^{-21}\times1.6\times10^{-19})^2\times9\times10^9}{6.67\times10^{-11}\times(16\times1.67\times10^{-27})^2} = 2.8\times10^{-6} \ll 1$$

所以两氧原子间净力为引力。

12.6 一个电偶极子的电矩为 $\boldsymbol{p}=q\boldsymbol{l}$，证明此电偶极子轴线上距其中心为 $r(r\gg l)$ 处的一点的场强为 $\boldsymbol{E}=2\boldsymbol{p}/(4\pi\varepsilon_0 r^3)$。

证 电偶极子的 $+q$ 和 $-q$ 两个电荷在轴线上距中心为 r 处的合场强为

$$E = E_+ - E_- = \frac{q}{4\pi\varepsilon_0\left(r-\dfrac{l}{2}\right)^2} - \frac{q}{4\pi\varepsilon_0\left(r+\dfrac{l}{2}\right)^2} = \frac{2pr}{4\pi\varepsilon_0\left(r^2-\dfrac{l^2}{4}\right)^2}$$

由于 $r\gg l$，并考虑到方向可得

$$\boldsymbol{E} = \frac{2\boldsymbol{p}}{4\pi\varepsilon_0 r^3}$$

12.7 电偶极子电场的一般表示式。将电矩为 $\boldsymbol{p}$ 的电偶极子所在位置取作原点，电矩方向取作 x 轴正向。由于电偶极子的电场具有对 x 轴的轴对称性，所以可以只求 xy 平面内的电场分布 $\boldsymbol{E}(x,y)$。以 $\boldsymbol{r}$ 表示场点 $P(x,y)$ 的径矢，将 $\boldsymbol{p}$ 分解为平行于 $\boldsymbol{r}$ 和垂直于 $\boldsymbol{r}$ 的两个分量，并用原书例 12.3 和习题 12.6 的结果证明

$$\boldsymbol{E}(x,y) = \frac{p(2x^2-y^2)}{4\pi\varepsilon_0(x^2+y^2)^{5/2}}\boldsymbol{i} + \frac{3pxy}{4\pi\varepsilon_0(x^2+y^2)^{5/2}}\boldsymbol{j}$$

证 如图 12.4 所示，$\boldsymbol{p}$ 的两个分量为

$$p_r = p\cos\theta, \quad p_\theta = p\sin\theta$$

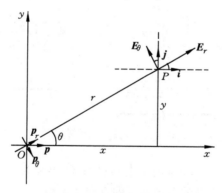

图 12.4 习题 12.7 证用图

它们在 P 点的场强分别是

$$\boldsymbol{E}_r = E_r\cos\theta\boldsymbol{i} + E_r\sin\theta\boldsymbol{j} = \frac{2p_r}{4\pi\varepsilon_0 r^3}\cos\theta\boldsymbol{i} + \frac{2p_r}{4\pi\varepsilon_0 r^3}\sin\theta\boldsymbol{j}$$

$$= \frac{2p\cos^2\theta}{4\pi\varepsilon_0 r^3}\boldsymbol{i} + \frac{2p\cos\theta}{4\pi\varepsilon_0 r^3}\sin\theta\boldsymbol{j}$$

$$= \frac{2px^2}{4\pi\varepsilon_0(x^2+y^2)^{5/2}}\boldsymbol{i} + \frac{2pxy}{4\pi\varepsilon_0(x^2+y^2)^{5/2}}\boldsymbol{j}$$

$$E_\theta = -E_\theta \sin\theta i + E_\theta \cos\theta j = -\frac{p_\theta}{4\pi\varepsilon_0 r^3}\sin\theta i + \frac{p_\theta}{4\pi\varepsilon_0 r^3}\cos\theta j$$

$$= \frac{-py^2}{4\pi\varepsilon_0 (x^2+y^2)^{5/2}}i + \frac{pxy}{4\pi\varepsilon_0 (x^2+y^2)^{5/2}}j$$

由叠加原理可得 P 点的场强为

$$E = E_r + E_\theta = \frac{p(2x^2-y^2)}{4\pi\varepsilon_0 (x^2+y^2)^{5/2}}i + \frac{3pxy}{4\pi\varepsilon_0 (x^2+y^2)^{5/2}}j$$

12.8　两根无限长的均匀带电直线相互平行,相距为 $2a$,线电荷密度分别为 $+\lambda$ 和 $-\lambda$,求每单位长度的带电直线受的作用力。

解　一根带电直线在另一带电直线处的电场为 $E = \lambda/4\pi\varepsilon_0 a$,方向垂直于直线。另一单位长度带电直线受此电场的力为

$$F = E\lambda = \frac{\lambda^2}{4\pi\varepsilon_0 a}$$

此力方向垂直于直线,为相互吸引力。

12.9　一均匀带电直线长为 L,线电荷密度为 λ。求直线的延长线上距 L 中点为 $r(r>L/2)$ 处的场强。

解　如图 12.5 所示,电荷元 $dq = \lambda dx$ 在 P 点的场强为

$$dE = \frac{\lambda dx}{4\pi\varepsilon_0 (r-x)^2}$$

整个带电直线在 P 点的场强为

$$E = \int dE = \int_{-L/2}^{L/2} \frac{\lambda dx}{4\pi\varepsilon_0 (r-x)^2} = \frac{\lambda L}{4\pi\varepsilon_0 (r^2-L^2/4)}$$

方向沿 x 轴正向。

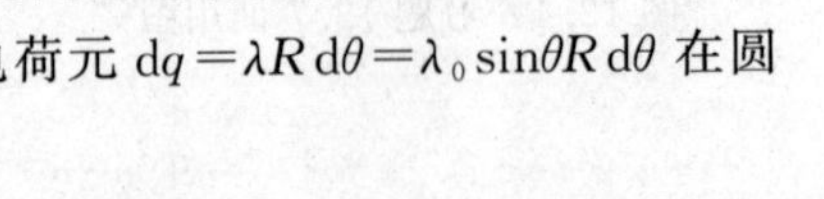

图 12.5　习题 12.9 解用图

12.10　如图 12.6 所示,一个细的带电塑料圆环,半径为 R,所带线电荷密度 λ 和 θ 有 $\lambda = \lambda_0 \sin\theta$ 的关系。求在圆心处的电场强度的方向和大小。

解　如图 12.6 所示,电荷元 $dq = \lambda R d\theta = \lambda_0 \sin\theta R d\theta$ 在圆心处的电场为

$$dE = \frac{\lambda_0 \sin\theta d\theta}{4\pi\varepsilon_0 R}$$

此电场的两个分量为

$$dE_x = dE\cos\theta = \frac{\lambda_0 \sin\theta\cos\theta d\theta}{4\pi\varepsilon_0 R}$$

$$dE_y = -dE\sin\theta = -\frac{\lambda_0 \sin^2\theta d\theta}{4\pi\varepsilon_0 R}$$

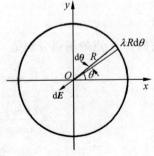

图 12.6　习题 12.10 解用图

将二分量分别对 θ 从 0 到 2π 积分,可得

$$E_x = \int \mathrm{d}E_x = 0$$

$$E_y = \int \mathrm{d}E_y = \int_0^{2\pi} \frac{-\lambda_0 \sin^2\theta \mathrm{d}\theta}{4\pi\varepsilon_0 R} = \frac{-\lambda_0}{4\varepsilon_0 R}$$

于是

$$\boldsymbol{E} = E_x \boldsymbol{i} + E_y \boldsymbol{j} = -\frac{\lambda_0}{4\varepsilon_0 R} \boldsymbol{j}$$

12.11 一根不导电的细塑料杆,被弯成近乎完整的圆,圆的半径为 0.5 m,杆的两端有 2 cm 的缝隙,3.12×10^{-9} C 的正电荷均匀地分布在杆上,求圆心处电场的大小和方向。

解 圆心处的电场应等于完整的均匀圆周电荷和相同线电荷密度填满缝隙的负电荷的电场的叠加,由于前者在圆心处的电场为零,所以圆心处的电场为

$$E = \frac{\lambda d}{4\pi\varepsilon_0 r^2} = \frac{qd}{4\pi\varepsilon_0 r^2 (2\pi r - d)} = \frac{9 \times 10^9 \times 3.12 \times 10^{-9} \times 0.02}{0.5^2 \times (2\pi \times 0.5 - 0.02)} = 0.72 \text{ (V/m)}$$

方向指向负电荷,即指向缝隙。

12.12 如图 12.7 所示,两根平行长直线间距为 $2a$,一端用半圆形线连起来。全线上均匀带电。试证明在圆心 O 处的电场强度为零。

证 以 λ 表示线上的线电荷密度,如图 12.7 所示,考虑对顶的 $\mathrm{d}\theta$ 所对应的电荷 $\mathrm{d}q$ 和 $\mathrm{d}q'$ 在 O 点的场强,
由于 $\mathrm{d}q = \lambda a \mathrm{d}\theta$,在 O 点的场强为

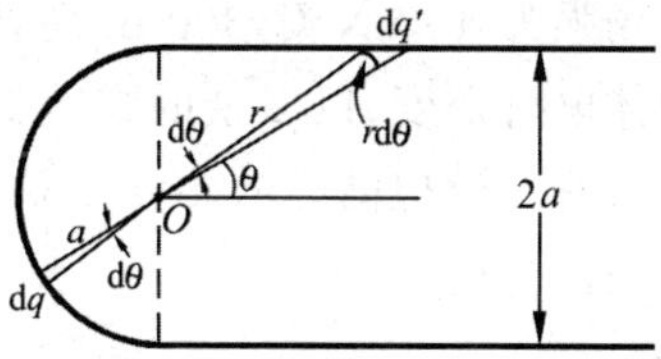

$$\mathrm{d}E = \frac{\mathrm{d}q}{4\pi\varepsilon_0 a^2} = \frac{\lambda a \mathrm{d}\theta}{4\pi\varepsilon_0 a^2} = \frac{\lambda \mathrm{d}\theta}{4\pi\varepsilon_0 a}$$

图 12.7 习题 12.12 证用图

方向由 O 指向远离 $\mathrm{d}q$。 $\mathrm{d}q' = \lambda r \mathrm{d}\theta / \sin\theta$ 在 O 点的场强为

$$\mathrm{d}E' = \frac{\mathrm{d}q'}{4\pi\varepsilon_0 r^2} = \frac{\lambda r \mathrm{d}\theta}{4\pi\varepsilon_0 r^2 \sin\theta} = \frac{\lambda \mathrm{d}\theta}{4\pi\varepsilon_0 r \sin\theta} = \frac{\lambda \mathrm{d}\theta}{4\pi\varepsilon_0 a}$$

方向由 O 指向远离 $\mathrm{d}q'$。

由于 $\mathrm{d}E = \mathrm{d}E'$ 且方向相反,所以其合电场为零。又由于此结果与 θ 无关,所以任一对与对顶的 $\mathrm{d}\theta$ 相应的电荷元在 O 点的电场都是零,所以全线电荷在 O 点的总场强也等于零。

12.13 一个半球面上均匀带有电荷,试用对称性和叠加原理论证下述结论成立:在如鼓面似的蒙住半球面的假想圆面上各点的电场方向都垂直于此圆面。

证 两个均匀带电的半球面对合在一起,其内部各处场强应为零。一个均匀带电半球面,其圆面上电场不为零。如果在圆面上某点电场方向不和圆面垂直,则设想将另一同样的带电半球面扣上来构成完整球面时,其内部相重合的圆面上该处的电场将叠加不为零,这与前述电场为零的结论矛盾。故带电半球面的圆面上的电场应垂直于圆面。

12.14 (1)点电荷 q 位于边长为 a 的正立方体的中心,通过此立方体的每一面的电通量各是多少?

(2)若电荷移至正立方体的一个顶点上,那么通过每个面的电通量又各是多少?

解 (1)由于正立方体的 6 个侧面对于其中心对称,所以每个面通过的电通量应为 $q/6\varepsilon_0$。

(2)点电荷的电力线是径向的,因此包含电荷所在的顶点的三个面通过的电通量都是

零。另三个面通过的总电通量应为 $q/8\varepsilon_0$。由于这三个面对电荷所在顶点是对称的,所以通过它们每个面的电通量应为 $\dfrac{1}{3} \times \dfrac{q}{8\varepsilon_0} = q/24\varepsilon_0$。

12.15 实验证明,地球表面上方电场不为 0,晴天大气电场的平均场强约为 120 V/m,方向向下,这意味着地球表面上有多少过剩电荷? 试以每平方厘米的额外电子数来表示。

解 设想地球表面为一均匀带电球面,总面积为 S,则它所带总电量为

$$q = \varepsilon_0 \oint \boldsymbol{E} \cdot \mathrm{d}\boldsymbol{S} = \varepsilon_0 ES$$

单位面积的带电量应为

$$\sigma = \frac{q}{S} = \varepsilon_0 E$$

单位面积上的额外电子数应为

$$n = \frac{\sigma}{e} = \frac{\varepsilon_0 E}{e} = \frac{8.85 \times 10^{-12} \times 120}{1.6 \times 10^{-19}} = 6.64 \times 10^9 (\mathrm{m}^{-2}) = 6.64 \times 10^5 (\mathrm{cm}^{-2})$$

12.16 地球表面上方电场方向向下,大小可能随高度改变。设在地面上方 100 m 高处场强为 150 N/C,300 m 高处场强为 100 N/C。试由高斯定律求在这两个高度之间的平均体电荷密度,以多余的或缺少的电子数密度表示。

解 设想高为从 100 m 高空到 300 m 高空而底面积为 S 的一立方封闭面,由高斯定理得面内电荷为

$$q = \varepsilon_0 \oint \boldsymbol{E} \cdot \mathrm{d}\boldsymbol{S} = \varepsilon_0 S (E_1 - E_2)$$

封闭面内单位体积内电子数为

$$n = \frac{q}{ehS} = \frac{\varepsilon_0 (E_1 - E_2)}{eh} = \frac{8.85 \times 10^{-12} \times (150 - 100)}{1.6 \times 10^{-19} \times 200} = 1.38 \times 10^7 (\mathrm{m}^{-3})$$

由于 q 是正电荷,所以应是缺少电子。

12.17 一无限长的均匀带电薄壁圆筒,截面半径为 a,面电荷密度为 σ,设垂直于筒轴方向从中心轴向外的径矢的大小为 r,求其电场分布并画出 E-r 曲线。

解 由电荷分布的柱对称性可知,电场分布也具有柱对称性,取高为 l、半径为 r 的上、下封底的圆柱面为高斯面,则由高斯定律可得

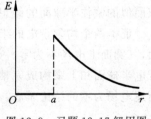

$$E \times 2\pi rl = q_{\text{in}}/\varepsilon_0$$

在筒内, $r < a$, $q_{\text{in}} = 0$, $E_{\text{in}} = 0$

在筒外, $r > a$, $q_{\text{in}} = 2\pi al\sigma$, $E = \dfrac{\sigma a}{\varepsilon_0 r}$

图 12.8 习题 12.17 解用图

E-r 曲线如图 12.8 所示。

12.18 两个无限长同轴圆筒半径分别为 R_1 和 R_2,单位长度带电量分别为 $+\lambda$ 和 $-\lambda$。求内筒内、两筒间及外筒外的电场分布。

解 根据电场分布的轴对称性,可以选与圆筒同轴的圆柱面(上下封顶)作高斯面。再根据高斯定律即可求出:

在内筒内 $\qquad r<R_1:\qquad E=0$

在两筒间 $\qquad R_1<r<R_2:\qquad E=\dfrac{\lambda}{2\pi\varepsilon_0 r}$

在外筒外 $\qquad R<r:\qquad E=0$

12.19 两个平行无限大均匀带电平面,面电荷密度分别为 $\sigma_1=4\times10^{-11}\,\mathrm{C/m^2}$ 和 $\sigma_2=-2\times10^{-11}\,\mathrm{C/m^2}$。求此系统的电场分布。

解 两带电面的两侧的电场分别为

$$E_1=\frac{\sigma_1}{2\varepsilon_0}=\frac{4\times10^{-11}}{2\times8.85\times10^{-12}}=2.26\ (\mathrm{V/m})$$

$$E_2=\frac{\sigma_2}{2\varepsilon_0}=\frac{2\times10^{-11}}{2\times8.85\times10^{-12}}=1.13\ (\mathrm{V/m})$$

由叠加原理可得

在 σ_1 板外侧 $\qquad E=E_1-E_2=1.13\ \mathrm{V/m}$,垂直指离 σ_1 板

在两板间 $\qquad E=E_1+E_2=3.39\ \mathrm{V/m}$,垂直指向 σ_2 板

在 σ_2 板外侧 $\qquad E=E_1-E_2=1.13\ \mathrm{V/m}$,垂直指离 σ_2 板

12.20 一无限大均匀带电厚壁,壁厚为 D,体电荷密度为 ρ,求其电场分布并画出 $E\text{-}d$ 曲线。d 为垂直于壁面的坐标,原点在厚壁的中心。

解 根据电荷分布对壁的平分面的面对称性,可知电场分布也具有这种对称性。由此可选平分面与壁的平分面重合的立方盒子为高斯面,如图 12.9(a)所示。高斯定理给出

$$E\cdot 2S=q_{\mathrm{in}}/\varepsilon_0$$

当 $d<D/2$ 时, $\qquad q_{\mathrm{in}}=2dS\rho,\quad E=\dfrac{d\rho}{\varepsilon_0}$

当 $d>D/2$ 时, $\qquad q_{\mathrm{in}}=DS\rho,\quad E=\dfrac{D\rho}{2\varepsilon_0}$

$E\text{-}d$ 曲线如图 12.9(b)所示。

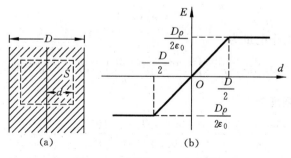

图 12.9 习题 12.20 解用图

12.21 一大平面中部有一半径为 R 的小孔,设平面均匀带电,面电荷密度为 σ_0,求通过小孔中心并与平面垂直的直线上的场强分布。

解 由电场叠加原理可知在所述直线上距板为 x 处的场强等于无限大均匀带电平板和半径为 R 的带相反电荷(面密度大小相同)的圆盘在该处的电场的叠加,即

$$E = \frac{\sigma_0}{2\varepsilon_0} - \frac{\sigma_0}{2\varepsilon_0}\left[1 - \frac{x}{(R^2 + x^2)^{1/2}}\right] = \frac{\sigma_0 x}{2\varepsilon_0(R^2 + x^2)^{1/2}}$$

12.22　一均匀带电球体,半径为 R,体电荷密度为 ρ,今在球内挖去一半径为 $r(r<R)$ 的球体,求证由此形成的空腔内的电场是均匀的,并求其值。

解　由电场的叠加原理可知,有空腔的带电球体的电场等于带正电的球体和空腔且以体电荷密度相等的负电荷充满的带电球体的电场的叠加(图 12.10)。

在空腔内 P 点,带正电球体的电场为

$$\boldsymbol{E}_+ = \frac{\rho}{3\varepsilon_0}\boldsymbol{r}_+$$

带负电球体的电场为

$$\boldsymbol{E}_- = \frac{-\rho}{3\varepsilon_0}\boldsymbol{r}_-$$

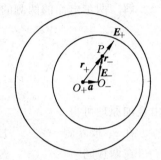

合电场为

$$\boldsymbol{E} = \boldsymbol{E}_+ + \boldsymbol{E}_- = \frac{\rho}{3\varepsilon_0}(\boldsymbol{r}_+ - \boldsymbol{r}_-) = \frac{\rho}{3\varepsilon_0}\boldsymbol{a}$$

图 12.10　习题 12.22 解用图

式中 $\boldsymbol{a}$ 为由原带电球球心 O_+ 到空腔中心 O_- 的矢量线段。

上述结果说明空腔内电场为均匀场,方向平行于两球心的连线。

12.23　通常情况下中性氢原子具有如下的电荷分布:一个大小为 $+e$ 的电荷被密度为 $\rho(r) = -C\mathrm{e}^{-2r/a_0}$ 的负电荷所包围,a_0 是"玻尔半径",$a_0 = 0.53 \times 10^{-10}$ m,C 是为了使电荷总量等于 $-e$ 所需要的常量。试问在半径为 a_0 的球内净电荷是多少?距核 a_0 远处的电场强度多大?

解　氢原子内负电荷总量为

$$e = \int_0^\infty \rho(r) 4\pi r^2 \mathrm{d}r = \int_0^\infty 4\pi C\mathrm{e}^{-\frac{2r}{a_0}} r^2 \mathrm{d}r = C\pi a_0^3$$

由此得常量

$$C = e/(\pi a_0^3)$$

半径为 a_0 的球体内的净电量为

$$q = e - \int_0^{a_0} \rho(r) 4\pi r^2 \mathrm{d}r = e - \int_0^{a_0} \frac{4e}{a_0^3}\exp\left(-\frac{2r}{a_0}\right) r^2 \mathrm{d}r = 5e\,\mathrm{e}^{-2} = 1.08 \times 10^{-19}\,(\mathrm{C})$$

距核为 a_0 处的电场强度为

$$E = \frac{q}{4\pi\varepsilon_0 a_0^2} = \frac{5e\,\mathrm{e}^{-2}}{4\pi\varepsilon_0 a_0^2} = \frac{9 \times 10^9 \times 5 \times 1.6 \times 10^{-19} \times \mathrm{e}^{-2}}{(0.53 \times 10^{-10})^2} = 3.46 \times 10^{11}\,(\mathrm{V/m})$$

12.24　质子的电荷并非集中于一点,而是分布在一定空间内。实验测知,质子的电荷分布可用下述指数函数表示其电荷体密度:

$$\rho = \frac{e}{8\pi b^3}\mathrm{e}^{-r/b}$$

其中 b 为一常量,$b = 0.23 \times 10^{-15}$ m。求电场强度随 r 变化的表示式和 $r = 1.0 \times 10^{-15}$ m 处的电场强度的大小。

解 由于电荷是球对称分布,所以可选球面为高斯面而得到电场的分布为

$$E = \frac{q_{in}}{\varepsilon_0 4\pi r^2} = \frac{1}{4\pi\varepsilon_0 r^2}\int_0^r \rho 4\pi r^2 dr = \frac{e}{8\pi\varepsilon_0 b^3}\int_0^r r^2 e^{-r/b} dr$$

$$= \frac{e}{8\pi\varepsilon_0 b^2 r^2}[(-r^2 - 2br - 2b^2)e^{-r/b} + 2b^2]$$

将 $r = 1.0 \times 10^{-15}$ m 代入上式,可得

$$E = 1.2 \times 10^{21} \text{ N/C}$$

12.25 按照一种模型,中子是由带正电荷的内核与带负电荷的外壳所组成。假设正电荷电量为 $2e/3$,且均匀分布在半径为 0.50×10^{-15} m 的球内;而负电荷电量为 $-2e/3$,分布在内、外半径分别为 0.50×10^{-15} m 和 1.0×10^{-15} m 的同心球壳内。求与中心距离分别为 1.0×10^{-15} m,0.75×10^{-15} m,0.50×10^{-15} m 和 0.25×10^{-15} m 处电场的大小和方向。

解 中子正电荷的体密度为

$$\rho_+ = \frac{2e/3}{\frac{4}{3}\pi R_1^3} = \frac{1.6 \times 10^{-19}}{2\pi \times (0.5 \times 10^{-15})^3} = 2.04 \times 10^{26} \text{ (C/m}^3\text{)}$$

负电荷的体密度为

$$\rho_- = \frac{-2e/3}{\frac{4}{3}\pi(R_2^3 - R_1^3)} = \frac{-1.6 \times 10^{-19}}{2\pi[(10^{-15})^3 - (0.5 \times 10^{-15})^3]} = -2.91 \times 10^{25} \text{ (C/m}^3\text{)}$$

根据电场分布的球对称性,可用高斯定律求得

$r_1 = 1.0 \times 10^{-15}$ m 时,$E_1 = 0$;

$r_2 = 0.75 \times 10^{-15}$ m 时,

$$E_2 = \left[\frac{2}{3}e + \rho_- \times \frac{4}{3}\pi(r_2^3 - R_1^3)\right] \Big/ (4\pi\varepsilon_0 r_2^2)$$

$$= \left[\frac{2}{3} \times 1.6 \times 10^{-19} - 2.91 \times 10^{25} \times \frac{4}{3}\pi \times \right.$$

$$\left. (0.75^3 \times 10^{-45} - 1.25 \times 10^{-46})\right] \times$$

$$9 \times 10^9 / (0.75 \times 10^{-15})^2$$

$$= 1.14 \times 10^{21} \text{ (V/m)}$$

沿矢径向外;

$r_3 = 0.5 \times 10^{-15}$ m 时,

$$E_3 = \frac{2e/3}{4\pi\varepsilon_0 r_3^2} = \frac{9 \times 10^9 \times 2 \times 1.6 \times 10^{-19}}{3 \times (0.5 \times 10^{-15})^2} = 3.84 \times 10^{21} \text{ (V/m)}$$

沿矢径向外;

$r_4 = 0.25 \times 10^{-15}$ m 时,

$$E_4 = \frac{\rho_+ \times \frac{4}{3}\pi r_4^3}{4\pi\varepsilon_0 r_4^2} = \frac{\rho_+ \times r_4}{3\varepsilon_0} = \frac{2.04 \times 10^{26} \times 0.25 \times 10^{-15}}{3 \times 8.85 \times 10^{-12}} = 1.92 \times 10^{21} \text{ (V/m)}$$

沿矢径向外。

12.26　τ 子是与电子一样带有负电而质量却很大的粒子。它的质量为 $3.17 \times 10^{-27} \text{kg}$,大约是电子质量的 3480 倍,τ 子可穿透核物质,因此,τ 子在核电荷的电场作用下在核内可作轨道运动。设 τ 子在铀核内的圆轨道半径为 $2.9 \times 10^{-15} \text{m}$,把铀核看作半径为 $7.4 \times 10^{-15} \text{m}$ 的球,并且带有 92e 且均匀分布于其体积内的电荷。计算 τ 子的轨道运动的速率、动能、角动量和频率。

　　解　铀核的体电荷密度为

$$\rho = \frac{92e}{\frac{4}{3}\pi r_0^3} = \frac{92 \times 1.2 \times 10^{-19}}{\frac{4}{3}\pi(7.4 \times 10^{-15})^3} = 8.67 \times 10^{24} (\text{C/m}^3)$$

τ 子轨道处的电场为

$$E = \frac{\rho r}{3\varepsilon_0} = \frac{8.67 \times 10^{24} \times 2.9 \times 10^{-15}}{3 \times 8.85 \times 10^{-12}} = 9.47 \times 10^{20} (\text{V/m})$$

对 τ 子的圆周运动,由牛顿定律可得其速率为

$$v = \sqrt{\frac{Eer}{m}} = \sqrt{\frac{9.47 \times 10^{20} \times 1.6 \times 10^{-19} \times 2.9 \times 10^{-15}}{3.17 \times 10^{-27}}} = 1.2 \times 10^7 (\text{m/s})$$

动能为

$$E_k = \frac{1}{2}mv^2 = \frac{1}{2} \times 3.17 \times 10^{-27} \times (1.2 \times 10^7)^2 = 2.2 \times 10^{-13} (\text{J})$$

角动量为

$$L = mvr = 3.17 \times 10^{-27} \times 1.2 \times 10^7 \times 2.9 \times 10^{-15} = 1.1 \times 10^{-34} (\text{kg} \cdot \text{m}^2/\text{s})$$

频率为

$$\nu = \frac{v}{2\pi r} = \frac{1.2 \times 10^7}{2\pi \times 2.9 \times 10^{-15}} = 6.5 \times 10^{20} (\text{Hz})$$

12.27　设在氢原子中,负电荷均匀分布在半径为 $r_0 = 0.53 \times 10^{-10} \text{m}$ 的球体内,总电量为 $-e$,质子位于此电子云的中心。求当外加电场 $E = 3 \times 10^6 \text{V/m}$(实验室内很强的电场)时,负电荷的球心和质子相距多远(设电子云不因外加电场而变形)? 此时氢原子的"感生电偶极矩"多大?

　　解　氢原子负电荷密度为

$$\rho = \frac{-e}{\frac{4}{3}\pi r_0^3} = \frac{-1.6 \times 10^{-19}}{\frac{4}{3}\pi \times (0.5 \times 10^{-10})^3} = -2.57 \times 10^{11} (\text{C/m}^3)$$

质子与负电荷球心的距离 r 可以通过质子受电子云的力和外加电场力平衡进行计算,即

$$\frac{\rho r}{3\varepsilon_0}e + Ee = 0$$

由此得

$$r = \frac{3\varepsilon_0 E}{-\rho} = \frac{3 \times 8.85 \times 10^{-12} \times 3 \times 10^6}{2.57 \times 10^{11}} = 3.1 \times 10^{-16} (\text{m})$$

此时氢原子的感生电偶极矩为

$$p = er = 1.6 \times 10^{-19} \times 3.1 \times 10^{-16} = 5.0 \times 10^{-35} (\text{C} \cdot \text{m})$$

12.28 根据汤姆孙模型,氦原子由一团均匀的正电荷云和其中的两个电子构成。设正电荷云是半径为 0.05 nm 的球,总电量为 $2e$,两个电子处于和球心对称的位置,求两电子的平衡间距。

解 以 r 表示氦原子内电子处于平衡态时与正电荷中心的距离。由对称性分析可知两电子应分居正电荷中心的两侧。由一个电子受另一个电子的斥力和正电荷云的作用力相平衡可得

$$\frac{e^2}{4\pi\varepsilon_0(2r)^2}=\frac{1}{3\varepsilon_0}\frac{2e^2}{\frac{4}{3}\pi R^3}r$$

由此可得 $$r=R/2$$

两电子的平衡间距为

$$2r=R=0.05 \text{ nm}$$

12.29 在图 12.11 所示的空间内电场强度分量为 $E_x=bx^{1/2}$,$E_y=E_z=0$,其中 $b=800$ N·m$^{-1/2}$/C。试求:

(1) 通过正立方体的电通量;

(2) 正立方体的总电荷是多少? 设 $a=10$ cm。

解 (1) 通过正立方体的电通量为

$$\Phi_e=-E_{x,a}a^2+E_{x,2a}a^2=-ba^{1/2}a^2+b(2a)^{1/2}a^2$$
$$=(\sqrt{2}-1)ba^{5/2}=(\sqrt{2}-1)\times 800\times 0.1^{5/2}$$
$$=1.05 \text{ (N·m}^2\text{/C)}$$

(2) 由高斯定律可得立方体内的总电荷为

$$q=\varepsilon_0\Phi_e=8.85\times 10^{-12}\times 1.05=9.29\times 10^{-12} \text{ (C)}$$

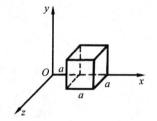

图 12.11 习题 12.29 解用图

12.30 在 $x=+a$ 和 $x=-a$ 处分别放上一个电量都是 $+q$ 的点电荷。(1)试证明在原点 O 处,$(\mathrm{d}E/\mathrm{d}x)_{x=0}=-q/(\pi\varepsilon_0 a^3)$;(2)在原点处放置一电矩为 $\boldsymbol{p}=p\boldsymbol{i}$ 的电偶极子,试证它受的电场力为 $p(\mathrm{d}E/\mathrm{d}x)_{x=0}=-pq/(\pi\varepsilon_0 a^3)$。

证 (1) 两电荷在坐标为 x 处的电场为

$$E=-\frac{q}{4\pi\varepsilon_0(a-x)^2}+\frac{q}{4\pi\varepsilon_0(a+x)^2}=-\frac{q}{4\pi\varepsilon_0}\frac{4ax}{(a^2-x^2)^2}$$

此电场在原点处的变化率为

$$\left(\frac{\mathrm{d}E}{\mathrm{d}x}\right)_{x=0}=-\frac{q}{4\pi\varepsilon_0}\frac{4a^5+8a^3x^2-12ax^4}{(a^2-x^2)^4}\bigg|_{x=0}=-\frac{q}{\pi\varepsilon_0 a^3}$$

(2) 以 $\boldsymbol{p}=q_0\boldsymbol{l}$ 表示置于原点处的电偶极矩,则它受的电场力应是 $+q_0$(位于 $+l/2$ 处)和 $-q_0$(位于 $-l/2$ 处)受的力的合力,即

$$F=q_0E_{+l/2}-q_0E_{-l/2}=q_0\left(\frac{\mathrm{d}E}{\mathrm{d}x}\right)_{x=0}l=p\left(\frac{\mathrm{d}E}{\mathrm{d}x}\right)_{x=0}=-\frac{pq}{\pi\varepsilon_0 a^3}$$

12.31 证明:电矩为 $\boldsymbol{p}$ 的电偶极子在场强为 $\boldsymbol{E}$ 的均匀电场中,从与电场方向垂直的位置转到与电场方向成 θ 角的位置的过程中,电场力做的功为 $pE\cos\theta=\boldsymbol{p}\cdot\boldsymbol{E}$。

证 电偶极子受的电力矩为 $M=pE\sin\theta$。由于 θ 角是相对于电场方向量度的,所以电

偶极子转动 $\mathrm{d}\theta$ 角时电场力做的功为 $-M\mathrm{d}\theta=-pE\sin\theta\mathrm{d}\theta$。电偶极子由 $\pi/2$ 转到 θ 角时电场力做的功为

$$A=\int_{\pi/2}^{\theta}-M\mathrm{d}\theta=\int_{\pi/2}^{\theta}-pE\sin\theta\mathrm{d}\theta=pE\cos\theta=\boldsymbol{p}\cdot\boldsymbol{E}$$

12.32　两个固定的点电荷电量分别为 $+1.0\times10^{-6}$ C 和 -4.0×10^{-6} C,相距 10 cm。

(1) 在何处放一点电荷 q_0 时,此点电荷受的电场力为零而处于平衡状态?

(2) q_0 在该处的平衡状态沿两点电荷的连线方向是否是稳定的?

(3) q_0 在该处的平衡状态沿垂直于该连线的方向又如何?

解　(1) 如图 12.12 所示,q_0 受 q_1 和 q_2 的合力为零,只有 q_0 在 q_1 和 q_2 的连线上且在 q_1 外侧才有可能。以 x 表示 q_0 受的电场力为零时,它与 q_1 的距离,则有

$$\frac{q_1q_0}{4\pi\varepsilon_0x^2}=\frac{|q_2|q_0}{4\pi\varepsilon_0(x+r)^2}$$

由此式可解得 $x=r,-r/3$。舍去负值取 $x=r=0.1$ m。

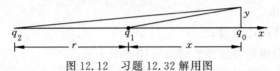

图 12.12　习题 12.32 解用图

(2) 设 q_0 在 x 轴上非平衡点 x 处,则它受到的合力为

$$F=\frac{q_0}{4\pi\varepsilon_0}\left[\frac{q_1}{x^2}-\frac{|q_2|}{(x+r)^2}\right]$$

$$\left.\frac{\mathrm{d}F}{\mathrm{d}x}\right|_{x=r}=\frac{-q_0}{2\pi\varepsilon_0}\left[\frac{q_1}{x^3}-\frac{|q_2|}{(x+r)^3}\right]_{x=r}=\frac{-q_0}{2\pi\varepsilon_0}\left[\frac{1}{r^3}-\frac{1}{2r^3}\right]\times10^{-6}$$

当 $q_0>0$ 时,$\left.\dfrac{\mathrm{d}F}{\mathrm{d}x}\right|_{x=r}<0$,$q_0$ 处于稳定平衡状态;当 $q_0<0$ 时,$\left.\dfrac{\mathrm{d}F}{\mathrm{d}x}\right|_{x=r}>0$,$q_0$ 处于不稳定平衡状态。

(3) q_0 从 $x=r$ 处向上或向下移动一微小距离 y 时,它受到垂直于 x 方向的电场力为

$$F=\frac{q_0q_1}{4\pi\varepsilon_0(y^2+r^2)^2}\frac{y}{(y^2+r^2)^{1/2}}-\frac{q_0|q_2|}{4\pi\varepsilon_0(y^2+4r^2)^2}\frac{y}{(y^2+4r^2)^{1/2}}$$

$$=\frac{q_0y}{4\pi\varepsilon_0}\left[\frac{q_1}{(y^2+r^2)^{5/2}}-\frac{|q_2|}{(y^2+4r^2)^{5/2}}\right]$$

$$\left.\frac{\mathrm{d}F}{\mathrm{d}y}\right|_{y=0}=\frac{q_0}{4\pi\varepsilon_0}\left[\frac{q_1}{(y^2+r^2)^{5/2}}-\frac{|q_2|}{(y^2+4r^2)^{5/2}}\right]_{y=0}=\frac{q_0}{4\pi\varepsilon_0}\left[\frac{1}{r^5}-\frac{4}{(2r)^5}\right]\times10^{-6}$$

当 $q_0>0$ 时,$\left.\dfrac{\mathrm{d}F}{\mathrm{d}y}\right|_{y=0}>0$,$q_0$ 处于不稳定平衡状态;当 $q_0<0$ 时,$\left.\dfrac{\mathrm{d}F}{\mathrm{d}y}\right|_{y=0}<0$,$q_0$ 处于稳定平衡状态。

12.33　试证明:只是在静电力作用下,一个电荷不可能处于稳定平衡状态。(提示:假设在静电场中的 P 点放置一电荷 $+q$,如果它处于稳定平衡状态,则 P 点周围的电场方向应如何分布? 然后应用高斯定律。)

证　在电场中 P 点放一电荷 q。如果它处于稳定平衡状态,则它向任意方向稍微离开

P 点时,都应受到指向 P 点的电场力使它回归 P 点。这种情况要求 P 点周围的电场方向都指向或都指离 P 点。这时对于包围 P 点的封闭高斯面来说,通过它的总电通量不为零,因而 P 点必须有产生上述电场的场源电荷。这和原设在 P 点只有电荷 q 而没有场源电荷是相矛盾的。因此,在静电场中一个电荷单靠静电力是不可能处于稳定平衡状态的。

12.34 喷墨打印机的结构简图如图 12.13 所示。其中墨盒可以发出墨汁微滴,其半径约 10^{-5} m。(墨盒每秒钟可发出约 10^5 个微滴,每个字母约需百余滴。)此微滴经过带电室时被带上负电,带电的多少由计算机按字体笔画高低位置输入信号加以控制。带电后的微滴进入偏转板,由电场按其带电量的多少施加偏转电力,从而可沿不同方向射出,打到纸上即显示出字体来。无信号输入时,墨汁滴径直通过偏转板而注入回流槽流回墨盒。

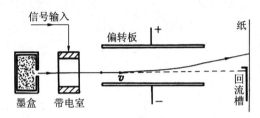

图 12.13 习题 12.34 解用图

设一个墨汁滴的质量为 1.5×10^{-10} kg,经过带电室后带上了 -1.4×10^{-13}C 的电量,随后即以 20 m/s 的速度进入偏转板,偏转板长度为 1.6 cm。如果板间电场强度为 1.6×10^6 N/C,那么此墨汁滴离开偏转板时在竖直方向将偏转多大距离(忽略偏转板边缘的电场不均匀性,并忽略空气阻力)?

解 偏转距离为

$$\delta = \frac{1}{2}\frac{Eq}{m}\left(\frac{l}{v}\right)^2 = \frac{1}{2} \times \frac{1.6 \times 10^6 \times 1.4 \times 10^{-13}}{1.5 \times 10^{-10}} \times \left(\frac{1.6 \times 10^{-2}}{20}\right)^2$$

$$= 4.8 \times 10^{-4} \, (\text{m}) = 0.48 \, (\text{mm})$$

第13章

电　势

一、概念原理复习

1. 静电场是保守场

由于静止的点电荷的场是"有心力场",所以 $\int_{(1)}^{(2)} \boldsymbol{E} \cdot \mathrm{d}\boldsymbol{r}$ 与路径无关,或说

$$\oint_L \boldsymbol{E} \cdot \mathrm{d}\boldsymbol{r} = 0$$

这就是静电场的保守性。它是对静电场引入电势概念的根据。

2. 电势差和电势

电势差定义:

$$-\mathrm{d}\varphi = \boldsymbol{E} \cdot \mathrm{d}\boldsymbol{r}$$

及

$$\varphi_1 - \varphi_2 = \int_{(P_1)}^{(P_2)} \boldsymbol{E} \cdot \mathrm{d}\boldsymbol{r}$$

取 P_0 为电势零点,任意 P 点的电势为

$$\varphi_P = \int_{(P)}^{(P_0)} \boldsymbol{E} \cdot \mathrm{d}\boldsymbol{r}$$

由此可得点电荷 q 的电势

$$\varphi = \frac{q}{4\pi\varepsilon_0 r} \quad \text{(无穷远处为电势零点)}$$

均匀带电球壳的电势

$$\varphi_{\mathrm{ex}} = \frac{q}{4\pi\varepsilon_0 r}, \quad \varphi_{\mathrm{in}} = \frac{q}{4\pi\varepsilon_0 R}$$

电势的叠加原理:由场强叠加原理可得

$$\varphi = \sum \varphi_i$$

3. 电场强度 E 与电势 φ 的关系的微分形式

$$\boldsymbol{E} = -\mathrm{grad}\varphi = -\nabla\varphi$$

在直角坐标系中

$$E = -\left(\frac{\partial \varphi}{\partial x}\boldsymbol{i} + \frac{\partial \varphi}{\partial y}\boldsymbol{j} + \frac{\partial \varphi}{\partial z}\boldsymbol{k}\right)$$

形象地看,电场线处处与等势面垂直,并指向电势降低的方向;电场线密处等势面间距小。

4. 电荷在外电场中的电势能

$$W = q\varphi$$

移动电荷 q 时电场力做的功:

$$A_{12} = W_1 - W_2 = q(\varphi_1 - \varphi_2)$$

电偶极子在外电场中的电势能: $W = -\boldsymbol{p} \cdot \boldsymbol{E}$

*5. 电荷系的静电能

$$W = \frac{1}{2}\sum_{i=1}^{n} q_i\varphi_i$$

其中 φ_i 为 q_i 所在处其他点电荷的电势。对连续分布的场源电荷

$$W = \frac{1}{2}\int_q \varphi \mathrm{d}q$$

其中 φ 为 $\mathrm{d}q$ 所在处的电势。

6. 静电场的能量

电能储存在电场中,电荷系的静电能就是其电场储存的总能量,又叫电场能。电荷系的点电场能为

$$W = \int_V w_e \mathrm{d}V$$

其中 V 表示全空间,w_e 为电场能量密度,

$$w_e = \varepsilon_0 E^2 / 2$$

二、解题要点

(1) 本章习题多是求电势差和电势。最基本的方法是根据定义,即场强的线积分求结果。要注意电势零点的选择。当电场强度分布不能用一个统一公式表示时,应沿积分路径分段积分。求两点之间的电势差时直接用场强积分而代入两点位置为上下限即可,不必先求出两点的电势而再计算其差。

(2) 求电势分布的另一方法,是利用点电荷的电势叠加的方法,包括用点电荷的电势公式对所有场源电荷积分。这时不需要再经过计算电场强度这一中间步骤。在已知几个场源电荷(包括一些连续分布的电荷系)的电势分布的条件下,也应当用叠加的方法求总的电势分布。要注意叠加时,各电势应取同样的电势零点。

(3) 由电势分布求场强分布是一个重要方法。这时要先求出电势分布的函数,如作为 r 的函数或作为 x, y, z 的函数,然后求导而取负值。

(4) 通过计算电场力移动电荷时做的功而说明电能和其他种能的转换是一条重要要求。这时要注意弄清楚是电场力做正功而使电势能减少了,还是电场力做了负功,即外力反抗电场力做了功而使电势能增加了。

（5）电场具有能量是个重要概念，要学会利用电场能量密度积分求电荷系的总能量或电场的某一限定体积内的电场能量。

三、思考题选答

13.3　选一条方便路径直接从电势定义说明电偶极子中垂面上各点的电势为零。

答　电偶极子中垂面上各点的场强方向都是和电偶极子轴线平行的。这样从中垂面上任一点出发在中垂面内沿任意路径将单位正电荷移至无穷远的过程中，此单位正电荷受的电场力始终和位移垂直，所以电场力不做功。因而起点电势和无穷远处电势差为零。取后者为电势零点，则中垂面上任一点的电势也就是零。

13.4　试用环路定理证明，静电场的电场线永不闭合。

证　假设静电场中某条电场线闭合了，则顺着电场方向沿此电场线一周所得线积分 $\oint \boldsymbol{E} \cdot d\boldsymbol{r}$ 必不为零。这一结果直接违反静电场的环路定理，所以静电场的电场线永不闭合。

***13.12**　电场能量密度不可能是负值，因而由原书式（13.29）求出的电场能量不可能为负值。但两个符号相反的电荷的互能（原书式（13.21））怎么会是负的呢？

答　在由 $+q$ 和 $-q$ 组成的电荷系的电场内各点的合电场为 $\boldsymbol{E} = \boldsymbol{E}_+ + \boldsymbol{E}_-$，因而其总电场能量，按式（13.29）为

$$W = \int \frac{\varepsilon_0 \boldsymbol{E}^2}{2} dV = \frac{\varepsilon_0}{2} \int (\boldsymbol{E}_+ + \boldsymbol{E}_-) \cdot (\boldsymbol{E}_+ + \boldsymbol{E}_-) dV$$

$$= \int \frac{\varepsilon_0 \boldsymbol{E}_+^2}{2} dV + \int \frac{\varepsilon_0 \boldsymbol{E}_-^2}{2} dV + \int \varepsilon_0 \boldsymbol{E}_+ \cdot \boldsymbol{E}_- dV$$

此式最后三项中前两项分别是 q_1 和 q_2 的自能，当然都是正值，第三项即 q_1 和 q_2 的互能，它可能为正也可能为负。但因总有 $(\boldsymbol{E}_+ - \boldsymbol{E}_-)^2 \geqslant 0$，即 $\dfrac{\boldsymbol{E}_+^2}{2} + \dfrac{\boldsymbol{E}_-^2}{2} \geqslant \boldsymbol{E}_+ \cdot \boldsymbol{E}_-$，所以不管互能是正是负，此电荷系的总电场能都会是正的。

四、习题解答

13.1　两个同心球面，半径分别为 10 cm 和 30 cm，小球均匀带有正电荷 1×10^{-8} C，大球均匀带有正电荷 1.5×10^{-8} C。求离球心分别为（1）20 cm，（2）50 cm 的各点的电势。

解　由电势叠加原理可得

（1）$\varphi = \dfrac{q_1}{4\pi\varepsilon_0 r} + \dfrac{q_2}{4\pi\varepsilon_0 R_2} = 9 \times 10^9 \times \left(\dfrac{1 \times 10^{-8}}{20 \times 10^{-2}} + \dfrac{1.5 \times 10^{-8}}{30 \times 10^{-2}} \right) = 900 \text{ (V)}$

（2）$\varphi = \dfrac{q_1 + q_2}{4\pi\varepsilon_0 r} = 9 \times 10^9 \times \dfrac{(1 + 1.5) \times 10^{-8}}{50 \times 10^{-2}} = 450 \text{ (V)}$

13.2　两均匀带电球壳同心放置，半径分别为 R_1 和 R_2（$R_1 < R_2$），已知内外球之间的电势差为 U_{12}，求两球壳间的电场分布。

解　设内球的带电量为 q，则

$$U_{12} = \int_{R_1}^{R_2} E\,\mathrm{d}r = \int_{R_1}^{R_2} \frac{q}{4\pi\varepsilon_0 r^2}\mathrm{d}r = \frac{q}{4\pi\varepsilon_0}\left(\frac{1}{R_1} - \frac{1}{R_2}\right)$$

由此得两球壳间的电场分布为

$$E = \frac{q}{4\pi\varepsilon_0 r^2} = \frac{U_{12}}{r^2}\frac{R_1 R_2}{R_2 - R_1}$$

方向沿径向。

13.3 两个同心的均匀带电球面,半径分别为 $R_1 = 5.0$ cm,$R_2 = 20.0$ cm,已知内球面的电势 $\varphi_1 = 60$ V,外球面的电势 $\varphi_2 = -30$ V。

(1) 求内、外球面上所带电量;

(2) 在两个球面之间何处的电势为零?

解 (1) 以 q_1 和 q_2 分别表示内外球所带电量。由电势叠加原理,

$$\varphi_1 = \frac{1}{4\pi\varepsilon_0}\left(\frac{q_1}{R_1} + \frac{q_2}{R_2}\right) = 60$$

$$\varphi_2 = \frac{1}{4\pi\varepsilon_0}\frac{q_1 + q_2}{R_2} = -30$$

代入给出的 R_1 和 R_2 值联立解上两式可得

$$q_1 = 6.7 \times 10^{-10}\,\mathrm{C}, \quad q_2 = -1.3 \times 10^{-9}\,\mathrm{C}$$

(2) 由

$$\varphi = \frac{1}{4\pi\varepsilon_0}\left(\frac{q_1}{r} + \frac{q_2}{R_2}\right) = 0$$

由此可得

$$r = \frac{q_1}{-q_2}R_2 = \frac{6.7 \times 10^{-10}}{1.3 \times 10^{-9}} \times 20 = 10\ (\mathrm{cm})$$

13.4 两个同心的球面,半径分别为 R_1,$R_2(R_1 < R_2)$,分别带有总电量 q_1,q_2。设电荷均匀分布在球面上,求两球面的电势及二者之间的电势差。不管 q_1 大小如何,只要是正电荷,内球电势总高于外球电势;只要是负电荷,内球电势总低于外球电势。试说明其原因。

解 内球电势为

$$\varphi_1 = \frac{q_1}{4\pi\varepsilon_0 R_1} + \frac{q_2}{4\pi\varepsilon_0 R_2}$$

外球电势为

$$\varphi_2 = \frac{q_1}{4\pi\varepsilon_0 R_2} + \frac{q_2}{4\pi\varepsilon_0 R_2}$$

两球的电势差

$$U_{12} = \varphi_1 - \varphi_2 = \frac{q_1}{4\pi\varepsilon_0}\left(\frac{1}{R_1} - \frac{1}{R_2}\right)$$

由于 $\frac{1}{R_1} - \frac{1}{R_2} > 0$,所以 U_{12} 的正负由 q_1 的正负决定。当 $q_1 > 0$ 时,$U_{12} > 0$,总有内球电势高于外球电势。当 $q_1 < 0$ 时,$U_{12} < 0$,总有内球电势低于外球电势。这是由于两球面的电势差由两球面间的电场分布决定,而这电场又只与 q_1 有关的缘故。

13.5　一细直杆沿 z 轴由 $z=-a$ 延伸到 $z=a$，杆上均匀带电，其线电荷密度为 λ，试计算 x 轴上 $x>0$ 各点的电势。

解　由电势叠加原理，可得 $P(x,0,0)$ 点的电势为

$$\varphi = \int_q \mathrm{d}\varphi = \int_{-a}^a \frac{\lambda\,\mathrm{d}z}{4\pi\varepsilon_0 (x^2+z^2)^{1/2}} = \frac{\lambda}{4\pi\varepsilon_0}\ln\left(\frac{\sqrt{x^2+a^2}+a}{\sqrt{x^2+a^2}-a}\right)$$

13.6　一均匀带电细杆，长 $l=15.0\ \mathrm{cm}$，线电荷密度 $\lambda=2.0\times10^{-7}\ \mathrm{C/m}$，求：

(1) 细杆延长线上与杆的一端相距 $a=5.0\ \mathrm{cm}$ 处的电势；

(2) 细杆中垂线上与细杆相距 $b=5.0\ \mathrm{cm}$ 处的电势。

解　(1) 沿杆取 x 轴，杆的 x 轴反向端点取作原点，由电势叠加原理，可得所给点的电势为

$$\varphi_1 = \int_0^l \frac{\lambda\,\mathrm{d}x}{4\pi\varepsilon_0(l+a-x)} = \frac{\lambda}{4\pi\varepsilon_0}\ln\frac{a+l}{a}$$

$$= 9\times10^9\times2.0\times10^{-7}\times\ln\frac{5.0+15.0}{5.0}$$

$$= 2.5\times10^3\,(\mathrm{V})$$

(2) 利用习题 13.5 的结果，可得

$$\varphi_2 = \frac{\lambda}{4\pi\varepsilon_0}\ln\frac{\sqrt{b^2+l^2/4}+l/2}{\sqrt{b^2+l^2/4}-l/2}$$

$$= 9\times10^9\times2.0\times10^{-7}\times\ln\frac{\sqrt{5^2+15^2/4}+15/2}{\sqrt{5^2+15^2/4}-15/2}$$

$$= 4.3\times10^3\,(\mathrm{V})$$

13.7　求出习题 12.18 中两同轴圆筒之间的电势差。

解　两同轴圆筒之间的电势差为

$$U_{12} = \int_{R_1}^{R_2} E\,\mathrm{d}r = \int_{R_1}^{R_2}\frac{\lambda\,\mathrm{d}r}{2\pi\varepsilon_0 r} = \frac{\lambda}{2\pi\varepsilon_0}\ln\frac{R_2}{R_1}$$

13.8　一计数管中有一直径为 $2.0\ \mathrm{cm}$ 的金属长圆筒，在圆筒的轴线处装有一根直径为 $1.27\times10^{-5}\ \mathrm{m}$ 的细金属丝。设金属丝与圆筒的电势差为 $1\times10^3\ \mathrm{V}$，求：

(1) 金属丝表面的场强大小；

(2) 圆筒内表面的场强大小。

解　以 λ 表示金属丝上的线电荷密度，则

$$U_{12} = \int_{R_1}^{R_2} E\,\mathrm{d}r = \int_{d/2}^{D/2}\frac{\lambda\,\mathrm{d}r}{2\pi\varepsilon_0 r} = \frac{\lambda}{2\pi\varepsilon_0}\ln\frac{D}{d}$$

由此得

$$\lambda = 2\pi\varepsilon_0 U_{12}\Big/\ln\frac{D}{d}$$

(1) 在金属丝表面

$$E = \frac{2\lambda}{2\pi\varepsilon_0 d} = \frac{2U_{12}}{d\ln(D/d)} = \frac{2\times10^3}{1.27\times10^{-5}\times\ln\dfrac{0.02}{1.27\times10^{-5}}}$$

$$= 2.14\times10^7\,(\mathrm{V/m})$$

（2）在圆筒内表面

$$E = \frac{2\lambda}{2\pi\varepsilon_0 D} = \frac{2U_{12}}{D\ln(D/d)} = \frac{2\times 10^3}{0.02\times\ln\dfrac{0.02}{1.27\times 10^{-5}}} = 1.36\times 10^4 (\text{V/m})$$

13.9 一无限长均匀带电圆柱,体电荷密度为 ρ,截面半径为 a。

（1）用高斯定律求出柱内外电场强度分布;

（2）求出柱内外的电势分布,以轴线为势能零点;

（3）画出 $E\text{-}r$ 和 $\varphi\text{-}r$ 的函数曲线。

解 （1）作与带电圆柱同轴而截面半径为 r、长度为 l 的圆柱面（两端封顶）的高斯面。由高斯定律

$$E \cdot 2\pi rl = \frac{q_{\text{in}}}{\varepsilon_0}$$

当 $r \leqslant a$ 时,
$$q_{\text{in}} = \pi r^2 l\rho, \quad E_{\text{in}} = \frac{\rho}{2\varepsilon_0} r$$

当 $r \geqslant a$ 时,
$$q_{\text{in}} = \pi a^2 l\rho, \quad E_{\text{out}} = \frac{a^2\rho}{2\varepsilon_0 r}$$

（2）当 $r \leqslant a$ 时,

$$\varphi_{\text{in}} = \int_r^0 E_{\text{in}}\mathrm{d}r = \int_r^0 \frac{\rho}{2\varepsilon_0}r\mathrm{d}r = -\frac{\rho}{4\varepsilon_0}r^2$$

当 $r \geqslant a$ 时,

$$\varphi_{\text{out}} = \int_r^a E_{\text{out}}\mathrm{d}r + \int_a^0 E_{\text{in}}\mathrm{d}r = \int_r^a \frac{a^2\rho}{2\varepsilon_0 r}\mathrm{d}r + \int_a^0 \frac{\rho}{2\varepsilon_0}r\mathrm{d}r$$

$$= \frac{a^2\rho}{4\varepsilon_0}\left(2\ln\frac{a}{r} - 1\right)$$

（3）$E\text{-}r$ 和 $\varphi\text{-}r$ 曲线如图 13.1 所示。

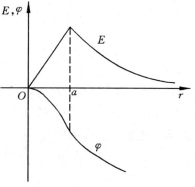

图 13.1 习题 13.9 解用图

13.10 半径为 R 的圆盘均匀带电,面电荷密度为 σ。求此圆盘轴线上的电势分布：（1）利用原书例 13.4 的结果用电势叠加法；（2）利用原书第 12 章例 12.6 的结果用场强积分法。

解 （1）半径为 r、宽度为 $\mathrm{d}r$ 的带电圆环在圆盘轴线上离盘心 x 处的电势为

$$\mathrm{d}\varphi = \frac{2\pi r\sigma\mathrm{d}r}{4\pi\varepsilon_0\sqrt{r^2+x^2}}$$

由电势叠加原理,整个带电圆盘在 x 处的电势

$$\varphi = \int\mathrm{d}\varphi = \int_0^R \frac{2\pi r\sigma\mathrm{d}r}{4\pi\varepsilon_0\sqrt{r^2+x^2}} = \frac{\sigma}{2\varepsilon_0}(\sqrt{x^2+R^2}-x)$$

（2）整个带电圆盘在 x 轴上的电场分布式为

$$E = \frac{\sigma}{2\varepsilon_0}\left[1 - \frac{x}{(R^2+x^2)^{1/2}}\right]$$

由场强积分可求出 x 处的电势为

$$\varphi = \int_x^\infty E\mathrm{d}x = \frac{\sigma}{2\varepsilon_0}\int_x^\infty\left(1 - \frac{x}{(R^2+x^2)^{1/2}}\right)\mathrm{d}x = \frac{\sigma}{2\varepsilon_0}(\sqrt{R^2+x^2}-x)$$

13.11　一均匀带电的圆盘,半径为 R,面电荷密度为 σ,今将其中心处半径为 $R/2$ 的圆片挖去。试用叠加法求剩余圆环带在其垂直轴线上的电势分布,在中心的电势和电场强度各是多大?

解　所求的盘的轴线上的电势等于未挖圆盘的电势和在挖去处叠加以异号电荷的电势的叠加。由习题 13.10 的结果可得所求电势为

$$\varphi=\frac{\sigma}{2\varepsilon_0}\left[(R^2+x^2)^{1/2}-x\right]-\frac{\sigma}{2\varepsilon_0}\left[\left(\frac{R^2}{4}+x^2\right)^{1/2}-x\right]$$

$$=\frac{\sigma}{2\varepsilon_0}\left[(R^2+x^2)^{1/2}-\left(\frac{R^2}{4}+x^2\right)^{1/2}\right]$$

在中心处,$x=0$,代入上式可得

$$\varphi_0=\frac{\sigma R}{4\varepsilon_0}$$

由对称性,可知在中心处,电场强度为零。

13.12　(1)一个球形雨滴半径为 0.40 mm,带有电量 1.6 pC,它表面的电势多大?
(2)两个这样的雨滴碰后合成一个较大的球形雨滴,这个雨滴表面的电势又是多大?

解　(1) $\varphi_1=\frac{q_1}{4\pi\varepsilon_0R_1}=\frac{9\times10^9\times1.6\times10^{-12}}{0.4\times10^{-3}}=36$ (V)

(2) 两滴合为一滴后,半径增大为 $\sqrt[3]{2}R_1$。这时雨滴表面电势为

$$\varphi_2=\frac{q_2}{4\pi\varepsilon_0R_2}=\frac{2q_1}{4\pi\sqrt[3]{2}\varepsilon_0R_1}=\frac{9\times10^9\times2\times1.6\times10^{-12}}{\sqrt[3]{2}\times0.4\times10^{-3}}=57\ (\text{V})$$

13.13　金原子核可视为均匀带电球体,总电量为 $79\,e$,半径为 7.0×10^{-15} m。求金核表面的电势,它的中心的电势又是多少?

解　金核表面的电势为

$$\varphi_1=\frac{q}{4\pi\varepsilon_0R}=\frac{9\times10^9\times79\times1.6\times10^{-19}}{7.0\times10^{-15}}=1.6\times10^7(\text{V})$$

金核中心的电势

$$\varphi_2=\int_0^R\frac{\rho r}{3\varepsilon_0}\mathrm{d}r+\int_R^\infty\frac{q}{4\pi\varepsilon_0r^2}\mathrm{d}r=\frac{3}{2}\frac{q}{4\pi\varepsilon_0R}=\frac{3}{2}\times1.6\times10^7=2.4\times10^7(\text{V})$$

13.14　如图 13.2 所示,两个平行放置的均匀带电圆环,它们的半径为 R,电量分别为 $+q$ 及 $-q$,其间距离为 l,并有 $l\ll R$ 的关系。

(1)试求以两环的对称中心 O 为坐标原点时,垂直于环面的 x 轴上的电势分布;

(2)证明:当 $x\gg R$ 时,$\varphi=\frac{ql}{4\pi\varepsilon_0x^2}$。

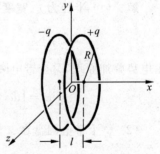

图 13.2　习题 13.14 解用图

解　(1)已知带电圆环轴线上的电势分布为

$$\varphi=\frac{1}{4\pi\varepsilon_0}\frac{q}{(R^2+r^2)^{1/2}}$$

如图 13.2 所示,在 x 轴上的电势分布为

$$\varphi = \frac{q}{4\pi\varepsilon_0} \left[\frac{1}{\left[R^2 + \left(x - \frac{l}{2}\right)^2\right]^{1/2}} - \frac{1}{\left[R^2 + \left(x + \frac{l}{2}\right)^2\right]^{1/2}} \right]$$

由于 $l \ll R$，此式可化为

$$\varphi = \frac{q}{4\pi\varepsilon_0} \left[\frac{1}{(R^2 + x^2 - xl)^{1/2}} - \frac{1}{(R^2 + x^2 + xl)^{1/2}} \right]$$

$$= \frac{q}{4\pi\varepsilon_0 x} \left[\frac{1}{\left(1 - \frac{l}{x} + \frac{R^2}{x^2}\right)^{1/2}} - \frac{1}{\left(1 + \frac{l}{x} + \frac{R^2}{x^2}\right)^{1/2}} \right]$$

（2）当 $x \gg R$ 时，可忽略上式圆括弧中的二次方项，得

$$\varphi = \frac{q}{4\pi\varepsilon_0 x} \left[\frac{1}{\left(1 - \frac{l}{x}\right)^{1/2}} - \frac{1}{\left(1 + \frac{l}{x}\right)^{1/2}} \right]$$

又由于 $x \gg l$，所以上式又可改写为

$$\varphi = \frac{q}{4\pi\varepsilon_0 x} \left[1 + \frac{l}{2x} - \left(1 - \frac{l}{2x}\right) \right] = \frac{ql}{4\pi\varepsilon_0 x^2}$$

13.15 用电势梯度法求习题 13.5 中 x 轴上 $x > 0$ 各点的电场强度。

解 已知沿 x 轴，有

$$\varphi = \frac{\lambda}{4\pi\varepsilon_0} \ln \frac{\sqrt{x^2 + a^2} + a}{\sqrt{x^2 + a^2} - a}$$

在 x 轴上

$$E_y = -\frac{\partial \varphi}{\partial y} = 0, \quad E_z = -\frac{\partial \varphi}{\partial z} = 0$$

$$E = E_x = -\frac{\partial \varphi}{\partial x} = \frac{\lambda}{2\pi\varepsilon_0 x} \frac{a}{\sqrt{x^2 + a^2}}$$

***13.16** 符号相反的两个点电荷 q_1 和 q_2 分别位于 $x = -b$ 和 $x = +b$ 两点，试证 $\varphi = 0$ 的等势面为球面并求出球半径和球心的位置。如果二者电量相等，则此等势面又如何？

证 如图 13.3 所示，在 xy 平面内，$P(x, y)$ 点的电势为

$$\varphi = \frac{1}{4\pi\varepsilon_0} \left[\frac{q_2}{(y^2 + (b - x)^2)^{1/2}} + \frac{q_1}{(y^2 + (b + x)^2)^{1/2}} \right]$$

$\varphi = 0$ 给出

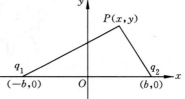

图 13.3 习题 13.16 证用图

$$\frac{y^2 + (b - x)^2}{y^2 + (b + x)^2} = \left(\frac{q_2}{q_1}\right)^2 = k$$

此式可化为

$$y^2 + \left(x + b\frac{k+1}{k-1}\right)^2 + b^2 \left[1 - \left(\frac{k+1}{k-1}\right)^2\right] = 0$$

此为一圆方程,圆心在 $\left(-\dfrac{k+1}{k-1}b,0\right)$,半径为 $\left[\left(\dfrac{k+1}{k-1}\right)^2-1\right]^{1/2}b$。由于 q_1 和 q_2 在 x 轴上,所以它们的电场分布有对 x 轴的轴对称性。上述对 xy 平面的结论可用于任意包含 x 轴的平面。因此,得到的零等势面为球面,球心在 x 轴上 $x=-\dfrac{k+1}{k-1}b$ 处,球半径为 $\left[\left(\dfrac{k+1}{k-1}\right)^2-1\right]^{1/2}b$。

如果 $|q_1|=|q_2|$,则 $k=1$。球心应在 x 轴上无限远处,半径为无限大。这实际上说明零等势面为平面,即 yz 平面。(注意,只有 q_1 和 q_2 符号相反时,才能在有限区域内出现 $\varphi=0$ 的点。)

*13.17　两条无限长均匀带电直线的线电荷密度分别为 $-\lambda$ 和 $+\lambda$,并平行于 z 轴放置,和 x 轴分别相交于 $x=-a$ 和 $x=+a$ 两点。试证明:

(1) 此系统的等势面和 xy 平面的交线都是圆,并求出这些圆的圆心的位置和半径;

(2) 电场线都是平行于 xy 平面的圆,并求出这些圆的圆心的位置和半径。

证　(1) 如图 13.4 所示为一垂直于带电直线的平面,$P(x,y)$ 点的电势为

$$\varphi=\varphi_++\varphi_-=\frac{-\lambda}{2\pi\varepsilon_0}\ln r_++\frac{\lambda}{2\pi\varepsilon_0}\ln r_-+C=-\frac{\lambda}{2\pi\varepsilon_0}\ln\frac{r_+}{r_-}+C$$

$\varphi=$ 定值要求 r_+/r_- 定值。设 $r_+/r_-=k$,即 $r_+=kr_-$。由图可得

$$(a-x)^2+y^2=k^2\left[(a+x)^2+y^2\right]$$

此式可化为

$$x^2+y^2-2a\left(\frac{1+k^2}{1-k^2}\right)x+a^2=0$$

此式为圆方程,圆心在 $\left(\dfrac{1+k^2}{1-k^2}a,0\right)$,半径为 $\dfrac{2ka}{1-k^2}$,图 13.4 中的实线圆即这些圆。

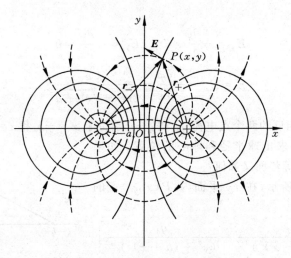

图 13.4　习题 13.17 证用图

(2) $P(x,y)$ 点的电场为

$$\boldsymbol{E}=\frac{\lambda}{2\pi\varepsilon_0 r_+}\boldsymbol{e}_{r_+}+\frac{-\lambda}{2\pi\varepsilon_0 r_-}\boldsymbol{e}_{r_-}=\left[-\frac{\lambda(a-x)}{2\pi\varepsilon_0 r_+^2}+\frac{-\lambda(a+x)}{2\pi\varepsilon_0 r_-^2}\right]\boldsymbol{i}+\left[\frac{\lambda y}{2\pi\varepsilon_0 r_+^2}+\frac{-\lambda y}{2\pi\varepsilon_0 r_-^2}\right]\boldsymbol{j}$$

电场线的切线方向为电场 $\boldsymbol{E}$ 的方向,这要求:以 $y=y(x)$ 表示电场线的函数,就应有

$$\frac{dy}{dx} = \frac{E_y}{E_x} = \frac{\dfrac{\lambda y}{2\pi\varepsilon_0 r_+^2} + \dfrac{-\lambda y}{2\pi\varepsilon_0 r_-^2}}{\dfrac{-\lambda(a-x)}{2\pi\varepsilon_0 r_+^2} + \dfrac{-\lambda(a+x)}{2\pi\varepsilon_0 r_-^2}} = \frac{2xy}{x^2 - y^2 - a^2}$$

由此得

$$x^2\,dy - 2xy\,dx - y^2\,dy - a^2\,dy = 0$$

将此式乘以 $1/y^2$，可得

$$\frac{x^2\,dy - 2xy\,dx}{y^2} - dy - \frac{a^2}{y^2}dy = 0$$

即

$$d\left(-\frac{x^2}{y} - y + \frac{a^2}{y}\right) = 0$$

由此得

$$\frac{x^2}{y} + y - \frac{a^2}{y} = c$$

其中 c 为一积分常量。此式可化为

$$x^2 + \left(y - \frac{c}{2}\right)^2 - \left(a^2 + \frac{c^2}{4}\right) = 0$$

此式为一圆方程，圆心在 $(0, c/2)$，半径为 $\sqrt{a^2 + c^2/4}$。图 13.4 中的虚线圆即这些圆。注意，同一个虚线圆由两条电力线构成。

13.18　一次闪电的放电电压大约是 1.0×10^9 V，而被中和的电量约是 30 C。

(1) 求一次放电所释放的能量是多大？

(2) 一所希望小学每天消耗电能 20 kW·h。上述一次放电所释放的电能够该小学用多长时间？

解　(1) 一次释放的能量为

$$W = qU = 30 \times 1.0 \times 10^9 (\text{V}) = 3.0 \times 10^{10} (\text{J})$$

(2) 够用的时间

$$t = \frac{W}{P} = \frac{3.0 \times 10^{10}}{20 \times 10^3 \times 3600} = 416 (\text{天})$$

13.19　电子束焊接机中的电子枪如图 13.5 所示。K 为阴极，A 为阳极，其上有一小孔。阴极发射的电子在阴极和阳极电场作用下聚集成一细束，以极高的速率穿过阳极上的小孔，射到被焊接的金属上，使两块金属熔化而焊接在一起。已知，$\varphi_A - \varphi_K = 2.5 \times 10^4$ V，并设电子从阴极发射时的初速率为零。求：

(1) 电子到达被焊接的金属时具有的动能（用电子伏表示）；

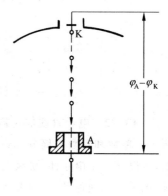

图 13.5　习题 13.19 解用图

(2) 电子射到金属上时的速率。

解　(1) $E_k = e(\varphi_A - \varphi_K) = 1.6 \times 10^{-19} \times 2.5 \times 10^4 = 4 \times 10^{-15} (\text{J}) = 2.5 \times 10^4 (\text{eV})$

(2) $v = \sqrt{\dfrac{2E_k}{m}} = \sqrt{\dfrac{2 \times 4 \times 10^{-15}}{9.1 \times 10^{-31}}} = 9.4 \times 10^7 (\text{m/s})$

此结果没有考虑相对论效应,应考虑,

$$v = \left(1 - \frac{1}{1 + E_k/(m_0c^2)}\right)^{1/2} c = 6.5 \times 10^7 \text{ m/s}$$

13.20　一边长为 a 的正三角形,其三个顶点上各放置 q, $-q$ 和 $-2q$ 的点电荷,求此三角形重心上的电势。将一电量为 $+Q$ 的点电荷由无限远处移到重心上,外力要做多少功?

解　重心上的电势为

$$\varphi_0 = \frac{q}{4\pi\varepsilon_0 r} + \frac{-q}{4\pi\varepsilon_0 r} + \frac{-2q}{4\pi\varepsilon_0 r} = \frac{3q}{4\pi\varepsilon_0 \sqrt{3} a}(1 - 1 - 2) = -\frac{\sqrt{3}q}{2\pi\varepsilon_0 a}$$

所求外力做的功为

$$A' = -A = -Q(\varphi_\infty - \varphi_0) = Q\varphi_0 = -\frac{\sqrt{3}qQ}{2\pi\varepsilon_0 a}$$

13.21　如图 13.6 所示,三块互相平行的均匀带电大平面,面电荷密度为 $\sigma_1 = 1.2 \times 10^{-4}$ C/m², $\sigma_2 = 2.0 \times 10^{-5}$ C/m², $\sigma_3 = 1.1 \times 10^{-4}$ C/m²。A 点与平面Ⅱ相距为 5.0 cm,B 点与平面Ⅱ相距 7.0 cm。

(1) 计算 A,B 两点的电势差;

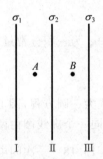

(2) 设把电量 $q_0 = -1.0 \times 10^{-8}$ C 的点电荷从 A 点移到 B 点,外力克服电场力做多少功?

解　(1) 如图 13.6 所示,平面Ⅰ和Ⅱ之间的电场为

$$E_{ⅠⅡ} = \frac{1}{2\varepsilon_0}(\sigma_1 - \sigma_2 - \sigma_3)$$

图 13.6　习题 13.21 解用图

平面Ⅱ和Ⅲ之间的电场为

$$E_{ⅡⅢ} = \frac{1}{2\varepsilon_0}(\sigma_1 + \sigma_2 - \sigma_3)$$

$$U_{AB} = E_{ⅠⅡ}l_{AⅡ} + E_{ⅡⅢ}l_{ⅡB} = \frac{1}{2\varepsilon_0}[(\sigma_1 - \sigma_2 - \sigma_3)l_{AⅡ} + (\sigma_1 + \sigma_2 - \sigma_3)l_{ⅡB}]$$

$$= \frac{10^{-4}}{2 \times 8.85 \times 10^{-12}}[(1.2 - 0.2 - 1.1) \times 0.05 + (1.2 + 0.2 - 1.1) \times 0.07]$$

$$= 9.0 \times 10^4 \text{(V)}$$

(2) $A'_{AB} = -A_{AB} = -q_0 U_{AB} = -(-1.0 \times 10^{-8}) \times 9.0 \times 10^4 = 9 \times 10^{-4} \text{(J)}$

*13.22　电子直线加速器的电子轨道由沿直线排列的一长列金属筒制成,如图 13.7 所示。单数和双数圆筒分别连在一起,接在交变电源的两极上。由于电势差的正负交替改变,可以使一个电子团(延续几个微秒)依次越过两筒间隙时总能被电场加速(圆筒内没有电场,电子作匀速运动)。这要求各圆筒的长度必须依次适当加长。

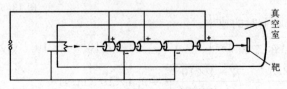

图 13.7　习题 13.22 解用图

(1) 证明要使电子团发出和跨越每个筒间间隙时都能正好被电势差的峰值加速,圆筒长度应依次为 $L_1 n^{1/2}$,其中 L_1 是第一个筒的长度,n 为圆筒序数。(考虑非相对论情况)

(2) 设交变电势差峰值为 U_0,频率为 ν,求 L_1 的长度。

(3) 电子从第 n 个筒出来时,动能多大?

解 (1) 电子进入第一筒的速度为 $v_1 = \sqrt{2qU_0/m_e}$,第一筒的长度应为

$$L_1 = v_1 T/2$$

电子进入第二筒的速度为 $v_2 = \sqrt{v_1^2 + 2qU_0/m_e} = \sqrt{2}\, v_1$,第二筒的长度应为

$$L_2 = v_2 T/2 = \sqrt{2}\, L_1$$

电子进入第三筒的速度为 $v_3 = \sqrt{v_2^2 + 2qU_0/m_e} = \sqrt{3}\, v_1$,第三筒的长度应为

$$L_3 = v_3 T/2 = \sqrt{3}\, L_1$$

依此类推,第 n 筒的长度应为

$$L_n = \sqrt{n}\, L_1$$

(2)
$$L_1 = v_1 T/2 = \frac{1}{2\nu} \sqrt{\frac{2U_0 e}{m_e}}$$

(3)
$$E_k = \frac{1}{2} m_e v_n^2 = \frac{m_e}{2} (\sqrt{n}\, v_1)^2 = n e U_0$$

13.23 (1) 按牛顿力学计算,把一个电子加速到光速需要多大的电势差?

(2) 按相对论的正确公式,静质量为 m_0 的粒子的动能为

$$E_k = m_0 c^2 \left[\frac{1}{\sqrt{1 - v^2/c^2}} - 1 \right]$$

试由此计算电子越过上一问所求的电势差时所能达到的速度是光速的百分之几?

解 (1) 按牛顿力学计算

$$eU = \frac{1}{2} m_0 c^2$$

$$U = \frac{m_0 c^2}{2e} = \frac{9.1 \times 10^{-31} \times 9 \times 10^{16}}{2 \times 1.6 \times 10^{-19}} = 2.6 \times 10^5 \,(\text{V})$$

(2) 按所给相对论公式

$$eU = m_0 c^2 \left[\frac{1}{\sqrt{1 - v^2/c^2}} - 1 \right]$$

由此得

$$\frac{v}{c} = \left[1 - \frac{1}{\left(1 + \dfrac{eU}{m_0 c^2}\right)^2} \right]^{1/2} = \left[1 - \frac{1}{\left(1 + \dfrac{1}{2}\right)^2} \right]^{1/2} = 75\%$$

*13.24 假设某一瞬时,氦原子的两个电子正在核的两侧,它们与核的距离都是 0.20×10^{-10} m。这种配置状态的静电势能是多少?(把电子与原子核看作点电荷)

解 $W = \dfrac{1}{4\pi\varepsilon_0} \left[2 \times \dfrac{e(-2e)}{r^2} + \dfrac{(-e)(-e)}{(2r)^2} \right]$

$$=9\times10^9\times\left[\frac{-4\times(1.6\times10^{-19})^2}{0.20\times10^{-10}}+\frac{(1.6\times10^{-19})^2}{0.4\times10^{-10}}\right]=-4.0\times10^{-17}(J)$$

*13.25　根据原子核的 α 粒子模型,某些原子核是由 α 粒子的有规则的几何排列所组成。例如,^{12}C 的原子核是由排列成等边三角形的 3 个 α 粒子组成的。设每对粒子之间的距离都是 3.0×10^{-15} m,则这 3 个 α 粒子的这种配置的静电势能是多少电子伏?(将 α 粒子看作点电荷)

解　$W=3\times\dfrac{(2e)^2}{4\pi\varepsilon_0 r}=3\times\dfrac{9\times10^9\times4\times(1.6\times10^{-19})^2}{3\times10^{-15}}=92\times10^{-14}(J)=5.8(MeV)$

*13.26　一条无限长的一维晶体由沿直线交替排列的正负离子组成,这些粒子的电量的大小都是 e,相邻离子的间隔都是 a。求证:

(1) 每一个正离子所在处的电势都是 $-\dfrac{e}{2\pi\varepsilon_0 a}\ln2$。(提示:利用 $\ln(1+x)$ 的展开式。)

(2) 任何一个离子的静电势能都是 $-\dfrac{e^2}{4\pi\varepsilon_0 a}\ln2$。

证　(1) 每个正离子所在处的电势为

$$\varphi_1=2\frac{e}{4\pi\varepsilon_0 a}\left(-1+\frac{1}{2}-\frac{1}{3}+\cdots\right)=-\frac{e}{2\pi\varepsilon_0 a}\ln2$$

(2) 设共有 $N(N\gg1)$ 个离子,则这个离子系统的总静电能为(忽略接近两端时 φ_i 的差别)

$$W=\frac{1}{2}\sum_{i=1}^{N}e_i\varphi_i=\frac{1}{2}Ne\varphi_1$$

每个离子的能量为

$$W_1=\frac{W}{N}=\frac{1}{2}e\varphi_1=-\frac{e^2}{4\pi\varepsilon_0 a}\ln2$$

$N\to\infty$ 时,即形成无限长一维晶体,上述结果应是准确地成立的。

*13.27　假设电子是一个半径为 R、电荷为 e 且均匀分布在其外表面上的球体。如果静电能等于电子的静止能量 $m_e c^2$,那么以电子的 e 和 m_e 表示的电子半径 R 的表达式是什么? R 在数值上等于多少?(此 R 是所谓电子的"经典半径"。现代高能实验确定,电子的电量集中分布在不超过 10^{-18} m 的线度范围内。)

解　按题述电子经典模型,静电能等于静止能量给出

$$\frac{e^2}{4\pi\varepsilon_0 R}=m_e c^2$$

由此得

$$R=\frac{e^2}{4\pi\varepsilon_0 m_e c^2}$$

代入已知数据,可得

$$R=\frac{(1.60\times10^{-19})^2}{4\pi\times8.85\times10^{-12}\times9.11\times10^{-31}\times(3.00\times10^8)^2}=2.81\times10^{-15}(m)$$

* **13.28** 如果把质子当成半径为 1.0×10^{-15} m 的均匀带电球体,它的静电势能是多大? 这势能是质子的相对论静能的百分之几?

解 质子的静电势能为

$$W = \frac{3}{5} \frac{e^2}{4\pi\varepsilon_0 R} = \frac{3 \times (1.6 \times 10^{-19})^2 \times 9 \times 10^9}{5 \times 1 \times 10^{-15}} = 1.38 \times 10^{-13} (\text{J}) = 8.6 \times 10^5 (\text{eV})$$

此能量是质子相对论静能(938 MeV)的百分数为

$$\frac{0.86}{938} = 0.092\%$$

* **13.29** 铀核带电量为 $92\,e$,可以近似地认为它均匀分布在一个半径为 7.4×10^{-15} m 的球体内。求铀核的静电势能。

当铀核对称裂变后,产生两个相同的钯核,各带电 $46\,e$,总体积和原来一样。设这两个钯核也可以看成球体,当它们分离很远时,它们的总静电势能又是多少? 这一裂变释放出的静电能是多少?

按每个铀核都这样对称裂变计算,1 kg 铀裂变后释放出的静电能是多少?(裂变时释放的"核能"基本上就是这静电能)

解 铀核的静电势能为

$$W_U = \frac{3}{5} \frac{(92\,e)^2}{4\pi\varepsilon_0 R_U} = \frac{3 \times (92 \times 1.6 \times 10^{-19})^2 \times 9 \times 10^9}{5 \times 7.4 \times 10^{-15}} = 1.6 \times 10^{-10} (\text{J})$$

两个钯核的总静电势能为

$$W_{Pd} = 2 \times \frac{3}{5} \times \frac{(46\,e)^2}{4\pi\varepsilon_0 R_{Pd}} = \frac{2 \times 3 \times (46 \times 1.6 \times 10^{-19})^2 \times 9 \times 10^9}{5 \times 7.4 \times 10^{-15} / \sqrt[3]{2}} = 1.0 \times 10^{-10} (\text{J})$$

这一裂变释放的静电势能为

$$\Delta W_1 = W_U - W_{Pd} = (1.6 - 1.0) \times 10^{-10} = 6.0 \times 10^{-11} (\text{J})$$

1 kg 铀裂变释放出的静电能为

$$\Delta W = \Delta W_1 \times \frac{1000}{235} \times 6.02 \times 10^{23} = 1.5 \times 10^{14} (\text{J})$$

13.30 一个动能为 4.0 MeV 的 α 粒子射向金原子核,求二者最接近时的距离。α 粒子的电荷为 $2\,e$,金原子核的电荷为 $79\,e$,将金原子核视作均匀带电球体并且认为它保持不动。

已知 α 粒子的质量为 6.68×10^{-27} kg,金核的质量为 3.29×10^{-25} kg,求在此距离时二者的万有引力势能多大?

解 由能量守恒可得

$$\frac{q_\alpha q_{Au}}{4\pi\varepsilon_0 r_{min}} = E_{k,\alpha}$$

由此得

$$r_{min} = \frac{q_\alpha q_{Au}}{4\pi\varepsilon_0 E_{k,\alpha}} = \frac{9 \times 10^9 \times 2 \times 79 \times (1.6 \times 10^{-19})^2}{4 \times 10^6 \times 1.6 \times 10^{-19}} = 5.7 \times 10^{-14} (\text{m})$$

在此距离时,α 粒子和金核的引力势能为

$$E_p = -\frac{G m_\alpha m_{Au}}{r_{min}^2} = \frac{6.67 \times 10^{-11} \times 6.68 \times 10^{-27} \times 3.29 \times 10^{-25}}{5.7 \times 10^{-14}}$$

$$= 2.57 \times 10^{-48} (\mathrm{J}) = 1.6 \times 10^{-35} (\mathrm{MeV})$$

*13.31 τ 子带有与电子一样多的负电荷,质量为 3.17×10^{-27} kg。它可以穿入核物质而只受电力的作用。设一个 τ 子原来静止在离铀核很远的地方,由于铀核的吸引而向铀核运动。求它越过铀核表面时的速度多大? 到达铀核中心时的速度多大? 铀核可看作带有 $92 e$ 的均匀带电球体,半径为 7.4×10^{-15} m。

解 由能量守恒得,τ 子到达铀核表面时

$$\frac{q_\tau q_\mathrm{U}}{4\pi\varepsilon_0 R_\mathrm{U}} + \frac{1}{2} m_\tau v_1^2 = 0$$

τ 子到达铀核表面时的速度为

$$v_1 = \sqrt{\frac{-2q_\tau q_\mathrm{U}}{4\pi\varepsilon_0 R_\mathrm{U} m_\tau}} = \left(\frac{-2 \times (-1.6 \times 10^{-19}) \times 92 \times 1.6 \times 10^{-19} \times 9 \times 10^9}{7.4 \times 10^{-15} \times 3.17 \times 10^{-27}} \right)^{1/2}$$

$$= 4.3 \times 10^7 (\mathrm{m/s})$$

τ 子到达铀核中心时

$$\frac{3}{2} \frac{q_\mathrm{U}}{4\pi\varepsilon_0 R_\mathrm{U}} q_\tau + \frac{1}{2} m_\tau v_2^2 = 0$$

$$v_2 = \sqrt{\frac{-2q_\tau q_\mathrm{U}}{4\pi\varepsilon_0 R_\mathrm{U} m_\tau} \times \frac{3}{2}} = v_1 \times \sqrt{\frac{3}{2}} = 5.2 \times 10^7 (\mathrm{m/s})$$

*13.32 两个电偶极子的电矩分别为 $\boldsymbol{p}_1$ 和 $\boldsymbol{p}_2$,相隔的距离为 r,方向相同,都沿着二者的连线。试证明二者的相互作用静电能为 $-\dfrac{p_1 p_2}{2\pi\varepsilon_0 r^3}$。

证 以 l_1, l_2 分别表示两电偶极子的长度,则在距 $\boldsymbol{p}_1$ 中心为 r 处的电势为

$$\varphi_1 = \frac{q_1}{4\pi\varepsilon_0} \left(\frac{1}{r - l_1/2} - \frac{1}{r + l_1/2} \right) = \frac{q_1 l_1}{4\pi\varepsilon_0 r^2} = \frac{p_1}{4\pi\varepsilon_0 r^2}$$

$\boldsymbol{p}_2$ 在 r 处的静电势能,即二者的相互作用静电能为

$$W = -q_2 \varphi_1 + q_2 \left(\varphi_1 + \frac{\mathrm{d}\varphi_1}{\mathrm{d}r} l_2 \right) = q_2 l_2 \frac{\mathrm{d}\varphi_1}{\mathrm{d}r} = -\frac{p_1 p_2}{2\pi\varepsilon_0 r^3}$$

13.33 地球表面上空晴天时的电场强度约为 100 V/m。

(1) 此电场的能量密度多大?

(2) 假设地球表面以上 10 km 范围内的电场强度都是这一数值,那么在此范围内所储存的电场能共是多少 kW·h?

解 (1) $w_e = \dfrac{\varepsilon_0 E^2}{2} = \dfrac{8.85 \times 10^{-12} \times (100)^2}{2} = 4.4 \times 10^{-8} (\mathrm{J/m^3})$

(2) $W = 4\pi R_\mathrm{E}^2 h w_e = \dfrac{4\pi \times (6.4 \times 10^6)^2 \times 10 \times 10^3 \times 4.4 \times 10^{-8}}{3.6 \times 10^6} = 6.3 \times 10^4 (\mathrm{kW \cdot h})$

*13.34 按照**玻尔理论**,氢原子中的电子围绕原子核作圆运动,维持电子运动的力为库仑力。轨道的大小取决于角动量,最小的轨道角动量为 $\hbar = 1.05 \times 10^{-34}$ J·s,其他依次为 $2\hbar, 3\hbar$,等等。

(1) 证明：如果圆轨道有角动量 $n\hbar(n=1,2,3,\cdots)$，则其半径 $r=\dfrac{4\pi\varepsilon_0}{m_e e^2}n^2\hbar^2$；

(2) 证明：在这样的轨道中，电子的轨道能量（动能＋势能）为

$$W=-\frac{m_e e^4}{2(4\pi\varepsilon_0)^2\hbar^2}\frac{1}{n^2}$$

(3) 计算 $n=1$ 时的轨道能量（用 eV 表示）。

解 （1）对圆运动用牛顿第二定律

$$\frac{e^2}{4\pi\varepsilon_0 r^2}=m_e\frac{v^2}{r}$$

由玻尔角动量假设

$$m_e rv=n\hbar$$

联立解上两式，即可得

$$r=\frac{4\pi\varepsilon_0}{m_e e^2}n^2\hbar^2$$

（2）电子的轨道能量为

$$W=\frac{1}{2}m_e v^2+\frac{-e^2}{4\pi\varepsilon_0 r}=-\frac{e^2}{8\pi\varepsilon_0 r}=-\frac{m_e e^4}{2(4\pi\varepsilon_0)^2 n^2\hbar^2}$$

（3）$W_1=-\dfrac{m_e e^4}{2(4\pi\varepsilon_0)^2\hbar^2}$

$$=-\frac{9.11\times10^{-31}\times(1.6\times10^{-19})^4\times(9\times10^9)^2}{2\times(1.05\times10^{-34})^2}$$

$$=-21.8\times10^{-19}(\text{J})$$

$$=-13.6(\text{eV})$$

静电场中的导体

一、概念原理复习

1. 导体的静电平衡条件

导体中没有宏观电荷移动的条件是：导体内部电场为零，表面外紧邻处电场方向与表面垂直；或说导体是个等势体。

注意，上述条件是由导体的电结构特点——内部具有可以自由移动的电荷——决定的，与导体的形状无关。

2. 静电平衡时导体上电荷的分布

$$q_{in} = 0, \quad \sigma = E/\varepsilon_0$$

又：σ 与导体表面曲率有关，曲率大处 σ 大。

注意，虽然后一公式表明了导体表面面电荷密度和当地表面外紧邻处的电场强度的关系，但从物理上说，该处的电场强度并不只是该处的面电荷产生的而是导体表面上各处以及表面外所有电荷产生的。

同样的道理说明，导体内部场强为零也是由于导体表面电荷和导体外的电荷都在导体内产生电场，但其合电场为零的结果。

3. 静电屏蔽

金属空壳的外表面上及壳外的电荷在壳内产生的电场总为零，因而对壳内无影响。这样金属壳就屏蔽了壳外电荷对壳内的影响（严格说明需用唯一性定理）。

*4. 唯一性定理

给定了边界条件，静电场的分布就唯一地确定了。

二、解题要点

（1）计算有导体存在时的静电场分布的问题时，一般应用高斯定律、电荷守恒和电势概念结合导体的静电平衡条件进行分析。应用高斯定律取高斯面时，常使全部高斯面或其一部分在导体内部。注意导体内部场强为零是导体各处面电荷在导体内部的电场叠加的结果。

*(2)唯一性定理导致电像法的利用,其技巧在于设计出实际分布的场源电荷在一等势面的另一面的像。

三、思考题选答

14.4　在一个孤立导体球壳的中心放一点电荷,球壳内外表面上的电荷分布是否均匀?如果点电荷偏离球心,情况如何?

　　答　当点电荷放在球心时,根据球对称性,壳内外表面上的电荷分布都是均匀的。如果点电荷偏离球心,则壳内表面对点电荷不再具有球对称性,其上感应出的异号电荷的分布将不再均匀分布,靠近点电荷的地方面电荷密度会大些,至于壳的外表面上的电荷分布,由于导体球壳的静电屏蔽作用,壳外电场分布不受壳内点电荷的位置变化的影响,依然是均匀的。

14.7　空间有两个带电体,试说明其中至少有一个导体表面上各点所带电荷都是同号的。

　　说明　我们用反证法来说明这一问题。如图 14.1 所示,设 A, B 二导体都带有异号电荷,由于从一个导体上发出电场线不可能再绕回而终止于同一个导体上(否则将违背导体是等势体这一原则),所以电场线只可能来自无穷远或另一导体上的正电荷,而终止于另一导体上的负电荷或无限远,如图 14.1 所示。这样,由于无穷远处电势都是零,还由于沿电场线走向电势是逐点降低的,就要得出下一电势大小的顺序。

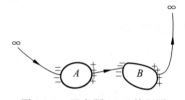

图 14.1　思考题 14.7 答用图

$$0 > \varphi_A > \varphi_B > 0$$

这一结果显然是荒谬的,所以至少有一个导体上所带电荷是同号的,将这一结论推广到多个导体,显然也是正确的。在这一"电场线"剪断的地方,那个导体所带电荷就是同号的。

14.10　在距一个原来不带电的导体球的中心 r 处放置一电量为 q 的点电荷。此导体球的电势多大?

　　答　导体球在电场内是一等势体,其中心的电势即球的电势。由于电荷 q 的放置,球上将感应生成电量相等的正负电荷,存在于导体表面上,与中心的距离都是球的半径 R。它们在球心的电势将叠加为 0。这样球心的电势也就等于电荷 q 在球心的电势 $q/4\pi\varepsilon_0 r$。这也就是这时球的电势。

四、习题解答

14.1　求导体外表面紧邻处场强的另一方法。设导体面上某处面电荷密度为 σ,在此处取一小面积 ΔS,将 ΔS 面两侧的电场看成 ΔS 面上的电荷的电场(用无限大平面算)和导体上其他地方以及导体外的电荷的电场(这电场在 ΔS 附近可以认为是均匀的)的叠加,并利用导体内合电场应为零求出导体表面紧邻处的场强为 σ/ε_0(即原书式(14.2))。

解 如图 14.2 所示,导体表面小面积 ΔS 上所带电荷在它的两侧分别产生场强为 $\sigma/2\varepsilon$ 的电场 E_1' 和 E_2',ΔS 以外的电荷在 ΔS 附近产生的电场为 E'',可视为均匀的。由电场叠加原理,在 ΔS 的导体内一侧应有

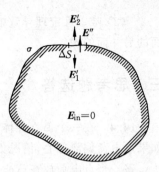

$$E_{in} = E'' + E_1' = \mathbf{0}$$

于是

$$E'' = -E_1' = E_2'$$

在 ΔS 的导体外一侧,则合电场应为

$$E_{ex} = 2E_2'$$

图 14.2 习题 14.1 解用图

这说明 E_{ex} 的大小为 $2\sigma/(2\varepsilon_0) = \sigma/\varepsilon_0$,而其方向垂直于导体表面。

14.2 一导体球半径为 R_1,其外同心地罩以内、外半径分别为 R_2 和 R_3 的厚导体壳,此系统带电后内球电势为 φ_1,外球所带总电量为 Q。求此系统各处的电势和电场分布。

解 设内球带电为 q_1,则球壳内表面带电将为 $-q_1$,而球壳外表面带电为 $q_1 + Q$,这样就有

$$\varphi_1 = \frac{1}{4\pi\varepsilon_0}\left(\frac{q_1}{R_1} - \frac{q_1}{R_2} + \frac{Q+q_1}{R_3}\right)$$

由此式可解得

$$q_1 = \frac{4\pi\varepsilon_0 R_1 R_2 R_3 \varphi_1 - R_1 R_2 Q}{R_2 R_3 - R_1 R_3 + R_1 R_2}$$

于是,可进一步求得

$r < R_1$: $\qquad \varphi = \varphi_1, \quad E = 0$

$R_1 < r < R_2$: $\qquad \varphi = \frac{1}{4\pi\varepsilon_0}\left(\frac{q_1}{r} + \frac{-q_1}{R_2} + \frac{Q+q_1}{R_3}\right), \quad E = \frac{q_1}{4\pi\varepsilon_0 r^2}$

$R_2 < r < R_3$: $\qquad \varphi = \frac{Q+q_1}{4\pi\varepsilon_0 R_3}, \quad E = 0$

$r > R_3$: $\qquad \varphi = \frac{Q+q_1}{4\pi\varepsilon_0 r}, \quad E = \frac{Q+q_1}{4\pi\varepsilon_0 r^2}$

14.3 在一半径为 $R_1 = 6.0$ cm 的金属球 A 外面套有一个同心的金属球壳 B。已知球壳 B 的内、外半径分别为 $R_2 = 8.0$ cm,$R_3 = 10.0$ cm。设 A 球带有总电量 $Q_A = 3 \times 10^{-8}$ C,球壳 B 带有总电量 $Q_B = 2 \times 10^{-8}$ C。

(1) 求球壳 B 内、外表面上各带有的电量以及球 A 和球壳 B 的电势;

(2) 将球壳 B 接地然后断开,再把金属球 A 接地。求金属球 A 和球壳 B 内、外表面上各带有的电量以及球 A 和球壳 B 的电势。

解 (1) 由高斯定律和电荷守恒可得球壳内表面带的电量为

$$Q_{B,in} = -Q_A = -3 \times 10^{-8} \text{ C}$$

球壳外表面所带电量为

$$Q_{B,ex} = Q_B + Q_A = 5 \times 10^{-8} \text{ C}$$

于是

$$\varphi_A = \frac{1}{4\pi\varepsilon_0}\left(\frac{Q_A}{R_1} + \frac{Q_{B,\text{in}}}{R_2} + \frac{Q_{B,\text{ex}}}{R_3}\right)$$

$$= 9\times10^9\times\left(\frac{3\times10^{-8}}{0.06} + \frac{-3\times10^{-8}}{0.08} + \frac{5\times10^{-8}}{0.10}\right)$$

$$= 5.6\times10^3(\text{V})$$

$$\varphi_B = \frac{1}{4\pi\varepsilon_0}\frac{Q_{B,\text{ex}}}{R_3} = 9\times10^9\times\frac{5\times10^{-8}}{0.10} = 4.5\times10^3(\text{V})$$

（2）B 接地后断开，则它带的总电量变为 $Q_B' = Q_{B,\text{in}} = -3\times10^{-8}\text{C}$。然后球 A 接地，则 $\varphi_A' = 0$。设此时球 A 带电量为 q_A'，则

$$\varphi_A' = \frac{1}{4\pi\varepsilon_0}\left(\frac{q_A'}{R_1} + \frac{-q_A'}{R_2} + \frac{Q_B'+q_A'}{R_3}\right) = 0$$

由此解得

$$q_A' = \frac{-Q_B'/R_3}{1/R_1 - 1/R_2 + 1/R_3} = \frac{3\times10^{-8}/0.10}{1/0.06 - 1/0.08 + 1/0.10} = 2.1\times10^{-8}(\text{C})$$

$$q_{B,\text{in}}' = -q_A' = -2.1\times10^{-8}\text{ C}$$

$$q_{B,\text{ex}}' = Q_B' + q_A' = -0.9\times10^{-8}\text{ C}$$

$$\varphi_B' = \frac{Q_B'+q_A'}{4\pi\varepsilon_0 R_3} = 9\times10^9\frac{(-3+2.1)\times10^{-8}}{0.1} = -8.1\times10^2(\text{V})$$

14.4　一个接地的导体球，半径为 R，原来不带电。今将一点电荷 q 放在球外与球心的距离为 r 的地方，求球上的感生电荷总量。

解　接地的导体球的电势（包括球心处电势）为零，点电荷 q 在球心的电势为 $q/4\pi\varepsilon_0 r$，设导体球上的感生电荷总量为 q'，则 q' 在球心的电势为 $q'/4\pi\varepsilon_0 R$。由电势叠加原理，

$$\frac{q}{4\pi\varepsilon_0 r} + \frac{q'}{4\pi\varepsilon_0 R} = 0$$

由此得

$$q' = -\frac{R}{r}q$$

14.5　如图 14.3 所示，有三块互相平行的导体板，外面的两块用导线连接，原来不带电。中间一块上所带总面电荷密度为 1.3×10^{-5} C/m^2。求每块板的两个表面的面电荷密度各是多少？（忽略边缘效应）

解　如图 14.3 所示，设各板表面所带面电荷密度分别为 $\sigma_1,\sigma_2,\sigma_3,\sigma_4,\sigma_5,\sigma_6$。由 A,B 和 C 三板内部的电场为零，可得

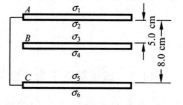

图 14.3　习题 14.5 解用图

$$\sigma_1 - \sigma_2 - \sigma_3 - \sigma_4 - \sigma_5 - \sigma_6 = 0$$

$$\sigma_1 + \sigma_2 + \sigma_3 - \sigma_4 - \sigma_5 - \sigma_6 = 0$$

$$\sigma_1 + \sigma_2 + \sigma_3 + \sigma_4 + \sigma_5 - \sigma_6 = 0$$

由于 A 和 C 两板相连而等势，即

$$U_{AB} = U_{CB}$$

所以有

$$(\sigma_1 + \sigma_2 - \sigma_3 - \sigma_4 - \sigma_5 - \sigma_6)d_{AB} = (\sigma_5 + \sigma_6 - \sigma_1 - \sigma_2 - \sigma_3 - \sigma_4)d_{CB}$$

又由电荷守恒可得：对 B 板

$$\sigma_3 + \sigma_4 = \sigma = 1.3 \times 10^{-5}\ \text{C/m}^2$$

对相连接的 A 板和 C 板

$$\sigma_1 + \sigma_2 + \sigma_5 + \sigma_6 = 0$$

解以上关于诸 σ 的 6 个方程,可得

$$\sigma_1 = 6.5 \times 10^{-6}\ \text{C/m}^2$$

$$\sigma_2 = -\sigma_3 = -4.9 \times 10^{-6}\ \text{C/m}^2$$

$$\sigma_4 = -\sigma_5 = 8.1 \times 10^{-6}\ \text{C/m}^2$$

$$\sigma_6 = 6.5 \times 10^{-6}\ \text{C/m}^2$$

14.6　一球形导体 A 含有两个球形空腔,这导体本身的总电荷为零,但在两空腔中心分别有一点电荷 q_b 和 q_c,导体球外距导体球很远的 r 处有另一点电荷 q_d(图 14.4)。试求 q_b,q_c 和 q_d 各受到多大的力。哪个答案是近似的?

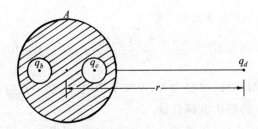

图 14.4　习题 14.6 解用图

解　由于 q_b 和 q_c 所在球形空间被周围金属所屏蔽,所以分别处于均匀带电球面的中心,该处 $E = 0$,所以 q_b 和 q_c 受的力都严格地等于零。

由于电荷守恒,导体球外表面所带电量为 $(q_b + q_c)$。由于受远处电荷 q_d 的影响,这些电荷只能说近似地均匀分布在导体外表面,因而近似地对 q_b 有作用力

$$F_d = \frac{(q_b + q_c)q_d}{4\pi\varepsilon_0 r^2}$$

14.7　试证静电平衡条件下导体表面单位面积受的力为 $f = \dfrac{\sigma^2}{2\varepsilon_0}e_n$,其中 σ 为面电荷密度,e_n 为表面的外法线方向的单位矢量。此力方向与电荷的符号无关,总指向导体外部。

证　由习题 14.1 的分析可知,在面电荷密度为 $\pm\sigma$ 的小面积 ΔS 处,其他电荷产生的电场的电场强度为 $\pm\sigma/(2\varepsilon_0)$,方向垂直于表面,向内向外依 σ 的正负而定。ΔS 上的电荷 $\pm\sigma\Delta S$ 受到此电场的作用力即为 $\Delta f = (\pm\sigma\Delta S)(\pm\sigma/2\varepsilon_0) = \sigma^2\Delta S/2\varepsilon_0$,而单位面积受的力为

$$f = \frac{\Delta f}{\Delta S} = \frac{\sigma^2}{2\varepsilon_0}$$

由于此结果中出现的是 σ 的平方,故 f 的方向与 σ 的正负无关,都指向导体外部。以 e_n 表

示 ΔS 处导体表面的外法线方向，即可得

$$f = \frac{\sigma^2}{2\varepsilon_0} e_n$$

14.8　在范德格拉夫静电加速器中，是利用绝缘传送带向一个金属球壳输送电荷而使球的电势升高的。如果这金属球壳电势要求保持 9.15 MV。

（1）球周围气体的击穿强度为 100 MV/m，这对球壳的半径有何限制？

（2）由于气体泄漏电荷，要维持此电势不变，需用传送带以 320 μC/s 的速率向球壳运送电荷。这时所需最小功率多大？

（3）传送带宽 48.5 cm，移动速率 33.0 m/s。试求带上的面电荷密度和面上的电场强度。

解　（1）由于 $\varphi_0 = \frac{q}{4\pi\varepsilon_0 R}$，而 $E = \frac{q}{4\pi\varepsilon_0 R^2} \leqslant E_b$，所以有

$$R \geqslant \frac{\varphi_0}{E_b} = \frac{9.15 \times 10^6}{100 \times 10^6} = 9.15 \times 10^{-2} \, (\text{m})$$

（2）$P_{\min} = Uq/t = \varphi_0 q/t = 9.15 \times 10^6 \times 320 \times 10^{-6} = 2.93 \times 10^3 \, (\text{W})$

（3）$\sigma = \frac{q}{vtb} = \frac{320 \times 10^{-6}}{33.0 \times 0.485} = 2.00 \times 10^{-5} \, (\text{C/m}^2)$

$$E = \frac{\sigma}{2\varepsilon_0} = \frac{2.00 \times 10^{-5}}{2 \times 8.85 \times 10^{-12}} = 1.13 \times 10^6 \, (\text{V/m})$$

***14.9**　一个点电荷 q 放在一无限大接地金属平板上方 h 处，考虑到板面上紧邻处电场垂直于板面，且板面上感生电荷产生的电场在板面上、下具有对称性，试根据电场叠加原理求出板面上感生面电荷密度的分布。

解　如图 14.5 所示，考虑距 q 为 r' 的两点 a 和 b，二者分别位于金属表面的上下，而且离金属表面非常近。点电荷 q 在 a 和 b 产生电场基本相同，即

$$\boldsymbol{E}_a' = \boldsymbol{E}_b' = \frac{q}{4\pi\varepsilon_0 r'^2} \boldsymbol{e}_{r'}$$

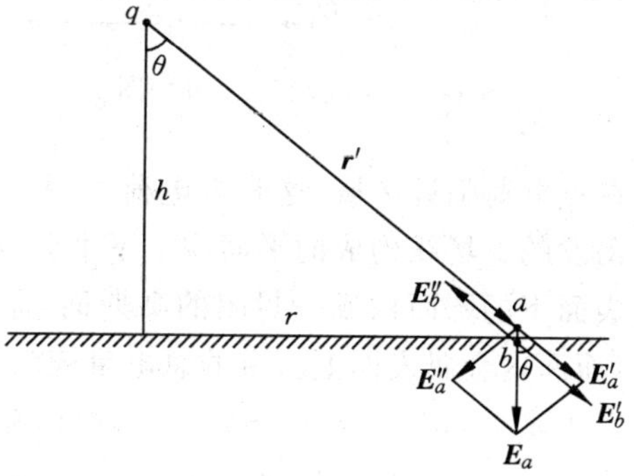

图 14.5　习题 14.9 解用图

由于在金属内部的 b 点，应该有 $\boldsymbol{E}_b = \boldsymbol{0}$，所以金属表面的感生电荷在 b 点产生的电场应该是 $\boldsymbol{E}_b'' = -\boldsymbol{E}_a'$。根据金属表面上感生电荷的电场对于金属表面应具有平面对称性，所以在表面外的 a 点感生电荷的电场应为如图 14.5 所示的 $\boldsymbol{E}_a''$，而 $\boldsymbol{E}_a'' = \boldsymbol{E}_b'' = \boldsymbol{E}_b'$，$\boldsymbol{E}_a''$ 的方向与 $\boldsymbol{E}_b''$ 和平面

成同样的角度。根据叠加原理,在表面紧临处 a 点的电场应为 $\boldsymbol{E}_a = \boldsymbol{E}_a' + \boldsymbol{E}_a''$,如图 14.5 所示,$\boldsymbol{E}_a$ 垂直于表面,大小为

$$E_a = 2E_a' \cos\theta = \frac{2qh}{4\pi\varepsilon_0(h^2 + r^2)^{3/2}}$$

而感生面电荷密度应为

$$\sigma = -\varepsilon_0 E_a = -\frac{qh}{2\pi(h^2 + r^2)^{3/2}}$$

*14.10   点电荷 q 位于一无限大接地金属板上方 h 处。当问及将 q 移到无限远需要做的功时,第一个学生回答是这功等于分开两个相距 $2h$ 的电荷 q 和 $-q$ 到无限远时做的功,即 $A = q^2/(4\pi\varepsilon_0 \cdot 2h)$。第二个学生求出 q 受的力再用 $F\,dr$ 积分计算,从而得出了不同的结果。第二个学生的结果是什么? 他们谁的结果对?

解   第二个学生求出 q 受的力应为

$$\boldsymbol{F} = -\frac{q^2}{4\pi\varepsilon_0(2z)^2}\boldsymbol{k}$$

将 q 移到无限远需要做的功为

$$A = -\int_h^\infty \boldsymbol{F} \cdot d\boldsymbol{z} = \int_h^\infty \frac{q^2}{16\pi\varepsilon_0 z^2}dz = \frac{q^2}{16\pi\varepsilon_0 h}$$

第二个学生的结果是对的。第一个学生的结果中包含了把"镜像电荷"q' 也移到无限远所需要的功,而这在实际上是不需要的,因为镜像电荷只是虚构的电荷,并不是实际的电荷。

*14.11   在图 14.6 中沿水平方向从 q 出发的那条电场线在何处触及导体板?(用高斯定律和一简单积分)

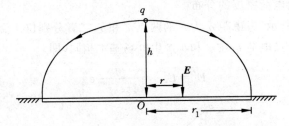

图 14.6 习题 14.11 解用图

解   如图 14.6 所示,在点电荷临近区域(这时点电荷可视为均匀带电球体),它的电场具有球对称性。那些水平出发的电场线构成的平面应上下平分点电荷 q 的电量。以这些电场线所在的曲面和在金属表面下的圆面构成一封闭的高斯面,通过它的电通量为零。因此它所包围的电荷应等于零,而面内金属表面上所带的总电量应为 $-q/2$。由习题 14.10 知道金属表面的面电荷密度分布为 $\sigma = -qh/(2\pi(r^2 + h^2)^{3/2})$,所以有

$$\int_0^{r_1} \sigma 2\pi r\,dr = \int_0^{r_1} \frac{-qh\,2\pi r\,dr}{2\pi(r^2 + h^2)^{3/2}} = -\frac{q}{2}$$

将此积分求出,即可得从 q 沿水平方向出发的电场线触及导体板的点与导体板上 q 正下方的点的距离为

$$r_1 = \sqrt{3}\,h$$

*14.12 一条长直导线,均匀地带有电量 1.0×10^{-8} C/m,平行于地面放置,且距地面 5.0 m。导线正下方地面上的电场强度和面电荷密度各如何? 导线单位长度上受多大电力?

解 将地面看成一导体平面。用镜像法解此题可认为地面有一长直导线的镜像。在导线正下方地面上的电场强度方向向下,大小为

$$E = 2\,\frac{\lambda}{2\pi\varepsilon_0 h} = 2 \times \frac{2 \times 9 \times 10^9 \times 1.0 \times 10^{-8}}{5} = 72 \ (\text{V/m})$$

而该处的面电荷密度为

$$\sigma = -\varepsilon_0 E = \frac{-\lambda}{\pi h} = -\frac{1 \times 10^{-8}}{\pi \times 5} = -6.4 \times 10^{-10} (\text{C/m}^2)$$

导线单位长度受的力的大小为

$$F_1 = \frac{\lambda^2}{2\pi\varepsilon_0 (2h)} = \frac{1 \times 10^{-16} \times 9 \times 10^9}{5} = 1.8 \times 10^{-7} (\text{N/m})$$

14.13 帕塞尔教授在他的《电磁学》中写道:"如果从地球上移去一滴水中的所有电子,则地球的电势将会升高几百万伏。"请用数字计算证实他这句话。

解 一滴水的体积按 $1 \ \text{cm}^3$,因而质量按 1 g 计。移去一滴水的所有电子后,地球的电势将为

$$\varphi = \frac{\dfrac{1}{18} \times 6.023 \times 10^{23} \times 1.6 \times 10^{-19}}{9 \times 10^9 \times 6.4 \times 10^6} \approx 10^6 (\text{V})$$

*14.14 求半径为 R、带有总电量 q 的导体球的两半球之间的相互作用电力。

解 如图 14.7 所示,由于导体表面单位面积受的力为 $\sigma^2/2\varepsilon_0$,方向沿径向向外,所以导体表面右半部宽为 $R\mathrm{d}\theta$、周长为 $2\pi r\sin\theta$ 的环带所受的合力沿 x 方向,大小为

$$\mathrm{d}F_x = \frac{\sigma^2}{2\varepsilon_0} \times 2\pi R\sin\theta\cos\theta R\,\mathrm{d}\theta$$

整个右半球面受的力

$$F_x = \int \mathrm{d}F_x = \frac{\sigma^2 \pi R^2}{\varepsilon_0} \int_0^{\pi/2} \sin\theta\cos\theta\,\mathrm{d}\theta$$

$$= \frac{\pi R^2 \sigma^2}{2\varepsilon_0} = \frac{q^2}{32\pi\varepsilon_0 R^2}$$

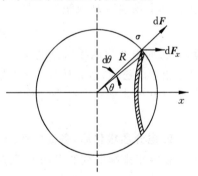

图 14.7 习题 14.14 解用图

注意:右半球面上某单位面积受的力中应包含本半球面上其他部分的电荷对该单位面积的作用力,但在积分过程中,由于是对整个右半球面积分,所以本半球面各部分的相互作用力"自动"抵消,就只剩下左半球电荷对右半球电荷的作用力了。

第15章

静电场中的电介质

一、概念原理复习

1. 电介质的电结构特点

其特点在于其中没有可以自由移动的电荷。电介质的分子有的有固有电矩(极性分子),有的没有固有电矩(非极性分子)。各种分子在外电场作用下都会产生电矩,叫感生电矩。

在外电场中分子的固有电矩的取向或感生电矩的产生叫电介质的极化。电极化强度用单位体积内分子电矩的总和表示。对各向同性的电介质,在电场不太强的情况下,电极化强度 P 和电场强度 E 成正比,即

$$P = \varepsilon_0(\varepsilon_r - 1)E = \varepsilon_0 \chi E$$

其中 ε_r 叫电介质的相对介电常量(真空的 $\varepsilon_r = 1$),χ 叫电介质的电极化率。

由于电极化,电介质的表面(或内部)会出现束缚电荷。面束缚电荷密度 σ' 取决于电极化强度 P 的表面法向分量,即

$$\sigma' = P \cdot e_n$$

2. 电介质极化后,各处电场的分布

E 等于束缚电荷的电场 E' 和自由电荷的电场 E_0 的矢量和,即

$$E = E' + E_0$$

引入辅助量——电位移,定义为

$$D = \varepsilon_0 E + P$$

对各向同性介质有

$$D = \varepsilon_0 \varepsilon_r E = \varepsilon E$$

则可得

$$\oint_S D \cdot dS = q_{0\,in}$$

其中 $q_{0\,in}$ 为封闭面 S 内包围的自由电荷。上式称为 D 的高斯定律,应用于有电介质存在时电场的分析。

在不同电介质的分界面处,下述边界条件成立:

$$E_{1t} = E_{2t}, \quad D_{1n} = D_{2n}$$

3. 电容器

两个彼此绝缘但靠近的导体形成电容器,其电容定义为

$$C = \frac{Q}{U}$$

对一定结构的电容器,C 由其结构决定为一常量。

平行板电容器:
$$C = \varepsilon_0 \varepsilon_r \frac{S}{d}$$

圆柱形电容器:
$$C = 2\pi\varepsilon_0 \varepsilon_r \frac{L}{\ln(R_2/R_1)}$$

球形电容器:
$$C = 4\pi\varepsilon_0 \varepsilon_r \frac{R_1 R_2}{R_2 - R_1}$$

组合电容器:　串联　$C = \sum C_i$,　　并联　$1/C = \sum (1/C_i)$

4. 电场的能量

电容器的能量:

$$W = \frac{1}{2}\frac{Q^2}{C} = \frac{1}{2}QU = \frac{1}{2}CU^2$$

电场能量密度:

$$w_e = \frac{\varepsilon_0 \varepsilon_r E^2}{2} = \frac{DE}{2}$$

电场的能量:

$$W = \int_V w_e \mathrm{d}V = \int_V \frac{DE}{2}\mathrm{d}V$$

二、解题要点

(1) 用 D 的高斯定律解题时,注意对封闭面 D 的积分只与自由电荷有关(公式中右侧没有 ε_0),但空间各处的 E 或 D 与自由电荷及束缚电荷的分布都有关系。

本章应用 D 的高斯定律求解的题目只限于均匀的各向同性的电介质(对于这种电介质 $D = \varepsilon E$),而其分布则有几种情况:

① 电介质充满电场。这时可直接用 D 的高斯定律求 D 的分布,然后用 $E = D/\varepsilon$ 求 E 的分布。

② 两电介质的分界面与自由电荷的电场方向平行。这时界面两侧的电场强度 E 相等。

③ 两电介质的分界面与自由电荷的电场方向垂直。这时界面两侧的电位移 D 相等。

(2) 求一定结构的元件的电容时,一般是先设带电量为 Q,然后求出相应的电场 E 的分布,再用积分法求出两带电板的电势差 U,最后用定义 $C = Q/U$ 求出电容 C 来。注意,结果一定是 U 和 Q 成正比,而 C 与 Q 及 U 都无关而只取决于元件的结构。

在求组合电容器的电容时要分清楚是串联还是并联。串联时,由导线相连的两个极板带有相反的电荷;并联时,用导线相连的极板一定带有同种电荷。

对于一个电容器,注意其有效面积 S 只是两个极板相对着的面积。一块金属板的两个

表面可能分属两个电容器。

（3）在分析电容器的能量变化时，要注意它是否与电源相连。与电源保持连接时，电容器的电压保持不变，该电容器不能当成孤立系。与电源断开时，电容器的电量保持不变，这时电容器可当成孤立系分析。

三、思考题选答

15.4 根据静电场环路积分为零证明，平板电容器边缘的电场不可能像原书图 15.17 所画那样，突然由均匀电场变为零，一定存在着逐渐减弱的电场，即边缘电场。

证 也用反证法。如果真的电场分布如原书图 15.17 所画的那样，可以选一封闭路径，使一部分在电场之外，如原书图 15.17 所示路径 L，则沿此封闭路径电场的环路积分必不为零，直接违反静电场环路积分为零的结论，因此原书图 15.17 所画电场分布是不可能的。

15.6 原书图 15.18 所示为一电介质板放置于平行板电容器的两板之间，作用在电介质板上的电力是把它拉进还是推出电容器两板间的区域（这时必须考虑边缘电场的作用）？

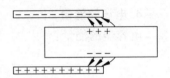

答 边缘电场使该处电介质极化，其束缚电荷与近旁的板边缘的自由电荷符号相反，如图 15.1 所示，电介质将被束缚电荷与自由电荷之间的吸引力拉进两板之间。

图 15.1 思考题 15.6 答用图

15.9 在有固定分布的自由电荷的电场中放有一块电介质。当移动此电介质的位置后，电场中 D 的分布是否改变？E 的分布是否改变？通过某一特定封闭曲面的 D 的通量是否改变？E 的通量是否改变？

答 移动电介质的位置后，其上的束缚电荷的分布会改变。由于电场 E 的分布是所有电荷（包括自由电荷和束缚电荷）的分布所决定的，所以 E 的分布也会改变。据定义 $D = \varepsilon E$，E 分布的改变必然导致 D 分布的改变。对那个特定的封闭面，由于通过它的 E 的通量由它包围的所有电荷（包括自由的和束缚的）决定，束缚电荷分布的改变将导致 E 通量的改变，通过该封闭面的 D 的通量只由其中的自由电荷所决定，自由电荷分布固定，电介质位置移动不会改变该特定封闭面内自由电荷的多少，因而通过该封闭面的 D 的通量不会改变。

四、习题解答

15.1 在 HCl 分子中，氯核和质子（氢核）的距离为 0.128 nm，假设氢原子的电子完全转移到氯原子上并与其他电子构成一球对称的负电荷分布而其中心就在氯核上。此模型的电矩多大？实测的 HCl 分子的电矩为 3.4×10^{-30} C·m，HCl 分子中的负电分布的"重心"应在何处？（氯核的电量为 $17e$）

解 按假设模型计算，HCl 分子的电矩为

$$p_0 = el_0 = 1.6 \times 10^{-19} \times 0.128 \times 10^{-9} = 2.0 \times 10^{-29} \, (\text{C·m})$$

此结果比实测数值大。

设如图 15.2 所示,在 HCl 分子中负电分布的"重心"在氯核与质子对侧及氯核 l 距离处。这时 HCl 分子的电矩应为

$$p = -18el + el_0$$

得

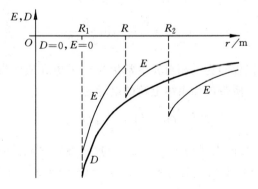

$$l = \frac{el_0 - p}{18e} = \frac{(20 - 3.4) \times 10^{-30}}{18 \times 1.6 \times 10^{-19}} = 5.9 \times 10^{-12} (m)$$

15.2　两个同心的薄金属球壳,内、外球壳半径分别为 $R_1 = 0.02$ m 和 $R_2 = 0.06$ m。球壳间充满两层均匀电介质,它们的相对介电常量分别为 $\varepsilon_{r1} = 6$ 和 $\varepsilon_{r2} = 3$。两层电介质的分界面半径 $R = 0.04$ m。设内球壳带电量 $Q = -6 \times 10^{-8}$ C,求:

(1) $\boldsymbol{D}$ 和 $\boldsymbol{E}$ 的分布,并画 D-r,E-r 曲线;

(2) 两球壳之间的电势差;

(3) 贴近内金属壳的电介质表面上的面束缚电荷密度。

解　(1) 由 $\boldsymbol{D}$ 的高斯定律可得

$r < R_1$:　　　　　　　　　　　$D = 0$

$r > R_1$:　　　　　　　　　　　$D = \dfrac{Q}{4\pi r^2}$

再由 $E = D/\varepsilon_0 \varepsilon_r$,可得

$r < R_1$:　　　　　　　　　　　$E = 0$

$R_1 < r < R$:　　　　　　　　　$E = \dfrac{Q}{4\pi\varepsilon_0 \varepsilon_{r1} r^2}$

$R < r < R_2$:　　　　　　　　　$E = \dfrac{Q}{4\pi\varepsilon_0 \varepsilon_{r2} r^2}$

$r > R_2$:　　　　　　　　　　　$E = \dfrac{Q}{4\pi\varepsilon_0 r^2}$

D-r 和 E-r 曲线如图 15.3 所示。

图 15.3　习题 15.2 解用图

(2) 两球壳之间的电势差为

$$U = \int_{R_1}^{R} E\,dr + \int_{R}^{R_2} E\,dr = \int_{R_1}^{R} \frac{Q}{4\pi\varepsilon_0 \varepsilon_{r1} r^2}\,dr + \int_{R}^{R_2} \frac{Q}{4\pi\varepsilon_0 \varepsilon_{r2} r^2}\,dr$$

$$= \frac{Q}{4\pi\varepsilon_0} \left(\frac{1}{\varepsilon_{r1}R_1} - \frac{1}{\varepsilon_{r1}R} + \frac{1}{\varepsilon_{r2}R} - \frac{1}{\varepsilon_{r2}R_2} \right)$$

$$= 9 \times 10^9 \times (-6 \times 10^{-8}) \left(\frac{1}{6 \times 0.02} - \frac{1}{6 \times 0.04} + \frac{1}{3 \times 0.04} - \frac{1}{3 \times 0.06} \right)$$

$$= -3.8 \times 10^3 (\text{V})$$

(3) $\sigma' = \boldsymbol{P} \cdot \boldsymbol{e}_n = -P_n = -\varepsilon_0(\varepsilon_{r1}-1)E = -\varepsilon_0(\varepsilon_{r1}-1)\dfrac{Q}{4\pi\varepsilon_0\varepsilon_{r1}r^2}$

$$= -(6-1) \times \frac{-6 \times 10^{-8}}{4\pi \times 6 \times 0.02^2} = 9.9 \times 10^{-6} (\text{C/m}^2)$$

15.3 两共轴的导体圆筒的内、外筒半径分别为 R_1 和 R_2，$R_2 < 2R_1$。其间有两层均匀电介质，分界面半径为 r_0。内层介质相对介电常量为 ε_{r1}，外层介质相对介电常量为 ε_{r2}，且 $\varepsilon_{r2} = \varepsilon_{r1}/2$。两层介质的击穿场强都是 $E_{\max}$。当电压升高时，哪层介质先击穿？两筒间能加的最大电势差多大？

解 设内筒带电的线电荷密度为 λ，则可导出在内外筒的电压为 U 时，内层介质中的最大场强（在 $r = R_1$ 处）为

$$E_1 = \frac{U}{R_1 \ln \dfrac{R_2^2}{R_1 r_0}}$$

而外层介质中的最大场强（在 $r = r_0$ 处）为

$$E_2 = \frac{2U}{r_0 \ln \dfrac{R_2^2}{R_1 r_0}}$$

两结果相比

$$E_2/E_1 = 2R_1/r_0$$

由于 $r_0 < R_2$，且 $R_2 < 2R_1$，所以总有 $E_2/E_1 > 0$，因此当电压升高时，外层介质中先达到 $E_{\max}$ 而被击穿。而最大的电势差可由 $E_2 = E_{\max}$ 求得为

$$U_{\max} = \frac{E_{\max} r_0}{2} \ln \frac{R_2^2}{R_1 r_0}$$

15.4 一平板电容器板间充满相对介电常量为 ε_r 的电介质而带有电量 Q。试证明：与金属板相靠的电介质表面所带的面束缚电荷的电量为

$$Q' = \left(1 - \frac{1}{\varepsilon_r} \right) Q$$

证 板间为真空时，板间电场为 $E_0 = \sigma/\varepsilon_0 = Q/(\varepsilon_0 S)$。带有同样电量而板间充满相对介电常量为 ε_r 的电介质时，电场减弱为 $E = E_0/\varepsilon_r = Q/(\varepsilon_0\varepsilon_r S)$，此时电介质表面的面束缚电荷的电量为

$$Q' = \sigma' S = \rho S = \varepsilon_0(\varepsilon_r - 1)ES = \left(1 - \frac{1}{\varepsilon_r} \right) Q$$

15.5 空气的介电强度为 3 kV/mm，试求空气中半径分别为 $1.0 \text{ cm}, 1.0 \text{ mm}, 0.1 \text{ mm}$ 的长直导线上单位长度最多各能带多少电荷？

解　由 $E_b = \lambda_{max}/2\pi\varepsilon_0 r$，可得 $\lambda_{max} = 2\pi\varepsilon_0 r E_b$。以 $E_b = 3\times10^3\,kV/mm = 3\times10^6\,V/m$ 和给定的 r 值代入此式可得

$$r_1 = 1.0\,cm\ 时,\quad \lambda_{max,1} = 1.7\times10^{-6}\,C/m$$

$$r_2 = 1.0\,mm\ 时,\quad \lambda_{max,2} = 1.7\times10^{-7}\,C/m$$

$$r_3 = 0.1\,mm\ 时,\quad \lambda_{max,3} = 1.7\times10^{-8}\,C/m$$

15.6　人体的某些细胞壁两侧带有等量的异号电荷。设某细胞壁厚为 $5.2\times10^{-9}\,m$，两表面所带面电荷密度为 $\pm0.52\times10^{-3}\,C/m^2$，内表面为正电荷。如果细胞壁物质的相对介电常量为 6.0，求：(1)细胞壁内的电场强度；(2)细胞壁两表面间的电势差。

解　(1) $E = \sigma/(\varepsilon_0\varepsilon_r) = 0.52\times10^{-3}/(8.85\times10^{-12}\times6.0) = 9.8\times10^6\,(V/m)$，方向指向细胞外。

(2) $U = Ed = 9.8\times10^6\times5.2\times10^{-9} = 5.1\times10^{-2}\,(V) = 51\,(mV)$

*15.7　一块大的均匀电介质平板放在一电场强度为 E_0 的均匀电场中，电场方向与板的夹角为 θ，如图 15.4 所示。已知板的相对介电常量为 ε_r，求板面的面束缚电荷密度。

解　如图 15.4 所示，由静电场的边界条件可得

$$\tan\alpha_2 = \varepsilon_r\tan\alpha_1 = \varepsilon_r\cot\theta$$

由电场切向分量相等，可得

$$E\sin\alpha_2 = E_0\sin\alpha_1 = E_0\cos\theta$$

由此又可得

$$E = E_0\cos\theta/\sin\alpha_2 = \frac{E_0}{\varepsilon_r}\sqrt{\sin^2\theta + \varepsilon_r^2\cos^2\theta}$$

而电介质表面的面束缚电荷密度为

$$\sigma' = P\cos\alpha_2 = \varepsilon_0(\varepsilon_r - 1)E\cos\alpha_2 = \frac{\varepsilon_0(\varepsilon_r - 1)}{\varepsilon_r}E_0\sin\theta$$

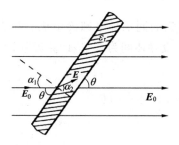

图 15.4　习题 15.7 解用图

图 15.5　习题 15.8 解用图

15.8　有的计算机键盘的每一个键下面连一小块金属片，它下面隔一定空气隙是一块小的固定金属片。这样两片金属片就组成一个小电容器(图 15.5)。当键被按下时，此小电容器的电容就发生变化，与之相连的电子线路就能检测出是哪个键被按下了，从而给出相应的信号。设每个金属片的面积为 $50.0\,mm^2$，两金属片之间的距离是 $0.600\,mm$。如果电子线路能检测出的电容变化是 $0.250\,pF$，那么键需要按下多大的距离才能给出必要的信号？

解　按下时电容的变化为

$$\Delta C = \varepsilon_0 S \left(\frac{1}{d_1} - \frac{1}{d_0} \right)$$

由此得

$$d_1 = \frac{\varepsilon_0 S d_0}{d_0 \Delta C + \varepsilon_0 S} = \frac{8.85 \times 10^{-12} \times 50 \times 10^{-6} \times 0.600 \times 10^{-3}}{0.250 \times 10^{-12} \times 0.600 \times 10^{-3} + 8.85 \times 10^{-12} \times 50 \times 10^{-6}}$$

$$= 0.448 \times 10^{-3} \, (\text{m}) = 0.448 \, (\text{mm})$$

需要按下的距离为

$$\Delta d = d_0 - d_1 = 0.600 - 0.448 = 0.152 \, (\text{mm})$$

15.9　用两面夹有铝箔的厚为 5×10^{-2} mm、相对介电常量为 2.3 的聚乙烯膜做一电容器,如果电容为 3.0 μF,则膜的面积要多大?

解　$S = \dfrac{Cd}{\varepsilon} = \dfrac{3.0 \times 10^{-6} \times 5 \times 10^{-5}}{2.3 \times 8.85 \times 10^{-12}} = 7.4 \, (\text{m}^2)$

15.10　空气的击穿场强为 3×10^3 kV/m。当一个平行板电容器两极板间是空气而电势差为 50 kV 时,每平方米面积的电容最大是多少?

解　$E_b = U/d$,而 $C = \dfrac{\varepsilon_0 S}{d}$。

每平方米面积的电容的最大值为

$$\frac{C}{S} = \frac{\varepsilon_0 E_b}{U} = \frac{8.85 \times 10^{-12} \times 3 \times 10^6}{50 \times 10^3} = 5.3 \times 10^{-10} \, (\text{F/m}^2)$$

15.11　范德格拉夫静电加速器的球形电极半径为 18 cm。

(1) 这个球的电容多大?

(2) 为了使它的电势升到 2.0×10^5 V,需给它带多少电量?

解　(1) $C = 4\pi\varepsilon_0 R = 0.18/(9 \times 10^9) = 2.0 \times 10^{-11}$ (F)

(2) $Q = CU = 2.0 \times 10^{-11} \times 2.0 \times 10^5 = 4.0 \times 10^{-6}$ (C)

15.12　盖革计数管由一根细金属丝和包围它的同轴导电圆筒组成。丝直径为 2.5×10^{-2} mm,圆筒内直径为 25 mm,管长 100 mm。设导体间为真空,计算盖革计数管的电容。(可用无限长导体圆筒的场强公式计算电场)

解　$C = \dfrac{2\pi\varepsilon_0 l}{\ln \dfrac{R_2}{R_1}} = \dfrac{2\pi \times 8.85 \times 10^{-12} \times 0.1}{\ln \dfrac{25}{2.5 \times 10^{-2}}} = 8.0 \times 10^{-13}$ (F)

15.13　图 15.6 所示为用于调频收音机的一种可变空气电容器。这里奇数极板和偶数极板分别连在一起,其中一组的位置是固定的,另一组是可以转动的。假设极板的总数为 n,每块极板的面积为 S,相邻两极板之间的距离为 d。证明这个电容器的最大电容为

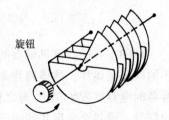

图 15.6　习题 15.13 解用图

$$C = \frac{(n-1)\varepsilon_0 S}{d}$$

证　每两相对的金属板面形成一个电容器,其最大电容为 $C_1 = \varepsilon_0 S/d$。n 个板总共形成 $n-1$ 个这样的电容器,而且是并联的,所以最大的总电容就应为

$$C = (n-1)C_1 = (n-1)\varepsilon_0 S/d$$

15.14　一个平行板电容器的每个板的面积为 0.02 m^2,两板相距 0.5 mm,放在一个金属盒子中(图 15.7)。电容器两板到盒子上下底面的距离各为 0.25 mm,忽略边缘效应,求此电容器的电容。如果将一个板和盒子用导线连接起来,电容器的电容又是多大?

解　原电容器和盒子相当于图 15.8(a)所示的组合电容器。总电容为

$$C = C_{AB} + \frac{C_{AK} C_{BK}}{C_{AK} + C_{BK}}$$

利用 $C = \varepsilon_0 S/d$ 公式将已给数据代入,可求得

$$C = 7.08 \times 10^{-10} \text{ F}$$

当一个板(如 B 板)和盒子相连后,就相当于图 15.8(b)所示的组合电容器,其总电容为

$$C' = C_{AK} + C_{AB} = 1.06 \times 10^{-9} \text{ F}$$

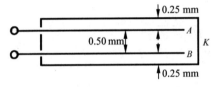

图 15.7　习题 15.14 解用图(之一)

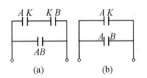

图 15.8　习题 15.14 解用图(之二)

15.15　一个电容器由两块长方形金属平板组成(图 15.9),两板的长度为 a,宽度为 b。两宽边相互平行,两长边的一端相距为 d,另一端略微抬起一段距离 $l(l \ll d)$。板间为真空。求此电容器的电容。

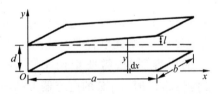

图 15.9　习题 15.15 解用图

解　如图 15.9 所示,选 x 轴和 y 轴,则 $y = \dfrac{lx}{a} + d$。总电容为

$$C = \int_0^a \frac{\varepsilon_0 b \, dx}{y} = \int_0^a \frac{\varepsilon_0 b \, dx}{lx/a + d} = \frac{\varepsilon_0 ab}{l} \ln\left(1 + \frac{l}{d}\right)$$

$$\approx \frac{\varepsilon_0 ab}{l}\left(\frac{l}{d} - \frac{l^2}{2d^2}\right) = \frac{\varepsilon_0 ab}{d}\left(1 - \frac{l}{2d}\right)$$

15.16　为了测量电介质材料的相对介电常量,将一块厚为 1.5 cm 的平板材料慢慢地插进一电容器的距离为 2.0 cm 的两平行板之间。在插入过程中,电容器的电荷保持不变。插入之后,两板间的电势差减小为原来的 60%,求电介质的相对介电常量多大?

解　设介质板插入后和电容器极板平行,则由于极板上电荷保持不变,在板间空气中的

电场不变,仍为 E_0,而介质中的电场减弱为 E_0/ε_r。这时两板间电势差为

$$U = E_0(d_0 - d) + E_0 d/\varepsilon_r = E_0 d_0 \left(1 - \frac{d}{d_0} + \frac{d}{\varepsilon_r d_0}\right) = U_0\left(1 - \frac{d}{d_0} + \frac{d}{\varepsilon_r d_0}\right)$$

由于 $U = 0.60 U_0$,所以有

$$1 - \frac{d}{d_0}\left(1 - \frac{1}{\varepsilon_r}\right) = 0.60$$

将 $d_0 = 2.0$ cm,$d = 1.5$ cm 代入可求得

$$\varepsilon_r = 2.1$$

15.17 两个同心导体球壳,内、外球壳半径分别为 R_1 和 R_2,求两者组成的电容器的电容。把 $\Delta R = (R_2 - R_1) \ll R_1$ 的极限情形与平行板电容器的电容做比较以核对你所得到的结果。

解 设内球壳带电量为 Q,则内外球壳之间的电势差为 $U = \dfrac{Q}{4\pi\varepsilon_0}\left(\dfrac{1}{R_1} - \dfrac{1}{R_2}\right)$。于是此球形电容器的电容为

$$C = \frac{Q}{U} = 4\pi\varepsilon_0 \frac{R_2 R_1}{R_2 - R_1}$$

当 $\Delta R = (R_2 - R_1) \ll R_1$ 时,$R_1 R_2 \approx R_1^2$,上式变为

$$C \approx 4\pi\varepsilon_0 \frac{R_1^2}{\Delta R}$$

这里可以把 $4\pi R_1^2 = S$ 当作电容器两板相对的面积,$\Delta R = d$ 为两板的间距,从而有

$$C = \frac{\varepsilon_0 S}{d}$$

这就是平行板电容器的电容公式。

15.18 将一个 $12\ \mu F$ 和两个 $2\ \mu F$ 的电容器连接起来组成电容为 $3\ \mu F$ 的电容器组。如果每个电容器的击穿电压都是 200 V,则此电容器组能承受的最大电压是多大?

解 要组成电容为 $3\ \mu F$ 的电容器组,需要把两个 $2\ \mu F$ 的电容器并联起来,再和 $12\ \mu F$ 的电容器串联。当外加电压为 U 时,$2\ \mu F$ 的电容器上的电压为 $U/4$,而 $12\ \mu F$ 的电容器上的电压为 $3U/4$。要保证电容器不被击穿,$12\ \mu F$ 电容器上的电压应不大于 U_b,即 $3U/4 \leqslant U_b$,而

$$U \leqslant 4U_b/3 = 4 \times 200/3 = 267\ (\text{V})$$

即电容器组承受的最大电压为 267 V。

15.19 一平行板电容器面积为 S,板间距离为 d,板间以两层厚度相同而相对介电常量分别为 ε_{r1} 和 ε_{r2} 的电介质充满(图 15.10)。求此电容器的电容。

解 此电容器可视为电容分别为 $\varepsilon_0\varepsilon_{r1}S\left/\left(\dfrac{1}{2}d\right)\right.$ 和 $\varepsilon_0\varepsilon_{r2}S\left/\left(\dfrac{1}{2}d\right)\right.$ 的两个电容器串联,其总电容应为

$$C = \frac{\varepsilon_0\varepsilon_{r1}S}{d/2} \frac{\varepsilon_0\varepsilon_{r2}S}{d/2} \left/\left(\frac{\varepsilon_0\varepsilon_{r1}S}{d/2} + \frac{\varepsilon_0\varepsilon_{r2}S}{d/2}\right)\right. = \frac{2\varepsilon_0\varepsilon_{r1}\varepsilon_{r2}S}{d(\varepsilon_{r1} + \varepsilon_{r2})}$$

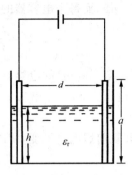

图 15.10　习题 15.19 解用图　　　　　图 15.11　习题 15.20 解用图

15.20　一种利用电容器测量油箱中油量的装置示意图如图 15.11 所示。附接电子线路能测出等效相对介电常量 $\varepsilon_{r,eff}$（即电容相当而充满板间的电介质的相对介电常量）。设电容器两板的高度都是 a，试导出等效相对介电常量和油面高度的关系，以 ε_r 表示油的相对介电常量。就汽油（$\varepsilon_r = 1.95$）和甲醇（$\varepsilon_r = 33$）相比，哪种燃料更适宜用此种油量计？

解　以 b 和 d 分别表示两板的宽度和它们之间的距离，则两板间的总电容应为

$$C = \frac{\varepsilon_0 \varepsilon_r hb}{d} + \frac{\varepsilon_0 (a-h)b}{d} = \frac{\varepsilon_0 b}{d}[h(\varepsilon_r - 1) + a] = \frac{\varepsilon_0 \varepsilon_{r,eff} ab}{d}$$

由此得

$$\varepsilon_{r,eff} = 1 + (\varepsilon_r - 1)\frac{h}{a}$$

对 ε_r 大的燃料，当液面变化时，$\varepsilon_{r,eff}$ 变化较大，所以甲醇更适宜用这种油量计。

15.21　一球形电容器的两球间下半部充满了相对介电常量为 ε_r 的油，它的电容较未充油前变化了多少？

解　$\Delta C = C - C_0 = \frac{4\pi\varepsilon_0 R_1 R_2}{R_2 - R_1}\left(\frac{1}{2} + \frac{\varepsilon_r}{2}\right) - \frac{4\pi\varepsilon_0 R_1 R_2}{R_2 - R_1}$

$$= \frac{4\pi\varepsilon_0 R_1 R_2}{R_2 - R_1}\left(\frac{\varepsilon_r}{2} - \frac{1}{2}\right) = C_0(\varepsilon_r - 1)/2$$

即增大了 $(\varepsilon_r - 1)/2$ 倍。

15.22　将一个电容为 4 μF 的电容器和一个电容为 6 μF 的电容器串联起来接到 200 V 的电源上，充电后，将电源断开并将两电容器分离。在下列两种情况下，每个电容器的电压各变为多少？

（1）将每一个电容器的正板与另一电容器的负板相连；

（2）将两电容器的正板与正板相连，负板与负板相连。

解　两电容器串联充电后，带有相同的电量 Q_0，而

$$Q_0 = \frac{C_1 C_2}{C_1 + C_2}U_0 = \frac{4 \times 6}{4 + 6} \times 200 = 480 \ (\mu C)$$

（1）一电容器与另一电容器"反向"相连后，正负电荷将等量中和，总电量为零，电容器电压都变为零。

（2）两电容器"同向"相连后，总电量为 $Q = 2Q_0$，此时电容器为并联，所以总电容为

$C = C_1 + C_2 = 10 \; \mu\mathrm{F}$,而每个电容器的电压均为

$$U = \frac{Q}{C} = \frac{2 \times 480}{10} = 96 \; (\mathrm{V})$$

15.23 将一个 100 pF 的电容器充电到 100 V,然后把它和电源断开,再把它和另一电容器并联,最后电压为 30 V。第二个电容器的电容多大?并联时损失了多少电能?这电能哪里去了?

解 由于并联前后电量不变,所以有

$$C_1 U_1 = (C_1 + C_2) U_2$$

由此可得

$$C_2 = \frac{C_1 (U_1 - U_2)}{U_2} = \frac{100 \times (100 - 30)}{30} = 233 \; (\mathrm{pF})$$

能量的减少为

$$-\Delta W = \frac{1}{2} C_1 U_1^2 - \frac{1}{2}(C_1 + C_2) U_2^2$$

$$= \frac{1}{2} \times 100 \times 10^{-12} \times 100^2 - \frac{1}{2} \times (100 + 233) \times 10^{-12} \times 30^2$$

$$= 3.5 \times 10^{-7} \; (\mathrm{J})$$

这些能量消耗在连接导线的焦耳热上了。

*15.24 一个平行板电容器,板面积为 S,板间距为 d(图 15.12)。

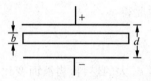

图 15.12 习题 15.24 解用图

(1) 充电后保持其电量 Q 不变,将一块厚为 b 的金属板平行于两极板插入。与金属板插入前相比,电容器储能增加多少?

(2) 导体板进入时,外力(非电力)对它做功多少?是被吸入还是需要推入?

(3) 如果充电后保持电容器的电压 U 不变,则(1),(2)两问结果又如何?

解 电容器原来的电容为 $C_0 = \varepsilon_0 S / d$,插入金属板后相当于把两板移近一段距离 b,电容变为 $C = \varepsilon_0 S / (d - b)$。

(1) $\Delta W = \dfrac{1}{2} \dfrac{Q^2}{C} - \dfrac{1}{2} \dfrac{Q^2}{C_0} = \dfrac{Q^2}{2} \left(\dfrac{d - b}{\varepsilon_0 S} - \dfrac{d}{\varepsilon_0 S} \right) = -\dfrac{Q^2 b}{2\varepsilon_0 S}$。

(2) 由于 $A_{\mathrm{ex}} = \Delta W < 0$,所以外力做了负功,即电场力做了功,因而导体板是被吸入的。这是边缘电场对插入的板上的感生电荷的力作用的结果。

(3) 如果电压 U 保持不变,则电容器的电量就要改变,其增加量为

$$\Delta Q = (C - C_0) U$$

此电量是电源在恒定电压 U 作用下供给的,电源将随同供给电容器的能量为

$$W_\mathrm{S} = \Delta Q \cdot U = (C - C_0) U^2$$

电容器储存的能量增加为

$$\Delta W = \frac{1}{2} C U^2 - \frac{1}{2} C_0 U^2 = \frac{1}{2}(C - C_0) U^2 = \frac{\varepsilon_0 U^2 S b}{2d(d - b)}$$

以 A' 表示外力做的功,则能量守恒给出

$$W_s + A' = \Delta W$$

由此得

$$A' = \Delta W - W_s = \frac{1}{2}(C - C_0)U^2 - (C - C_0)U^2$$

$$= -\frac{1}{2}(C - C_0)U^2 = -\frac{\varepsilon_0 U^2 S b}{2d(d - b)}$$

*15.25 如图 15.13 所示,桌面上固定一半径为 7 cm 的金属圆筒,其中共轴地吊一半径为 5 cm 的另一金属圆筒,今将两筒间加 5 kV 的电压后将电源撤除,求内筒受的向下的电力(注意利用功能关系)。

解 如图 15.13 所示,设 x 轴向下。两筒构成的柱形电容器的电容为

$$C = \frac{2\pi\varepsilon_0 x}{\ln(R_2/R_1)}$$

加电压 U 后,所带电量为

$$Q = CU = \frac{2\pi\varepsilon_0 x U}{\ln(R_2/R_1)}$$

这时电容器所储能量为

$$W_C = \frac{1}{2}\frac{Q^2}{C} = \frac{1}{2}\frac{Q^2\ln(R_2/R_1)}{2\pi\varepsilon_0 x}$$

电源撤除后,筒上电量将保持不变,对电容器这个孤立系统,由功能关系可得电场对内筒的作用力为

$$F = -\frac{\partial W_C}{\partial x} = \frac{1}{2}\frac{Q^2}{2\pi\varepsilon_0 x^2}\ln(R_2/R_1) = \frac{\pi\varepsilon_0 U^2}{\ln(R_2/R_1)}$$

$$= \frac{\pi \times 8.85 \times 10^{-12} \times (5 \times 10^3)^2}{\ln(7/5)} = 2.1 \times 10^{-3} (\text{N})$$

由于 $F > 0$,所以电场对内筒的作用力沿 x 正向向下。

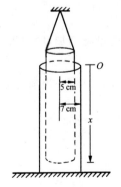

图 15.13 习题 15.25 解用图

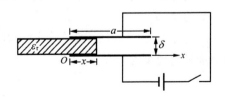

图 15.14 习题 15.26 解用图

*15.26 一平行板电容器的极板长为 a,宽为 b,两板相距为 δ(图 15.14)。对它充电使带电量为 Q 后把电源断开。

(1) 两板间为真空时,电容器储存的电能是多少?

（2）板间插入一块宽为 b，厚为 δ，相对介电常量为 ε_r 的均匀电介质板。当介质板插入一段距离 x 时，电容器储存的电能是多少？

（3）当电介质板插入距离 x 时，它受的电力的大小和方向各如何？

（4）在 x 从 0 增大到 a 的过程中，此系统的能量转化情况如何？（设电介质板与电容器极板没有摩擦。）

（5）如果电介质板插入时电容器两极板保持与电压恒定为 U 的电源相连，其他条件不变，以上（2）到（4）问的解答又如何？（还利用功能关系但注意电源在能量上的作用。）

解　（1）所储能量为

$$W = \frac{1}{2}\frac{Q^2}{C} = \frac{\delta Q^2}{2\varepsilon_0 ab}$$

（2）介质板插入一段距离 x 时，电容器的总电容为

$$C = \frac{\varepsilon_0 b}{\delta}[a + (\varepsilon_r - 1)x]$$

这时，电容器储存的能量为

$$W_C = \frac{1}{2}\frac{Q^2}{C} = \frac{\delta Q^2}{2\varepsilon_0 b[a + (\varepsilon_r - 1)x]}$$

（3）由于电源断开，电容器（包括介质板）成为一孤立系，于是电场力对介质板做的功等于电场能量的减小，又由于 Q 保持不变，于是电场力为

$$F = -\frac{dW_C}{dx} = \frac{\delta(\varepsilon_r - 1)Q^2}{2\varepsilon_0 b[a + (\varepsilon_r - 1)x]^2}$$

由于此结果大于 0，所以 F 沿 x 正向，即指向电容器内部，是"吸力"。

（4）系统电场能量减少，所减少的能量等于电场力对介质板做的功，使介质板的动能增大。功能关系表示式为

$$F\,dx = -dW_C$$

（5）电容器电压为 U 时，所储能量用 U 表示为

$$W_C = \frac{1}{2}CU^2 = \frac{1}{2}\frac{\varepsilon_0 b[a + (\varepsilon_r - 1)x]}{\delta}U^2$$

介质板插入一段距离 dx 时，由于电压保持不变，电容器所带电量将增加，增加量为

$$dQ = U\,dC$$

这电量是电源在恒定电压 U 下供给的，电容器不再是孤立系，电源将向电容器输送的能量是电源做的功，为

$$dA_e = U\,dQ = U^2\,dC$$

电容器能量的增量为

$$dW_C = \frac{1}{2}U^2\,dC$$

这时的功能关系表现为

$$dA_e = dW_C + F\,dx$$

从而有

$$F\,dx = dA_e - dW_C = \frac{1}{2}U^2\,dC$$

$$F = \frac{1}{2}U^2\frac{\mathrm{d}C}{\mathrm{d}x} = \frac{\varepsilon_0(\varepsilon_r-1)b}{2\delta}U^2$$

以 Q 表示此时电容器所带电量,则又可得

$$F = \frac{\varepsilon_0(\varepsilon_r-1)b}{2\delta}\frac{Q^2}{C^2} = \frac{\delta(\varepsilon_r-1)Q^2}{2\varepsilon_0 b[a+(\varepsilon_r-1)x]^2}$$

由于 $F>0$,所以 F 也是沿 x 正向,即指向电容器内部,也是"吸力"。上面关于 F 的用 Q 的表示式与(3)中的结果相同,说明介质板在一定位置 x 时,只要电量 Q 相同,介质板受的电场力就是一样的。

*15.27　证明:球形电容器带电后,其电场的能量的一半储存在内半径为 R_1、外半径为 $2R_1R_2/(R_1+R_2)$ 的球壳内,式中 R_1 和 R_2 分别为电容器内球和外球的半径。一个孤立导体球带电后其电场能的一半储存在多大的球壳内?

证　球形电容器带电量 Q 后,其中电场强度为

$$E = \frac{Q}{4\pi\varepsilon_0 r^2}$$

而能量密度表示式为

$$w_e = \frac{\varepsilon_0 E^2}{2} = \frac{Q^2}{32\pi^2\varepsilon_0 r^4}$$

以半径为 R' 的球面内储存能量为总能的一半,则有

$$\int_{R_1}^{R'}\frac{Q^2}{32\pi^2\varepsilon_0 r^4}4\pi r^2\mathrm{d}r = \frac{1}{2}\int_{R_1}^{R_2}\frac{Q^2}{32\pi^2\varepsilon_0 r^4}4\pi r^2\mathrm{d}r$$

此式可化简为

$$\frac{1}{R_1}-\frac{1}{R'} = \frac{1}{2}\left(\frac{1}{R_1}-\frac{1}{R_2}\right)$$

由此可得

$$R' = \frac{2R_1R_2}{R_1+R_2}$$

对于孤立导体球,可以认为 $R_2\to\infty$,这样上式就给出

$$R' = 2R_1$$

*15.28　一个平行板电容器板面积为 S,板间距离为 y_0,下板在 $y=0$ 处,上板在 $y=y_0$ 处。充满两板间的电介质的相对介电常量随 y 而改变,其关系为

$$\varepsilon_r = 1+\frac{3}{y_0}y$$

(1) 此电容器的电容多大?

(2) 此电容器带有电量 Q(上极板带 $+Q$)时,电介质上下表面的面束缚电荷密度多大?

(3) 用高斯定律求电介质内体束缚电荷密度。

(4) 证明体束缚电荷总量加上面束缚电荷其总和为零。

解　(1) 此电容器可看成许多板间距为 $\mathrm{d}y$、其间介质相对介电常量为 ε_r 的电容器串联

组成,每一个这样薄的电容器的电容为

$$dC = \frac{\varepsilon_0 \varepsilon_r S}{dy}$$

以 C 表示总电容,则应有

$$\frac{1}{C} = \int \frac{1}{dC} = \int_0^{y_0} \frac{dy}{\varepsilon_0 \varepsilon_r S} = \int_0^{y_0} \frac{dy}{\varepsilon_0 S\left(1 + \frac{3}{y_0}y\right)} = \frac{y_0}{3\varepsilon_0 S}\ln 4$$

于是有

$$C = \frac{3\varepsilon_0 S}{y_0 \ln 4}$$

(2)在上表面,

$$\sigma_1' = P_{n1} = -\varepsilon_0(\varepsilon_{r,y_0} - 1)E = -\varepsilon_0(\varepsilon_{r,y_0} - 1)\frac{D}{\varepsilon_0 \varepsilon_{r,y_0}} = -\frac{\varepsilon_{r,y_0} - 1}{\varepsilon_{r,y_0}}\sigma = -\frac{3Q}{4S}$$

在下表面,

$$\sigma_2' = P_{n2} = \varepsilon_0(\varepsilon_{r,0} - 1)E = \varepsilon_0(1 - 1)E = 0$$

(3)以 ρ' 表示在 y 处介质内的体束缚电荷密度。对高为 dy、上下面积为单位面积的封闭面来说,由高斯定律

$$dq_{in} = \rho' dy = \varepsilon_0[(E + dE) - E] = \varepsilon_0 dE = d(D/\varepsilon_r) = -\frac{Q}{S}d\left(\frac{1}{\varepsilon_r}\right)$$

$$\rho' = -\frac{Q}{S}\frac{d}{dy}\left(\frac{1}{\varepsilon_r}\right) = \frac{3Q}{y_0 S}\left(1 + \frac{3}{y_0}y\right)^{-2}$$

整个介质体积内的总体束缚电荷为

$$\int_0^{y_0} \rho' S\,dy = -Q\int_{\varepsilon_{r,0}}^{\varepsilon_{r,y_0}} d\left(\frac{1}{\varepsilon_r}\right) = -Q\left(\frac{1}{4} - 1\right) = \frac{3Q}{4}$$

(4)整个介质表面的面束缚电荷为

$$\sigma_1' S = -\frac{3}{4}Q$$

由此可得体束缚电荷和面束缚电荷的总和为零。

*15.29 一个中空铜球浮在相对介电常量为 3.0 的大油缸中,一半没入油内。如果铜球所带总电量为 $2.0 \times 10^{-6}\,C$,它的上半部和下半部各带多少电量?

解 带电铜球一半浸入大油缸的电场分布可以看成是同一铜球均匀带电 Q_1 在真空中的电场的一半和同一铜球均匀带电 Q_2 全浸在大油缸中的电场的一半对接拼起来的。前者的电势为 $U_1 = Q_1/(4\pi\varepsilon_0 R)$,后者的电势为 $U_2 = Q_2/(4\pi\varepsilon_0 \varepsilon_r R)$。两半铜球接起来,电势应相等,于是有

$$\frac{Q_1}{4\pi\varepsilon_0 R} = \frac{Q_2}{4\pi\varepsilon_0 \varepsilon_r R}$$

由此得

$$\varepsilon_r Q_1 = Q_2$$

由于

$$Q_1 + Q_2 = Q$$

所以铜球上半部带电为

$$Q_1 = \frac{Q}{\varepsilon_r + 1} = \frac{2.0 \times 10^{-6}}{3 + 1} = 0.50 \times 10^{-6} (\text{C})$$

而

$$Q_2 = Q - Q_1 = (2.0 - 0.5) \times 10^{-6} = 1.5 \times 10^{-6} (\text{C})$$

＊15.30　在具有杂质离子的半导体中,电子围绕这些离子作轨道运动。若该轨道的尺寸大于半导体的原子间的距离,则可认为电子是在介电常量近似均匀的电介质的空间中运动。

(1) 按照在习题 13.34 中所描述的玻尔理论,计算一个电子的轨道能;

(2) 半导体锗的相对介电常量为 $\varepsilon_r = 15.8$,估算一个电子围绕嵌在锗中的离子运动的轨道能。假定电子处在最小的玻尔轨道。所得的结果与真空中电子围绕离子运动的最小轨道能相比如何?

解　(1) 由于在电介质中,电荷间的库仑力减小到在真空中的 $1/\varepsilon_r$,所以按习题 13.34 中的方法计算,电子的轨道半径应为

$$r = \frac{4\pi\varepsilon_0\varepsilon_r}{m_e e^2} n^2 \ \hbar^2$$

而轨道能应为

$$W = -\frac{m_e e^4}{2(4\pi\varepsilon_0\varepsilon_r \ \hbar)^2} \frac{1}{n^2} = \frac{W_0}{\varepsilon_r^2}$$

其中 W_0 为电子在真空中绕核运动时的轨道能。

(2) 锗晶体中电子围绕离子运动的最小轨道能为

$$W_1 = \frac{W_{01}}{\varepsilon_r^2} = \frac{13.6}{15.8^2} = 0.054 \ (\text{eV})$$

为在真空中的 $1/\varepsilon_r^2$。

第 16 章

恒 定 电 流

一、概念原理复习

从物理教学要求判断,本章的重点内容是电流密度概念、电动势概念和金属中电流的微观图像。

1. 电流密度

电流密度 J 为一矢量,其方向即带正电的载流子的定向速度 v 的方向,而

$$J = n\,q\,v$$

通过某一面积的电流[强度] I 是单位时间内通过该面积的电量,亦即电流密度对该面积的面积分。它是一个标量,

$$I = \frac{dQ}{dt} = \int_S J \cdot dS$$

对一封闭面 S,由电荷守恒可得出电流连续性方程

$$\oint_S J \cdot dS = -\frac{dq_{in}}{dt}$$

2. 恒定电流

恒定电流即各处电流密度不随时间改变的电流。对这种电流,有

(1) $\oint_S J \cdot dS = 0$

此式对恒定电流电路可写成基尔霍夫节点电流方程:

$$\sum I_i = 0$$

(2) 各处电荷分布不变,因而又有

$$\oint_L E \cdot dr = 0$$

此式对恒定电流电路写成基尔霍夫回路电压方程:

$$\sum (\mp \mathscr{E}_i) + \sum (\pm I_i R_i) = 0$$

3. 电动势

恒定电流回路中一定有非静电力反抗静电力移动电荷做功,把其他种形式的能量变为

电势能,使电势升高。

电源的电动势

$$\mathscr{E} = \frac{A_{ne}}{q} = \int_{(-)}^{(+)} \boldsymbol{F}_{ne} \cdot \mathrm{d}\boldsymbol{r} / q = \int_{(-)}^{(+)} \boldsymbol{E}_{ne} \cdot \mathrm{d}\boldsymbol{r}$$

（电源内）　　　　（电源内）

4. 电容器的充放电

充电：
$$q = C\mathscr{E}\left(1 - \mathrm{e}^{-\frac{t}{RC}}\right), \quad i = \frac{\mathscr{E}}{R}\mathrm{e}^{-\frac{t}{RC}}$$

放电：
$$q = Q\mathrm{e}^{-\frac{t}{RC}}, \quad i = \frac{Q}{RC}\mathrm{e}^{-\frac{t}{RC}}$$

时间常数：$\tau = RC$

以上结果都假定电路中电场变化不是太快,视为似稳电场。这要求电路的空间范围线度 $l \ll c\tau$,式中 c 为光的速率。

5. 金属中电流的经典微观图像

在电场作用下自由电子的定向运动是一段一段加速运动的接替,各段加速运动都从定向速度为零开始,利用经典力学求统计平均值可得到欧姆定律的结果,而金属的电导率为

$$\sigma = \frac{n e^2 \tau}{m}$$

计算电子定向运动与离子碰撞时损失的动能可以进一步得出焦耳定律的微分形式——热功率密度公式

$$p = \sigma E^2$$

二、解题要点

本章习题除要求直接利用有关公式求解以外,主要是应用基尔霍夫方程求解。

利用节点电流方程列式时,应对各段电路预先设好其中电流的方向,然后对各节点以流入为负、流出为正列出电流的代数方程。

利用回路电压方程列式时,要先对选定的回路设定一正绕行方向。注意 IR 是沿电流 I 方向电势降低的值,$\mathscr{E}$ 是沿电动势方向(在电源内由其负极指向正极)电势升高的值。然后根据这些方向和回路正方向相同或相反而决定该量的正负并求其代数和,使沿回路一周总的电势降落(或电势升高)为零。

对电流公式或电压公式都要核对一下是否是独立的公式。

三、思考题选答

16.1 当导体中没有电场时,其中能否有电流? 当导体中无电流时,其中能否存在电场?

答 对于一般的导体,如金属,根据公式 $\boldsymbol{J} = \sigma \boldsymbol{E}$,导体中没有电场,即 $\boldsymbol{E} = 0$ 时,$\boldsymbol{J} = 0$,即没有电流。但超导体($\sigma \to \infty$),其中 $\boldsymbol{E} = 0$ 时,仍可有电流流通,即 $\boldsymbol{J} =$ 有限值。

16.2 证明,用给定物质做成的一定长度的导线,它的电阻和它的质量成反比。

证 以 l 表示导线的长度,S 表示其横截面积,σ 表示其电导率,ρ 表示其质量密度。

根据电阻公式

$$R = \frac{l}{\sigma S} = \frac{l}{\sigma S} \frac{l\rho}{l\rho} = \frac{l^2\rho}{\sigma V\rho} = \frac{l^2\rho}{\sigma m}$$

式中 σ, l, ρ 均为常量,所以有导线的电阻 R 与其质量 $m = V\rho$ 成反比。

16.7　你能很快估计出图 16.1 所示的电路中 A, B 之间的电阻吗?

答　由于电流计Ⓐ内阻很小,可以忽略,则其处可视为短路。又由于电压计Ⓥ内阻很大,若视为无穷大,则其处可视为断路。这样,A, B 间的电阻就是 5 kΩ 和 10 kΩ 串联形成的,共 15 kΩ。

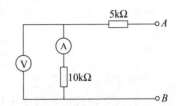

图 16.1　思考题 16.7 答用图

如果按正规计算,则 A, B 间电阻为

$$R = \frac{(R_A + 10)R_V}{R_A + 10 + R_V} + 5$$

和 10 kΩ 相比,式中 R_A 甚小,可忽略。分母上和 10 kΩ 相比,R_V 甚大,可忽略 10 kΩ,结果为

$$R = \frac{10R_V}{R_V} + 5 = 15 \text{ kΩ}$$

四、习题解答

16.1　北京正负电子对撞机的储存环是周长为 240 m 的近似圆形轨道。当环中电子流强度为 8 mA 时,在整个环中有多少电子在运行? 已知电子的速率接近光速。

解　以 N_1 表示单位长度轨道上的电子数,则 $I = N_1 ev$。在整个环中的电子数为

$$N = lN_1 = \frac{lI}{ev} = \frac{240 \times 8 \times 10^{-3}}{1.6 \times 10^{-19} \times 3 \times 10^8} = 4 \times 10^{10} \text{(个)}$$

16.2　在范德格拉夫静电加速器中,一宽为 30 cm 的橡皮带以 20 cm/s 的速度运行,在下边的滚轴处给橡皮带带上表面电荷,橡皮带的面电荷密度足以在带子的每一侧产生 1.2×10^6 V/m 的电场,求电流是多少毫安?

解　$I = \sigma wv = 2\varepsilon_0 Ewv = 2 \times 8.85 \times 10^{-12} \times 1.2 \times 10^6 \times 0.3 \times 0.2$
$= 1.3 \times 10^{-6} \text{(A)} = 1.3 \times 10^{-3} \text{(mA)}$

16.3　设想在银这样的金属中,导电电子数等于原子数。当 1 mm 直径的银线中通过 30 A 的电流时,电子的漂移速度是多大? 给出近似答案,计算中所需要的那些你一时还找不到的数据,可自己估计数量级并代入计算。若银线温度是 20℃,按经典电子气模型,其中自由电子的平均速率是多大?

解　$v = \frac{I}{Sne} = \frac{IM}{\frac{\pi}{4}D^2\rho N_A e}$

银的摩尔质量取 $M = 100$ g/mol $= 0.1$ kg/mol,密度取 $\rho = 10$ g/cm³ $= 10^4$ kg/m³,则

$$v = \frac{4 \times 30 \times 0.1}{\pi \times (10^{-3})^2 \times 10^4 \times 6 \times 10^{23} \times 1.6 \times 10^{-19}} = 4 \times 10^{-3} \text{(m/s)}$$

$$\bar{v}=1.60\sqrt{\frac{kT}{m}}=1.60\times\sqrt{\frac{1.38\times10^{-23}\times293}{9.1\times10^{-31}}}=1.1\times10^5\,(\text{m/s})$$

16.4 一矩形铜棒的横截面积为 20 mm×80 mm,长为 2 m,两端的电势差为 50 mV。已知铜的电阻率为 $\rho=1.75\times10^{-8}\ \Omega\cdot\text{m}$,铜内自由电子的数密度为 $8.5\times10^{28}\ \text{m}^{-3}$。求:(1)棒的电阻;(2)通过棒的电流;(3)棒内的电流密度;(4)棒内的电场强度;(5)棒所消耗的功率;(6)棒内电子的漂移速度。

解 (1) $R=\rho\dfrac{l}{S}=1.75\times10^{-8}\times\dfrac{2}{20\times80\times10^{-6}}=2.19\times10^{-5}\,(\Omega)$

(2) $I=U/R=50\times10^{-3}/(2.19\times10^{-5})=2.28\times10^3\,(\text{A})$

(3) $J=I/S=2.28\times10^3/(20\times80\times10^{-6})=1.43\times10^6\,(\text{A/m}^2)$

(4) $E=\rho J=1.75\times10^{-8}\times1.43\times10^6=2.50\times10^{-2}\,(\text{V/m})$

(5) $P=IU=2.28\times10^3\times50\times10^{-3}=1.14\times10^2\,(\text{W})$

(6) $v=J/(ne)=1.43\times10^6/(8.5\times10^{28}\times1.6\times10^{-19})=1.05\times10^{-4}\,(\text{m/s})$

16.5 一铁制水管,内、外直径分别为 2.0 cm 和 2.5 cm,这水管常用来使电气设备接地。 如果从电气设备流入到水管中的电流是 20 A,那么电流在管壁中和水中各占多少? 假设水的电阻率是 $0.01\ \Omega\cdot\text{m}$,铁的电阻率是 $8.7\times10^{-8}\ \Omega\cdot\text{m}$。

解 以 I_1 和 I_2 分别表示通过水和铁管的电流,则

$$\frac{I_1}{I_2}=\frac{R_2}{R_1}=\frac{\rho_2 r_1^2}{\rho_1(r_2^2-r_1^2)}=\frac{8.7\times10^{-8}\times2^2}{0.01\times(2.5^2-2^2)}=1.55\times10^{-5}$$

由于 I_1 和 I_2 相比甚小,所以 $I_2\approx20$ A,$I_1\approx0$。

16.6 地下电话电缆由一对导线组成,这对导线沿其长度的某处发生短路(图16.2)。电话电缆长 5 m。为了找出何处短路,技术人员首先测量 AB 间的电阻,然后测量 CD 间的电阻。前者测得电阻为30 Ω,后者测得为 70 Ω。 求短路出现在何处。

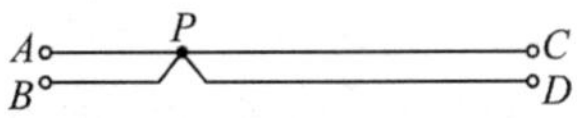

图 16.2 习题 16.6 解用图

解 设在 P 处短路,则

$$\frac{AP}{CP}=\frac{R_{AB/2}}{R_{CD/2}}=\frac{30}{70}=\frac{3}{7}$$

又因,$AP+CP=5$ m,所以得

$$AP=1.5\text{ m}$$

即短路出现在离 A 端1.5 m 处。

16.7 大气中由于存在少量的自由电子和正离子而具有微弱的导电性。

(1)地表附近,晴天大气平均电场强度约为 120 V/m,大气平均电流密度约为 $4\times10^{-12}\,\text{A/m}^2$。求大气电阻率是多大?

(2)电离层和地表之间的电势差为 4×10^5 V,大气的总电阻是多大?

解 (1) $\rho=\dfrac{E}{J}=\dfrac{120}{4\times10^{-12}}=3\times10^{13}\,(\Omega\cdot\text{m})$

(2) $R=\dfrac{U}{I}=\dfrac{U}{J\times4\pi R_\text{E}^2}=\dfrac{4\times10^5}{4\times10^{-12}\times4\pi\times(6.37\times10^6)^2}=196\,(\Omega)$

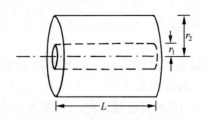

图 16.3　习题 16.8 解用图

16.8　如图 16.3 所示,电缆的芯线是半径为 $r_1 = 0.5$ cm 的铜线,在铜线外面包一层同轴的绝缘层,绝缘层的外半径为 $r_2 = 2$ cm,电阻率 $\rho = 1 \times 10^{12}$ Ω·m。在绝缘层外面又用铅层保护起来。

(1) 求长 $L = 1000$ m 的这种电缆沿径向的电阻;

(2) 当芯线与铅层的电势差为 100 V 时,在这电缆中沿径向的电流多大?

解　(1) $R = \dfrac{\rho}{2\pi L} \ln \dfrac{r_2^2}{r_1^2} = \dfrac{1 \times 10^{12}}{2\pi \times 1000} \ln \dfrac{2^2}{0.5^2} = 2.2 \times 10^8 (\Omega)$

(2) $I = U/R = 100/(2.2 \times 10^8) = 4.5 \times 10^{-7} (A)$

16.9　球形电容器的内、外导体球壳的半径分别为 r_1 和 r_2,中间充满的电介质的电阻率为 ρ。求证它的漏电电阻为

$$R = \frac{\rho}{4\pi}\left(\frac{1}{r_1} - \frac{1}{r_2}\right)$$

证　$R = \displaystyle\int_{r_1}^{r_2} \frac{\rho \mathrm{d}r}{4\pi r^2} = \frac{\rho}{4\pi}\left(\frac{1}{r_1} - \frac{1}{r_2}\right)$

*16.10　一根输电线被飓风吹断,一端触及地面,从而使 200 A 的电流由触地点流入地内。设地面水平,土地为均匀物质,电阻率为 10.0 Ω·m。一人走近输电线接地端,左脚距该端 1.0 m,右脚距该端 1.3 m。求地面上他的两脚间的电压。

解　电流从输电线触地点流入土地后,将各向均匀地向四处流去。由于地面是水平的,离触地点 r 处的电流密度为 $J = I/(2\pi r^2)$,该处的电场强度将为 $E = \rho J = \rho I/(2\pi r^2)$,由此可得人的两脚之间的电压为

$$U = \int_{r_1}^{r_2} E \mathrm{d}r = \frac{\rho I}{2\pi}\left(\frac{1}{r_1} - \frac{1}{r_2}\right) = \frac{\rho I}{2\pi} \frac{r_2 - r_1}{r_2 r_1} = \frac{10.0 \times 200 \times (1.3 - 1.0)}{2\pi \times 1.3 \times 1.0} = 73 \text{ (V)}$$

16.11　如图 16.4 所示,$\mathscr{E}_1 = 3.0$ V,$r_1 = 0.5$ Ω,$\mathscr{E}_2 = 6.0$ V,$r_2 = 1.0$ Ω,$R_1 = 2.0$ Ω,$R_2 = 4.0$ Ω,求通过 R_1 和 R_2 的电流。

解　如图 16.4 所示,可列基尔霍夫方程如下:

对节点 b:　　　　　　　　　　$I_1 - I_2 + I_3 = 0$
对回路 abR_1a:　　　　　　　$-I_3 r_1 - \mathscr{E}_1 + I_1 R_1 = 0$
对回路 aR_2ba:　　　　$I_2 r_2 - \mathscr{E}_1 + I_3 r_1 + \mathscr{E}_2 + I_2 R_2 = 0$

将已知数据代入,联立解此三方程,可得

$$I_1 = \frac{3}{4} \text{ A}, \quad I_2 = \frac{2}{3} \text{ A}$$

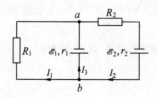

图 16.4　习题 16.11 解用图

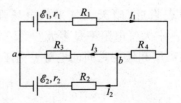

图 16.5　习题 16.12 解用图

16.12　如图 16.5 所示,其中 $\mathscr{E}_1=3.0$ V, $\mathscr{E}_2=1.0$ V, $r_1=0.5$ Ω, $r_2=1.0$ Ω, $R_1=$
4.5 Ω, $R_2=19.0$ Ω, $R_3=10.0$ Ω, $R_4=5.0$ Ω。求电路中的电流分布。

解　如图 16.5 所示,可列出基尔霍夫方程如下:

对节点 b　　　　　　　　　　$-I_1+I_3+I_2=0$

对回路 aR_1bR_3a　　　　　$-\mathscr{E}_1+I_1(r_1+R_1+R_4)+I_3R_3=0$

对回路 aR_3bR_2a　　　　　$-I_3R_3+I_2(R_2+r_2)+\mathscr{E}_2=0$

将已知数据代入,联立解此三方程,可得

$$I_1=I_4=0.16 \text{ A}, \quad I_2=0.02 \text{ A}, \quad I_3=0.14 \text{ A}$$

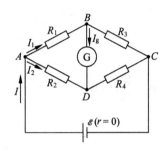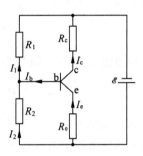

图 16.6　习题 16.13 解用图　　　　　　　图 16.7　习题 16.14 解用图

16.13　如图 16.6 所示的电桥,以 I_1,I_2,I_g 为未知数列出 3 个回路电压方程,从中
解出 I_g,并证明当 $R_1/R_2=R_3/R_4$ 时 $I_g=0$,从而说明 4 个电阻的这一关系是电桥平衡的
充分条件。

解　如图 16.6 所示,可列基尔霍夫方程如下:

对 R_1GR_2 回路　　　　　　$I_1R_1+I_gR_g-I_2R_2=0$

对 R_3R_4G 回路　　　　　　$(I_1-I_g)R_3-(I_2+I_g)R_4-I_gR_g=0$

对 $R_2R_4\mathscr{E}$ 回路　　　　　　$-\mathscr{E}+I_2R_2+(I_2+I_g)R_4=0$

解此三方程可得

$$I_g=\frac{(R_2R_3-R_1R_4)\mathscr{E}}{R_1R_3(R_2+R_4)+R_2R_4(R_1+R_3)+R_g(R_1+R_3)(R_2+R_4)}$$

由此可知,当 $R_1/R_2=R_3/R_4$ 时, $I_g=0$。这就说明 4 个电阻的这一关系是电桥平衡的充分
条件。

16.14　如图 16.7 所示的晶体管电路中 $\mathscr{E}=6$ V,内阻为 0, $U_{ec}=1.96$ V, $U_{eb}=0.2$ V,
$I_c=2$ mA, $I_b=20$ μA, $I_2=0.4$ mA, $R_c=1$ kΩ。求 R_1,R_2,R_e 之值。

解　如图 16.7 所示,由电流关系,可得

$$I_1=I_2+I_b=0.4+0.02=0.42 \text{ mA}$$

$$I_e=I_b+I_c=0.02+2.0=2.02 \text{ mA}$$

由电压关系,可得

$$U_{bc}=U_{ec}-U_{eb}=1.96-0.2=1.76 \text{ V}$$

对回路 R_1R_c:　　　　　　　$I_1R_1-I_cR_c-U_{bc}=0$

由此可得　　　　　　　　　　$R_1=9.0 \text{ kΩ}$

对回路 $R_eR_c\mathscr{E}$:　　　　　　$I_cR_c-\mathscr{E}+I_eR_e+U_{ec}=0$

由此可得 $\qquad\qquad R_e = 1.0\ \text{k}\Omega$

对回路 $R_2 R_e$： $\qquad\qquad I_2 R_2 + U_{bc} - I_e R_e = 0$

由此可得 $\qquad\qquad R_2 = 5.6\ \text{k}\Omega$

*16.15 证明：电容器 C 通过电阻 R 放电时，R 上耗散的能量等于原来储存在电容器内的能量。对于放电过程，有人认为当 $t = \infty$ 时，才能有 $Q = 0$，所以电容器是永远不会真正放完电的。你如何反击这一意见？你可以在某种合理的关于 R,C 值，以及电容器的初始电压为 U_0 值的假定下，计算电荷减小到剩下一个电子所需要的时间。

证　已知放电电流公式为

$$i = \frac{Q}{RC} e^{-t/RC}$$

整个放电过程电阻 R 消耗的能量为

$$W = \int_0^\infty i^2 R\,\mathrm{d}t = \int_0^\infty \frac{Q^2}{RC^2} e^{-2t/RC}\,\mathrm{d}t = \frac{Q^2}{2C} = W_C$$

即等于原来储存在电容器中的能量。

由于放电时的电量随时间的关系为

$$q = Q e^{-t/RC}$$

所以放电到剩 1 个电子所需时间为

$$t = RC\ln\frac{Q}{e} = RC\ln\frac{CU}{e}$$

设 $C = 10^{-7}\text{F}, U = 10^2\text{V}, R = 10^3\,\Omega$，则

$$t = 10^3 \times 10^{-7} \times \ln(10^{-7} \times 10^2 / 1.6 \times 10^{-19}) = 3 \times 10^{-3}\,(\text{s})$$

这说明放电到实际上电容器电量可以忽略所需时间是非常短的。在有限时间内可以认为是真正放完电了的。

*16.16　红宝石激光器中的脉冲氙灯常用 $2000\ \mu\text{F}$ 的电容器充电到 $4000\ \text{V}$ 后放电时的瞬时大电流来使之发光，如电源给电容器充电时的最大输出电流为 $1\ \text{A}$，求此充电电路的最小时间常数。脉冲氙灯放电时，其灯管内电阻近似为 $0.5\ \Omega$，求最大放电电流及放电电路的时间常数。

解　得到最大电流 I_{max} 所需的最小电阻为

$$R_{min} = U/I_{max} = 4 \times 10^3 / 1 = 4.0\ (\text{k}\Omega)$$

最小时间常量为

$$\tau_{min} = R_{min} C = 4 \times 10^3 \times 2 \times 10^{-3} = 8.0\ (\text{s})$$

实际脉冲氙灯最大放电电流为

$$I_{max} = \frac{U}{R} = \frac{4 \times 10^3}{0.5} = 8.0 \times 10^3\,(\text{A})$$

电路的时间常数为

$$\tau = RC = 0.5 \times 2 \times 10^{-3} = 1.0 \times 10^{-3}\,(\text{s})$$

16.17　一台大电磁铁在 $400\ \text{V}$ 电压下以 $200\ \text{A}$ 的电流工作。它的线圈用水冷却，水的进口温度为 20℃，如果水的出口温度不超过 80℃，那么水的最小流量(L/min)应是多少？

解 以 $Q(\text{L/min})$ 表示水的最小流量,则质量流量为 $Q(\text{kg/min})$,由能量关系

$$UI \times 60 = cQ \times (t_2 - t_1)$$

可得

$$Q = \frac{UI \times 60}{(t_2 - t_1)c} = \frac{400 \times 200 \times 60}{(80 - 60) \times 4.2 \times 10^3} = 19 \ (\text{L/min})$$

*16.18 试根据原书式(16.15)和高斯定律证明:在恒定电流的电路中,均匀导体(即各处电阻率相同)内不可能有净电荷存在。因此,净电荷只可能存在于导体表面或不同导体的接界面处。

证 在通有恒定电流的导体内,任取一小的高斯面,由高斯定律可得

$$q_{\text{in}} = \varepsilon_0 \oint \boldsymbol{E} \cdot \mathrm{d}\boldsymbol{S} = \varepsilon_0 \oint \rho \boldsymbol{J} \cdot \mathrm{d}\boldsymbol{S}$$

对于均匀导体,电阻率各处相同,所以有

$$q_{\text{in}} = \varepsilon_0 \rho \oint \boldsymbol{J} \cdot \mathrm{d}\boldsymbol{S}$$

由于对恒定电流,此式中的积分为零,所以得

$$q_{\text{in}} = 0$$

即在恒定电流流通的均匀导体内不可能有净电荷存在。在导体表面和不同导体接界处,ρ 不均匀,所以不能从上列积分的积分号后提出,因此可能 $q_{\text{in}} \neq 0$,即有净电荷存在。

第17章

磁场和它的源

一、概念原理复习

1. 毕奥-萨伐尔定律

电流元 $I\mathrm{d}l$ 的磁场分布公式为

$$\mathrm{d}\boldsymbol{B}=\frac{\mu_0 I\mathrm{d}\boldsymbol{l}\times\boldsymbol{e}_r}{4\pi r^2}$$

其中

$$\mu_0=4\pi\times10^{-7}\,\mathrm{N/A^2}$$

叫真空的磁导率。由上式积分可求得：

无限长直电流的磁感应强度 $B=\dfrac{\mu_0 I}{2\pi r}$

载流长直螺线管内部的磁感应强度 $B=\mu_0 nI$

根据电流由定向运动电荷形成可导出运动电荷的磁感应强度为

$$\boldsymbol{B}=\frac{\mu_0 q\,\boldsymbol{v}\times\boldsymbol{e}_r}{4\pi r^2}$$

2. 磁通连续原理

通过任意封闭面的磁通量为零,即

$$\oint_S \boldsymbol{B}\cdot\mathrm{d}\boldsymbol{S}=0$$

这说明磁场是涡漩场、无源场,磁场线总是闭合的曲线,无头无尾。此原理也说明无"磁荷"存在。

*3. 匀速运动点电荷的磁场

由匀速运动点电荷的电场公式可求得

$$\boldsymbol{B}=\frac{1}{c^2}\,\boldsymbol{v}\times\boldsymbol{E}=\frac{\mu_0 q(1-\beta^2)}{4\pi r^2(1-\beta^2\sin^2\theta)^{3/2}}\,\boldsymbol{v}\times\boldsymbol{e}_r$$

式中利用了 $\varepsilon_0\mu_0=1/c^2$ 的关系。根据电流是定向运动的电荷形成的,可以由上式导出毕奥-萨伐尔电流元的磁场公式。

当 $v\ll c$ 时, $B=\dfrac{\mu_0 q}{4\pi r^2}\boldsymbol{v}\times\boldsymbol{e}_r$

4. 安培环路定理

由毕奥-萨伐尔定律可导出

$$\oint_L \boldsymbol{B} \cdot \mathrm{d}\boldsymbol{r} = \mu_0 \sum I_{\mathrm{in}}$$

这只是恒定(闭合)电流的磁场。

5. 与变化电场相联系的磁场

$$\oint_L \boldsymbol{B} \cdot \mathrm{d}\boldsymbol{r} = \mu_0 \varepsilon_0 \frac{\mathrm{d}}{\mathrm{d}t} \int_S \boldsymbol{E} \cdot \mathrm{d}\boldsymbol{S}$$

其中 $\varepsilon_0 \dfrac{\mathrm{d}}{\mathrm{d}t} \displaystyle\int_S \boldsymbol{E} \cdot \mathrm{d}\boldsymbol{S}$ 可视为一种电流,被麦克斯韦称为位移电流,并以 I_d 表示。为了与之区别,电荷运动产生的电流叫传导电流,以 I_c 表示。

一般地,磁感应强度 $\boldsymbol{B}$ 与其源的关系表示为

$$\oint_L \boldsymbol{B} \cdot \mathrm{d}\boldsymbol{r} = \mu_0 \left(I_{\mathrm{c,in}} + \varepsilon_0 \frac{\mathrm{d}}{\mathrm{d}t} \int_S \boldsymbol{E} \cdot \mathrm{d}\boldsymbol{S} \right)$$

或

$$\oint_L \boldsymbol{B} \cdot \mathrm{d}\boldsymbol{r} = \mu_0 (I_\mathrm{c} + I_\mathrm{d})_{\mathrm{in}}$$

这一关系式称为普遍的安培环路定理。

6. 电流单位"安培"的规定

电流单位"安培"是利用两条平行电流之间的相互作用力规定的。

二、解题要点

(1)利用毕奥-萨伐尔定律求磁场分布时,要注意各电流元在场点产生的磁场 $\mathrm{d}\boldsymbol{B}$ 的方向,然后用矢量叠加进行演算。

(2)利用安培环路定理解题时,要注意对称性分析,并在此基础上设定安培环路的形状进行演算。

三、思考题选答

17.2 两根通有同样电流 I 的长直导线十字交叉放在一起,交叉点相互绝缘,试判断何处的合磁场为零。

答 如图 17.1 所示,在电流所在平面内第Ⅰ和第Ⅲ象限内等分角 L 上各点的合磁场为零,这是因为此线上任一点距两直电流都等远。再根据右手判断可知,两直电流分别在此点的磁感应强度大小相等,方向相反。

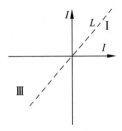

17.4 解释等离子体的箍缩效应,即等离子柱中通以电流时它会受到自身电流的磁场的作用而向轴心收缩的现象。

图 17.1 思考题 17.2 答用图

答 等离子体圆柱中通以电流时,就形成了均匀圆柱体电流。根据其柱对称性用安培环路定理可知,在柱内的磁感线都是垂直于轴而圆心在轴上的圆周。由于各处磁感线的方

向都是这些圆周的切线方向,再根据洛伦兹力公式,可判断出各处的正、负离子受的磁力的方向都是沿着磁感线的径向而指向轴心的。这种力的作用将导致等离子柱向轴心收缩(图 17.2)。

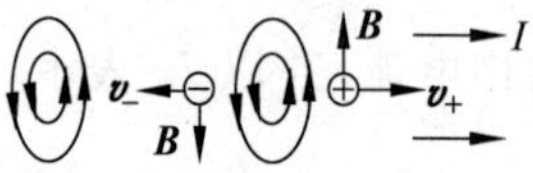

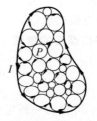

图 17.3　思考题 17.11 答用图显示
异形直螺线管截面

图 17.2　思考题 17.4 答用图

17.11　像原书图 17.37 那样的截面是任意形状的密绕长直螺线管,管内磁场是否是均匀磁场? 其磁感应强度是否仍可按 $B = \mu_0 nI$ 计算?

答　异形密绕长直螺线管内的磁场仍是均匀的而且可以按 $S = \mu_0 nI$ 计算。这是因为可以设想管内挤满半径很小的密绕长直螺线管,这些细螺线管上电流的大小和绕向以及单位长度的匝数 n 均与大的螺线管相同(图 17.3)。在大管内任意处相邻的小管上的电流方向均相反而大小相等。它们在各处产生的磁场将抵消为零,只有这一束细管外层的细管中的电流保留下来(参考图 19.3 表面电流的产生)。这样,这一细螺线管束产生的磁场就和异形截面大螺线管产生的是一样的,每一个细螺线管在内部产生的磁场都是均匀的,而且 $B = \mu_0 nI$ 在外部产生的磁场为零,所以在异形截面大螺线管内磁场到处都是一样的,而且等于 $\mu_0 nI$。

四、习题解答

17.1　求图 17.4 各图中 P 点的磁感应强度 $\boldsymbol{B}$ 的大小和方向。

解　(1) 水平段电流在 P 点不产生磁场。竖直段电流是一"半无限长"直电流,它在 P 点的磁感应强度为

$$B = \frac{1}{2} \frac{\mu_0 I}{2\pi a} = \frac{\mu_0 I}{4\pi a}$$

方向垂直纸面向外。

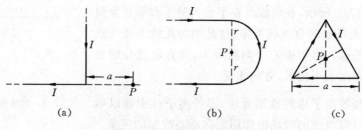

(a)　　　　　　　(b)　　　　　　　(c)

图 17.4　习题 17.1 解用图

（2）两直电流在 P 点的磁场相当于两个"半无限长"直电流磁场的叠加，等于一个无限长直电流在相距 r 处的磁场，为 $\mu_0 I/2\pi r$。半圆电流在 P 点的磁场为圆电流在圆心处的磁场的一半，即 $\mu_0 I/4r$。在 P 点的总磁场为上述同向磁场的叠加，其大小为

$$B = \frac{\mu_0 I}{2\pi r} + \frac{\mu_0 I}{4r}$$

方向垂直纸面向里。

（3）P 点到每一边的距离为 $a/2\sqrt{3}$。P 点的磁感应强度是三边电流产生的同向磁感应强度的叠加，为

$$B = 3 \times \frac{\mu_0 I}{4\pi a/2\sqrt{3}}(\cos 30° - \cos 150°) = \frac{9\mu_0 I}{2\pi a}$$

17.2　高压输电线在地面上空 25 m 处，通过电流为 1.8×10^3 A。

（1）求在地面上由这电流所产生的磁感应强度多大？

（2）在上述地区，磁感应强度为 0.6×10^{-4} T，问输电线产生的磁场与地磁场相比如何？

解　（1）$B = \dfrac{\mu_0 I}{2\pi r} = \dfrac{4\pi \times 10^{-7} \times 1.8 \times 10^3}{2\pi \times 25} = 1.4 \times 10^{-5}$（T）

（2）$B/B_E = 1.4 \times 10^{-5}/(0.6 \times 10^{-4}) = 0.24$

17.3　在汽船上，指南针装在相距载流导线 0.80 m 处，该导线中电流为 20 A。

（1）该电流在指南针所在处的磁感应强度多大？（导线作为长直导线处理。）

（2）地磁场的水平分量（向北）为 0.18×10^{-4} T。由于导线中电流的磁场作用，指南针的指向要偏离正北方向。如果电流的磁场是水平的，而且与地磁场垂直，指南针将偏离正北方向多少度？求在最坏情况下，上述汽船中的指南针偏离正北方向多少度？

解　（1）$B = \dfrac{\mu_0 I}{2\pi r} = \dfrac{4\pi \times 10^{-7} \times 20}{2\pi \times 0.80} = 5.0 \times 10^{-6}$（T）

（2）当 B 与地磁场垂直时，指南针偏离北方的角度为

$$\theta_1 = \arctan \frac{B}{B_E} = \arctan \frac{5.0 \times 10^{-6}}{0.18 \times 10^{-4}} = 15°31'$$

在最坏情况下，即指南针偏离正北方向的最大角度为

$$\theta_2 = \arcsin \frac{B}{B_E} = \arcsin \frac{5.0 \times 10^{-6}}{0.18 \times 10^{-4}} = 16°8'$$

17.4　两根导线沿半径方向被引到铁环上 A, C 两点，电流方向如图 17.5 所示。求环中心 O 处的磁感应强度是多少？

解　两根长直电流在圆心处的磁场均为零。I_1 在圆心处的磁感应强度为

$$B_1 = \frac{\mu_0 I_1}{2r} \frac{l_1}{2\pi r} = \frac{\mu_0 I_1 l_1}{4\pi r^2}$$

方向垂直纸面向外。I_2 在圆心处的磁感应强度为

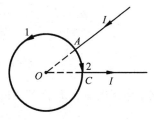

图 17.5　习题 17.4 解用图

$$B_2 = \frac{\mu_0 I_2}{2r} \frac{l_2}{2\pi r} = \frac{\mu_0 I_2 l_2}{4\pi r^2}$$

方向垂直纸面向里。由于 l_1 和 l_2 的电阻与其长度成正比,于是

$$\frac{I_1}{I_2} = \frac{R_2}{R_1} = \frac{l_2}{l_1}$$

所以 $I_1 l_1 = I_2 l_2$。因此 $\boldsymbol{B}_1$ 与 $\boldsymbol{B}_2$ 大小相等,方向相反,因而圆心处的合磁感应强度为零。

17.5 两平行直导线相距 $d = 40$ cm,每根导线载有电流 $I_1 = I_2 = 20$ A,如图 17.6 所示。求:

(1) 两导线所在平面内与该两导线等距离的一点处的磁感应强度;

(2) 通过图中斜线所示面积的磁通量(设 $r_1 = r_3 = 10$ cm,$l = 25$ cm)。

解 (1) 在两导线所在平面内与两导线等距离处的磁感应强度为

$$B_0 = 2\frac{\mu_0 I}{2\pi d/2} = \frac{2 \times 4\pi \times 10^{-7} \times 20}{\pi \times 0.4} = 4.0 \times 10^{-5}\,(\text{T})$$

(2) 所求磁通量为

$$\Phi = 2\int \boldsymbol{B} \cdot \mathrm{d}\boldsymbol{S} = 2\int_{r_1}^{r_1+r_2} \frac{\mu_0 I}{2\pi r} l\,\mathrm{d}r = \frac{\mu_0 I l}{\pi} \ln\frac{r_1+r_2}{r_1}$$

$$= \frac{4\pi \times 10^{-7} \times 20 \times 0.25}{\pi} \ln\frac{0.10+0.20}{0.10}$$

$$= 2.2 \times 10^{-6}\,(\text{Wb})$$

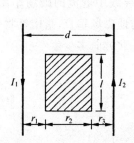

图 17.6 习题 17.5 解用图

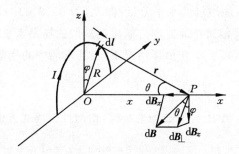

图 17.7 习题 17.6 解用图

17.6 如图 17.7 所示,求半圆形电流 I 在半圆的轴线上与圆心距离 x 处的 $\boldsymbol{B}$。

解 如图 17.7 所示,由毕奥-萨伐尔定律,$I\mathrm{d}l$ 在 P 点的磁感应强度为

$$\mathrm{d}\boldsymbol{B} = \frac{\mu_0 I\mathrm{d}\boldsymbol{l} \times \boldsymbol{r}}{4\pi r^3} = \frac{\mu_0 I}{4\pi r^3}\mathrm{d}\boldsymbol{l} \times (x\boldsymbol{i} - \boldsymbol{R}) = \frac{\mu_0 I}{4\pi r^3}\left[(\mathrm{d}y\boldsymbol{j} + \mathrm{d}z\boldsymbol{k}) \times x\boldsymbol{i} - \mathrm{d}\boldsymbol{l} \times \boldsymbol{R}\right]$$

$$= \frac{\mu_0 I}{4\pi r^3}\left[-x\mathrm{d}y\boldsymbol{k} + x\mathrm{d}z\boldsymbol{j} - R\mathrm{d}l\boldsymbol{i}\right]$$

整个半圆电流在 P 点产生的磁感应强度为

$$\boldsymbol{B} = \int \mathrm{d}\boldsymbol{B} = \frac{\mu_0 I}{4\pi r^3}\left[\int_{-R}^{R} -x\mathrm{d}y\,\boldsymbol{k} + \int_0^0 x\mathrm{d}z\,\boldsymbol{j} - \int_0^{\pi R} R\mathrm{d}l\,\boldsymbol{i}\right]$$

$$= \frac{-\mu_0 I R}{4\pi(x^2+R^2)^{3/2}}\left[2x\boldsymbol{k} + \pi R\boldsymbol{i}\right]$$

　　另一解法：如图 17.7 所示，电流元 $I\mathrm{d}\boldsymbol{l}$ 在 P 点产生的磁感应强度 $\mathrm{d}\boldsymbol{B}$ 的大小为 $\mathrm{d}B=\mu_0 I\mathrm{d}l/4\pi r^2$。将 $\mathrm{d}\boldsymbol{B}$ 分解为 $\mathrm{d}\boldsymbol{B}_x$ 和垂直于 x 轴的分量 $\mathrm{d}\boldsymbol{B}_\perp$，

$$\mathrm{d}B_x=-\mathrm{d}B\sin\theta,\quad \mathrm{d}B_\perp=\mathrm{d}B\cos\theta$$

$\mathrm{d}\boldsymbol{B}_\perp$ 与 $\boldsymbol{R}$ 方向相反。再将 $\mathrm{d}\boldsymbol{B}_\perp$ 分解为 $\mathrm{d}\boldsymbol{B}_y$ 和 $\mathrm{d}\boldsymbol{B}_z$，其中 $\mathrm{d}B_z=-\mathrm{d}B_\perp\cos\varphi=-\mathrm{d}B\cos\theta\cos\varphi$。

　　由半圆电流对 z 轴的对称性，可得

$$B_y=\int\mathrm{d}B_y=0$$

而

$$B_x=\int\mathrm{d}B_x=-\int\mathrm{d}B\sin\theta=-\int_0^{\pi R}\frac{\mu_0 I}{4\pi r^2}\mathrm{d}l\sin\theta=-\frac{\mu_0 I\sin\theta}{4\pi r^2}\int_0^{\pi R}\mathrm{d}l$$

$$=-\frac{\mu_0 IR^2}{4(x^2+R^2)^{3/2}}$$

$$B_z=\int\mathrm{d}B_z=-\int\mathrm{d}B\cos\theta\cos\varphi=-\int_0^{\pi R}\frac{\mu_0 I\mathrm{d}l}{4\pi r^2}\cos\theta\cos\varphi$$

$$=-\frac{\mu_0 I}{4\pi r^2}\cos\theta\int_{-\pi/2}^{\pi/2}R\mathrm{d}\varphi\cos\varphi=-\frac{\mu_0 IRx}{2\pi(x^2+R^2)^{3/2}}$$

由此可得半圆电流在 P 点产生的磁感应强度为

$$\boldsymbol{B}=-\frac{\mu_0 IR}{4\pi(x^2+R^2)^{3/2}}\left[\pi R\boldsymbol{i}+2x\boldsymbol{k}\right]$$

　　17.7　连到一个大电磁铁，通有 $I=5.0\times10^3\,\mathrm{A}$ 的电流的长引线构造如下：中间是一直径为 5.0 cm 的铝棒，周围同轴地套一内直径为 7.0 cm、外直径为 9.0 cm 的铝筒作为电流的回程（筒与棒间充以油类并使之流动以散热）。在每件导体的截面上电流密度均匀。计算从轴心到圆筒外侧的磁场分布（铝和油本身对磁场分布无影响），并画出相应的关系曲线。

　　解　利用安培环路定理，可以得到下列结果：

$$r\leqslant 0.025\,\mathrm{m},\quad B=1.6r\,\mathrm{T}$$
$$0.025\,\mathrm{m}\leqslant r\leqslant 0.035\,\mathrm{m},\quad B=10^{-3}/r\,\mathrm{T}$$
$$0.035\,\mathrm{m}\leqslant r\leqslant 0.045\,\mathrm{m},\quad B=0.31(8.1\times10^{-3}-4r^2)/r\,\mathrm{T}$$
$$0.045\,\mathrm{m}\leqslant r,\quad B=0$$

磁场随 r 变化的曲线如图 17.8 所示。

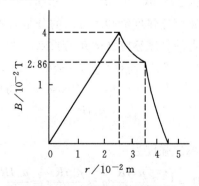

图 17.8　习题 17.7 解用图

17.8　根据长直电流的磁场公式(原书式(17.10)),用积分法求:

(1) 无限长圆柱均匀面电流 I 内外的磁场分布;

(2) 无限大平面均匀电流(面电流密度 j)两侧的磁场分布。

解　(1) 如图 17.9(a)所示,圆柱面电流为 $I=2\pi Rj$,在柱面内任取一点 P。在 P 点对顶的两微小角度 $d\theta$ 截取两面电流 $dI_1=jR d\alpha_1=jr_1 d\theta/\cos\alpha$,$dI_2=jR d\alpha_2=jr_2 d\theta/\cos\alpha$。二者在 P 点的磁感应强度分别为

$$dB_1=\frac{\mu_0 dI_1}{2\pi r_1}=\frac{\mu_0 jR d\alpha_1}{2\pi r_1}=\frac{\mu_0 jr_1 d\theta}{2\pi r_1 \cos\alpha}=\frac{\mu_0 j d\theta}{2\pi \cos\alpha}$$

$$dB_2=\frac{\mu_0 dI_2}{2\pi r_2}=\frac{\mu_0 jR d\alpha_2}{2\pi r_2}=\frac{\mu_0 jr_2 d\theta}{2\pi r_2 \cos\alpha}=\frac{\mu_0 j d\theta}{2\pi \cos\alpha}$$

由此得 $dB_1=dB_2$,二者的方向如图示,正好相反,所以 $d\boldsymbol{B}_1+d\boldsymbol{B}_2=\boldsymbol{0}$。整个圆柱面电流在 P 点的磁场为

$$\boldsymbol{B}_{\text{in}}=\int_{(I)}(d\boldsymbol{B}_1+d\boldsymbol{B}_2)=\boldsymbol{0}$$

即在无限长圆柱均匀面电流在柱面内各处磁感应强度为零。

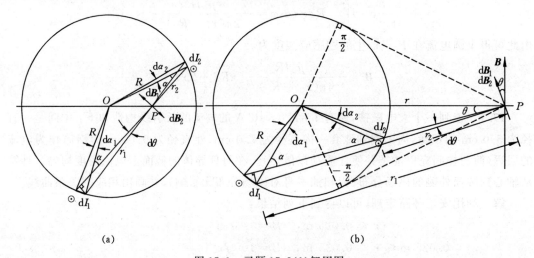

| (a) | (b) |

图 17.9　习题 17.8(1)解用图

如图 17.9(b)所示,在柱面外任取一点 P,它到轴的距离为 r。作 $d\theta$ 如图,仍可得 $dB_1=dB_2=\mu_0 j d\theta/2\pi\cos\alpha$,但此处 $d\boldsymbol{B}_1$ 和 $d\boldsymbol{B}_2$ 方向相同。由电流分布对 OP 直线的对称性可得圆柱面电流在 P 点的磁感应强度沿 OP 方向的分量为零。所以只是 $d\boldsymbol{B}_1$ 和 $d\boldsymbol{B}_2$ 的垂直于 OP 方向的分量对 P 点的总磁感应强度 $\boldsymbol{B}$ 有贡献。这一分量为

$$dB=2dB_1\cos\theta=\mu_0 j\cos\theta d\theta/\pi\cos\alpha$$

由图 17.9(b)可知 $r\sin\theta=R\sin\alpha$,从而 $r\cos\theta d\theta=R\cos\alpha d\alpha$。将此关系代入上式,可得

$$dB=\frac{\mu_0 jR}{\pi r}d\alpha$$

整个圆柱面电流在 P 点的磁感应强度为

$$B=\int dB=\int_{-\pi/2}^{\pi/2}\frac{\mu_0 jR}{\pi r}d\alpha=\frac{\mu_0 jR}{\pi r}\pi=\frac{\mu_0 IR}{2\pi Rr}=\frac{\mu_0 I}{2\pi r}$$

方向与电流方向有右手螺旋关系。

（2）如图 17.10 所示，以电流方向为 z 方向。线电流元 $j\,\mathrm{d}y$ 在 P 点产生的磁感应强度的大小为 $\mathrm{d}B=\mu_0 j\,\mathrm{d}y/2\pi r$。由于电流分布对 x 轴的对称性，可知无限大平面均匀电流在 P 点的磁感应强度的 x 方向分量为零。于是 P 点的磁感应强度为

$$B=B_y=\int \mathrm{d}B_y=\int_{-\infty}^{+\infty}\frac{\mu_0 j\,\mathrm{d}y}{2\pi r}\cos\theta=\int_{-\infty}^{+\infty}\frac{\mu_0 jx}{2\pi r^2}\mathrm{d}y$$

由图 17.10 知，$y=x\tan\theta$，$\mathrm{d}y=x\,\mathrm{d}\theta/\cos^2\theta$，$r^2=x^2/\cos^2\theta$，代入上式可得

$$B=\int_{-\pi/2}^{+\pi/2}\frac{\mu_0 j}{2\pi}\mathrm{d}\theta=\frac{\mu_0 j}{2}$$

方向沿 y 方向。

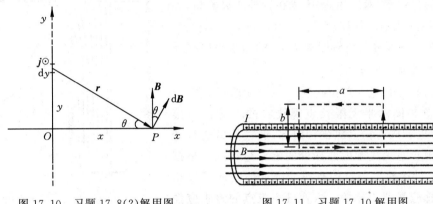

图 17.10　习题 17.8(2)解用图　　　　　图 17.11　习题 17.10 解用图

17.9　原书图 17.11 圆电流 I 在其轴线上磁场由原书式(17.11)表示。试计算此磁场沿轴线从 $-\infty$ 到 $+\infty$ 的线积分以验证安培环路定理（原书式(17.24)）。为什么可忽略此电流"回路"的"回程"部分？

解　磁感应强度 $\boldsymbol{B}$ 沿轴线的线积分为

$$\int_{-\infty}^{+\infty}\boldsymbol{B}\cdot\mathrm{d}x\boldsymbol{i}=\int_{-\infty}^{+\infty}\frac{\mu_0 IR^2\,\mathrm{d}x}{2(x^2+R^2)^{3/2}}=\frac{\mu_0 I}{2R}\int_{-\infty}^{+\infty}\frac{\mathrm{d}x}{\left[(x/R)^2+1\right]^{3/2}}$$

$$=-\frac{\mu_0 I}{2}\int_{\pi}^{0}\sin\theta\,\mathrm{d}\theta=\mu_0 I$$

和安培环路定理给出的结果相同。所以不计"回程"的影响，是因为"回程"在无限远处。根据毕奥-萨伐尔定律，$\mathrm{d}B=\mu_0 I\mathrm{d}l/4\pi r^2$，对无限远处回程路线积分时，虽然路线总长为无限大，但分母 r^2 为二阶无穷大，所以 $\displaystyle\int_{-\infty}^{+\infty}\boldsymbol{B}\cdot\mathrm{d}\boldsymbol{r}\propto\int_{-\infty}^{+\infty}\mathrm{d}\,|\,r\,|\,/r^2\,\Big|_{r\to\infty}=0$，即沿无限远处回程路线关于 $\boldsymbol{B}$ 的线积分对整个环路积分无贡献。

17.10　试设想一矩形回路（图 17.11）并利用安培环路定理导出长直螺线管内的磁感应强度为 $B=\mu_0 nI$。

解　由于长直螺线管通有电流时，其外部磁感应强度为零，而所选矩形回路的侧边（长为 b）在管内部分和磁感应强度方向垂直，所以由安培环路定理可得

$$\oint \boldsymbol{B} \cdot \mathrm{d}\boldsymbol{r} = B \cdot a = \mu_0 naI$$

由此得

$$B = \mu_0 nI$$

*17.11　两个半无限长直螺线管对接起来就形成一无限长直螺线管。对于半无限长
直螺线管(图 17.12),试用叠加原理证实:

(1) 通过管口的磁通量正好是通过远离管口内部
截面的磁通量的一半;

(2) 紧靠管口的那条磁感线 abc 的管外部分是一
条垂直于管轴的直线;

(3) 从管侧面"漏出"的磁感线在管外弯离管口,如
图中 def 线所表示的那样;

(4) 在管内深处与管轴距离为 r_0 的那条磁感线通
过管口时与管轴的距离为 $r = \sqrt{2} r_0$。

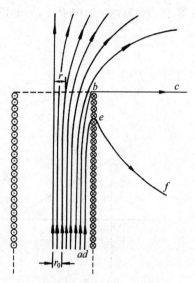

解　(1) 将电流方向相同的另一半无限长直螺线
管的下管口与图示半无限长直螺线管的上管口对接
后,对接面也就成为长直螺线管内部,通过的磁通量 Φ
应和半无限长直螺线管内部深处的磁通量相同。根据
叠加原理,对接面上各点的磁感应强度应是两管口相
应点的磁感应强度的叠加。两管口相应点的磁感应强
度的大小应相同而且磁感应强度方向一致,所以每个

图 17.12　习题 17.11 解用图

管口相应点的磁感应强度应是合磁感应强度的一半,而磁通量也应为 $\Phi/2$。

(2),(3) 由于两管口对接后,管外磁感应强度应等于零,再根据叠加原理,可知两半无限
长直螺线管管口外的磁感线分布(形状和密度)应相同(但方向相反),于是,图示管口磁感线
分布应为图示的形状。

(4) 以 πr^2 和 πr_0^2 两个圆面为上下底,以与管轴距离为 r_0 的磁感线为侧壁作一喇叭口
形封闭面,由磁通连续定理可知

$$\pi r_0^2 B_0 = \pi r^2 B$$

由于 $B = B_0/2$,所以 $r = \sqrt{2} r_0$。

17.12　研究受控热核反应的托卡马克装置中,用螺绕环产生的磁场来约束其中的等离
子体。设某一托卡马克装置中环管轴线的半径为 2.0 m,管截面半径为 1.0 m,环上均匀绕
有 10 km 长的水冷铜线。求铜线内通入峰值为 7.3×10^4 A 的脉冲电流时,管内中心的磁感
应强度峰值多大(近似地按恒定电流计算)?

解　螺绕环的总匝数为 $N = l/2\pi r$。由安培环路定理

$$B \cdot 2\pi R = \mu_0 NI = \frac{\mu_0 lI}{2\pi r}$$

$$B = \frac{\mu_0 lI}{4\pi^2 rR} = \frac{4\pi \times 10^{-7} \times 10 \times 10^3 \times 7.3 \times 10^4}{4\pi^2 \times 1.0 \times 2.0} = 11.6 \ (\mathrm{T})$$

17.13 如图 17.13 所示,线圈均匀密绕在截面为长方形的整个木环上(木环的内外半径分别为 R_1 和 R_2,厚度为 h,木料对磁场分布无影响),共有 N 匝,求通入电流 I 后,环内外磁场的分布。通过管截面的磁通量是多少?

解 作垂直于木环中轴线而圆心在中轴线上的圆为安培环路。如果圆周在环外,则由安培环路定理可得,在环外,$B=0$。如果圆周在环内,且半径为 $r(R_1<r<R_2)$,则由安培环路定理

$$\oint \boldsymbol{B}\cdot \mathrm{d}\boldsymbol{r}=2\pi rB=\mu_0 NI$$

由此得,在环内

$$B=\frac{\mu_0 NI}{2\pi r}$$

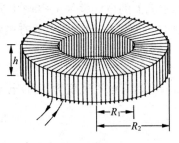

图 17.13 习题 17.13 解用图

为求环管截面通过的磁通量,可先考虑环管内截面上宽为 $\mathrm{d}r$、高为 h 的一窄条面积通过的磁通量为

$$\mathrm{d}\Phi=Bh\,\mathrm{d}r=\frac{\mu_0 NIh}{2\pi r}\mathrm{d}r$$

通过管全部截面的磁通量为

$$\Phi=\int \mathrm{d}\Phi=\frac{\mu_0 NIh}{2\pi}\int_{R_1}^{R_2}\frac{1}{r}\mathrm{d}r=\frac{\mu_0 NIh}{2\pi}\ln\frac{R_2}{R_1}$$

17.14 两块平行的大金属板上有均匀电流流通,面电流密度都是 j,但方向相反。求板间和板外的磁场分布。

解 已知每块平板两侧的磁感应强度大小相等,都等于 $\mu_0 j/2$,而方向相反。如图 17.14 所示,对于两板产生的合磁感应强度 B,则在两板间,由于两板产生的磁感应强度方向相同,所以 $B=B_1+B_2=\mu_0 j$。在两板外,由于两板产生的磁感应强度方向相反,所以 $B=B_1-B_2=0$。

17.15 无限长导体圆柱沿轴向通以电流 I,截面上各处电流密度均匀分布,柱半径为 R。求柱内外磁场分布。在长为 l 的一段圆柱内环绕中心轴线的磁通量是多少?

解 利用安培环路定理可求得

在柱内, $\qquad r\leqslant R, \quad B=\frac{\mu_0 Ir}{2\pi R^2}$

在柱外, $\qquad r\geqslant R, \quad B=\frac{\mu_0 I}{2\pi r}$

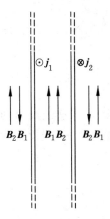

图 17.14 习题 17.14 解用图

在柱内绕中心轴线的磁通量即通过圆柱纵截面一半的磁通量,应为

$$\Phi=\int \boldsymbol{B}\cdot \mathrm{d}\boldsymbol{S}=\int_0^R \frac{\mu_0 Ir}{2\pi R^2}\cdot l\,\mathrm{d}r=\frac{\mu_0 I}{4\pi}l$$

17.16 有一长圆柱形导体,截面半径为 R。今在导体中挖去一个与轴平行的圆柱体,形成一个截面半径为 r 的圆柱形空洞,其横截面如图 17.15 所示。在有洞的导体柱内有电

流沿柱轴方向流通。求洞中各处的磁场分布。设柱内电流均匀分布,电流密度为 J,从柱轴到空洞轴之间的距离为 d。

解　有洞的导体柱通有电流密度为 J 的电流的磁场分布应和无空洞的导体柱通有电流密度 J 的电流叠加上空洞中通有电流密度为 $J'(J'=-J)$ 的电流的磁场分布相同。如图 17.15 所示,导体柱全通有电流密度为 J 的电流在洞内 P 点的磁感应强度为

$$B_1 = \frac{\mu_0}{2} J \times r_1$$

而洞中通有电流密度为 J' 的电流在 P 点的磁感应强度应为

$$B_2 = \frac{\mu_0}{2} J' \times r_2 = -\frac{\mu_0}{2} J \times r_2$$

洞中 P 点的总磁感应强度为

$$B = B_1 + B_2 = \frac{\mu_0}{2} J \times (r_1 - r_2) = \frac{\mu_0}{2} J \times d$$

由此可知,洞内磁感应强度为均匀磁感应强度,其大小为 $\mu_0 J d/2$,方向与洞和柱的轴线的共同垂线垂直。

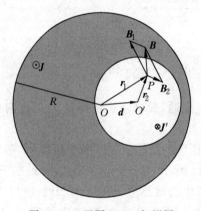
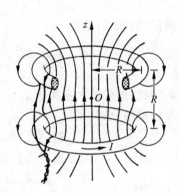

图 17.15　习题 17.16 解用图　　　　图 17.16　习题 17.17 解用图

17.17　亥姆霍兹(Helmholtz)线圈常用于在实验室中产生均匀磁场。这线圈由两个相互平行的共轴的细线圈组成(图 17.16)。线圈半径为 R,两线圈相距也为 R,线圈中通以同方向的相等电流。

(1) 求 z 轴上任一点的磁感应强度;

(2) 证明在 $z=0$ 处 $\dfrac{\mathrm{d}B}{\mathrm{d}z}$ 和 $\dfrac{\mathrm{d}^2 B}{\mathrm{d}z^2}$ 两者都为零。

解　(1) 根据圆电流轴线上的磁感应强度的公式并利用叠加原理可得在两线圈轴线上任一点的磁感应强度为

$$B = \frac{\mu_0 I R^2}{2} \left\{ \frac{1}{[(z+R/2)^2 + R^2]^{3/2}} + \frac{1}{[(z-R/2)^2 + R^2]^{3/2}} \right\}$$

$$(2)\ \frac{\mathrm{d}B}{\mathrm{d}z}\bigg|_{z=0} = -\frac{\mu_0 I R^2}{2} \left\{ \frac{3(z+R/2)}{[(z+R/2)^2 + R^2]^{5/2}} + \frac{3(z-R/2)}{[(z-R/2)^2 + R^2]^{5/2}} \right\}\bigg|_{z=0} = 0$$

$$\frac{\mathrm{d}^2 B}{\mathrm{d}z^2}\bigg|_{z=0} = -\frac{3\mu_0 I R^2}{2} \left\{ \frac{4(z+R/2)^2 - R^2}{[(z+R/2)^2 + R^2]^{7/2}} + \frac{4(z-R/2)^2 - R^2}{[(z-R/2)^2 + R^2]^{7/2}} \right\}\bigg|_{z=0} = 0$$

17.18 一个塑料圆盘,半径为 R,表面均匀分布电量 q。试证明:当它绕通过盘心而垂直于盘面的轴以角速度 ω 转动时,盘心处的磁感应强度 $B = \dfrac{\mu_0 \omega q}{2\pi R}$。

证 盘上半径为 $r(r < R)$,宽为 $\mathrm{d}r$ 的圆形窄条以 ω 转动时在盘心产生的磁感应强度为

$$\mathrm{d}B = \frac{\mu_0 \mathrm{d}I}{2r} = \frac{\mu_0}{2r}\sigma \cdot 2\pi r \mathrm{d}r \frac{\omega}{2\pi} = \frac{\mu_0 \sigma \omega}{2}\mathrm{d}r$$

整个圆盘转动时在盘心产生的磁感应强度为

$$B = \int \mathrm{d}B = \int_0^R \frac{\mu_0 \sigma \omega}{2}\mathrm{d}r = \frac{\mu_0 \sigma \omega R}{2} = \frac{\mu_0 \omega q}{2\pi R}$$

17.19 一平行板电容器的两板都是半径为 $5.0\ \mathrm{cm}$ 的圆导体片,在充电时,其中电场强度的变化率为 $\dfrac{\mathrm{d}E}{\mathrm{d}t} = 1.0 \times 10^{12}\ \mathrm{V/(m \cdot s)}$。

(1) 求两极板间的位移电流;

(2) 求极板边缘的磁感应强度 $\boldsymbol{B}$。

解 (1) $I_\mathrm{d} = \varepsilon_0 \pi R^2 \dfrac{\mathrm{d}E}{\mathrm{d}t} = 8.85 \times 10^{-12} \times \pi \times 0.05^2 \times 1.0 \times 10^{12} = 7.0 \times 10^{-2}(\mathrm{A})$

(2) $B = \dfrac{\mu_0 I_\mathrm{d}}{2\pi R} = \dfrac{4\pi \times 10^{-7} \times 7 \times 10^{-2}}{2\pi \times 0.05} = 2.8 \times 10^{-7}(\mathrm{T})$

17.20 在一对平行圆形极板组成的电容器(电容 $C = 1 \times 10^{-12}\ \mathrm{F}$)上,加上频率为 $50\ \mathrm{Hz}$、峰值为 $1.74 \times 10^5\ \mathrm{V}$ 的交变电压,计算极板间的位移电流的最大值。

解 极板间的电通量为

$$\Phi_\mathrm{e} = ES = \sigma S/\varepsilon_0 = Q/\varepsilon_0 = CU/\varepsilon_0$$

$$I_\mathrm{d} = \varepsilon_0 \frac{\mathrm{d}\Phi_\mathrm{e}}{\mathrm{d}t} = C\frac{\mathrm{d}U}{\mathrm{d}t}$$

$$I_\mathrm{d,max} = 2\pi\nu CU_\mathrm{max} = 2\pi \times 50 \times 1 \times 10^{-12} \times 1.74 \times 10^5$$

$$= 5.5 \times 10^{-5}(\mathrm{A})$$

第 18 章

磁　　力

一、概念原理复习

1. 磁力

前面已学过：静止电荷对静止电荷的作用力，静止电荷对运动电荷的作用力以及运动电荷对静止电荷的作用力都是前者的电场对后者的作用力，都可以用公式 $F = qE$ 求得。运动电荷之间的相互作用力还有磁力，磁力是通过磁场而实现的。描述磁场的基本量——磁感应强度 B 用下列洛伦兹力公式定义：

$$F = qE + qv \times B$$

磁场服从叠加原理，即

$$B = \sum B_i$$

磁力是现代技术中控制电子、质子等带电粒子运动的一种基本手段。

2. 磁场对电流的作用力

此力称为安培力。

对电流元的安培力：　　　　　　　$dF = I\,dl \times B$

对一段电流的安培力：　　　$F = \int dF = \int_L I\,dl \times B$

3. 磁场对载流线圈的力矩作用

线圈的磁矩：　　　　　　　　　$m = IS$

线圈受均匀磁场的力矩：　　　　$M = m \times B$

线圈在均匀磁场中的势能：　　　$W_m = -m \cdot B$

4. 霍尔效应

霍尔效应即在磁场中的载流导体上出现横向电势差的现象。常利用这种现象来测定磁感应强度分布及半导体的载流子数密度。

*5. 磁场是电场的相对论效应

在电荷静止的参考系中只能观测到电场的存在。在该电荷在其中运动的参考系内则不仅能观测到电场的存在（由静止电荷受的力确定），而且可以观测到磁场的存在（即另一运动电荷会受到与其速度有关的作用力）。以 v_0 表示源电荷在一给定的参考系中的速度，则在该参考系内该源电荷的电场 E 和磁场 B 有下述关系：

$$B = \frac{1}{c^2} \boldsymbol{v}_0 \times E$$

式中 c 为真空中的光速。

二、解题要点

本章习题主要是利用洛伦兹力公式或安培力公式求解。要注意这两个公式都是矢量公式，所以要辨明各物理量的方向，也要注意矢量积的运算规则。

三、思考题选答

18.1 说明：如果测得以速度 $\boldsymbol{v}$ 运动的电荷 q 经过磁场中某点时，所受的磁力的最大值为 $\boldsymbol{F}_{\mathrm{m,max}}$，则该点的磁感应强度 B 可用下式定义：

$$B = \boldsymbol{F}_{\mathrm{m,max}} \times \boldsymbol{v} / qv^2$$

答 先用单位矢量规定 B 的方向，按洛伦兹力公式（式(17.3)），B，$\boldsymbol{F}_{\mathrm{m,max}}$ 和 $\boldsymbol{v}$ 应有图 18.1 所示的关系，三者用单位矢量表示的方向间的关系应为

$$\frac{\boldsymbol{B}}{B} = \frac{\boldsymbol{F}_{\mathrm{m,max}}}{F_{\mathrm{m,max}}} \times \frac{\boldsymbol{v}}{v}$$

再由洛伦兹力公式得 $F_{\mathrm{m,max}} = qvB$。将此式代入上式，即可得

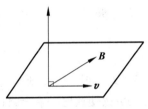

图 18.1　思考题 18.1 答用图

$$B = \boldsymbol{F}_{\mathrm{m,max}} \times \boldsymbol{v} / qv^2$$

此式给出的 B 的方向与大小均与洛伦兹力公式给出的相同，所以可以代替后者作为 B 的定义。

18.2 宇宙射线是高速带电粒子流（基本上是质子），它们交叉来往于星际空间并从各个方向撞击地球。为什么宇宙射线穿入地球磁场时，接近两极比其他任何地方都容易？

答 带电粒子从极地穿入地球时，速度和地磁场方向大约在同一直线上，这些粒子不受磁力，因而容易穿入地磁场。带电粒子从其他方向穿入地球时，受到水平方向的地磁场的作用力而发生偏折，因此不容易穿过地磁场到达地面。

18.4 赤道处的地磁场水平向北，假设大气电场指向地面，我们必须向什么方向发射电子，才能使它的运动不发生偏斜？

答 由于大气电场对电子的电力竖直向上，所以要使电子的运动不发生偏斜，必须使它受到竖直向上的磁力。这只有向水平正西方向发射电子才有可能。

18.9 在磁场方向和电流方向一定的条件下，导体所受安培力的方向与载流子的种类有无关系？霍尔电压的正负与载流子的种类有无关系？

答 导体所受安培力的方向，就是其中形成电流的载流子所受磁场力的方向，按规定电流的方向是正载流子运动的方向，而与负载流子运动的方向相反。在磁场方向和电流方向

一定的条件下,沿电流方向运动的正载流子和沿相反方向运动的负载流子所受磁力的方向是相同的,这就是说电流所受安培力的方向是相同的,与载流子的正负无关。

在霍尔效应中当电流方向和磁场方向一定时,霍尔片中正、负载流子受的磁场力的方向也是相同的,其结果是正负载流子的运动将向同一方向偏转,在霍尔片的同一侧集聚。由于正、负载流子在聚集处引起的电势改变正好相反,所以它们产生的霍尔电压的符号也正好相反,这就说明霍尔电压的正负和载流子的正负有关。

四、习题解答

18.1 某一粒子的质量为 0.5 g,带有 2.5×10^{-8} C 的电荷。这一粒子获得一初始水平速度 6.0×10^{4} m/s,若利用磁场使这粒子仍沿水平方向运动,则应加的磁场的磁感应强度的大小和方向各如何?

解 粒子仍沿水平方向运动时,它受的重力应被磁力平衡,即

$$qvB = mg$$

由此得

$$B = \frac{mg}{qv} = \frac{0.5 \times 10^{-3} \times 9.8}{2.5 \times 10^{-8} \times 6 \times 10^{4}} = 3.3 \, (\text{T})$$

此磁场方向应垂直于速度,水平向左。

18.2 如图 18.2 所示,一电子经过 A 点时,具有速率 $v_0 = 1 \times 10^{7}$ m/s。

(1) 欲使这电子沿半圆自 A 至 C 运动,试求所需的磁场大小和方向;

(2) 求电子自 A 运动到 C 所需的时间。

解 (1) 对电子的圆运动用牛顿第二定律

$$ev_0 B = m \frac{v_0^2}{R}$$

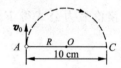

图 18.2　习题 18.2 解用图

由此得

$$B = \frac{mv_0}{eR} = \frac{9.11 \times 10^{-31} \times 1 \times 10^{7}}{1.6 \times 10^{-19} \times 0.05} = 1.1 \times 10^{-3} (\text{T})$$

此磁场方向应垂直纸面向里。

(2) 所需时间应为

$$t = \frac{T}{2} = \frac{2\pi R}{2v_0} = \frac{\pi \times 0.05}{1 \times 10^{7}} = 1.6 \times 10^{-8} (\text{s})$$

18.3 把 2.0×10^{3} eV 的一个正电子,射入磁感应强度 $B = 0.1$ T 的匀强磁场中,其速度矢量与 $\boldsymbol{B}$ 成 89°角,路径成螺旋线,其轴在 $\boldsymbol{B}$ 的方向。试求这螺旋线运动的周期 T、螺距 h 和半径 r。

解 正电子的速率为

$$v = \sqrt{\frac{2E_k}{m}} = \sqrt{\frac{2 \times 2 \times 10^{3} \times 1.6 \times 10^{-19}}{9.11 \times 10^{-31}}} = 2.6 \times 10^{7} (\text{m/s})$$

作螺旋运动的周期为

$$T = \frac{2\pi m}{eB} = \frac{2\pi \times 9.11 \times 10^{-31}}{1.6 \times 10^{-19} \times 0.1} = 3.6 \times 10^{-10} (\text{s})$$

螺距为

$$h = v\cos 89° T = 2.6 \times 10^7 \times \cos 89° \times 3.6 \times 10^{-10} = 1.6 \times 10^{-4} (\text{m})$$

半径为

$$r = \frac{mv\sin 89°}{eB} = \frac{9.11 \times 10^{-31} \times 2.6 \times 10^7 \times \sin 89°}{1.6 \times 10^{-19} \times 0.1} = 1.5 \times 10^{-3} (\text{m})$$

18.4 估算地球磁场对电视机显像管中电子束的影响。假设加速电势差为 2.0×10^4 V，如电子枪到屏的距离为 0.2 m，试计算电子束在大小为 0.5×10^{-4} T 的横向地磁场作用下约偏转多少？假定没有其他偏转磁场，这偏转是否显著？

解 电子离开电子枪的速度为

$$v = \sqrt{\frac{2E_k}{m}} = \sqrt{\frac{2eU}{m}} = \sqrt{\frac{2 \times 1.6 \times 10^{-19} \times 2 \times 10^4}{9.1 \times 10^{-31}}} = 8.4 \times 10^7 (\text{m/s})$$

电子在地磁场作用下的轨道半径为

$$R = \frac{mv}{eB} = \frac{9.1 \times 10^{-31} \times 8.4 \times 10^7}{1.6 \times 10^{-19} \times 0.5 \times 10^{-4}} = 9.6 (\text{m})$$

如图 18.3 所示，电子的偏转距离为

$$\Delta x = R - \sqrt{R^2 - l^2} \approx \frac{l^2}{2R} = \frac{0.2^2}{2 \times 9.6}$$

$$= 2 \times 10^{-3} (\text{m}) = 2 (\text{mm})$$

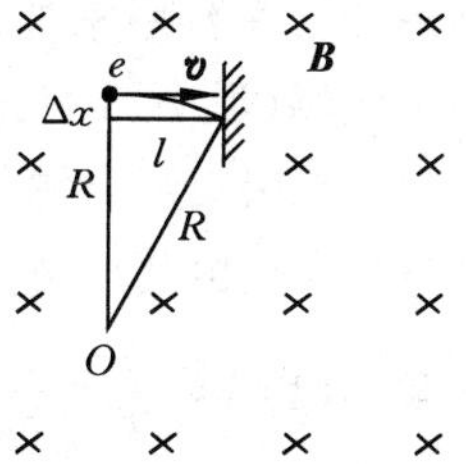

此偏转比较大，但由于全画面电子束均有此偏转，故对图像无影响。

图 18.3 习题 18.4 解用图

18.5 北京正负电子对撞机中电子在周长为 240 m 的储存环中作轨道运动。已知电子的动量是 1.49×10^{-18} kg·m/s，求偏转磁场的磁感应强度。

解 由 $R = mv/(eB) = p/(eB)$ 可得

$$B = \frac{p}{eR} = \frac{1.49 \times 10^{-18}}{1.6 \times 10^{-19} \times 240/(2\pi)} = 0.244 (\text{T})$$

18.6 蟹状星云中电子的动量可达 10^{-16} kg·m/s，星云中磁场约为 10^{-8} T，这些电子的回转半径多大？如果这些电子落到星云中心的中子星表面附近，该处磁场约为 10^8 T，它们的回转半径又是多少？

解 $R_1 = \frac{p}{eB_1} = \frac{10^{-16}}{1.6 \times 10^{-19} \times 10^{-8}} = 6 \times 10^{10} (\text{m})$

$$R_2 = \frac{p}{eB_2} = \frac{10^{-16}}{1.6 \times 10^{-19} \times 10^8} = 6 \times 10^{-6} (\text{m})$$

18.7 在一汽泡室中，磁场为 20 T，一高能质子垂直于磁场飞过时留下一半径为 3.5 m 的圆弧径迹。求此质子的动量和能量。

解 $p = eRB = 1.6 \times 10^{-19} \times 3.5 \times 20 = 1.12 \times 10^{-17} (\text{kg·m/s})$

按非相对论计算

$$E = \frac{p^2}{2m_{0,p}} = \frac{(1.12 \times 10^{-17})^2}{2 \times 1.67 \times 10^{-27}} = 3.75 \times 10^{-7}(\text{J}) = 234(\text{GeV})$$

此结果较质子的静质量(约 1 GeV)甚大,所以应改用相对论进行计算,结果为

$$E = \sqrt{c^2 p^2 - m_{0,p}^2 c^4} \approx cp = 3 \times 10^8 \times 1.12 \times 10^{-17}$$
$$= 3.36 \times 10^{-9}(\text{J}) = 21(\text{GeV})$$

18.8 从太阳射来的速度是 0.80×10^8 m/s 的电子进入地球赤道上空高层范艾仑带中,该处磁场为 4×10^{-7} T。此电子作圆周运动的轨道半径是多大? 此电子同时沿绕地磁场磁感线的螺线缓慢地向地磁北极移动。当它到达地磁北极附近磁场为 2×10^{-5} T 的区域时,其轨道半径又是多大?

解 $R_1 = \dfrac{mv}{eB_1} = \dfrac{9.1 \times 10^{-31} \times 0.8 \times 10^8}{1.6 \times 10^{-19} \times 4 \times 10^{-7}} = 1.1 \times 10^3(\text{m})$

$R_2 = \dfrac{mv}{eB_2} = \dfrac{9.1 \times 10^{-31} \times 0.8 \times 10^8}{1.6 \times 10^{-19} \times 2 \times 10^{-5}} = 23(\text{m})$

18.9 一台用来加速氘核的回旋加速器的 D 盒直径为 75 cm,两磁极可以产生 1.5 T 的均匀磁场(原书图 18.21)。氘核的质量为 3.34×10^{-27} kg,电量就是质子电量。求:

(1) 所用交流电源的频率应多大?

(2) 氘核由此加速器射出时的能量是多少 MeV?

解 (1) $\nu = \dfrac{1}{T} = \dfrac{eB}{2\pi m_D} = \dfrac{1.6 \times 10^{-19} \times 1.5}{2\pi \times 3.34 \times 10^{-27}} = 1.1 \times 10^7(\text{Hz})$

(2) $E_k = \dfrac{1}{2}m_D v^2 = \dfrac{p^2}{2m_D} = \dfrac{e^2 B^2 R^2}{2m_D} = \dfrac{(1.6 \times 10^{-19})^2 \times (1.5)^2 \times (0.75/2)^2}{2 \times 3.34 \times 10^{-27}}$

$= 1.2 \times 10^{-12}(\text{J}) = 7.6(\text{MeV})$

18.10 质谱仪的基本构造如图 18.4 所示。质量 m 待测的、带电 q 的离子束经过速度选择器(其中有相互垂直的电场 **E** 和磁场 **B**)后进入均匀磁场 **B**′ 区域发生偏转而返回,打到胶片上被记录下来。

(1) 证明偏转距离为 l 的离子的质量为

$$m = \frac{qBB'l}{2E}$$

(2) 在一次实验中 ^{16}O 离子的偏转距离为 29.20 cm,另一种氧的同位素离子的偏转距离为 32.86 cm。已知 ^{16}O 离子的质量为 16.00 u,另一种同位素离子的质量是多少?

解 (1) 通过速度选择器的离子的速度应满足的条件是

$$qvB = qE$$

由此得

$$v = E/B$$

以此速度进入磁场 **B**′ 的离子的轨道半径为

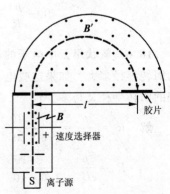

图 18.4 习题 18.10 解用图

$$R = \frac{l}{2} = \frac{mv}{qB'}$$

由此得

$$m = \frac{qB'l}{2v} = \frac{qBB'l}{2E}$$

（2）由上述结果可知 m 与 l 成正比,因此另一种氧的同位素的质量为

$$\frac{32.86}{29.20} \times 16.00 = 18.01 \text{ u}$$

18.11　如图 18.5 所示,一铜片厚为 $d = 1.0$ mm,放在 $B = 1.5$ T 的磁场中,磁场方向与铜片表面垂直。已知铜片里每立方厘米有 8.4×10^{22} 个自由电子,每个电子的电荷 $-e = -1.6 \times 10^{-19}$ C,当铜片中有 $I = 200$ A 的电流流通时,

（1）求铜片两侧的电势差 $U_{aa'}$;

（2）铜片宽度 b 对 $U_{aa'}$ 有无影响? 为什么?

解　（1）$U_{aa'} = \dfrac{IB}{nqd} = \dfrac{200 \times 1.5}{8.4 \times 10^{22} \times (-1.6 \times 10^{-19}) \times 1.0 \times 10^{-3}}$

$$= -2.23 \times 10^{-5} \text{（V）}$$

负号表示 a' 侧电势高。

（2）铜片宽度 b 对 $U_{aa'} = U_{\mathrm{H}}$ 无影响。这是因为 $U_{\mathrm{H}} = E_{\mathrm{H}} b = vb/B$,和 b 有关,而在电流 I 一定的情况下,漂移速度 $v = I/(nqbd)$ 又和 b 成反比的缘故。

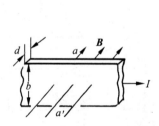　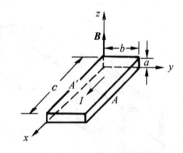

图 18.5　习题 18.11 解用图　　　　　图 18.6　习题 18.12 解用图

18.12　如图 18.6 所示,一块半导体样品的体积为 $a \times b \times c$,沿 x 方向有电流 I,在 z 轴方向加有均匀磁场 $\boldsymbol{B}$。这时实验得出的数据 $a = 0.10$ cm,$b = 0.35$ cm,$c = 1.0$ cm,$I = 1.0$ mA,$B = 3000$ G,片两侧的电势差 $U_{AA'} = 6.55$ mV。

（1）这半导体是正电荷导电(P 型)还是负电荷导电(N 型)?

（2）求载流子浓度。

解　（1）由电流方向、磁场方向和 A 侧电势高于 A' 侧电势可知此半导体是负电荷导电。

（2）$n = \dfrac{IB}{U_{AA'}qa} = \dfrac{1.0 \times 10^{-3} \times 0.3}{6.55 \times 10^{-3} \times 1.6 \times 10^{-19} \times 10^{-3}} = 2.86 \times 10^{20}$（个/m³）

18.13　掺砷的硅片是 N 型半导体,这种半导体中的电子浓度是 2×10^{21} 个/m³,电阻

率是 $1.6\times10^{-2}\Omega\cdot m$。用这种硅做成霍尔探头以测量磁场,硅片的尺寸相当小,是 $a\times b\times c = 0.5\,cm\times0.2\,cm\times0.005\,cm$。将此片长度的两端接入电压为 1 V 的电路中。当探头放到磁场某处并使其最大表面与磁场某方向垂直时,测得 0.2 cm 宽度两侧的霍尔电压是 1.05 mV。求磁场中该处的磁感应强度。

解　以 a,b,c 分别表示硅片的长、宽、高。

$$B = \frac{nqU_{\mathrm{H}}c}{I} = \frac{nqU_{\mathrm{H}}c\rho a}{Ubc} = \frac{nqU_{\mathrm{H}}\rho a}{Ub}$$

$$= (2\times10^{21}\times1.6\times10^{-19}\times1.05\times10^{-3}\times$$

$$1.6\times10^{-2}\times0.5\times10^{-2})/(1\times0.2\times10^{-2})$$

$$= 1.34\times10^{-2}\,(\mathrm{T})$$

18.14　磁力可用来输送导电液体,如液态金属、血液等不需要机械活动的组件。如图 18.7 所示是输送液态钠的管道,在长为 l 的部分加一横向磁场 $\boldsymbol{B}$,同时垂直于磁场和管道通以电流,其电流密度为 $\boldsymbol{J}$。

(1) 证明:在管内液体 l 段两端由磁力产生的压力差为 $\Delta p = JlB$,此压力差将驱动液体沿管道流动;

(2) 要在 l 段两端产生 1.00 atm 的压力差,电流密度应多大?设 $B = 1.50$ T,$l = 2.00$ cm。

解　(1) $\Delta p = \dfrac{F}{S} = \dfrac{IBl}{S} = JBl$

(2) $J = \dfrac{\Delta p}{Bl} = \dfrac{1.00\times1.013\times10^{5}}{1.50\times2.00\times10^{-2}} = 3.38\times10^{6}\,(\mathrm{A/m^2}) = 338\,(\mathrm{A/cm^2})$

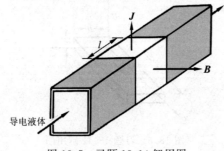
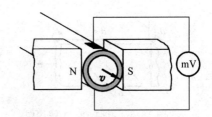

图 18.7　习题 18.14 解用图　　　　　图 18.8　习题 18.15 解用图

18.15　霍尔效应可用来测量血流的速度。其原理如图 18.8 所示,在动脉血管两侧分别安装电极并加以磁场。设血管直径是 2.0 mm,磁感应强度为 0.080 T,毫伏表测出的电压为 0.10 mV,血流的速度多大?(实际上磁场由交流电产生而电压也是交流电压)

解　血流稳定时,应有

$$qvB = qE_{\mathrm{H}}$$

$$v = \frac{E_{\mathrm{H}}}{B} = \frac{U_{\mathrm{H}}}{dB} = \frac{0.10\times10^{-3}}{0.080\times2\times10^{-3}} = 0.63\,(\mathrm{m/s})$$

18.16　安培天平如图 18.9 所示,它的一臂下面挂有一个矩形线圈,线圈共有 n 匝。它的下部悬在一均匀磁场 $\boldsymbol{B}$ 内,下边一段长为 l,它与 $\boldsymbol{B}$ 垂直。当线圈的导线中通有电流 I

时,调节砝码使两臂达到平衡;然后使电流反向,这时需要在一臂上加质量为 m 的砝码,才能使两臂再达到平衡(设 $g=9.80 \text{ m/s}^2$)。

(1)写出求磁感应强度 **B** 的大小的公式;

(2)当 $l=10.0 \text{ cm}, n=5, I=0.10 \text{ A}, m=8.78 \text{ g}$ 时,$B=$?

解 (1)以 M' 和 M 分别表示挂线圈的臂和另一臂在第一次平衡时的质量,则

$$Mg = M'g - nIBl$$

电流反向时应有

$$(M+m)g = M'g + nIBl$$

两式相减,即可得

$$B = \frac{mg}{2nIl}$$

(2)$B = \dfrac{8.78 \times 9.80 \times 10^{-3}}{2 \times 5 \times 0.1 \times 10.0 \times 10^{-2}} = 0.860 \text{ (T)}$

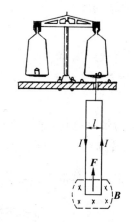

图 18.9 习题 18.16 解用图

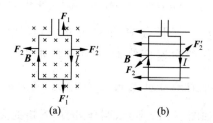

图 18.10 习题 18.17 解用图

18.17 一矩形线圈长 20 mm、宽 10 mm,由外皮绝缘的细导线密绕而成,共绕有 1000 匝,放在 $B=1000 \text{ G}$ 的均匀外磁场中,当导线中通有 100 mA 的电流时,求图 18.10 中下述两种情况下线圈每边所受的力与整个线圈所受的力及力矩,并验证力矩符合原书式(18.15)。

(1)**B** 与线圈平面的法线重合(图 18.10(a));

(2)**B** 与线圈平面的法线垂直(图 18.10(b))。

解 (1)上、下两边所受磁力大小相等,为

$$F_1 = F_1' = NIl_1B$$
$$= 10^3 \times 0.1 \times 0.01 \times 0.1 = 0.1 \text{ (N)}$$

方向分别向上和向下。

左右两边所受磁力大小也相等,为

$$F_2 = F_2' = NIl_2B = 10^3 \times 0.1 \times 0.02 \times 0.1 = 0.2 \text{ (N)}$$

方向分别向左和向右。

由于此 4 力共面,所以线框受的磁力的合力为零,合力矩也为零。

由于磁力矩的大小按原书式(18.15)为 $M=mB\sin\theta$,此时线圈磁矩 m 的方向与 B 的方向的夹角为 $0°$,所以应有 $M=0$,和上面所得结果相同。

(2) 上下两边所受磁力大小均为零。左右两边所受磁力大小相等,为

$$F_2=F_2'=NIl_2B=10^3\times0.1\times0.02\times0.1=0.2\ (\text{N})$$

但此二力方向相反,左边向外,右边向里。此时线圈受的合力仍为零,但合磁力矩由 F_2 和 F_2' 决定为

$$M=F_2l_1=NIl_2l_1B=0.2\times0.01=2\times10^{-3}(\text{N}\cdot\text{m})$$

方向为垂直于 B 向上。

由于 $NIl_1l_2=NIS=m$ 为线圈的磁矩,且此时此线圈的磁矩的方向为垂直于 B 向里,m 和 B 的夹角为 $90°$,所以上述结果和原书式(18.15) $M=mB\sin\theta$ 给出的结果相同,而矢积 $m\times B$ 的方向也和上面求出的磁力矩的方向相同。

18.18 一正方形线圈由外皮绝缘的细导线绕成,共绕有 200 匝,每边长为 150 mm,放在 $B=4.0$ T 的外磁场中,当导线中通有 $I=8.0$ A 的电流时,求:

(1) 线圈磁矩 m 的大小;

(2) 作用在线圈上的力矩的最大值。

解 (1) $m=NIS=200\times8.0\times(150\times10^{-3})^2=36\ (\text{A}\cdot\text{m}^2)$

(2) $M_{max}=mB=36\times4.0=144\ (\text{N}\cdot\text{m})$

18.19 一质量为 M、半径为 R 的均匀电介质圆盘均匀带有电荷,面电荷密度为 σ。求证当它以 ω 的角速度绕通过中心且垂直于盘面的轴旋转时,其磁矩的大小为 $|m|=\frac{1}{4}\pi\omega\sigma R^4$,而且磁矩 m 与角动量 L 的关系为 $m=\frac{q}{2M}L$,其中 q 为盘带的总电量。

证 如图 18.11 所示,圆环 dr 的磁矩的大小为

$$\text{d}|m|=\frac{\sigma\cdot2\pi r\text{d}r}{T}\pi r^2=\pi\sigma\omega r^3\text{d}r$$

整个旋转圆盘的磁矩的大小为

$$|m|=\int\text{d}|m|=\int_0^R\pi\sigma\omega r^3\text{d}r=\pi\sigma\omega R^4/4$$

又
$$|m|=\frac{1}{2M}\pi R^2\sigma\frac{MR^2}{2}\omega$$

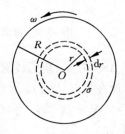

图 18.11 习题 18.19 证用图

因为 $\pi R^2\sigma=q$,$MR^2\omega/2=L$,所以有

$$|m|=\frac{qL}{2M}$$

又因为 m 的方向和 L 的方向相同,因此上式可写成矢量关系式

$$m=\frac{q}{2M}L$$

*18.20 中子的总电荷为零但有一定的磁矩。已知一个中子由一个带 $+2e/3$ 的"上"夸克和两个各带 $-e/3$ 的"下"夸克组成,总电荷为零,但由于夸克的运动,可以产生一定的磁矩。一个最简单的模型是三个夸克都在半径为 r 的同一个圆周上以同一速率 v 运动,两

个下夸克的绕行方向一致,但和上夸克的绕行方向相反。

（1）写出由于这三个夸克的运动而使中子具有的磁矩的表示式；

（2）如果夸克运动的轨道半径 $r = 1.20 \times 10^{-15}$ m,求夸克的运动速率 v 是多大才能使中子的磁矩符合实验值 $m = 9.66 \times 10^{-27}$ A·m^2。

解 （1）如图 18.12 所示,中子的磁矩为

$$m = \sum m_i = \sum \frac{v_i q_i}{2\pi r} \pi r^2 = \frac{r}{2} \left[v_+ \cdot \frac{2}{3} e + 2v_- \cdot \left(-\frac{1}{3} e \right) \right] = \frac{2}{3} r v e$$

其中 $v_+ = -v_- = v$,为夸克运动的速率。

（2）$v = \dfrac{3m}{2re} = \dfrac{3 \times 9.66 \times 10^{-27}}{2 \times 1.20 \times 10^{-15} \times 1.6 \times 10^{-19}} = 7.55 \times 10^7 \text{(m/s)}$

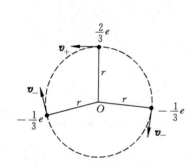

图 18.12　习题 18.20 解用图

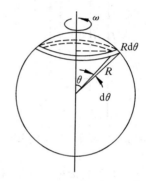

图 18.13　习题 18.21 解用图

*18.21　电子的内禀自旋磁矩为 0.928×10^{-23} J/T。电子的一个经典模型是均匀带电球壳,半径为 R,电量为 e。当它以 ω 的角速度绕通过中心的轴旋转时,其磁矩的表示式如何？现代实验证实电子的半径小于 10^{-18} m,按此值计算,电子具有实验值的磁矩时其赤道上的线速度多大？这一经典模型合理吗？

解 如图 18.13 所示,带电球壳模型的电子具有的磁矩为

$$m = \int_0^\pi \sigma \cdot 2\pi R \sin\theta \cdot \frac{\omega}{2\pi} \cdot \pi (R\sin\theta)^2 R \mathrm{d}\theta = \int_0^\pi \sigma \pi R^4 \omega \sin^3\theta \mathrm{d}\theta = \frac{1}{3} e \omega R^2$$

其中 $e = 4\pi R^2 \sigma$,为电子的总电量。

取 $R = 10^{-18}$ m 时,电子赤道上的线速度为

$$v = \omega R = \frac{3m}{eR} = \frac{3 \times 0.928 \times 10^{-23}}{1.6 \times 10^{-19} \times 10^{-18}} = 1.7 \times 10^{14} \text{(m/s)}$$

根据相对论,此速度是不可能达到的。所以这一经典模型不合理。

18.22　如图 18.14 所示,在长直电流近旁放一矩形线圈与其共面,线圈各边分别平行和垂直于长直导线。线圈长度为 l,宽为 b,近边距长直导线距离为 a,长直导线中通有电流 I。当矩形线圈中通有电流 I_1 时,它受的磁力的大小和方向各如何？它又受到多大的磁力矩？

解 如图 18.14 所示,线圈左边受力为

$$F_1 = B_1 I_1 l = \frac{\mu_0 I I_1}{2\pi a} l$$

方向向左；线圈右边受的力为

$$F_r = B_r I_1 l = \frac{\mu_0 I I_1 l}{2\pi(a+b)}$$

方向向右。线圈上下两边受的磁力大小相等、方向相反。因此线圈受的磁力的合力为

$$F = F_1 - F_r = \frac{\mu_0 I I_1 l b}{2\pi a(a+b)}$$

方向向左，即指向长直电流。

由于线圈各边受力共面，所以它受的力矩为零。

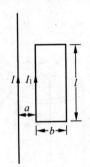

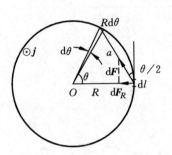

图 18.14 习题 18.22 解用图   图 18.15 习题 18.23 解用图

18.23 一无限长薄壁金属筒，沿轴线方向有均匀电流流通，面电流密度为 j（A/m）。求单位面积筒壁受的磁力的大小和方向。

解 如图 18.15 所示，宽为 dl、长为 dL 的电流片受 $d\theta$ 所对的宽为 $R d\theta$ 的长条电流的磁力为

$$dF = \frac{\mu_0 j R d\theta}{2\pi a} j \, dl \, dL = \frac{\mu_0 j R d\theta}{4\pi R \sin(\theta/2)} j \, dl \, dL$$

方向如图示，指向长条电流。

该电流片单位面积受长条电流的力为

$$dF_1 = \frac{dF}{dl \, dL} = \frac{\mu_0 j^2 d\theta}{4\pi \sin(\theta/2)}$$

根据电流分布对该电流片的对称性，可知整个圆筒面电流对该电流片的磁力的垂直于径向的分量为零。因此该电流片单位面积所受的磁力为

$$F_1 = F_{R1} = \int dF_{R1} = \int dF_1 \sin\frac{\theta}{2}$$

$$= \int_0^{2\pi} \frac{\mu_0 j^2 d\theta}{4\pi} = \frac{\mu_0 j^2}{2}$$

此力的方向沿径向向筒内。

18.24 将一均匀分布着电流的无限大载流平面放入均匀磁场中，电流方向与此磁场垂直。已知平面两侧的磁感应强度分别为 $\boldsymbol{B}_1$ 和 $\boldsymbol{B}_2$（图 18.16），求该载流平面单位面积所受的磁场力的大小和方向。

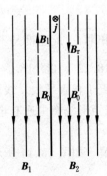

图 18.16 习题 18.24 解用图

解 载流平面在其两侧产生的磁场 $B_1 = B_r = \dfrac{\mu_0 j}{2}$,方向相反。均匀外磁场 $\boldsymbol{B}_0$ 在平面两侧方向相同。由图 18.16 所示的 $\boldsymbol{B}$ 线的疏密可知 $B_2 > B_1$,因此 $\boldsymbol{B}_1, \boldsymbol{B}_r$ 和 $\boldsymbol{B}_0$ 的方向如图,而 $\boldsymbol{j}$ 的方向为垂直纸面向里。由叠加原理可知,$B_0 - B_1 = B_1, B_0 + B_r = B_2$。由此可得 $B_0 = (B_1 + B_2)/2, B_1 = B_r = (B_2 - B_1)/2$,而 $j = 2B_1/\mu_0 = (B_2 - B_1)/\mu_0$。

载流平面单位面积受的力为

$$F = jB_0 = (B_2^2 - B_1^2)/2\mu_0$$

方向垂直载流平面指向 $\boldsymbol{B}_1$ 一侧。

18.25 两条无限长平行直导线相距 5.0 cm,各通以 30 A 的电流。求一条导线上每单位长度受的磁力多大? 如果导线中没有正离子,只有电子在定向运动,那么电流都是 30 A 的一条导线的每单位长度受另一条导线的电力多大? 电子的定向运动速度为 1.0×10^{-3} m/s。

解 导线的单位长度受的磁力为

$$F_m = \frac{\mu_0 I_1 I_2}{2\pi d} = \frac{4\pi \times 10^{-7} \times 30 \times 30}{2\pi \times 5 \times 10^{-2}} = 3.6 \times 10^{-3} (\text{N/m})$$

如果没有正离子,则单位长度导线受的电力为

$$F_e = \frac{\lambda_1 \lambda_2}{2\pi \varepsilon_0 d} = \frac{\mu_0 c^2}{2\pi d} \frac{I_1 I_2}{v_1 v_2} = \frac{c^2}{v^2} F_m = \frac{(3 \times 10^8)^2}{(1 \times 10^{-3})^2} \times 3.6 \times 10^{-3}$$
$$= 3.2 \times 10^{20} (\text{N/m})$$

这时两导线受的磁力和有正离子时相同,可见这时两导线的相互作用力基本上就是电力。

18.26 如图 18.17 所示,一半径为 R 的无限长半圆柱面导体,其上电流(沿 z 方向)与其轴线上一无限长直导线的电流等值反向,电流 I 在半圆柱面上均匀分布。

(1) 试求轴线上导线单位长度所受的力;

(2) 若将另一无限长直导线(通有大小、方向与半圆柱面相同的电流 I)代替圆柱面,产生同样的作用力,该导线应放在何处?

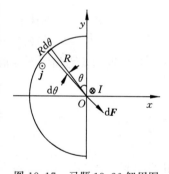

图 18.17 习题 18.26 解用图

解 (1) 如图 18.17 所示,长直电流条 $jR\,\mathrm{d}\theta$ 对轴线上电流 I 单位长度的力为斥力,大小为

$$\mathrm{d}F = \mathrm{d}B \cdot I = \frac{\mu_0 jR\,\mathrm{d}\theta I}{2\pi R}$$

由于电流分布对于 x 轴的对称性,可知整个半圆柱面电流对轴线上电流的力的 y 向分量为零。于是轴线上电流单位长度受的力为

$$F = \int \mathrm{d}F_x = \int \mathrm{d}F \sin\theta = \frac{\mu_0 jI}{2\pi} \int_0^\pi \sin\theta\,\mathrm{d}\theta = \frac{\mu_0 jI}{\pi} = \frac{\mu_0 I^2}{\pi^2 R}$$

方向沿 x 轴正向。

(2) 另一无限长直导线应平行放置于 x 轴上原点左侧,以 d 表示两直导线间的距离,则应有

$$\frac{\mu_0 I^2}{\pi^2 R} = \frac{\mu_0 I^2}{2\pi d}$$

即得
$$d = \pi R/2$$

18.27 正在研究的一种电磁导轨炮(子弹的出口速度可达 10 km/s)的原理可用图 18.18 说明。子弹置于两条平行导轨之间,通以电流后子弹会被磁力加速而以高速从出口射出。以 I 表示电流,r 表示导轨(视为圆柱)半径,a 表示两轨面之间的距离。将导轨近似地按无限长处理,证明子弹受的磁力近似地可以表示为

$$F = \frac{\mu_0 I^2}{2\pi} \ln \frac{a+r}{r}$$

设导轨长度 $L = 5.0$ m,$a = 1.2$ cm,$r = 6.7$ cm,子弹质量为 $m = 317$ g,发射速度为 4.2 km/s。

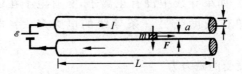

图 18.18　习题 18.27 解用图

(1) 求该子弹在导轨内的平均加速度是重力加速度的几倍?(设子弹由导轨末端启动)

(2) 通过导轨的电流应多大?

(3) 以能量转换效率 40％计,子弹发射需要多大功率的电源?

解　子弹受的磁力为(子弹处磁场 B_1 按半无限长直电流计)

$$F = 2\int_r^{a+r} I B_1 \,\mathrm{d}r = 2\int_r^{a+r} \frac{\mu_0 I^2}{4\pi r} \,\mathrm{d}r = \frac{\mu_0 I^2}{2\pi} \ln \frac{a+r}{r}$$

(1) 子弹的平均加速度为

$$\bar{a} = v^2/2L = (4.2 \times 10^3)^2/(2 \times 5.0) = 1.76 \times 10^6 (\mathrm{m/s^2})$$

这一加速度为重力加速度的倍数为

$$\bar{a}/g = 1.76 \times 10^6/9.8 = 1.8 \times 10^5$$

(2) 由 $F = m\bar{a}$,可得

$$\frac{\mu_0 I^2}{2\pi} \ln \frac{a+r}{r} = m\bar{a}$$

由此可得

$$I = \left\{ \frac{2\pi m \bar{a}}{\mu_0 \ln[(a+r)/r]} \right\}^{1/2} = \left\{ \frac{2\pi \times 317 \times 10^{-3} \times 1.76 \times 10^6}{4\pi \times 10^{-7} \times \ln[(1.2+6.7)/6.7]} \right\} = 4.1 \times 10^6 (\mathrm{A})$$

(3) 所需电源的功率应为

$$P = \frac{1}{2} mv^2/(0.4t) = \frac{1}{2} mv^2/(0.4 \times 2L/v) = \frac{mv^3}{1.6L}$$

$$= \frac{317 \times 10^{-3} \times 4.2^3 \times 10^9}{1.6 \times 5.0} = 2.9 \times 10^9 (\mathrm{W}) = 2.9 (\mathrm{MkW})$$

*__18.28__　置于均匀磁场 ***B*** 中的一段软导线通有电流 I,下端悬一重物使软导线中产生张力 ***T***(图 18.19)。这样,软导线将形成一段圆弧。

(1) 证明:圆弧的半径为 $r = T/(BI)$。

（2）如果去掉导线，通过点 P 沿着原来导线方向射入一个动量为 $p=qT/I$ 的带电为 $-q$ 的粒子，试证该粒子将沿同一圆弧运动。（这说明可以用软导线来模拟粒子的轨迹。实验物理学家有时用这种办法来验证粒子通过一系列磁铁时的轨迹。）

　　证　（1）如图 18.19 所示，软导线上长 $dl=rd\theta$ 一段所受的磁力为 $dF_m=IBdl=IBrd\theta$，沿径向向外。此段两端受到 $T_1=T_2=T$ 的张力作用。T_1 和 T_2 之间的夹角为 $\pi-d\theta$，因而其合力 $dF_T=Td\theta$，沿径向向心。平衡条件给出 $dF_m=dF_T$，由此即可得

$$r=T/BI$$

　　（2）带负电的粒子由 P 点进入磁场后，受洛伦兹力的作用将总是向右方弯进，轨道半径为

$$r=\frac{p}{qB}=\frac{qT}{qBI}=\frac{T}{BI}$$

正好与软导线曲率半径相同。因此，粒子将沿软导线形成的圆弧行进。

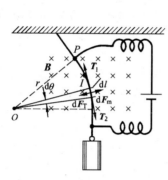

图 18.19　习题 18.28 证用图

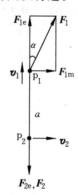

图 18.20　习题 18.29 解用图

　　*18.29　两个质子某一时刻相距为 a，其中质子 1 沿着两质子连线方向离开质子 2，以 v_1 的速度运动。质子 2 垂直于二者连线方向以 v_2 的速度运动。求此时刻每个质子受另一质子的作用力的大小和方向（设 v_1 和 v_2 均甚小于光速 c）。这两个力是否服从牛顿第三定律？（牛顿第三定律实际上是两粒子的动量守恒在经典力学中的表现形式。这里两质子作为粒子虽然不满足牛顿第三定律，但如果计入电磁场的动量，这一系统的总动量仍然是守恒的。）

　　解　如图 18.20 所示，质子 1（p_1）受质子 2（p_2）的电力为

$$F_{1e}=eE_2=\frac{e^2}{4\pi\varepsilon_0 a^2(1-\beta_2^2)^{1/2}}$$

方向沿两质子连线指离质子 2。

　　质子 1 受质子 2 的磁力为

$$F_{1m}=eB_2v_1=\frac{e^2v_1v_2}{4\pi\varepsilon_0 a^2c^2(1-\beta_2^2)^{1/2}}$$

方向垂直于两质子连线，与 v_2 方向平行。

　　质子 1 受质子 2 的合力为

$$F_1=\sqrt{F_{1e}+F_{1m}}=\frac{e^2}{4\pi\varepsilon_0 a^2(1-\beta_2^2)^{1/2}}\sqrt{1+\frac{v_1^2v_2^2}{c^4}}$$

方向如图示,与两质子连线的夹角为

$$\alpha = \arctan \frac{F_{1m}}{F_{1e}} = \arctan \frac{v_1 v_2}{c^2}$$

质子 2 受质子 1 的电力为

$$F_{2e} = eE_1 = \frac{e^2(1-\beta_1^2)}{4\pi\varepsilon_0 a^2}$$

由于质子 1 在质子 2 处的磁场为零,故质子 2 不受磁力。质子 2 受的力 F_2 就是 F_{2e},方向沿两质子连线指离质子 1。F_1 和 F_2 不服从牛顿第三定律。

*18.30 原子处于不同状态时的磁矩不同,钠原子在标记为"$^2P_{3/2}$"的状态时的"有效"磁矩为 2.39×10^{-23} J/T。由于磁矩在磁场中的方位的量子化,处于此状态的钠原子的磁矩在磁场中的指向只可能有四种,它们与磁场方向的夹角分别为 $39.2°,75°,105°,140.8°$。求在 $B = 2.0$ T 的磁场中,处于此状态的钠原子的磁势能可能分别是多少?

解 将给定数据代入磁势公式 $W_m = -\boldsymbol{m} \cdot \boldsymbol{B} = -mB\cos\theta$ 中,可分别得出四种情况下钠原子的磁势能分别为 -3.70×10^{-23}J,-1.24×10^{-23}J,$+1.24 \times 10^{-23}$J,$+3.70 \times 10^{-23}$J。

第**19**章

磁场中的磁介质

一、概念原理复习

1. 磁介质的电结构特点

其特点在于其原子中运动的电子有轨道磁矩和自旋磁矩。顺磁质的分子中各电子的磁矩矢量和不等于零而有固有磁矩,抗磁质的分子没有固有磁矩。在外磁场中磁介质的分子中的电子会产生与外磁场方向相反的感生磁矩。

在外磁场中磁介质分子的固有磁矩沿外磁场方向取向或感生磁矩的产生叫磁介质的磁化。磁化强度用单位体积内的分子磁矩的总和表示。对各向同性的磁介质,在磁场不太强的情况下,磁化强度 M 和磁场强度 B 成正比,即

$$M = \frac{\mu_r - 1}{\mu_0 \mu_r} B = \chi_m H$$

其中 μ_r 叫磁介质的相对磁导率(真空的 $\mu_r = 1$), χ_m 叫磁介质的磁化率。

由于磁化,在磁介质表面会出现束缚电流。面束缚电流密度取决于磁化强度。当磁介质沿与其表面平行的方向磁化时,面束缚电流密度 j' 就等于磁化强度 M 的值,即 $j' = M$,而方向沿表面并与磁化强度 M 的方向垂直。

2. 磁介质磁化后,各处磁场的分布

B 等于束缚电流的磁场 B' 和自由电流的磁场 B_0 的矢量和,即

$$B = B_0 + B'$$

引入辅助量——磁场强度,定义为

$$H = \frac{B}{\mu_0} - M$$

对各向同性的磁介质,

$$H = \frac{B}{\mu_0 \mu_r} = \frac{B}{\mu}$$

则可得

$$\oint_L H \cdot dr = \sum I_{0,in} \quad \text{(对于恒定电流)}$$

其中 $I_{0,\text{in}}$ 为回路 L 包围的自由电流,上式称为 H 的环路定理,应用于有磁介质存在时磁场的分析。

在不同的磁介质的分界面处,下述边界条件成立:

$$H_{1t} = H_{2t}, \quad B_{1n} = B_{2n}$$

3. 铁磁质

$\mu_r \gg 1$,这是由于铁晶体中原子间的量子作用使电子自旋排列整齐的结果。铁磁质有磁滞现象而且也只有在居里点温度之下才显示铁磁性。

由铁芯(或夹有气隙)形成的磁感线回路叫磁路。它和激磁电流的关系形式上类似于电流回路的欧姆定律。

二、解题要点

(1) 在考虑有磁介质存在时的磁场时,要注意 B_0,B' 和 B 的区别,要注意判断自由电流和面束缚电流的方向。

(2) 利用 H 的环路定理求磁场时,要注意对称性的分析。

(3) 对于磁路,要注意通过磁路各截面的磁通量是连续的,即通过各截面的磁通量相等,再根据截面积的大小求出 B,然后再根据磁介质的分布情况求出 H,再代入 H 的环路定理求解。

三、思考题选答

19.1   下面几种说法是否正确,试说明理由。

(1) H 仅与传导电流(自由电流)有关。

答 B 的分布由自由电流和束缚电流共同决定,而 $H = B/\mu$,H 自然也和束缚电流有关。不能说 H 仅与自由电流有关。

(2) 在顺磁质和抗磁质中,B 总与 H 同向。

答   对! $B = \mu H = \mu_r \mu_0 H$。由于对顺磁质和抗磁质都有 $\mu_r > 1$,所以在其中的 H 与 B 的方向总相同。

(3) 通过以闭合曲线 L 为边线的任意封闭曲面的 B 通量均相等。

答   以同一闭合曲线 L 为边线的任意两个封闭曲面 S_1,S_2 构成一封闭曲面 S,根据磁通连续定理,任何一条磁感线通过封闭曲面 S_1 进入封闭曲面 S 的磁感线必定通过 S_2 出来,所以通过 S_1,S_2 的磁通量,数值是相等的。

(4) 通过以闭合曲线 L 为边线的任意曲面的 H 通量均相等。

答   由于 H 线并不总是闭合曲线,所以通过上述任意曲面 S_1 和 S_2 的 H 通量的数值不一定相等。

19.2   将磁介质样品装入试管中,用弹簧吊起来挂到一竖直螺线管的上端开口处(图 19.1),当螺线管通电流后,则可发现随样品的不同,它可能受到该处不均匀磁场的向上或向下的磁力,这是一种区别样品是顺磁质还是抗磁质的精细的实验。受到向上的磁力的样品是顺磁质还是抗磁质?

答　如图 19.1 所示,为简单起见,设想用弹簧吊着的是一个抗磁质小圆柱体,在螺线管中电流所产生的外磁场 **B** 中,它被磁化而产生表面束缚电流 j'。迎着磁场 **B** 看去,这 j' 的方向应是顺时针的。参看图 19.1,圆柱表面的束缚电流在圆柱中产生向下的磁场 **B**′,其磁感线由小圆柱下端走出,而由上端进入。这小圆柱就相当于一小磁棒,上端为 S′ 极,下端为 N′ 极。这两个磁极都要受到磁场 **B** 的磁力。(参看例 18.2)N′ 极受磁力向上,S′ 极受磁力向下,由于磁场不均匀,上弱下强,所以下端 N′ 极受的向上的磁力较上端 S′ 极受的向下的磁力大,这样整个抗磁小圆柱体受的磁力的合力就是向上的,题中所述就是这种情况。所以题中所述样品就是抗磁质。与此相反,如果样品整体受到向下的磁力,则说明样品是顺磁质。

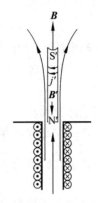

图 19.1　思考题 19.2 用图

19.3　设想一个封闭曲面包围住永磁体的 N 极(原书图 19.22)。通过此封闭面的磁通量是多少?

答　根据磁通连续定理,通过此封闭面的磁通量为零。

19.7　顺磁质和铁磁质的磁导率明显地依赖于温度,而抗磁质的磁导率则几乎与温度无关,为什么?

答　原因在于磁化机制的不同,顺磁质和铁磁质的磁化,是分子的固有磁矩在外磁场作用下的有序排列。分子热运动则使分子取向无序化,温度越高无序化程度越大,有序化越不容易。这将导致磁导率减小,抗磁质的磁化是分子内电子运动受到外磁场的作用而产生逆向磁矩,这一过程和分子热运动无关,所以温度不影响抗磁质的磁导率。

19.10　(《武经总要》中关于指南鱼的制作和使用方法的描述)原题省略。

答　该描述包含了铁叶在外磁场中可以被磁化,在高温时被磁化,冷却后磁化状态固定成了永磁体等认识。关于地磁场,已认识到地面上空有磁性,对已磁化的铁片有磁力的作用。地球表面的磁性是有方向的而且稍向下倾,用现代词条,即是认识到地球周围有磁场,其方向为南北向,而且稍向下倾(即磁倾角)。

四、习题解答

*19.1　考虑一个顺磁样品,其单位体积内有 N 个原子,每个原子的固有磁矩为 **m**。设在外加磁场 **B** 中磁矩的取向只可能有两个:平行或反平行于外磁场,因而其能量 $W_m = -\boldsymbol{m} \cdot \boldsymbol{B}$ 也只能取两个值:$-mB$ 和 $+mB$(这是原子磁矩等于一个玻尔磁子的情形)。玻耳兹曼统计分布律给出一个原子处于能量为 W 的概率正比于 $e^{-W/kT}$。试由此证明此顺磁样品在外磁场 **B** 中的磁化强度为

$$M = Nm \frac{e^{mB/kT} - e^{-mB/kT}}{e^{mB/kT} + e^{-mB/kT}}$$

并证明:

（1）当温度较高使得 $mB \ll kT$ 时，

$$M = \frac{Nm^2 B}{kT}$$

此式给出的 $M \propto B/T$ 关系叫居里定律。

（2）当温度较低使得 $mB \gg kT$ 时，

$$M = Nm$$

达到了磁饱和状态。

证 在此顺磁样品的单位体积内，其磁矩和外磁场平行的原子的能量为 $W_- = -mB$，这种原子的数目为 $N_- = \dfrac{Ne^{-mB/kT}}{e^{mB/kT} + e^{-mB/kT}}$；其磁矩和外磁场反平行的原子的能量为 $W_+ = mB$，这种原子的数目为 $N_+ = \dfrac{Ne^{mB/kT}}{e^{mB/kT} + e^{-mB/kT}}$。于是此顺磁样品的磁化强度，即单位体积内的总磁矩为

$$M = N_+ m + N_- (-m) = Nm\, \frac{e^{mB/kT} - e^{-mB/kT}}{e^{mB/kT} + e^{-mB/kT}}$$

（1）当温度较高使得 $mB \ll kT$ 时，

$$M = Nm\, \frac{1 + \dfrac{mB}{kT} - \left(1 - \dfrac{mB}{kT}\right)}{1 + \dfrac{mB}{kT} + \left(1 - \dfrac{mB}{kT}\right)} = \frac{Nm^2 B}{kT}$$

（2）当温度较低使得 $mB \gg kT$ 时，

$$M = Nm\, \frac{e^{mB/kT}(1 - e^{-2mB/kT})}{e^{mB/kT}(1 + e^{-2mB/kT})} = Nm$$

*19.2 在图 19.2 中，电子的轨道角动量 $\boldsymbol{L}$ 与外磁场 $\boldsymbol{B}$ 之间的夹角为 θ。

（1）证明电子轨道运动受到的磁力矩为 $\dfrac{BeL}{2m_e}\sin\theta$；

（2）证明电子进动的角速度为 $\dfrac{Be}{2m_e}$，并计算电子在 1 T 的外磁场中的进动角速度。

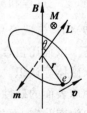

图 19.2 习题 19.2 证用图

证 （1）如图 19.2 所示，电子的轨道磁矩为

$$m = e\nu\pi r^2 = \frac{ev}{2\pi r}\pi r^2 = \frac{evr}{2} = \frac{eL}{2m_e}$$

方向如图所示，和电子轨道角动量 L 的方向相反。电子的轨道运动受到的磁力矩的大小为

$$M = |\,\boldsymbol{m} \times \boldsymbol{B}\,| = mB\sin\theta = \frac{BeL\sin\theta}{2m_e}$$

方向垂直于 $\boldsymbol{L}$ 和 $\boldsymbol{B}$ 所构成的平面。

（2）由于 $M = \left|\dfrac{\mathrm{d}\boldsymbol{L}}{\mathrm{d}t}\right| = L\sin\theta\,\Omega$，和上面求出的 M 值比较，即可得电子进动的角速度为

$$\Omega = \frac{Be}{2m_e}$$

当 $B=1$ T 时，

$$\Omega = \frac{1 \times 1.6 \times 10^{-19}}{2 \times 9.1 \times 10^{-31}} = 8.8 \times 10^{10}\,(\text{rad/s})$$

*19.3　氢原子中，按玻尔模型，常态下电子的轨道半径为 $r=0.53 \times 10^{-10}$ m，速度为 $v=2.2 \times 10^{6}$ m/s。

(1) 此轨道运动在圆心处产生的磁场 B 多大？

(2) 在圆心处的质子的自旋角动量为 $S=\hbar/2=0.53 \times 10^{-34}$ J·s，磁矩为 $m=1.41 \times 10^{-26}$ A·m²，磁矩方向与电子轨道运动在圆心处的磁场方向的夹角为 θ，此质子的进动角速度多大？

解　(1) $B = \dfrac{\mu_0 e v}{4\pi r^2} = \dfrac{4\pi \times 10^{-7} \times 1.6 \times 10^{-19} \times 2.2 \times 10^6}{4\pi \times (0.53 \times 10^{-10})^2} = 12.5$ (T)

(2) 质子受的磁力矩为 $M=mB\sin\theta$，又因为 $M=\left|\dfrac{\mathrm{d}S}{\mathrm{d}t}\right|=S\Omega\sin\theta$，所以可得

$$\Omega = \frac{mB}{S} = \frac{1.41 \times 10^{-26} \times 12.5}{0.53 \times 10^{-34}} = 3.3 \times 10^9\,(\text{rad/s})$$

*19.4　在铁晶体中，每个原子有两个电子的自旋参与磁化过程。设一根磁铁棒直径为 1.0 cm，长 12 cm，其中所有有关电子的自旋都沿棒轴的方向排列整齐了。已知铁的密度为 7.8 g/cm³，摩尔(原子)质量是 55.85 g/mol。

(1) 自旋排列整齐的电子数是多少？

(2) 这些自旋已排列整齐的电子的总磁矩多大？

(3) 磁铁棒的面电流多大才能产生这样大的总磁矩？

(4) 这样的面电流在磁铁棒内部产生的磁场多大？

解　(1) $N = 12 \times 0.5^2 \times \pi \times 7.8 \times 6.023 \times 10^{23} \times 2/55.85 = 1.6 \times 10^{24}$（个）

(2) $m = Nm_B = 1.6 \times 10^{24} \times 9.27 \times 10^{-24} = 15$ (A·m²)

(3) $I = m/S = 15/(\pi \times (0.005)^2) = 1.9 \times 10^5$ (A)

(4) $B = \mu_0 I/l = 4\pi \times 10^{-7} \times 1.9 \times 10^5/0.12 = 2.0$ (T)

19.5　在铁晶体中，每个原子有两个电子的自旋参与磁化过程。一根磁针按长 8.5 cm、宽 1.0 cm、厚 0.02 cm 的铁片计算，设其中有关电子的自旋都排列整齐了。已知铁的密度是 7.8 g/cm³，摩尔(原子)质量是 55.85 g/mol。

(1) 这根磁针的磁矩多大？

(2) 当这根磁针垂直于地磁场放置时，它受的磁力矩多大？设地磁场为 0.52×10^{-4} T。

(3) 当这根磁针与上述地磁场逆平行地放置时，它的磁场能多大？

解　(1) $m = Nm_B = \dfrac{8.5 \times 1.0 \times 0.02 \times 7.8}{55.85} \times 6.023 \times 10^{23} \times 2 \times 9.27 \times 10^{-24}$

$= 0.27$ (A·m²)

(2) $M = |\boldsymbol{m} \times \boldsymbol{B}_E| = mB_E = 0.27 \times 0.52 \times 10^{-4} = 1.4 \times 10^{-5}$ (N·m)

(3) $W_m = -\boldsymbol{m} \cdot \boldsymbol{B}_E = mB_E = 0.27 \times 0.52 \times 10^{-4} = 1.4 \times 10^{-5}$ (J)

19.6　螺绕环中心周长 $l=10$ cm，环上线圈匝数 $N=20$，线圈中通有电流 $I=0.1$ A。

(1) 求管内的磁感应强度 $\boldsymbol{B}_0$ 和磁场强度 $\boldsymbol{H}_0$；

(2) 若管内充满相对磁导率 $\mu_r = 4200$ 的磁介质，那么管内的 $\boldsymbol{B}$ 和 $\boldsymbol{H}$ 是多少？

(3) 磁介质内由导线中电流产生的 $\boldsymbol{B}_0$ 和由磁化电流产生的 $\boldsymbol{B}'$ 各是多少？

解　(1) $B_0 = \mu_0 nI = \mu_0 NI/l = 4\pi \times 10^{-7} \times 20 \times 0.1/0.1 = 2.5 \times 10^{-5}$（T）

$\qquad H_0 = nI = NI/l = 20 \times 0.1/0.1 = 20$（A/m）

(2) $B = \mu_r B_0 = 4200 \times 2.5 \times 10^{-5} = 0.11$（T）

$\qquad H = H_0 = 20$ A/m

(3) $B_0 = 2.5 \times 10^{-5}$ T，$\quad B' = B - B_0 = 0.11$ T

19.7　一铁制的螺绕环，其平均圆周长为 30 cm，截面积为 1 cm²，在环上均匀绕以 300 匝导线。当绕组内的电流为 0.032 A 时，环内磁通量为 2×10^{-6} Wb。试计算：

(1) 环内的磁通量密度（即磁感应强度）；

(2) 磁场强度；

(3) 磁化面电流（即面束缚电流）密度；

(4) 环内材料的磁导率和相对磁导率；

(5) 磁芯内的磁化强度。

解　(1) $B = \Phi/S = 2 \times 10^{-6}/(1 \times 10^{-4}) = 2 \times 10^{-2}$（T）

(2) $H = nI = NI/l = 300 \times 0.032/0.3 = 32$（A/m）

(3) $J' = M = \dfrac{B}{\mu_0} - H = \dfrac{2 \times 10^{-2}}{4\pi \times 10^{-7}} - 32 = 1.6 \times 10^4$（A/m）

(4) $\mu = B/H = 2 \times 10^{-2}/32 = 6.3 \times 10^{-4}$（H/m）

$\qquad \mu_r = \mu/\mu_0 = 6.3 \times 10^{-4}/(4\pi \times 10^{-7}) = 5.0 \times 10^2$

(5) $M = J' = 1.6 \times 10^4$ A/m

19.8　在铁磁质磁化特性的测量实验中，设所用的环形螺线管上共有 1000 匝线圈，平均半径为 15.0 cm，当通有 2.0 A 电流时，测得环内磁感应强度 $B = 1.0$ T，求：

(1) 螺绕环铁芯内的磁场强度 H；

(2) 该铁磁质的磁导率 μ 和相对磁导率 μ_r；

(3) 已磁化的环形铁芯的面束缚电流密度。

解　(1) $H = nI = NI/2\pi r = 1000 \times 2.0/(2 \times \pi \times 0.15) = 2.1 \times 10^3$（A/m）

(2) $\mu = B/H = 1/(2.1 \times 10^3) = 4.7 \times 10^{-4}$（H/m）

$\qquad \mu_r = \mu/\mu_0 = 4.7 \times 10^{-4}/(4\pi \times 10^{-7}) = 3.8 \times 10^2$

(3) $J' = M = (\mu_r - 1)H = (3.8 \times 10^2 - 1) \times 2.1 \times 10^3 = 8.0 \times 10^5$（A/m）

19.9　图 19.3 是退火纯铁的起始磁化曲线。用这种铁做芯的长直螺线管的导线中通入 6.0 A 的电流时，管内产生 1.2 T 的磁场。如果抽出铁芯，要使管内产生同样的磁场，需要在导线中通入多大电流？

解　由起始磁化曲线图 19.3 可查出当 $B = 1.2$ T 时，$H = 2.2 \times 10^2$ A/m。由于 $H = nI_1$，所以 $n = H/I_1$。抽去铁芯，产生同样的 B，所需电流为

$$I = \frac{B}{\mu_0 n} = \frac{BI_1}{\mu_0 H} = \frac{1.2 \times 6.0}{4\pi \times 10^{-7} \times 2.2 \times 10^2} = 2.6 \times 10^4 \text{（A）}$$

19.10 如果想用退火纯铁作铁芯做一个每米 800 匝的长直螺线管,而在管中产生 1.0 T 的磁场,导线中应通入多大的电流? (参照图 19.3 的 B-H 图线)

解 由 B-H 图线可查出 $B=1.0$ T 时,相应的 $H=1.7\times10^2$ A/m。所需电流为

$$I=H/n=1.7\times10^2/800=0.21 \text{(A)}$$

19.11 某种铁磁材料具有矩形磁滞回线(称矩形材料)如图 19.4(a)所示。反向磁场一旦超过矫顽力,磁化方向就立即反转。矩形材料的用途是制作电子计算机中存储元件的环形磁芯。图 19.4(b)所示为一种这样的磁芯,其外直径为 0.8 mm,内直径为 0.5 mm,高为 0.3 mm。这类磁芯由矩形铁氧体材料制成。若磁芯原来已被磁化,方向如图 19.4(b)所示,要使磁芯的磁化方向全部翻转,导线中脉冲电流 i 的峰值至少应多大?设磁芯矩形材料的矫顽力 $H_c=2$ A/m。

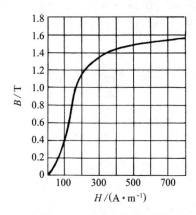
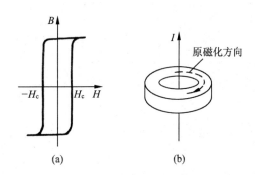

图 19.3 习题 19.9 解用图   图 19.4 习题 19.11 解用图

解 电流增大时,环形磁芯内表面先被反向磁化,所产生磁化电流可使磁芯逐步向外反向磁化,所以应有 $H_c=\dfrac{i_{max}}{2\pi r_{in}}$,因此

$$i_{max}=2\pi r_{in}H_c=2\pi\times\frac{5\times10^{-4}}{2}\times2=3.1 \text{(mA)}$$

19.12 铁环的平均周长为 61 cm,空气隙长 1 cm,环上线圈总数为 1000 匝。当线圈中电流为 1.5 A 时,空气隙中的磁感应强度 B 为 0.18 T。求铁芯的 μ_r 值。(忽略空气隙中磁感应强度线的发散)

解 $\mu_r=\dfrac{l}{\mu_0 NI/B-\delta}=\dfrac{0.61}{4\pi\times10^{-7}\times10^3\times1.5/0.18-0.01}=1.3\times10^3$

19.13 一个利用空气间隙获得强磁场的电磁铁如图 19.5 所示。铁芯中心线的长度 $l_1=500$ mm,空气隙长度 $l_2=20$ mm,铁芯是相对磁导率 $\mu_r=5000$ 的硅钢。要在空气隙中得到 $B=3$ T 的磁场,求绕在铁芯上的线圈的安匝数 NI。

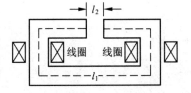

图 19.5 习题 19.13 解用图

解　$NI = \dfrac{B}{\mu_0}\left(\dfrac{l_1}{\mu_r} + \dfrac{l_2}{1}\right) = \dfrac{3}{4\pi \times 10^{-7}}\left(\dfrac{0.5}{5 \times 10^3} + 0.02\right) = 4.9 \times 10^4$（安匝）

19.14　某电钟里有一铁芯线圈，已知铁芯的磁路长 14.4 cm，空气隙宽 2.0 mm，铁芯横截面积为 0.60 cm²，铁芯的相对磁导率 $\mu_r = 1600$。现在要使通过空气隙的磁通量为 4.8×10^{-6} Wb，求线圈电流的安匝数 NI。若线圈两端电压为 220 V，线圈消耗的功率为 20 W，求线圈的匝数 N。

解　$NI = \dfrac{\Phi}{\mu_0 S}\left(\dfrac{l_1}{\mu_r} + \dfrac{l_2}{1}\right)$

$\quad\quad = \dfrac{4.8 \times 10^{-6} \times 10^{-2}}{4\pi \times 10^{-7} \times 0.6 \times 10^{-4}}\left(\dfrac{14.4 - 0.2}{1600} + 0.2\right)$

$\quad\quad = 1.33 \times 10^2$（安匝）

$\quad N = NI/I = 1.33 \times 10^2 \times 220/20 = 1.46 \times 10^3$（匝）

第20章

电 磁 感 应

一、概念原理复习

1. 法拉第电磁感应定律

对于一回路，

$$\mathcal{E} = -\frac{\mathrm{d}\Psi}{\mathrm{d}t}$$

其中 Ψ 为穿过回路包围面积的磁链。对螺线管，可以有 $\Psi = N\Phi$，而 Φ 为通过一个线圈的磁通量。

（1）动生电动势：由于导线段 ab 在磁场中运动而在导线中产生的电动势。

$$\mathcal{E}_{ab} = \int_a^b (\boldsymbol{v} \times \boldsymbol{B}) \cdot \mathrm{d}\boldsymbol{l}$$

动生电动势归因于洛伦兹力。总的洛伦兹力不做功，但起转换能量的作用。

（2）感生电动势：归因于磁场变化产生的感生电场 $\boldsymbol{E}_\mathrm{i}$ 的感生电动势为

$$\mathcal{E} = \oint_L \boldsymbol{E}_\mathrm{i} \cdot \mathrm{d}\boldsymbol{l}$$

感生电场和变化磁场的关系为

$$\oint_L \boldsymbol{E}_\mathrm{i} \cdot \mathrm{d}\boldsymbol{r} = -\int_S \frac{\partial \boldsymbol{B}}{\partial t} \cdot \mathrm{d}\boldsymbol{S}$$

2. 互感与自感

（1）互感：两个回路的互感系数为

$$M = \frac{\Psi_{21}}{i_1} = \frac{\Psi_{12}}{i_2}$$

互感电动势：$\quad \mathcal{E}_{21} = -M\dfrac{\mathrm{d}i_1}{\mathrm{d}t} \quad (M \text{一定时})$

（2）自感：一个回路的自感系数为

$$L = \frac{\Psi}{i}$$

一个长直螺线管的自感系数为 $L = \mu n^2 V$。

自感电动势：
$$\mathscr{E}_L = -L\,\frac{\mathrm{d}i}{\mathrm{d}t}\quad(L\ 一定时)$$

3. 磁场的能量

自感线圈的磁能

$$W_{\mathrm{m}} = \frac{1}{2}LI^2$$

磁场能量密度

$$w_{\mathrm{m}} = \frac{B^2}{2\mu} = \frac{1}{2}BH\quad(非铁磁质)$$

磁场的能量

$$W_{\mathrm{m}} = \int_V w_{\mathrm{m}}\,\mathrm{d}V = \int_V \frac{B^2}{2\mu}\,\mathrm{d}V$$

二、解题要点

（1）应用法拉第电磁感应定律时，注意其中的磁链数 $\varPsi$ 是通过给定回路（有时可自设回路）所围绕面积的磁链数，而与回路外的磁场无关。作代数运算时要注意公式中的负号，判断 $\mathscr{E}$ 的方向时要注意回路中磁场的方向以及磁场的变化情况，结果中的正负或 $\mathscr{E}$ 的方向都要参考事先规定的回路的正方向才有意义。

（2）利用洛伦兹力公式求动生电动势时，要注意导线段的运动速度 $\boldsymbol{v}$ 的方向和磁场 $\boldsymbol{B}$ 的方向以及矢量积中 $\boldsymbol{v}$ 和 $\boldsymbol{B}$ 的先后次序。一段导线上的电动势可以用电势差表示，要注意在一段导线中的电动势是由低电势一端指向高电势一端的。

（3）计算互感系数或自感系数时，要注意磁链数的计算而不只是磁通量。

三、思考题选答

20.1　灵敏电流计的线圈处于永磁体的磁场中，通入电流，线圈就发生偏转，显示出电流的大小。切断电流后，线圈在回到原来位置前要来回摆动好多次，这时如果用导线把线圈的两个接头短路，则其摆动会马上停止，这是什么缘故？

答　线圈在磁场中摆动时，如果将其两接头短路则线圈就形成了一闭合回路。这时，通过摆动的线圈回路的磁通量不断变化，在闭合回路中产生感应电流。根据楞次定律，感应电流受磁场的力是阻止它摆动，所以线圈的摆动会马上停下来。如果线圈两接头未短路，就不能形成闭合回路，线圈的摆动不能产生感应电流（尽管仍有感生电动势产生），因而摆动不受影响，就在摆动很多次后停下来。

20.3　变压器的铁芯为什么总做成片状的，而且涂上绝缘漆相互隔开？铁片放置的方向应和线圈磁场的方向有什么关系？

答　铁芯做成片状并涂漆隔开是为了增大铁芯的电阻以减小涡流的产生，从而减小变压器因铁芯产生涡流发热而产生的能量损耗，以提高变压器的效率，但铁片放置的方向应使铁片的平面和线圈的磁场方向平行，这样围绕线圈中电流产生的磁通量的铁磁质就被漆层分隔,电阻大大增加,就不会形成大的涡流,从而减小了能量损耗,提高了变压器的效率。

20.5 电子感应加速器中电子加速所获得的能量是哪里来的? 试定性解释。

电子感应加速器中电子加速是感应电场作用的结果,感应电场的产生是加速器线圈的磁场变化的结果。这磁场的变化又是线圈中电流变化引起的,这变化电流通入线圈,是要靠线圈电源克服线圈的自感电动势做功才能实现的。所以说,电子感应加速器中电子加速所获得的能量最终是由加速器线圈的供电电源提供的。

20.6 三个线圈的中心在一条直线上,相隔的距离很小,如何放置使它们两两之间的互感系数为零。

答 放置得使三个线圈的轴线两两相互垂直即可。这是因为每个线圈的磁场磁感线都像图 17.12 那样分布,当三个线圈的中心在一条直线上而且它们的轴又两两相互垂直时,则对每一对线圈,此一线圈通电流时都不会有磁感线通过另一线圈,所以二者的互感就为零了。

20.9 利用楞次定律说明为什么一个小的条形磁铁能悬浮在用超导材料做成的盘上。

答 当小磁铁最初下落时,它在超导盘引起的磁场变化会在超导盘内引起持续不停的涡流,即超导体中的感应电流,根据楞次定律,这个感应电流的磁场是要阻止小磁铁的下落运动的。在小磁铁重量合适,下落到与盘距离适当时,就有可能使小磁铁所受重力和磁场阻力平衡而使它悬浮起来。

四、习题解答

20.1 在通有电流 $I = 5$ A 的长直导线近旁有一导线段 ab,长 $l = 20$ cm,与长直导线距离 $d = 10$ cm(图 20.1)。当它沿平行于长直导线的方向以速度 $v = 10$ m/s 平移时,导线段中的感生电动势多大? a, b 哪端的电势高?

解 (如图 20.1 所示)

$$\mathscr{E}_{ab} = \int d\mathscr{E} = \int (\boldsymbol{v} \times \boldsymbol{B}) \cdot d\boldsymbol{r} = -\int vB \, dr = -v \int_d^{d+l} \frac{\mu_0 I}{2\pi r} dr$$

$$= -\frac{\mu_0 I v}{2\pi} \ln \frac{d+l}{d} = -\frac{4\pi \times 10^{-7} \times 5 \times 10}{2\pi} \ln \frac{10+20}{10}$$

$$= -1.1 \times 10^{-5} \text{(V)}$$

由于 $\mathscr{E}_{ab} < 0$,所以 a 端电势高。

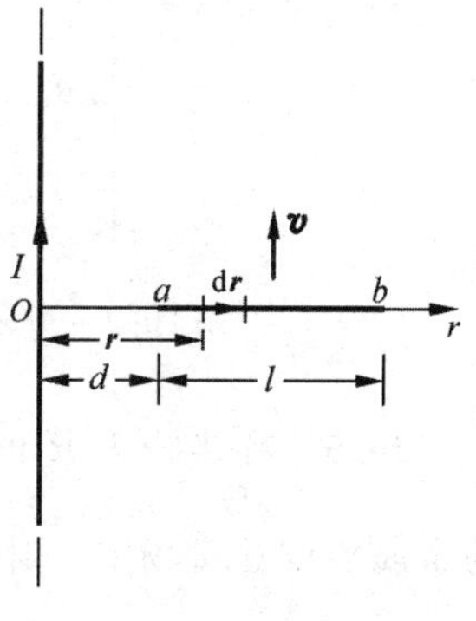

图 20.1 习题 20.1 解用图

20.2 平均半径为 12 cm 的 4×10^3 匝线圈,在强度为 0.5 G 的地磁场中每秒钟旋转 30 周,线圈中可产生最大感生电动势为多大? 如何旋转和转到何时,才有这样大的电动势?

解 $\mathscr{E}_{max} = NBS\omega = 4 \times 10^3 \times 0.5 \times 10^{-4} \times \pi \times 0.12^2 \times 2 \times \pi \times 30 = 1.7$ (V)

线圈绕垂直于磁场的直径旋转,当线圈平面法线与磁场垂直时感生电动势出现此最大值。

20.3 如图 20.2 所示,长直导线中通有电流 $I = 5.0$ A,另一矩形线圈共 1×10^3 匝,宽 $a = 10$ cm,长 $L = 20$ cm,以 $v = 2$ m/s 的速度向右平动,求当 $d = 10$ cm 时线圈中的感生电

动势。

解 如图 20.2 所示,线圈向右平移时,上下两边不产生动生电动势。因此,整个线圈内的感生电动势为

$$\mathscr{E} = \mathscr{E}_1 - \mathscr{E}_2 = N(B_1 - B_2)Lv = NLv \frac{\mu_0 I}{2\pi}\left(\frac{1}{d} - \frac{1}{d+a}\right)$$

$$= 1 \times 10^3 \times 0.2 \times 2 \times \frac{4\pi \times 10^{-7} \times 5.0}{2\pi}\left(\frac{1}{0.1} - \frac{1}{0.1+0.1}\right)$$

$$= 2 \times 10^{-3}(\text{V})$$

20.4 习题 20.3 中若线圈不动,而长导线中通有交变电流 $i = 5\sin100\pi t$ A,线圈内的感生电动势将为多大?

解 通过线圈的磁链为

$$\Psi = N\Phi = N\int \boldsymbol{B} \cdot \mathrm{d}\boldsymbol{S} = N\int_d^{d+a} \frac{\mu_0 i}{2\pi r} \cdot L\mathrm{d}r = \frac{\mu_0 NiL}{2\pi}\ln\frac{d+a}{d}$$

$$\mathscr{E} = -\frac{\mathrm{d}\Psi}{\mathrm{d}t} = -\frac{\mu_0 NL}{2\pi}\left(\ln\frac{d+a}{d}\right)\frac{\mathrm{d}i}{\mathrm{d}t}$$

$$= -\frac{4\pi \times 10^{-7} \times 1 \times 10^3 \times 0.2}{2\pi}\left(\ln\frac{0.1+0.1}{0.1}\right)\frac{\mathrm{d}(5\sin100\pi t)}{\mathrm{d}t}$$

$$= -4.4 \times 10^{-2}\cos100\pi t$$

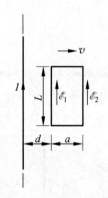
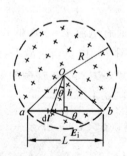

图 20.2 习题 20.3 解用图　　　　　　图 20.3 习题 20.5 解用图

20.5 在半径为 R 的圆柱形体积内,充满磁感应强度为 $\boldsymbol{B}$ 的均匀磁场。有一长为 L 的金属棒放在磁场中,如图 20.3 所示。设磁场在增强,并且 $\frac{\mathrm{d}B}{\mathrm{d}t}$ 已知,求棒中的感生电动势,并指出哪端电势高。

解 如图 20.3 所示,考虑 $\triangle Oba$。以 S 表示其面积,则通过 S 的磁通量 $\Phi = BS$。当磁通变化时,感应电场的电场线为圆心在 O 的同心圆。由法拉第电磁感应定律可得

$$-\frac{\mathrm{d}\Phi}{\mathrm{d}t} = -S\frac{\mathrm{d}B}{\mathrm{d}t} = \oint \boldsymbol{E}_i \cdot \mathrm{d}\boldsymbol{r} = \int_O^b \boldsymbol{E}_i \cdot \mathrm{d}\boldsymbol{r} + \int_b^a \boldsymbol{E}_i \cdot \mathrm{d}\boldsymbol{r} + \int_a^O \boldsymbol{E}_i \cdot \mathrm{d}\boldsymbol{r}$$

$$= 0 + \mathscr{E}_{ba} + 0 = \mathscr{E}_{ba}$$

由此得

$$\mathscr{E}_{ba} = -S\frac{\mathrm{d}B}{\mathrm{d}t} = -\frac{1}{2}L\sqrt{R^2 - L^2/4}\,\frac{\mathrm{d}B}{\mathrm{d}t}$$

由于 $\dfrac{\mathrm{d}B}{\mathrm{d}t} > 0$，所以 $\mathscr{E}_{ba} < 0$，因而 b 端电势高。

另一解法：直接对感应电场积分。在棒上 $\mathrm{d}l$ 处的感应电场的大小为 $E_i = \dfrac{i}{2}\dfrac{\mathrm{d}B}{\mathrm{d}t}$，方向如图 20.3 所示，

$$\mathscr{E}_{ab} = \int_a^b \boldsymbol{E}_i \cdot \mathrm{d}\boldsymbol{l} = \int_a^b E_i \mathrm{d}l\cos\theta = \int_a^b \frac{r\cos\theta}{2}\frac{\mathrm{d}B}{\mathrm{d}t}\mathrm{d}l$$

$$= \frac{h}{2}\frac{\mathrm{d}B}{\mathrm{d}t}\int_a^b \mathrm{d}l = \frac{hL}{2}\frac{\mathrm{d}B}{\mathrm{d}t} = \frac{1}{2}L\sqrt{R^2 - L^2/4}\,\frac{\mathrm{d}B}{\mathrm{d}t}$$

由于 $\mathscr{E}_{ab} > 0$，所以 b 端电势高。

20.6　在 50 周年国庆盛典上我 FBC-1"飞豹"新型超音速歼击轰炸机在天安门上空沿水平方向自东向西呼啸而过。该机翼展 12.705 m。设北京地磁场的竖直分量为 0.42×10^{-4} T，该机又以最大 Ma 数 1.70（Ma 数即"马赫数"，表示飞机航速相当于声速的倍数）飞行，求该机两翼尖间的电势差。哪端电势高？

解　$U = \mathscr{E} = Blv = 0.42\times10^{-4}\times12.705\times1.70\times330 = 0.30$ （V）

由于感生电动势的方向由北指向南，所以机翼南端电势高。

20.7　为了探测海洋中水的运动，海洋学家有时依靠水流通过地磁场所产生的动生电动势。假设在某处地磁场的竖直分量为 0.70×10^{-4} T，两个电极垂直插入被测的相距 200 m 的水流中，如果与两极相连的灵敏伏特计指示 7.0×10^{-3} V 的电势差，求水流速率。

解　$v = \mathscr{E}/(Bl) = U/(Bl) = 7.0\times10^{-3}/(0.70\times10^{-4}\times200)$
$\qquad = 0.50$ （m/s）

20.8　发电机由矩形线环组成，线环平面绕竖直轴旋转。此竖直轴与大小为 2.0×10^{-2} T 的均匀水平磁场垂直。环的尺寸为 10.0 cm×20.0 cm，它有 120 圈。导线的两端接到外电路上，为了在两端之间产生最大值为 12.0 V 的感生电动势，线环必须以多大的转速旋转？

解　线环转动时，$\mathscr{E}_{\max} = NBS\omega = 2\pi NBSn$。由此得

$$n = \frac{\mathscr{E}_{\max}}{2\pi NBS} = \frac{12.0}{2\pi\times120\times2.0\times10^{-2}\times0.1\times0.2} = 40 \text{ (s}^{-1}\text{)}$$

20.9　一种用小线圈测磁场的方法如下：做一个小线圈，匝数为 N，面积为 S，将它的两端与一测电量的冲击电流计相连。它和电流计线路的总电阻为 R。先把它放到待测磁场处，并使线圈平面与磁场方向垂直，然后急速地把它移到磁场外面，这时电流计给出通过的电量是 q。试用 N,S,q,R 表示待测磁场的大小。

解　线圈移动时通过冲击电流计的总电量

$$q = \int i\,\mathrm{d}t = \frac{1}{R}\int \mathscr{E}\,\mathrm{d}t = -\frac{1}{R}\int \frac{\mathrm{d}\Psi}{\mathrm{d}t}\mathrm{d}t = -\frac{1}{R}\int_\Psi^0 \mathrm{d}\Psi = \frac{\Psi}{R} = \frac{NBS}{R}$$

由此得

$$B = qR/(NS)$$

20.10 一金属圆盘,电阻率为 ρ,厚度为 b。在转动过程中,在离转轴 r 处面积为 a^2 的小方块内加以垂直于圆盘的磁场 $\boldsymbol{B}$(图 20.4)。试导出当圆盘转速为 ω 时阻碍圆盘的电磁力矩的近似表达式。

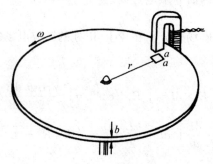

图 20.4 习题 20.10 解用图

解 圆盘转动时,小方块内产生的径向电动势为

$$\mathscr{E} = Blv = Ba\omega r$$

以小方块为电源所在,"外电路"是圆盘的其余部分,而外电路电阻可视为零。"内电路"电阻为 $\rho a/(ab) = \rho/b$。因而通过小方块的径向电流近似为 $I = \mathscr{E}b/\rho = Bab\omega r/\rho$。此小方块受永磁体磁场的磁力为 $F = BIl = B^2a^2b\omega r/\rho$。而此力对圆盘转动的阻力矩为

$$M = Fr = (Bar)^2 b\omega/\rho$$

20.11 在电子感应加速器中,要保持电子在半径一定的轨道环内运行,轨道环内的磁场 B 应该等于环围绕的面积中 B 的平均值 $\overline{B}$ 的一半,试证明之。

证 电子沿半径为 R 的一定轨道运动时,其运动方程为

$$eE = m_e a_t = m_e \frac{dv}{dt}$$

$$evB = m_e a_n = m_e \frac{v^2}{R}$$

由第 2 式得 $eB = m_e v/R$(其中 B 为环内磁场),而 $\dfrac{dv}{dt} = \dfrac{eR}{m_e}\dfrac{dB}{dt}$,代入上面第 1 式可得

$$\frac{dB}{dt} = \frac{E}{R}$$

又由于感应电场 $E = \dfrac{1}{2\pi R}\dfrac{d\Phi}{dt} = \dfrac{\pi R^2}{2\pi R}\dfrac{d\overline{B}}{dt} = \dfrac{R}{2}\dfrac{d\overline{B}}{dt}$(此处 $\overline{B}$ 为环围绕的面积内的磁场的平均值)。代入上式,即可得

$$\frac{dB}{dt} = \frac{1}{2}\frac{d\overline{B}}{dt}$$

由此可得

$$B = \overline{B}/2$$

20.12 在分析原书图 20.11(a)中的电子轨道运动附加磁矩的产生时,曾假定轨道半径 r 不变。试用经典理论证明这一假定:先求出轨道半径不变而电子速率增加 Δv 时需要增加的向心力 ΔF(取一级近似),再求出加入磁场 $\boldsymbol{B}$ 后,速率为 $v + \Delta v$ 的电子所受的洛伦

兹力(也取一级近似)。根据此洛伦兹力等于所需增加的向心力可知轨道半径是可以保持不变的。

证 电子速度由 v 增大到 $v+\Delta v$ 时,所需向心力需要增大的值为

$$\Delta F_n = \frac{m_e(v+\Delta v)^2}{r} - \frac{m_e v^2}{r} \approx \frac{2m_e v \Delta v}{r} \quad (\text{取一级近似})$$

已知当磁场 **B** 加上后电子速率的增大为

$$\Delta v = \frac{er}{2m_e}B$$

故

$$B = \frac{2m_e \Delta v}{er}$$

这时电子受的洛伦兹力为

$$F_m = e(v+\Delta v)B \approx \frac{2m_e v \Delta v}{r} \quad (\text{取一级近似})$$

由此得

$$F_m = \Delta F_n$$

在加 **B** 以前并无洛伦兹力,加 **B** 以后电子受的洛伦兹力正好满足电子在原来轨道上运动而速度增加 Δv 时所需增大的向心力,因此电子仍可在原轨道上运动,即加磁场前后电子轨道半径保持不变。

20.13 一个长为 l、截面半径为 R 的圆柱形纸筒上均匀密绕有两组线圈。一组的总匝数为 N_1,另一组的总匝数为 N_2。求筒内为空气时两组线圈的互感系数。

解 N_1 组线通电流 I_1 后,通过 N_2 的磁链数为

$$\Psi_{21} = N_2\Phi_1 = N_2\mu_0 N_1 I_1 S/l = \mu_0 N_1 N_2 \pi R^2 I_1/l$$

$$M = \frac{\Psi_{21}}{I_1} = \frac{\mu_0 N_1 N_2 \pi R^2}{l}$$

20.14 一圆环形线圈 a 由 50 匝细线绕成,截面积为 4.0 cm²,放在另一个匝数等于 100 匝、半径为 20.0 cm 的圆环形线圈 b 的中心,两线圈同轴。求:

(1) 两线圈的互感系数;

(2) 当线圈 a 中的电流以 50 A/s 的变化率减少时,线圈 b 内磁通量的变化率;

(3) 线圈 b 的感生电动势。

解 (1) 线圈 b 通电流 I_b 时,由于线圈 a 的半径较线圈 b 的半径甚小,所以可近似求得线圈 a 通过的磁链为

$$\Psi_{ab} = N_b \frac{\mu_0 I_b}{2R_b} N_a S_a$$

由此得两线圈的互感系数为

$$M = \frac{\Psi_{ab}}{I_b} = \frac{\mu_0 N_a N_b S_a}{2R_b} = \frac{4\pi \times 10^{-7} \times 50 \times 100 \times 4.0 \times 10^{-4}}{2 \times 0.2}$$

$$= 6.3 \times 10^{-6} \, (\text{H})$$

(2) $\dfrac{\mathrm{d}\Phi_{ba}}{\mathrm{d}t} = \dfrac{1}{N_b}\dfrac{\mathrm{d}\Psi_{ba}}{\mathrm{d}t} = \dfrac{1}{N_b}M\dfrac{\mathrm{d}i_a}{\mathrm{d}t} = \dfrac{1}{100}\times 6.3\times 10^{-6}\times(-50) = -3.1\times 10^{-6} \,(\text{Wb/s})$

(3) $\mathscr{E}_{ba} = -M \dfrac{\mathrm{d}i_a}{\mathrm{d}t} = -6.3 \times 10^{-6} \times (-50) = 3.1 \times 10^{-4}$ (V)

又本题两线圈的互感系数也可如下求得。设线圈 a 中通电流 I_a。由 I_a 产生的磁通量通过线圈 a 为 Φ，通过线圈 a 和线圈 b 之间的面积的磁通量为 Φ_1，通过线圈 b 外面的面积的磁通量为 Φ_2。由于 $\Phi = \Phi_1 + \Phi_2$，因而通过线圈 b 所围绕的面积的磁通量为 $\Phi - \Phi_1 = \Phi_2 = \Phi_{ba}$。由于 $R_b > R_a$，所以 Φ_2 可通过 I_a 形成的磁偶极矩的磁场进行计算。在线圈所在平面内线圈 b 以外距线圈 a 中心为 r 处的磁场为 $B = \mu_0 m / 4\pi r^3 = \mu_0 I_a S_a N_a / 4\pi r^3$。由此可得

$$\Phi_{ba} = \Phi_2 = \int \boldsymbol{B} \cdot \mathrm{d}\boldsymbol{S} = \int_{R_b}^{\infty} \frac{\mu_0 I_a S_a N_a}{4\pi r^3} \cdot 2\pi r\,\mathrm{d}r = \frac{\mu_0 I_a S_a N_a}{2R_b}$$

于是二者的互感系数为

$$M = \frac{\Psi_{ba}}{I_a} = \frac{N_b \mu_0 I_a S_a N_a}{2R_b I_a} = \frac{\mu_0 N_a N_b S_a}{2R_b}$$

与上面求得的结果相同。

20.15 半径为 2.0 cm 的螺线管，长 30.0 cm，上面均匀密绕 1200 匝线圈，线圈内为空气。

(1) 求这螺线管中自感多大？

(2) 如果在螺线管中电流以 3.0×10^2 A/s 的速率改变，在线圈中产生的自感电动势多大？

解 (1) $L = \mu_0 N^2 S / l = \mu_0 N^2 \pi R^2 / l = 4\pi \times 10^{-7} \times (1.2 \times 10^3)^2 \times \pi \times 0.02^2 / 0.3$
$= 7.6 \times 10^{-3}$ (H)

(2) $|\mathscr{E}| = L \dfrac{\mathrm{d}i}{\mathrm{d}t} = 7.6 \times 10^{-3} \times 3.0 \times 10^2 = 2.3$ (V)

20.16 一长直螺线管的导线中通入 10.0 A 的恒定电流时，通过每匝线圈的磁通量是 20 μWb；当电流以 4.0 A/s 的速率变化时，产生的自感电动势为 3.2 mV。求此螺线管的自感系数与总匝数。

解 $L = \mathscr{E} \Big/ \dfrac{\mathrm{d}i}{\mathrm{d}t} = 3.2 \times 10^{-3} / 4.0 = 0.8 \times 10^{-3}$ (H)

又 $\qquad\qquad\qquad\qquad\qquad L = N\Phi / I$

所以

$$N = LI / \Phi = 0.8 \times 10^{-3} \times 10.0 / (20 \times 10^{-6}) = 400 \text{ (匝)}$$

20.17 如图 20.5 所示的截面为矩形的螺绕环，总匝数为 N。

(1) 求此螺绕环的自感系数；

(2) 沿环的轴线拉一根直导线。求直导线与螺绕环的互感系数 M_{12} 和 M_{21}，二者是否相等？

解 (1) 可求得电流为 I 时通过环截面积的磁通量为

$\Phi = \dfrac{\mu_0 NIh}{2\pi} \ln \dfrac{R_2}{R_1}$。因此自感系数为

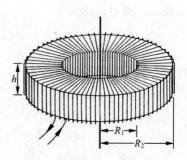

图 20.5 习题 20.17 解用图

$$L = \frac{\Psi}{I} = \frac{N\Phi}{I} = \frac{\mu_0 N^2 h}{2\pi} \ln \frac{R_2}{R_1}$$

（2）直导线可以认为在无限远处闭合，匝数为 1。螺绕环通过电流 I_1 时，通过螺绕环截面的磁通量也就是通过直导线回路的磁链。因此

$$M_{21} = \frac{\Psi_{21}}{I_1} = \frac{\Phi_1}{I_1} = \frac{\mu_0 N I_1 h}{2\pi} \ln \frac{R_2}{R_1} \bigg/ I_1 = \frac{\mu_0 N h}{2\pi} \ln \frac{R_2}{R_1}$$

当直导线通有电流 I_2 时，其周围的磁场为 $B_2 = \mu_0 I_2 / 2\pi r$。通过螺绕环截面积的磁通量为

$$\Phi_{12} = \int_{R_1}^{R_2} B_2 h \, dr = \frac{\mu_0 I_2 h}{2\pi} \int_{R_1}^{R_2} \frac{dr}{r} = \frac{\mu_0 I_2 h}{2\pi} \ln \frac{R_2}{R_1}$$

$$M_{12} = \frac{\Psi_{12}}{I_2} = \frac{N \Phi_{12}}{I_2} = \frac{\mu_0 N h}{2\pi} \ln \frac{R_2}{R_1}$$

比较两个结果得

$$M_{12} = M_{21}$$

20.18 两条平行的输电线半径为 a，二者中心相距为 D，电流一去一回。若忽略导线内的磁场，证明这两条输电线单位长度的自感为

$$L_1 = \frac{\mu_0}{\pi} \ln \frac{D - a}{a}$$

证 两条平行输电线一去一回构成一长窄条回路，可以引入单位长度的自感的概念。当电线中通有电流 I 时，通过导线间单位长度的面积的磁通量为

$$\Phi = 2 \int_a^{D-a} B_1 dr \cdot 1 = 2 \int_a^{D-a} \frac{\mu_0 I}{2\pi r} dr = \frac{\mu_0 I}{\pi} \ln \frac{D - a}{a}$$

从而得单位长度的输电线的自感为

$$L_1 = \frac{\Phi}{I} = \frac{\mu_0}{\pi} \ln \frac{D - a}{a}$$

20.19 两个平面线圈，圆心重合地放在一起，但轴线正交。二者的自感系数分别为 L_1 和 L_2，以 L 表示二者相连接时的等效自感，试证明：

（1）两线圈串联时

$$L = L_1 + L_2$$

（2）两线圈并联时

$$\frac{1}{L} = \frac{1}{L_1} + \frac{1}{L_2}$$

证 （1）当两线圈串联时，$\mathscr{E} = \mathscr{E}_1 + \mathscr{E}_2$，$i = i_1 = i_2$。将 $\mathscr{E} = -L \dfrac{di}{dt}$，$\mathscr{E}_1 = -L_1 \dfrac{di}{dt}$ 和 $\mathscr{E}_2 = -L_2 \dfrac{di}{dt}$ 代入即可得

$$L = L_1 + L_2$$

（2）当两线圈并联时，$i = i_1 + i_2$，$\mathscr{E} = \mathscr{E}_1 = \mathscr{E}_2$。将 $\dfrac{di}{dt} = -\dfrac{\mathscr{E}}{L}$，$\dfrac{di_1}{dt} = -\dfrac{\mathscr{E}_1}{L_1}$ 和 $\dfrac{di_2}{dt} = -\dfrac{\mathscr{E}_2}{L_2}$

代入 $\dfrac{\mathrm{d}i}{\mathrm{d}t} = \dfrac{\mathrm{d}i_1}{\mathrm{d}t} + \dfrac{\mathrm{d}i_2}{\mathrm{d}t}$ 即可得

$$\frac{1}{L} = \frac{1}{L_1} + \frac{1}{L_2}$$

应当注意,上述分析只考虑了两个线圈的自感,而没有考虑它们的相互影响——互感。由于两线圈平面相互垂直,各自产生的磁通量并不会通过对方围绕的面积,因而自然也就不会有互感了。

20.20 两线圈的自感分别为 L_1 和 L_2,它们之间的互感为 M(图 20.6)。

(1) 当二者顺串联,即 2,3 端相连,1,4 端接入电路时,证明二者的等效自感为 $L = L_1 + L_2 + 2M$;

(2) 当二者反串联,即 2,4 端相连,1,3 端接入电路时,证明二者的等效自感为 $L = L_1 + L_2 - 2M$。

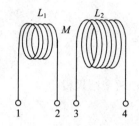

图 20.6 习题 20.20 解用图

证 (1) 由于二者顺串联,所以当电流通过时,此一线圈产生的通过另一线圈的磁通量的方向和另一线圈自身产生的磁通量的方向相同。因而通过两线圈的总磁链数

$$\Psi = \Psi_1 + \Psi_{12} + \Psi_2 + \Psi_{21}$$

由于 $\Psi = LI, \Psi_1 = L_1 I_1, \Psi_{12} = M I_2, \Psi_2 = L_2 I_2, \Psi_{21} = M I_1$,而且有 $I = I_1 = I_2$,将这些都代入上面的磁链关系式即可得

$$L = L_1 + L_2 + 2M$$

(2) 当二者反串联时,此一线圈产生的通过另一线圈的磁通量的方向将和另一线圈自身产生的磁通量的方向相反,而上述磁链关系式中的 Ψ_{21} 和 Ψ_{12} 前应改为负号。这样,仍利用上面的磁链数和自感系数或互感系数的关系,就可得到

$$L = L_1 + L_2 - 2M$$

20.21 中子星表面的磁场估计为 10^8 T,该处的磁能密度多大?(按质能关系,以 kg/m³ 表示之。)

解 $w_m = \dfrac{B^2}{2\mu_0 c^2} = \dfrac{(10^8)^2}{2 \times 4\pi \times 10^{-7} \times (3 \times 10^8)^2} = 4.4 \times 10^4 \, (\mathrm{kg/m^3})$

此值约为水的质量密度的 44 倍。

20.22 实验室中一般可获得的强磁场约为 2.0 T,强电场约为 1×10^6 V/m。求相应的磁场能量密度和电场能量密度多大?哪种场更有利于储存能量?

解 $w_m = \dfrac{B^2}{2\mu_0} = \dfrac{2.0^2}{2 \times 4\pi \times 10^{-7}} = 1.6 \times 10^6 \, (\mathrm{J/m^3})$

$w_e = \dfrac{\varepsilon_0 E^2}{2} = \dfrac{8.85 \times 10^{-12} \times (10^6)^2}{2} = 4.4 \, (\mathrm{J/m^3})$

两者相比,磁场更有利于储存能量。

20.23 可能利用超导线圈中的持续大电流的磁场储存能量。要储存 1 kW·h 的能量,利用 1.0 T 的磁场,需要多大体积的磁场?若利用线圈中的 500 A 的电流储存上述能量,则该线圈的自感系数应多大?

解　需要的磁场的体积为

$$V_m = W/w_m = 3.6 \times 10^6 \times 2 \times 4\pi \times 10^{-7} = 9.0 \ (m^3)$$

所需线圈的自感系数为

$$L = 2W/I^2 = 2 \times 3.6 \times 10^6 / 500^2 = 29 \ (H)$$

20.24　一长直的铜导线截面半径为 5.5 mm，通有电流 20 A。求导线外贴近表面处的电场能量密度和磁场能量密度各是多少？铜的电阻率为 $1.69 \times 10^{-8} \ \Omega \cdot m$。

解　$w_m = \dfrac{B^2}{2\mu_0} = \dfrac{1}{2\mu_0}\left(\dfrac{\mu_0 I}{2\pi R}\right)^2 = \dfrac{4\pi \times 10^{-7} \times 20^2}{2 \times 4\pi^2 \times (5.5 \times 10^{-3})^2} = 0.21 \ (J/m^3)$

由于导线表面内外切向电场连续，所以表面外贴近表面处的电场为 $E = \rho J = \rho I/\pi R^2$，而此处的电场能量密度为

$$E = w_e = \frac{\varepsilon_0}{2}E^2 = \frac{\varepsilon_0(\rho I)^2}{2(\pi R^2)^2} = \frac{8.85 \times 10^{-12} \times (1.69 \times 10^{-8} \times 20)^2}{2 \times [\pi \times (5.5 \times 10^{-3})^2]^2}$$

$$= 5.6 \times 10^{-17} \ (J/m^3)$$

20.25　一同轴电缆由中心导体圆柱和外层导体圆筒组成，二者半径分别为 R_1 和 R_2，筒和圆柱之间充以电介质，电介质和金属的 μ_r 均可取作 1，求此电缆通过电流 I（由中心圆柱流出，由圆筒流回）时，单位长度内储存的磁能，并通过和自感磁能的公式比较求出单位长度电缆的自感系数。

解　$W_{m1} = \displaystyle\int \frac{B^2}{2\mu_0}dV = \frac{1}{2\mu_0}\left[\int_0^{R_1}\left(\frac{\mu_0 Ir}{2\pi R_1^2}\right)^2 \cdot 2\pi r\,dr \cdot 1 + \int_{R_1}^{R_2}\left(\frac{\mu_0 I}{2\pi r}\right)^2 \cdot 2\pi r\,dr \cdot 1\right]$

$$= \frac{\mu_0 I^2}{4\pi}\left(\frac{1}{4} + \ln\frac{R_2}{R_1}\right)$$

由于 $W_{m1} = L_1 I^2/2$，所以有单位长度电缆的自感系数为

$$L = \frac{\mu_0}{2\pi}\left(\frac{1}{4} + \ln\frac{R_2}{R_1}\right)$$

*20.26　两条平行的半径为 a 的导电细直管构成一电路，二者中心相距为 $D_1 \gg a$（图 20.7）。通过直管的电流 I 始终保持不变。

（1）求这对细直管单位长度的自感；

（2）固定一个管，将另一管平移到较大的间距 D_2 处。求在这一过程中磁场对单位长度的动管所做的功 A_m；

（3）求与这对细管单位长度相联系的磁能的改变 ΔW_m；

（4）判断在上述过程中这对细管单位长度内的感生电动势 $\mathscr{E}$ 的方向以及此电动势所做的功 $A_{\mathscr{E}}$；

（5）给出 A_m，ΔW_m 和 $A_{\mathscr{E}}$ 的关系。

解　（1）单位长度的自感为

$$L = \frac{\Phi}{I} = \frac{2\displaystyle\int_a^{D_1-a}\dfrac{\mu_0 I}{2\pi r}\cdot dr \cdot 1}{I} = \frac{\mu_0}{\pi}\ln\frac{D_1-a}{a} \approx \frac{\mu_0}{\pi}\ln\frac{D_1}{a}$$

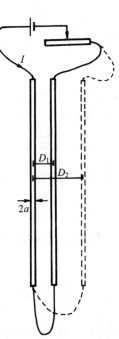

图 20.7　习题 20.26 解用图

（2）磁场做的功为

$$A_m = \int \boldsymbol{F}_m \cdot \mathrm{d}\boldsymbol{r} = \int_{D_1}^{D_2} \frac{\mu_0 I^2}{2\pi r} \mathrm{d}r \cdot 1 = \frac{\mu_0 I^2}{2\pi} \ln \frac{D_2}{D_1}$$

（3）磁能的改变为

$$\Delta W_m = \frac{1}{2} L_2 I^2 - \frac{1}{2} L_1 I^2 = \frac{I^2}{2} \left[\frac{\mu_0}{\pi} \ln \frac{D_2}{a} - \frac{\mu_0}{\pi} \ln \frac{D_1}{a} \right] = \frac{\mu_0 I^2}{2\pi} \ln \frac{D_2}{D_1}$$

（4）由于两管单位长度间的磁通量在增加，所以可以判断感生电动势 $\mathscr{E}$ 的方向与管中电流方向相反。此电动势做的功为

$$A_{\mathscr{E}} = \mathscr{E} I \mathrm{d}t = -\frac{\mathrm{d}\Phi}{\mathrm{d}t} I \mathrm{d}t = -I \mathrm{d}\Phi = -I \int_{D_1}^{D_2} 2 \frac{\mu_0 I}{2\pi r} \mathrm{d}r \cdot 1 = -\frac{\mu_0 I^2}{\pi} \ln \frac{D_2}{D_1}$$

（5）所求关系为

$$-A_{\mathscr{E}} = \Delta W_m + A_m$$

由于感生电动势 $\mathscr{E}$ 的方向和电流方向相反，所以要使电流保持不变，电源需克服此感生电动势做功，电源因此而做的功就等于 $-A_{\mathscr{E}}$。因此上式说明，当两管间距由 D_1 变到 D_2 的过程中，电源做的功等于电流磁场能的增量和磁力做的功之和，而且后二者各等于电源所做功的一半。

*20.27　两个长直螺线管截面积 S 几乎相同，一个插在另一个内部，如图 20.8 所示。二者单位长度的匝数分别为 n_1 和 n_2，通有电流 I_1 和 I_2。试证明两者之间的磁力为

$$F_m = \mu_0 n_1 n_2 S I_1 I_2$$

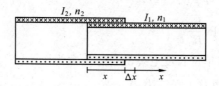

图 20.8　习题 20.27 证用图

证　计算磁场能量时，可忽略"端面"效应，认为长直螺线管的磁场均匀集中在管内。如图 20.8 所示 I_1 和 I_2 方向相同的情况，两螺线管的互感系数为

$$M = \frac{\mu_0 n_1 I_1 x n_2 S}{I_1} = \mu_0 n_1 n_2 S x$$

这时此系统的总能量为

$$W_m = \frac{1}{2} L_1 I_1^2 + \frac{1}{2} L_2 I_2^2 + M I_1 I_2$$

现设想保持 I_1 和 I_2 不变，而螺线管 2 再向右移 Δx，则上述系统能量的增量为

$$\Delta W_m = (\Delta M) I_1 I_2$$

由于互感系数的改变，会在两个螺线管中产生互感电动势 $\mathscr{E}_1 = -\frac{\Delta(M I_2)}{\Delta t} = -\frac{\Delta M}{\Delta t} I_2$，$\mathscr{E}_2 = -\frac{\Delta M}{\Delta t} I_1$。此电动势分别和 I_1 与 I_2 的方向相反，因而与两个螺线管相连的外电源需反抗互感电动势做功。在移动 Δx 的时间 Δt 内，外电源对系统做的功为

$$\Delta A_{ex} = -(\mathscr{E}_1 I_1 \Delta t + \mathscr{E}_2 I_2 \Delta t) = 2(\Delta M) I_1 I_2$$

在移动 Δx 的过程中,作用在螺线管 2 上的磁力 F_m 做的功为

$$\Delta A_m = F_m \Delta x$$

由能量守恒可得

$$\Delta A_{ex} = \Delta W_m + \Delta A_m$$

即　　　　　　　　　　$$2(\Delta M) I_1 I_2 = (\Delta M) I_1 I_2 + F_m \Delta x$$

于是有　　　　　　　　$$F_m = I_1 I_2 (\Delta M / \Delta x) = \mu_0 n_1 n_2 S I_1 I_2$$

$F_m > 0$,表示螺线管 2 受的力与 x 方向相同,即两螺线管间的磁力为吸引力。

麦克斯韦方程组和电磁辐射

一、概念原理复习

1. 麦克斯韦方程组
在真空中，

$$\oint_S \boldsymbol{E} \cdot \mathrm{d}\boldsymbol{S} = \frac{q}{\varepsilon_0}$$

$$\oint_S \boldsymbol{B} \cdot \mathrm{d}\boldsymbol{S} = 0$$

$$\oint_L \boldsymbol{E} \cdot \mathrm{d}\boldsymbol{r} = \int_S \frac{\partial \boldsymbol{B}}{\partial t} \cdot \mathrm{d}\boldsymbol{S}$$

$$\oint_L \boldsymbol{B} \cdot \mathrm{d}\boldsymbol{r} = \mu_0 \int_S \left(\boldsymbol{J} + \varepsilon_0 \frac{\partial \boldsymbol{E}}{\partial t} \right) \cdot \mathrm{d}\boldsymbol{S}$$

*2. 加速电荷辐射的电场
在远离电荷的区域内径矢为 r 的场点，

$$E = \frac{qa\sin\theta}{4\pi\varepsilon_0 c^2 r}$$

式中，a 为电荷的加速度，θ 为 r 和 a 之间的夹角。此辐射电场的方向在 r 和 a 构成的平面内且垂直于传播速度 c 的方向，它随 r 的增大要比库仑场减弱得要慢。

*3. 加速电荷辐射的磁场
在如上项指出的场点，

$$B = \frac{qa\sin\theta}{4\pi\varepsilon_0 c^3 r} = \frac{E}{c}$$

此辐射磁场的方向与传播速度 c 及辐射电场 E 的方向都垂直。

*4. 电磁波
加速电荷向外发射电磁波。在电磁波中，电场、磁场和传播速度三者相互垂直，并有下述定量关系：

$$\boldsymbol{B} = \frac{\boldsymbol{c} \times \boldsymbol{E}}{c^2}$$

电磁波具有能量,能量密度为

$$w = w_e + w_m = \varepsilon_0 E^2 = B^2/\mu_0$$

能流密度,又叫坡印亭矢量,为

$$\boldsymbol{S} = \boldsymbol{E} \times \boldsymbol{B}/\mu_0$$

加速电荷辐射的总功率

$$P = \frac{q^2 a^2}{6\pi\varepsilon_0 c^3}$$

振荡电偶极子($p = p_0 \cos wt$)向外发射简谐电磁波,其中 $\boldsymbol{E}$ 和 $\boldsymbol{B}$ 也满足上述关系并且二者同相。振荡电偶极子发射的总功率为

$$P = \frac{p_0^2 w^4}{12\pi\varepsilon_0 c^3}$$

简谐电磁波的强度 I 为

$$I = \overline{S} = c\varepsilon_0 \overline{E^2} = \frac{1}{2}c\varepsilon_0 E_m^2 = c\varepsilon_0 E_{rms}^2$$

电磁波具有动量,动量密度为

$$\boldsymbol{p} = \frac{w}{c^2}\boldsymbol{c}$$

由此可得电磁波对里面的辐射压强为

$$p_r = w$$

*5. A -B 效应

电磁场的标势 φ 和矢势 $\boldsymbol{A}$ 具有实际的物理意义,取代 $\boldsymbol{E}$ 和 $\boldsymbol{B}$ 为描述电磁场的基本物理量。

二、解题要点

本章题目多为代入公式求解的题,要注意审查题目,分析已知和未知,再选择适当公式求解。

三、思考题选答

21.3　加速电荷在某处产生横向电场、横向磁场与电荷的加速度及该处与电荷的距离有何关系?

答　这横向电场和横向磁场与电荷的加速度 a 成正比,与该处与电荷的距离 r 成反比。由于静电场(根据库仑定律)与场点到源(电荷)的距离 r 的平方成反比,而静磁场(根据毕奥-萨伐尔定律)也与场点到源(电流)的距离 r 的平方成反比,所以上述横向电场和横向磁场可以传播正离源(加速电荷)更远的地方。

21.7　电磁波可视为由光子组成的,一个光子的能量为 $E_1 = h\nu$,由于光子的质量为零,所以它的动量为 $p_1 = E/c$,设单位体积内有几个光子,试证明原书式(21.26): $p = \dfrac{w}{c}$。

证　根据狭义相对论,一个高速运动粒子的能量 E_1 与动量 p_1 有下述关系

$$E_1^2 = p_1^2 c^2 + m_0^2 c^4$$

光子的静质量 $m_0 = 0$，所以上式给出一个光子的动量为

$$p_1 = E_1/c = h\nu/c$$

对 n 个光子来说，其总动量，即单位体积电磁波的动量

$$p = np_1 = \frac{nh\nu}{c}$$

由于 n 个光子的总能量为 $E = nh\nu$，这也就是单位体积电磁波的能量 w。

这样就有电磁波的动量能量关系

$$p = \frac{w}{c}$$

四、习题解答

21.1　试证明麦克斯韦方程组在数学上含有电荷守恒的意思，即证明：如果没有电流出入给定的体积，那么这个体积内的电荷就保持恒定。（提示：由原书方程组(21.1)之第 I 式得 $q = \varepsilon_0 \Phi_e$，并根据第 III 式求 $\dfrac{\mathrm{d}\Phi_e}{\mathrm{d}t}$ 值，这时应用口袋形曲面并令它的口（即积分路径 L）缩小到零。）

证　取一口袋形曲面 S（图 21.1），以口缘为封闭的 $\boldsymbol{B}$ 的积分路径 L。当没有电流通过封闭面 S 时，因而也就没有电流和 L 铰链，由方程组(21.1)的第 IV 式可得

$$\oint_L \boldsymbol{B} \cdot \mathrm{d}\boldsymbol{r} = \frac{1}{c^2} \frac{\mathrm{d}}{\mathrm{d}t} \int_S \boldsymbol{E} \cdot \mathrm{d}\boldsymbol{S}$$

现在将口收缩到零，即 $L = 0$，则

$$\oint_L \boldsymbol{B} \cdot \mathrm{d}\boldsymbol{r} = 0$$

这时上式中的曲面变为一闭合曲面而且有

$$\frac{\mathrm{d}}{\mathrm{d}t} \oint \boldsymbol{E} \cdot \mathrm{d}\boldsymbol{S} = 0$$

由方程组(21.1)的第 I 式得 $\oint \boldsymbol{E} \cdot \mathrm{d}\boldsymbol{S} = q_{\mathrm{in}}/\varepsilon_0$，所以上式给出 $\dfrac{\mathrm{d}q_{\mathrm{in}}}{\mathrm{d}t} = 0$，即封闭面的电荷 q 不随时间改变，这正是电荷守恒的意思。

图 21.1　习题 21.1 证用图

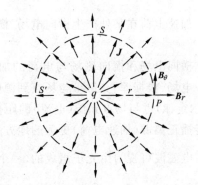

图 21.2　习题 21.2 证用图

21.2　用麦克斯韦方程组证明：在如图 21.2 所示的球对称分布的电流场（如一个放射源向四周均匀地发射带电粒子或带电的球形电容器的均匀漏电）内，各处的 $\boldsymbol{B}=0$。

证　如图 21.2 所示，考虑与球心距离为 r 的 P 点的磁场。以 $\boldsymbol{B}_r$ 表示此磁场的径向分量，以 $\boldsymbol{B}_\theta$ 表示垂直于径向的分量。作半径为 r 的球面 S。由电流场分布的球对称性，可得

$$\oint_S \boldsymbol{B} \cdot \mathrm{d}\boldsymbol{S} = 4\pi r^2 B_r$$

由原书方程组（21.1）的第 II 式，$\oint_S \boldsymbol{B} \cdot \mathrm{d}\boldsymbol{S} = 0$ 可得 $B_r = 0$。

再作 $\boldsymbol{B}_\theta$ 方向和半径 r 所在平面内通过 P 点的大圆，圆心在球心。通过此圆面 S' 的电流 $I = \int_{S'} \boldsymbol{J} \cdot \mathrm{d}\boldsymbol{S} = 0$，通过此面的电通量 $\Phi_e = \int_{S'} \boldsymbol{E} \cdot \mathrm{d}\boldsymbol{S} = \int_{S'} \rho \boldsymbol{J} \cdot \mathrm{d}\boldsymbol{S} = \rho \int_{S'} \boldsymbol{J} \cdot \mathrm{d}\boldsymbol{S} = 0$。由方程组（21.1）的第 IV 式，并考虑到电流场的球对称性，可得

$$\oint_L \boldsymbol{B} \cdot \mathrm{d}\boldsymbol{r} = 2\pi r B_\theta = \mu_0 I + \frac{1}{c^2}\frac{\mathrm{d}\Phi_e}{\mathrm{d}t} = 0$$

因此，$B_\theta = 0$。

由于组成 $\boldsymbol{B}$ 的两个分量都等于零，所以就有 $\boldsymbol{B}=0$。再由于所选 P 点的任意性，可得在球对称的电流场内，各处的 $\boldsymbol{B}=0$。

*21.3　一个电子在与一原子碰撞时经受一个 2.0×10^{24} m/s^2 的减速度。与减速度方向成 45°角，距离 20 cm 处，这个电子所产生的辐射电场是多大？碰撞瞬时之后，该辐射电场何时到达此处？

解　$E_\theta = \dfrac{ea\sin\theta}{4\pi\varepsilon_0 c^2 r} = \dfrac{1.6\times10^{-19}\times2\times10^{24}\times\sin(\pi/4)\times9\times10^9}{(3\times10^8)^2\times0.2} = 0.11\ (\text{V/m})$

$t = r/c = \dfrac{0.2}{3\times10^8} = 6.7\times10^{-10}\ (\text{s})$

*21.4　在 X 射线管中，使一束高速电子与金属靶碰撞。电子束的突然减速引起强烈的电磁辐射（X 射线）。设初始能量为 2×10^4 eV 的电子均匀减速，在 5×10^{-9} m 的距离内停止。在垂直于加速度的方向上，求距离碰撞点 0.3 m 处的辐射电场的大小。

解　$E_\theta = \dfrac{ea\sin\theta}{4\pi\varepsilon_0 c^2 r} = \dfrac{eE_k}{4\pi\varepsilon_0 c^2 msr} = \dfrac{9\times10^9\times1.6\times10^{-19}\times2\times10^4\times1.6\times10^{-19}}{(3\times10^8)^2\times0.91\times10^{-30}\times5\times10^{-9}\times0.3}$

$\qquad = 3.8\times10^{-2}(\text{V/m})$

*21.5　在无线电天线上（一段直导线），电子作简谐振动。设电子的速度 $v = v_0\cos\omega t$，其中 $v_0 = 8.0\times10^{-3}$ m/s，$\omega = 6.0\times10^6$ rad/s。

（1）求其中一个电子的最大加速度是多少？

（2）在垂直天线的方向上，距天线为 1.0 km 处，由一个电子所产生的横向电场强度的最大值是多少？发生此最大加速度的瞬时与电场到达 1.0 km 处的瞬时之间的时间延迟是多少？

解　（1）$a_{max} = \omega v_0 = 6.0\times10^6\times8.0\times10^{-3} = 4.8\times10^4\ (\text{m/s}^2)$

（2）$E_{\theta,max} = \dfrac{ea_{max}\sin\theta}{4\pi\varepsilon_0 c^2 r} = \dfrac{1.6\times10^{-19}\times4.8\times10^4\times\sin(\pi/2)\times9\times10^9}{(3\times10^8)^2\times10^3} = 7.7\times10^{-25}(\text{V/m})$

$$\Delta t = r/c = 10^3/(3 \times 10^8) = 3.3 \times 10^{-6}(s)$$

*21.6 在范德格拉夫加速器中,一质子获得了 1.1×10^{14} m/s² 的加速度。

(1) 求与加速度方向成 45° 角的方向上,距质子 0.50 m 处的横向电场和磁场的数值;

(2) 画图表示出加速度的方向与(1)中计算出的电场、磁场的方向的关系。

解 (1) $E_\theta = \dfrac{ea\sin\theta}{4\pi\varepsilon_0 c^2 r} = \dfrac{1.6 \times 10^{-19} \times 1.1 \times 10^{14} \times \sin(\pi/4) \times 9 \times 10^9}{(3 \times 10^8)^2 \times 0.5}$

$$= 2.5 \times 10^{-12}(V/m)$$

$$B_\varphi = E_\theta/c = 2.5 \times 10^{-12}/(3 \times 10^8) = 8.3 \times 10^{-21}(T)$$

(2) a, E_θ, B_φ 的方向关系如图 21.3 所示。

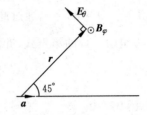

图 21.3 习题 21.6 解用图

*21.7 一根直径为 0.26 cm 的铜导线内电场为 3.9×10^{-3} V/m 时,通过的恒定电流为 12.0 A。

(1) 导线中一个自由电子在此电场中的加速度多大?

(2) 该电子在垂直于导线方向相隔 4.0 m 处的横向电场和横向磁场多大?

(3) 假设在长 5.0 cm 的一小段导线中所有的自由电子同时产生这电场和磁场,在 4.0 m 远处的总横向电场和磁场多大?

(4) 此小段导线中的 12.0 A 的电流产生的恒定磁场多大? 和上项结果相比如何? 为什么测不出上述横向电场和磁场?

解 (1) $a = \dfrac{Ee}{m_e} = \dfrac{3.9 \times 10^{-3} \times 1.6 \times 10^{-19}}{9.1 \times 10^{-31}} = 6.8 \times 10^8 (m/s^2)$

(2) $E_{1\theta} = \dfrac{ea\sin\theta}{4\pi\varepsilon_0 c^2 r} = \dfrac{1.6 \times 10^{-19} \times 6.8 \times 10^8 \times \sin(\pi/2) \times 9 \times 10^9}{(3 \times 10^8)^2 \times 4} = 2.7 \times 10^{-18}(V/m)$

$$B_{1\varphi} = E_{1\theta}/c = 2.7 \times 10^{-18}/(3 \times 10^8) = 9 \times 10^{-27}(T)$$

(3) 铜的自由电子数密度为

$$n = \dfrac{D}{M} \times N_A = \dfrac{8.9 \times 10^3}{6.3 \times 10^{-3}} \times 6.023 \times 10^{23} = 8.5 \times 10^{28}(m^{-3})$$

$$E_\theta = E_{1\theta} n \pi r^2 l$$

$$= 2.7 \times 10^{-18} \times 8.5 \times 10^{28} \times \pi \times 0.13^2 \times 10^{-4} \times 5.0 \times 10^{-2}$$

$$= 6.1 \times 10^6 (V/m)$$

$$B_\varphi = E_\theta/c = 6.1 \times 10^6/(3 \times 10^8) = 2.0 \times 10^{-2}(T)$$

(4) $B_s = \dfrac{\mu_0 Il}{4\pi r^2} = \dfrac{4\pi \times 10^{-7} \times 12.0 \times 5.0 \times 10^{-2}}{4\pi \times 4^2} = 3.8 \times 10^{-9}(T)$

自由电子在铜导线中运动时,有加速的时间,但在和正离子点阵碰撞时,还要减速,因而产生方向相反的 E_1 和 B_1,这就使得测不出横向磁场和电场了。

*21.8 太阳光射到地球大气顶层的强度为 1.38×10^3 W/m²。求该处太阳光内的电场强度和磁感应强度的方均根值。视太阳光为简谐电磁波。

解 $I = c\varepsilon_0 E_{rms}^2$

$$E_{rms} = \sqrt{I/(c\varepsilon_0)} = \sqrt{1.38 \times 10^3/(3 \times 10^8 \times 8.85 \times 10^{-12})} = 7.2 \times 10^2(V/m)$$

$$B_{rms} = E_{rms}/c = 7.2 \times 10^2 /(3 \times 10^8) = 2.4 \times 10^{-6}(\text{T})$$

*21.9　用于打孔的激光束截面直径为 $60\ \mu\text{m}$，功率为 $300\ \text{kW}$。求此激光束的坡印亭矢量的大小。该束激光中电场强度和磁感应强度的振幅各多大？

解　$S = \dfrac{P}{\pi R^2} = \dfrac{300 \times 10^3}{\pi \times (30 \times 10^{-6})^2} = 1.1 \times 10^{14}(\text{W/m}^2)$

$E_m = \sqrt{S/(c\varepsilon_0)} = \sqrt{1.1 \times 10^{14}/(3 \times 10^8 \times 8.85 \times 10^{-12})} = 2.8 \times 10^8(\text{V/m})$

$B_m = E_m/c = 2.8 \times 10^8/(3 \times 10^8) = 0.93\ (\text{T})$

*21.10　一台氩离子激光器(发射波长为 $514.5\ \text{nm}$)以 $3.8\ \text{kW}$ 的功率向月球发射光束。光束的全发散角为 $0.880\ \mu\text{rad}$。地月距离按 $3.82 \times 10^5\ \text{km}$ 计。求：

(1) 该光束在月球表面覆盖的圆面积的半径；

(2) 该光束到达月球表面时的强度。

解　(1) 所求半径为

$$R = r\Delta\theta/2 = 3.82 \times 10^8 \times 0.880 \times 10^{-6}/2 = 168\ (\text{m})$$

(2) $I = P/S = 3.8 \times 10^3/(\pi \times 168^2) = 0.043\ (\text{W/m}^2)$

*21.11　一圆柱形导体，长为 l，半径为 a，电阻率为 ρ，通有电流 I(图 21.4)而表面无电荷，证明：

(1) 在这导体表面上，坡印亭矢量处处都与表面垂直并指向导体内部，如图所示。(注意：导体表面外紧邻处电场与导体内电场的方向和大小都相同。)

(2) 坡印亭矢量对整个导体表面的积分等于导体内产生的焦耳热的功率，即

$$\int S \cdot \mathrm{d}A = I^2 R$$

式中，$\mathrm{d}A$ 表示圆柱体表面的面积元，R 为圆柱体的电阻。此式表明，按照电磁场的观点，导体内以焦耳热的形式消耗的能量并不是由电流带入的，而是通过导体周围的电磁场输入的。

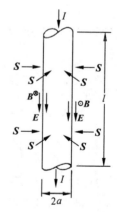

图 21.4　习题 21.11 证用图

证　(1) 在导体表面上的电场 E 和磁场 B 的方向如图 21.4 所示。由 $S = E \times B/\mu_0$ 可知 S 的方向垂直于表面指向导体内部。

(2) 由于 $B = \mu_0 I/(2\pi a)$，$E = \rho J = \rho I/(\pi a^2)$，导体表面积 $A = 2\pi al$

$$\int_A S \cdot \mathrm{d}A = -\int_A \frac{EB}{\mu_0}\mathrm{d}A = -\frac{\mu_0 I}{2\pi a}\frac{\rho I}{\mu_0 \pi a^2} \cdot 2\pi al = -I^2\rho l/\pi a^2 = -I^2 R$$

负号表示电磁场能量向导体内输入。

*21.12　用单芯电缆由电源 $\mathscr{E}$ 向电阻 R 送电。电缆内外金属筒半径分别是 r_1 和 r_2(图 21.5)。

(1) 求两筒间 $r_1 < r < r_2$ 处的 E 和 B 以及坡印亭矢量 S，并判明 S 的方向；

(2) 在电缆的横截面两筒间对 S 进行积分，证明总能流为 $\mathscr{E}^2/R$，它正是 R 所得到的功率。

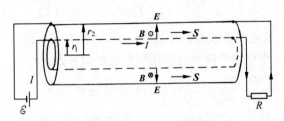

图 21.5 习题 21.12 解用图

解 （1）不计电源内阻和电缆的电阻，则电缆内外两筒间电势差为 $U=\mathscr{E}$。由于内筒电势高，所以筒间电场方向沿径向向外。由内筒电流方向可判断筒间磁场方向如图 21.5 所示。再由 $\boldsymbol{S}=\boldsymbol{E}\times\boldsymbol{B}/\mu_0$ 可判断出 $\boldsymbol{S}$ 方向由电源指向电阻 R。

磁场分布公式为

$$B=\frac{\mu_0 I}{2\pi r}=\frac{\mu_0 \mathscr{E}}{2\pi rR}, \quad r_1<r<r_2$$

电场分布可如下求得。设想长为 l 的一段电缆。作一长为 l、半径为 $r(r_1<r<r_2)$ 的同轴圆柱面。通过此柱面的电通量为 $\Phi_e=2\pi rlE$。此例中筒间电通量是连续的，即为与 r 无关的常量，于是 $E=\Phi_e/(2\pi rl)$。由于 $\mathscr{E}=U=\int_{r_1}^{r_2}E\mathrm{d}r=\frac{\Phi_e}{2\pi l}\ln\frac{r_2}{r_1}$，所以 $\Phi_e=\frac{2\pi \mathscr{E}l}{\ln(r_2/r_1)}$，而 E 的分布公式为

$$E=\frac{\mathscr{E}}{r\ln(r_2/r_1)}$$

由此得 S 随 r 的分布为

$$S=\frac{EB}{\mu_0}=\frac{\mathscr{E}^2}{2\pi r^2 R\ln(r_2/r_1)}$$

与 I 同向。

（2）此 S 对两筒面之间的面积的积分为

$$\int_{r_1}^{r_2}S2\pi r\mathrm{d}r=\int_{r_1}^{r_2}\frac{\mathscr{E}^2\mathrm{d}r}{rR\ln(r_2/r_1)}=\frac{\mathscr{E}^2}{R}\frac{\ln(r_2/r_1)}{\ln(r_2/r_1)}=\frac{\mathscr{E}^2}{R}$$

*21.13 一平面电磁波的波长为 3.0 cm，电场强度 E 的振幅为 30 V/m，求：

（1）该电磁波的频率为多少？

（2）磁场的振幅为多大？

（3）对一垂直于传播方向的、面积为 $0.5\,\mathrm{m}^2$ 的全吸收表面的平均辐射压力是多少？

解 （1）$\nu=c/\lambda=3\times10^8/(3.0\times10^{-2})=1.0\times10^{10}$（Hz）

（2）$B_m=E_m/c=30/(3\times10^8)=1.0\times10^{-7}$（T）

（3）$F=pA=\varepsilon_0\bar{E}^2A=\frac{1}{2}\varepsilon_0 E_m^2 A=\frac{1}{2}\times8.85\times10^{-12}\times30^2\times0.5=2\times10^{-9}$（N）

*21.14 太阳光直射海滩的强度为 $1.1\times10^3\ \mathrm{W/m}^2$。你晒太阳时受的太阳光的辐射压力多大？设你的迎光面积为 $0.5\ \mathrm{m}^2$，而皮肤的反射率为 50%。

解 $p=\frac{S}{c}(1+50\%)$

$$F = pA = \frac{SA}{c}(1 + 50\%) = \frac{1.1 \times 10^3 \times 0.5}{3 \times 10^8} \times 1.5 = 2.8 \times 10^{-6}(\text{N})$$

*21.15 强激光被用来压缩等离子体。当等离子体内的电子数密度足够大时,它能完全反射入射光。今有一束激光脉冲峰值功率为 1.5×10^9 W,会聚到 1.3 mm^2 的高电子密度等离子体表面。它对等离子体的压强峰值多大?

解 $p_m = \dfrac{2S_m}{c} = \dfrac{2 \times P_m}{cA} = \dfrac{2 \times 1.5 \times 10^9}{3 \times 10^8 \times 1.3 \times 10^{-6}} = 7.7 \times 10^6(\text{Pa})$

*21.16 一宇航员在空间脱离他的座舱 10 m 远,他带有一支 10 kW 的激光枪。如果他本身连携带物品的总质量为 100 kg,那么当他把激光枪指向远离座舱的方向连续发射时,经过多长时间他能回到自己的座舱?

解 对激光发射,单位时间发出激光的动量为 I/c,此激光对发射器的反作用力即为 $F = I/c$。宇航员因此而得到的加速度为 $a = F/m = I/cm$。回到座舱所需时间为

$$t = \sqrt{\frac{2l}{a}} = \sqrt{\frac{2lcm}{I}} = \sqrt{\frac{2 \times 10 \times 3 \times 10^8 \times 100}{10 \times 10^3}} = 7.75 \times 10^3 \text{ s} = 2.15 \text{ (h)}$$

*21.17 假设在绕太阳的圆轨道上有个"尘埃粒子",设它的质量密度为 1.0 g/cm^3。粒子的半径 r 是多大时,太阳把它推向外的辐射压力等于把它拉向内的万有引力(已知太阳表面的辐射功率为 6.9×10^7 W/m^2)? 对于这样的尘埃粒子会发生什么现象?

解 以 R 表示粒子的轨道半径,则太阳对它的引力为

$$F_g = \frac{GM_S}{R^2} \frac{4}{3}\pi r^3 \rho$$

它受的太阳光的辐射压力为

$$F_r = \frac{S}{c} A = \frac{P_S R_S^2}{cR^2}\pi r^2$$

$F_g = F_r$ 给出

$$r = \frac{3P_S R_S^2}{4GM_S c\rho} = \frac{3 \times 6.9 \times 10^7 \times (7 \times 10^8)^2}{4 \times 6.67 \times 10^{-11} \times 2 \times 10^{30} \times 3 \times 10^8 \times 1.0 \times 10^3}$$

$$= 6.3 \times 10^{-7} \text{ m} = 6.3 \times 10^{-4}(\text{mm})$$

由于对这样的粒子,其受太阳引力和太阳光辐射压力平衡的条件与它和太阳之间的距离 R 无关,所以离太阳不论远近该二力总是平衡的。因此,只在此二力作用下,粒子将作匀速直线运动。

第 4 篇

光　学

第22章

光 的 干 涉

一、概念原理复习

1. 相干光

振动方向相同,频率相同,相位差恒定的两束光称为相干光。相干光叠加时产生干涉现象。若相差 $\Delta\varphi = 2k\pi$,即两相干光同相时,合振幅最大;若 $\Delta\varphi = (2k+1)\pi$,即两相干光反相时,合振幅最小。

利用普通光源获得相干光的方法:分波阵面法和分振幅法。

2. 杨氏双缝干涉实验

用分波阵面法产生两个相干光源。干涉条纹是等间距的直条纹,条纹间距为

$$\Delta x = \frac{D}{d}\lambda$$

3. 光的相干性

根源于普通光源中原子发光的断续机制与相互独立性。

时间相干性:相干长度(波列长度)

$$\delta_{max} = \frac{\lambda^2}{\Delta\lambda}$$

空间相干性:相干间隔　　　　$d_0 = \frac{R}{b}\lambda$

　　　　　相干孔径　　　　$\theta_0 = \frac{d_0}{R} = \frac{\lambda}{b}$

4. 光程

和折射率为 n 的介质中的几何路程 x 相应的光程为 nx,光在真空中经过 nx 的几何路程和在介质中经过 x 的几何路程产生的相[位]差相同。相差计算的一般公式为

$$\text{相差 } \Delta\varphi = 2\pi\frac{\text{光程差}\delta}{\lambda}, \quad \lambda \text{ 为真空中的波长}$$

光由光疏介质射向光密介质而在界面上反射时,发生 $\pi/2$ 的相突变,或叫半波损失,相当于增加了 $\lambda/2$ 的光程。

透镜不引起附加光程差。

5. 薄膜干涉

入射光在薄膜上表面由于反射和折射而"分振幅",在膜的上、下表面反射的光为相干光,它们叠加而发生干涉。

(1)等厚条纹:光线垂直薄膜表面入射,膜的等厚处干涉情况一样。对空气劈尖,

明纹:

$$2ne + \frac{\lambda}{2} = k\lambda$$

暗纹:

$$2ne + \frac{\lambda}{2} = \frac{(2k+1)\lambda}{2}$$

(2)等倾条纹:薄膜厚度均匀,用面光源照射,以相同倾角 i 入射的光的干涉情况一样。干涉条纹为同心圆环。薄膜在空气中时,

明环:

$$2e\sqrt{n^2 - \sin^2 i} + \frac{\lambda}{2} = k\lambda$$

暗环:

$$2e\sqrt{n^2 - \sin^2 i} + \frac{\lambda}{2} = (2k+1)\frac{\lambda}{2}$$

6. 迈克耳孙干涉仪

利用分振幅法使两个相互垂直的平面镜形成一等效的空气薄膜。

二、解题要点

对于光的干涉,重要的三点在于,首先确定两束光是否相干光。其次是计算它们在相遇时的相差或光程差。光程差产生的原因可能有两个:一个是路程差(包括介质折射率的考虑),另一个是由于反射可能引起的半波损失。光程差除以波长(注意是真空中的波长)乘以 2π 即得相差。最后要注意到入射平行光的同一横截面上各点的光振动是同相的,而光路上有透镜时,透镜并不引起附加光程差。

三、思考题选答

22.10 用普通的单色光源照射一块两面不平行的玻璃板作劈尖干涉实验,板两表面的夹角很小,但板比较厚。这时观察不到干涉现象,为什么?

答 普通光源发出的单色光的波列长度很短。同一波列从上、下两表面反射后,由于光程差较大,两束反射光不可能再叠加在一起。这样,从玻璃板上、下表面反射而叠加的两束光就是不相干的。因此,不能形成干涉条纹。

22.12 在双缝干涉实验中,如果在上方的缝后面贴一片薄的透明云母片,干涉条纹的间距有无变化?中央条纹的位置有无变化?

答 如图 22.1 所示,云母片(厚度为 t)贴上后从双缝发出的两条光束到达屏上 P 点时的光程差为(考虑到 θ 和 t 均甚小)

$$\delta = d\sin\theta - (nt - t)$$

对第 k 级亮纹中心,应有

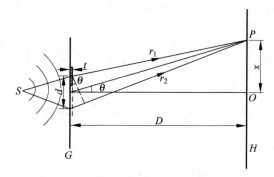

图 22.1　思考题 22.2 答用图

$$\delta_k = d\sin\theta_k - (nt - t) = k\lambda$$

第 k 级亮纹中心的位置为

$$x_k = D\sin\theta_k = \frac{D}{d}[k\lambda + (nt - t)]$$

两相邻亮条纹的间距为

$$\Delta x = x_{h+1} - x_k = \frac{D}{d}\lambda$$

即贴上云母片后,条纹间距没有变化。

在贴上云母片后,中央条纹的位置为

$$x_0 = \frac{D}{d}[0 \times \lambda + (n-1)t] = \frac{D}{d}(n-1)t$$

即中央条纹从 $x=0$ 处上移了一段距离 $\frac{D}{d}(n-1)t$,位置改变了。

四、习题解答

22.1　钠黄光波长为 $589.3\ \text{nm}$。试以一次发光延续时间 $10^{-8}\ \text{s}$ 计,计算一个波列中的波数。

解　一个波列中的波数为

$$n = \frac{c\Delta t}{\lambda} = \frac{3 \times 10^8 \times 10^{-8}}{589.3 \times 10^{-9}} = 5 \times 10^6$$

22.2　汞弧灯发出的光通过一滤光片后照射双缝干涉装置。已知缝间距 $d = 0.60\ \text{mm}$,观察屏与双缝相距 $D = 2.5\ \text{m}$,并测得相邻明纹间距离 $\Delta x = 2.27\ \text{mm}$。试计算入射光的波长,并指出属于什么颜色。

解　由 $\Delta x = \frac{D}{d}\lambda$ 得

$$\lambda = d\Delta x / D = 0.60 \times 10^{-3} \times 2.27 \times 10^{-3}/2.5$$

$$= 5.45 \times 10^{-7}\,(\text{m}) = 545\,(\text{nm}),绿色$$

22.3　劳埃德镜干涉装置如图 22.2 所示,光源波长 $\lambda = 7.2 \times 10^{-7}$ m,试求镜的右边缘到第一条明纹的距离。

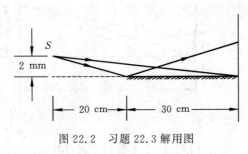

图 22.2　习题 22.3 解用图

解　$\Delta x = \dfrac{1}{2} \dfrac{D}{d} \lambda = \dfrac{1}{2} \times \dfrac{20 + 30}{0.2 \times 2} \times 7.2 \times 10^{-7} = 4.5 \times 10^{-5}$（m）

22.4　一双缝实验中两缝间距为 0.15 mm,在 1.0 m 远处测得第 1 级和第 10 级暗纹之间的距离为 36 mm。求所用单色光的波长。

解　$\lambda = \dfrac{d}{D} \Delta x = \dfrac{0.15 \times 10^{-3}}{1.0} \times \dfrac{36 \times 10^{-3}}{10 - 1} = 6.0 \times 10^{-7} = 0.60$（$\mu$m）

22.5　沿南北方向相隔 3.0 km 有两座无线发射台,它们同时发出频率为 2.0×10^{5} Hz 的无线电波。南台比北台的无线电波的相位落后 $\pi/2$。求在远处无线电波发生相长干涉的方位角(相对于东西方向)。

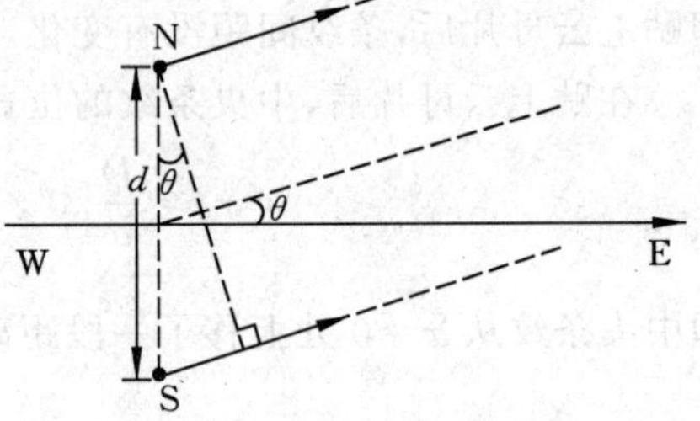

解　如图 22.3 所示,两台发出的无线电波到达远处时的相差为

$$\Delta \varphi = 2\pi \dfrac{d \sin\theta}{\lambda} + \dfrac{\pi}{2}$$

相长干涉要求 $\Delta \varphi = 2n\pi$,即

$$2\pi \dfrac{d\nu \sin\theta}{c} + \dfrac{\pi}{2} = 2n\pi$$

$$\sin\theta = \left(2n - \dfrac{1}{2}\right) \dfrac{c}{2d\nu} = \left(2n - \dfrac{1}{2}\right) \dfrac{3 \times 10^{8}}{2 \times 3.0 \times 10^{3} \times 2 \times 10^{5}} = \dfrac{1}{4}\left(2n - \dfrac{1}{2}\right)$$

由于 $-\dfrac{\pi}{2} < \theta < \dfrac{\pi}{2}$,所以 n 的可能取值为 $-1, 0, 1, 2$,而 $\sin\theta$ 相应地为 $-5/8, -1/8, 3/8,$ $7/8$,对应的 θ 的可能值为 $-39°, -7.2°, 22°, 61°$。

以上相长干涉出现在电台的东方,对称地在电台的西方也应出现相长干涉。

22.6　在一次水波干涉实验(原书图 22.5)中,两同相波源的间距是 12 cm,在两波源正前方 50 cm 处的水面上相邻的两平静区的中心相距 4.5 cm。如果水波的波速为 25 cm/s,求波源的振动频率。

解　$\lambda = \dfrac{\Delta x d}{D}$

图 22.3　习题 22.5 解用图

$$\nu = \frac{u}{\lambda} = \frac{uD}{\Delta x d} = \frac{25 \times 50}{4.5 \times 12} = 23 \ (\text{Hz})$$

22.7　一束激光斜入射到间距为 d 的双缝上，入射角为 φ。

(1) 证明双缝后出现明纹的角度 θ 由下式给出：

$$d \sin\theta - d \sin\varphi = \pm k\lambda, \quad k = 0, 1, 2, \cdots$$

(2) 证明在 θ 很小的区域，相邻明纹的角距离 $\Delta\theta$ 与 φ
无关。

证　(1) 如图 22.4 所示，透过两条缝的光的光程差为
$d \sin\theta - d \sin\varphi$。因此，出现明纹的条件应是

$$d \sin\theta - d \sin\varphi = \pm k\lambda, \quad \lambda = 0, 1, 2, \cdots$$

(2) 当 θ 很小时，$\sin\theta \approx \theta$，上式给出

图 22.4　习题 22.7 证用图

$$\theta = \pm k\lambda/d + \sin\varphi$$

$$\Delta\theta = \theta_{k+1} - \theta_k = [(k+1)\lambda/d + \sin\varphi] - [k\lambda/d + \sin\varphi] = \lambda/d$$

它与 φ 无关。

此结果说明，在 θ 较小的范围内（一般实验的条件大都这样），双缝干涉实验对入射光垂
直于缝屏的要求可以降低。

22.8　澳大利亚天文学家通过观察太阳发出的无线电波，第一次把干涉现象用于天文
观测。这无线电波一部分直接射向他们的天线，另一部分经海面反射到他们的天线
（图 22.5）。设无线电的频率为 6.0×10^7 Hz，而无线电接收器高出海面 25 m。求观察到相
消干涉时太阳光线的掠射角 θ 的最小值。

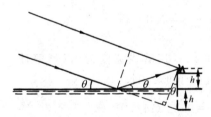

图 22.5　习题 22.8 解用图

解　如图 22.5 所示，反射光线和直射光线到达天
线的相差为

$$\Delta\varphi = 2\pi \frac{2h \sin\theta}{\lambda} + \pi$$

干涉相消要求 $\Delta\varphi = (2k+1)\pi$，代入上式可得

$$\sin\theta = \frac{k\lambda}{2h} = \frac{kc}{2\nu h}$$

$k = 1$ 给出

$$\theta_{\min} = \arcsin \frac{c}{2\nu h} = \arcsin \frac{3 \times 10^8}{2 \times 6.0 \times 10^7 \times 25} = 5.7°$$

*22.9　证明双缝干涉图样中明纹的半角宽度为

$$\Delta\theta = \frac{\lambda}{2d}$$

半角宽度指一条明纹中强度等于中心强度的一半的两点在双缝处所张的角度。

证　以中央条纹为例进行分析，明纹的强度分布公式为

$$I = I_{\max} \cos^2 \frac{\delta}{2}$$

其中 δ 是由两缝发来的光的相差。$I = \dfrac{I_{\max}}{2}$ 时，$\cos^2 \dfrac{\delta}{2} = \dfrac{1}{2}$。由此可得

$$\delta = \pi/2$$

由相差公式

$$\delta = \frac{2\pi d \sin\theta}{\lambda}$$

可知 $I = \frac{I_{max}}{2}$ 时，$\frac{\pi}{2} = \frac{2\pi d \sin\theta_{1/2}}{\lambda} = \frac{2\pi d \theta_{1/2}}{\lambda}$，则

$$\theta_{1/2} = \frac{\lambda}{4d}$$

由于强度分布从中心强度处向两侧下降，所以有半角宽度为

$$\Delta\theta = 2\theta_{1/2} = \frac{\lambda}{2d}$$

22.10　如图 22.6 所示为利用激光做干涉实验。M_1 为一半镀银平面镜，M_2 为一反射平面镜。入射激光束一部分透过 M_1，直接垂直射到屏 G 上，另一部分经过 M_1 和 M_2 反射与前一部分叠加。在叠加区域两束光的夹角为 45°，振幅之比为 $A_1 : A_2 = 2 : 1$。所用激光波长为 632.8 nm。求在屏上干涉条纹的间距和衬比度。

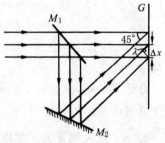

图 22.6　习题 22.10 解用图

解　如图 22.6 所示，到达相邻两条明纹的入射光线的光程差应为 λ，因此

$$\Delta x = \lambda/\cos 45° = 632.8 \times \sqrt{2} = 895 \text{ nm}$$

条纹的衬比度为

$$V = \frac{I_{max} - I_{min}}{I_{max} + I_{min}} = \frac{(2+1)^2 - (2-1)^2}{(2+1)^2 + (2-1)^2} = 0.8$$

*22.11　某氦氖激光器所发红光波长为 $\lambda = 632.8$ nm，其谱线宽度为（以频率计）$\Delta\nu = 1.3 \times 10^9$ Hz。它的相干长度或波列长度是多少？相干时间是多长？

解　相干长度　　　$$L = \frac{\lambda^2}{\Delta\lambda} = \frac{c}{\Delta\nu} = \frac{3 \times 10^8}{1.3 \times 10^9} = 0.23 \text{ (m)}$$

相干时间　　　$$\tau = \frac{L}{c} = \frac{1}{\Delta\nu} = \frac{1}{1.3 \times 10^9} = 7.7 \times 10^{-10} \text{ (s)}$$

*22.12　太阳在地面上的视角为 10^{-2} rad，太阳光的波长按 550 nm 计。在地面上利用太阳光作双缝干涉实验时，双缝的间距应不超过多大？这就是地面上太阳光的空间相干间隔。

解　$d_0 = \lambda/\theta_0 = 550 \times 10^{-9}/10^{-2} = 5.5 \times 10^{-5} \text{ (m)} = 55 \text{ (μm)}$

22.13　用很薄的玻璃片盖在双缝干涉装置的一条缝上，这时屏上零级条纹移到原来第 7 级明纹的位置上。如果入射光的波长 $\lambda = 550$ nm，玻璃片的折射率 $n = 1.58$，试求此玻璃片的厚度。

解　设所加玻璃片厚度为 h，盖在 S_2 缝上。原来第 7 级明纹处两缝发出的光程差为 $r_1 - r_2 = 7\lambda$。加玻璃片后此处为零级明纹，光程差应为 $r_1 - (nt + r_2 - h) = 0$。由此两式可得

$$h = \frac{7\lambda}{n-1} = \frac{7 \times 550 \times 10^{-9}}{1.58-1} = 6.6 \times 10^{-6} (\text{m}) = 6.6 \ (\mu\text{m})$$

22.14 制造半导体元件时,常常要精确测定硅片上 SiO_2 薄膜的厚度,这时可把 SiO_2 薄膜的一部分腐蚀掉,使其形成劈尖,利用等厚条纹测出其厚度。已知 Si 的折射率为 3.42,SiO_2 的折射率为 1.5,入射光波长为 589.3 nm,观察到 7 条暗纹(如图 22.7 所示)。问 SiO_2 薄膜的厚度 h 是多少?

解 由 $2nh = \dfrac{(2k+1)\lambda}{2}$ 可得

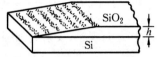

图 22.7 习题 22.14 解用图

$$h = \frac{(2k+1)\lambda}{4n} = \frac{(2 \times 6 + 1) \times 589.3 \times 10^{-9}}{4 \times 1.5}$$

$$= 1.28 \times 10^{-6} (\text{m}) = 1.28 \ (\mu\text{m})$$

22.15 一薄玻璃片,厚度为 0.4 μm,折射率为 1.50,用白光垂直照射,问在可见光范围内,哪些波长的光在反射中加强?哪些波长的光在透射中加强?

解 反射光加强的条件是

$$2nh - \frac{\lambda}{2} = k\lambda, \quad k = 0,1,2,\cdots$$

$$\lambda = \frac{4nh}{2k+1} = \frac{4 \times 1.50 \times 0.4 \times 10^{-6}}{2k+1} = \frac{2.4 \times 10^{-6}}{2k+1} \ (\text{m})$$

在可见光范围内,$k=2$,$\lambda=480$ nm,反射加强。

透射光加强的条件是

$$2nh = k\lambda, \quad k = 1,2,3,\cdots$$

$$\lambda = 2nh/k = 2 \times 1.50 \times 0.4 \times 10^{-6}/k = 1.2 \times 10^{-6}/k$$

在可见光范围内,$k=2$,$\lambda=600$ nm;$k=3$,$\lambda=400$ nm,透射加强。

22.16 在制作珠宝时,为了使人造水晶($n=1.5$)具有强反射本领,就在其表面上镀一层一氧化硅($n=2.0$)。要使波长为 560 nm 的光强烈反射,这镀层至少应多厚?

解 由于在一氧化硅-空气界面反射时有相位跃变 π,所以反射光加强的条件是 $2nh + \lambda/2 = k\lambda$。$k=1$ 时有

$$h_{\min} = \frac{\lambda}{4n} = \frac{560 \times 10^{-9}}{4 \times 2.0} = 7.0 \times 10^{-8} (\text{m}) = 70 \ (\text{nm})$$

22.17 一片玻璃($n=1.5$)表面附有一层油膜($n=1.32$),今用一波长连续可调的单色光束垂直照射油面。当波长为 485 nm 时,反射光干涉相消。当波长增为 679 nm 时,反射光再次干涉相消。求油膜的厚度。

解 由于在油膜上、下表面反射时都有相位跃变 π,所以反射光干涉相消的条件是 $2nh = \dfrac{(2k+1)\lambda}{2}$。于是有

$$2nh = \frac{(2k+1)\lambda_1}{2} = \frac{(2k-1)\lambda_2}{2}$$

$$n = \frac{\lambda_2\lambda_1}{2h(\lambda_2-\lambda_1)} = \frac{679 \times 485}{2 \times 1.32 \times (679-485)} = 643 \ (\text{nm})$$

22.18 白光照射到折射率为 1.33 的肥皂膜上,若从 45°角方向观察薄膜呈现绿色 (500 nm),试求薄膜最小厚度。若从垂直方向观察,肥皂膜正面呈现什么颜色?

解 斜入射时,由膜的上、下表面反射的光干涉加强的条件是

$$2h\sqrt{n^2 - \sin^2 i} + \lambda/2 = k\lambda, \quad k = 1, 2, 3, \cdots$$

$k = 1$ 给出

$$h_{min} = \frac{\lambda}{4\sqrt{n^2 - \sin^2 i}} = \frac{500 \times 10^{-9}}{4\sqrt{1.33^2 - \sin^2 45°}} = 1.11 \times 10^{-7} (\text{m})$$

从垂直方向观察,反射光加强的条件是 $2nh = \lambda/2$。于是

$$\lambda = 4nh = 4 \times 1.33 \times 1.11 \times 10^{-7} = 5.9 \times 10^{-7} (\text{m}) = 590 (\text{nm}), 黄色$$

22.19 在折射率 $n_1 = 1.52$ 的镜头表面涂有一层折射率 $n_2 = 1.38$ 的 MgF_2 增透膜,如果此膜适用于波长 $\lambda = 550$ nm 的光,膜的厚度应是多少?

解 透射光干涉加强的条件是
$$2nh - \lambda/2 = k\lambda, \quad k = 0, 1, 2, \cdots$$
$$h = \left(k + \frac{1}{2}\right)\frac{\lambda}{2n} = \left(k + \frac{1}{2}\right) \times \frac{550 \times 10^{-9}}{2 \times 1.38} = (199.3k + 99.6) \times 10^{-9} (\text{m})$$

最薄需要 $h = 99.6$ nm。

22.20 用单色光观察牛顿环,测得某一明环的直径为 3.00 mm,它外面第 5 个明环的直径为 4.60 mm,平凸透镜的半径为 1.03 m,求此单色光的波长。

解 由 $r_k^2 = \frac{2k-1}{2}R\lambda$ 和 $r_{k+5}^2 = \frac{2(k+5)-1}{2}R\lambda$ 可解得

$$\lambda = \frac{r_{k+5}^2 - r_k^2}{5R} = \frac{d_{k+5}^2 - d_k^2}{20R} = \frac{(4.60 \times 10^{-3})^2 - (3.00 \times 10^{-3})^2}{20 \times 1.03}$$
$$= 5.90 \times 10^{-7} (\text{m}) = 590 (\text{nm})$$

22.21 折射率为 n、厚度为 h 的薄玻璃片放在迈克耳孙干涉仪的一臂上,问两光路光程差的改变量是多少?

解 由于光来回通过玻璃片两次,所以光程差的改变量为 $2(n-1)h$。

22.22 用迈克耳孙干涉仪可以测量光的波长,某次测得可动反射镜移动距离 $\Delta L = 0.3220$ mm 时,等倾条纹在中心处缩进 1204 条条纹,试求所用光的波长。

解 由于 $\Delta L = \frac{N\lambda}{2}$,所以

$$\lambda = \frac{2\Delta L}{N} = \frac{2 \times 0.3220 \times 10^{-3}}{1204} = 5.349 \times 10^{-7} (\text{m}) = 534.9 (\text{nm})$$

*22.23 一种干涉仪可以用来测定气体在各种温度和压力下的折射率,其光路如图 22.8 所示。图中 S 为光源,L 为凸透镜,G_1,G_2 为两块完全相同的玻璃板,彼此平行放置,T_1,T_2 为两个等长度的玻璃管,长度均为 d。测量时,先将两管抽空,然后将待测气体徐徐充入一管中,在 E 处观察干涉条纹的变化,即可测得该气体的折射率。某次测量时,将待测气体充入 T_2 管中,从开始进气到到达标准状态的过程中,在 E 处看到共移过 98 条干涉条纹。若光源波长 $\lambda = 589.3$ nm,$d = 20$ cm,试求该气体在标准状态下的折射率。

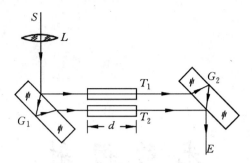

图 22.8 习题 22.23 解用图

解 每看到一个条纹移过,一定是光程差增大了一个波长。由于移动 N 个条纹,所以有

$$(n-1)d = N\lambda$$

由此得

$$n = \frac{N\lambda}{d} + 1 = \frac{98 \times 589.3 \times 10^{-9}}{20 \times 10^{-2}} + 1 = 1.00029$$

第23章

光 的 衍 射

一、概念原理复习

1. 惠更斯-菲涅耳原理的基本概念

波阵面上各点都可以当成同相的子波波源,其后波场中各点波的强度由各子波在对应各点的相干叠加决定。

2. 夫琅禾费衍射

光源和观察屏都在离衍射缝(或孔)无限远处。实验中入射光用平行光,在缝后用一凸透镜,把观察屏放到凸透镜的焦平面上。

单缝衍射:可用半波带法分析。单色光垂直单缝入射时,衍射条纹的暗纹中心位置满足

$$a\sin\theta = \pm k\lambda \quad (a\ \text{为缝宽})$$

中央亮纹的半角宽度为

$$\theta \approx \lambda/a$$

在观察屏上中央亮纹的宽度为

$$\Delta x = 2f\lambda/a \quad (f\ \text{为凸透镜焦距})$$

用单缝衍射中央亮纹宽度和缝宽成反比可说明几何光学是波动光学在 $\lambda/a \to 0$ 时的极限情形。

圆孔衍射:单色光垂直入射时,中央亮斑的角半径为 θ,且

$$D\sin\theta = 1.22\lambda \quad (D\ \text{为圆孔直径})$$

3. 光学仪器的分辨本领

根据圆孔衍射规律和瑞利判据可得两个发光物点的最小分辨角(即角分辨率)为

$$\delta\theta = 1.22\frac{\lambda}{D}$$

光学仪器的分辨率为

$$R = \frac{1}{\delta\theta} = \frac{D}{1.22\lambda}$$

其中 D 为光学仪器的入射孔径。

4. 光栅衍射

在黑暗的背景上显现窄细明亮的光谱线。光栅的总缝数越多,谱线越细越亮。

单色光垂直于光栅面入射时,谱线(即主极大强度亮线)的位置满足

$$d\sin\theta = \pm k\lambda \quad （d \text{ 为光栅常量}）$$

谱线强度受到单缝衍射的调制。当主极大的位置和单缝衍射的极小位置重合时,该主极大缺级。

光栅的分辨本领,即分开两条波长相近的光谱线的本领为

$$R = \frac{\lambda}{\delta\lambda} = kN \quad （N \text{ 为光栅总缝数}）$$

5. X 射线衍射的布拉格公式

$$2d\sin\varphi = k\lambda$$

式中 d 为反射 X 光的两个相邻晶面的间距。

二、解题要点

衍射是连续分布的相干光源发的光或多光束的干涉现象,其明暗条纹分布的计算还是以光程差的计算为基础。这里要注意半波带法和多光束干涉的特点:考虑所有光束叠加的总效果。

细丝和细粒对光的衍射与光通过细缝和小孔的衍射图样相同,因此应该用相同的方法处理。

三、思考题选答

23.7　如何说明不论多缝的缝数有多少,各主极大的角位置总是和有相同缝宽和缝间距的双缝干涉极大的角位置相同?

答　双缝和等间距、等宽的多缝的主极大都只由相邻两缝的干涉决定,都要满足

$$d\sin\theta = \pm k\lambda$$

所以二者的主极大角位置相同。

23.8　在杨氏双缝实验中,每一条缝自身(即把另一缝遮住)的衍射条纹光强分布各如何?双缝同时打开时条纹光强分布又如何?前两个光强分布图的简单相加能得到后一个光强分布图吗?大略地在同一张图中画出这三个光强分布曲线来。

答　如图 23.1 所示,只有一条缝打开时,衍射条纹是中央亮纹中心在各自缝正后方的单缝衍射条纹,光强分布如 I_1 和 I_2 曲线所示。两缝同时打开时,衍射条纹为双缝干涉条纹,光强分布如图中 I_{12} 曲线所示。很明显,I_{12} 并不等于 I_1 和 I_2 的简单相加。(图中两缝间距为缝宽的 5 倍)

23.9　一个"杂乱"光栅,每条缝宽度是一样的,但缝间距离有大有小随机分布。单色光垂直入射这种光栅时,其衍射图样会是什么样子的?

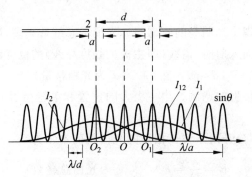

图 23.1　思考题 23.8 答用图

答　由于各缝间距离杂乱,各缝间透过的光的相互干涉将被破坏而不能出现光强有主极大那样的谱线。各缝所产生的衍射将依然存在,在透镜后面形成单缝衍射条纹,其强度为各缝单独产生的强度之和。

四、习题解答

23.1　有一单缝,缝宽 $a=0.10$ mm,在缝后放一焦距为 50 cm 的会聚透镜,用波长 $\lambda=546.1$ nm 的平行光垂直照射单缝,试求位于透镜焦平面处屏上中央明纹的宽度。

解　$\Delta x = 2f\tan\theta_1 \approx 2f\sin\theta_1 \approx 2f\theta_1 = 2f\lambda/a = \dfrac{2\times 50\times 10^{-2}\times(546.1\times 10^{-9})}{0.1\times 10^{-3}}$

$\qquad = 5.46\times 10^{-3}$ (m)

23.2　用波长 $\lambda=632.8$ nm 的激光垂直照射单缝时,其夫琅禾费衍射图样的第 1 极小与单缝法线的夹角为 5°,试求该缝的缝宽。

解　由于 $a\sin\theta_1=\lambda$,所以

$$a = \frac{\lambda}{\sin\theta_1} = \frac{632.8\times 10^{-9}}{\sin 5°} = 7.26\times 10^{-6} \text{(m)}$$

23.3　一单色平行光垂直入射一单缝,其衍射第 3 级明纹位置恰与波长为 600 nm 的单色光垂直入射该缝时衍射的第 2 级明纹位置重合,试求该单色光波长。

解　明纹位置近似地由 $a\sin\theta=(2k+1)\lambda/2$ 确定,所以有

$$\frac{(2\times 3+1)\lambda_1}{2} = \frac{(2\times 2+1)\lambda_2}{2}$$

$$\lambda_1 = \frac{5\lambda_2}{7} = \frac{5\times 600}{7} = 429 \text{(nm)}$$

23.4　波长为 20 m 的海面波垂直进入宽 50 m 的港口。在港内海面上衍射波的中央波束的角宽度是多少?

解　由于 $a\sin\theta_1=\lambda$,所以中央波束的角宽度为

$$2\theta_1 = 2\arcsin\frac{\lambda}{a} = 2\arcsin\frac{20}{50} = 47°$$

23.5　用肉眼观察星体时,星光通过瞳孔的衍射在视网膜上形成一个小亮斑。

(1) 瞳孔最大直径为 7.0 mm,入射光波长为 550 nm。星体在视网膜上的像的角宽度多大?

(2) 瞳孔到视网膜的距离为 23 mm。视网膜上星体的像的直径多大?

(3) 视网膜中央小凹(直径 0.25 mm)中的柱状感光细胞每平方毫米约 1.5×10⁵ 个。星体的像照亮了几个这样的细胞?

解　(1) 角宽度

$$\delta = 2\theta_1 = 2 \times 1.22 \times \frac{\lambda}{D} = \frac{2 \times 1.22 \times 550 \times 10^{-9}}{7.0 \times 10^{-3}} = 1.9 \times 10^{-4}(\text{rad})$$

(2) 像的直径

$$D_i = \delta l = 1.9 \times 10^{-4} \times 23 = 4.4 \times 10^{-3}(\text{mm})$$

(3) 细胞数目

$$N = \pi D_i^2 n/4 = \pi \times (4.4 \times 10^{-3})^2 \times 1.5 \times 10^5/4 = 2.3(\text{个})$$

23.6　有一种利用太阳能的设想是在 3.5×10⁴ km 的高空放置一块大的太阳能电池板,把它收集到的太阳能用微波形式传回地球。设所用微波波长为 10 cm,而发射微波的抛物天线的直径为 1.5 km。此天线发射的微波的中央波束的角宽度是多少? 在地球表面它所覆盖的面积的直径多大?

解　由于 $\sin\theta_1 = 1.22\lambda/D_1$,所以天线发射的中央波束的角宽度为

$$\delta = 2\theta_1 = 2\arcsin(1.22\lambda/D_1)$$
$$= 2\arcsin\left(\frac{1.22 \times 0.1}{1.5 \times 10^3}\right)$$
$$= 1.6 \times 10^{-4}(\text{rad})$$

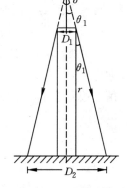

如图 23.2 所示,微波在地面覆盖的圆面积的直径为

$$D_2 = r\delta + D_1 = 3.5 \times 10^7 \times 1.6 \times 10^{-4} + 1.5 \times 10^3$$
$$= 7.1 \times 10^3(\text{m})$$

图 23.2　习题 23.6 解用图

23.7　在迎面驶来的汽车上,两盏前灯相距 120 cm。试问汽车离人多远的地方,眼睛恰能分辨这两盏前灯? 设夜间人眼瞳孔直径为 5.0 mm,入射光波长为 550 nm,而且仅考虑人眼瞳孔的衍射效应。

解　由 $\theta_c = \dfrac{d}{l} = \dfrac{1.22\lambda}{D}$ 可得

$$l = \frac{dD}{1.22\lambda} = \frac{1.20 \times 0.5 \times 10^{-3}}{1.22 \times 550 \times 10^{-9}} = 8.9 \times 10^3(\text{m})$$

23.8　据说间谍卫星上的照相机能清楚识别地面上汽车的牌照号码。

(1) 如果需要识别的牌照上的字画间的距离为 5 cm,在 160 km 高空的卫星上的照相机的角分辨率应多大?

(2) 此照相机的孔径需要多大? 光的波长按 500 nm 计。

解 （1）角分辨率应为

$$\theta_c = \frac{d}{l} = \frac{5 \times 10^{-2}}{160 \times 10^3} = 3 \times 10^{-7} (\text{rad})$$

（2）照相机孔径应为

$$D = \frac{1.22\lambda}{\theta_c} = \frac{1.22 \times 500 \times 10^{-9}}{3 \times 10^{-7}} = 2 \ (\text{m})$$

23.9 被誉为"中国天眼"的 500 m 口径球面射电望远镜（简称 FAST）于 2016 年 9 月在贵州省黔南布依族自治州平塘县落成启用。计算这台望远镜在瞬时"物镜"镜面孔径为 300 m，工作波长为 20 cm（L 波段）时的角分辨率。

解 这个题目只需套用瑞利判据即可，望远镜的最小分辨角为

$$\delta\theta = 1.22 \frac{\lambda}{D} = \frac{1.22 \times 20 \times 10^{-2} \ \text{m}}{300 \ \text{m}} = 8.13 \times 10^{-4}$$

这个题目比较简单，其意义在于告诉我们 FAST 的优势不在于分辨率，其分辨本领大致与波长为 500 nm 孔径直径为 1 mm（小于成年人瞳孔的直径）的光学望远镜相当，即其分辨本领远远小于通常的光学望远镜，这是由于射电望远镜接受电磁波的波长比较大的缘故。

23.10 为了提高无线电天文望远镜的分辨率，使用相距很远（可达 10^4 km）的两台望远镜。这两台望远镜同时各自把无线电信号记录在磁带上，然后拿到一起用电子技术进行叠加分析（这需要特别精确的原子钟来标记记录信号的时刻）。设这样两台望远镜相距 10^4 km，而所用无线电波波长在厘米波段，这种"特长基线干涉法"所能达到的角分辨率多大？

解 按双缝干涉条纹满足瑞利条件估算。取 $\lambda = 5$ cm，则

$$\theta_c \approx \frac{\lambda}{d} = \frac{5 \times 10^{-2}}{10^7} = 5 \times 10^{-9} (\text{rad}) \approx 1 \times 10^{-3} (")$$

23.11 大熊星座 ζ 星（原书图 23.32）实际上是一对双星。它的两颗星的角距离是 $14"$（[角]秒），试问望远镜物镜的直径至少要多大才能把这两颗星分辨开来？使用的光的波长按 550 nm 计。

解 该两颗星的最小分辨角就是 $14"$，由最小分辨角公式可得望远镜的直径最小应为

$$D = \frac{1.22\lambda}{\delta\theta} = \frac{1.22 \times 550 \times 10^{-9}}{14 \times \pi/3600 \times 180} = 0.01 \ (\text{m}) = 1.0 \ (\text{cm})$$

23.12 一双缝，缝间距 $d = 0.10$ mm，缝宽 $a = 0.02$ mm，用波长 $\lambda = 480$ nm 的平行单色光垂直入射该双缝，双缝后放一焦距为 50 cm 的透镜，试求：

（1）透镜焦平面处屏上干涉条纹的间距；

（2）单缝衍射中央亮纹的宽度；

（3）单缝衍射的中央包线内有多少条干涉的主极大。

解 （1）干涉条纹的间距

$$\Delta x = \frac{f\lambda}{d} = \frac{50 \times 10^{-2} \times 480 \times 10^{-9}}{0.10 \times 10^{-3}} = 2.4 \times 10^{-3} (\text{m})$$

（2）单缝衍射中央亮纹宽度为

$$\Delta x' = \frac{2f\lambda}{a} = \frac{2 \times 50 \times 10^{-2} \times 480 \times 10^{-9}}{0.02 \times 10^{-3}} = 2.4 \times 10^{-2} (\text{m})$$

（3）中央亮纹内干涉主极大的数目

$$N = \frac{\Delta x'}{\Delta x} - 1 = \frac{24}{2.4} - 1 = 9$$

23.13　一光栅,宽 2.0 cm,共有 6000 条缝。今用钠黄光垂直入射,问在哪些角位置出现主极大?

解　由光栅方程可得出现主极大的角位置为

$$\theta = \arcsin\left(\pm \frac{k\lambda}{d}\right) = \arcsin\left(\pm \frac{k\lambda l}{N}\right)$$

$$= \arcsin\left(\frac{\pm k \times 589.3 \times 10^{-9} \times 2.0 \times 10^{-2}}{6000}\right)$$

$$= \arcsin(\pm 0.1768k)$$

由于 $\sin\theta \leqslant 1$,所以取 $k = 0, 1, 2, 3, 4, 5$。相应的角位置值为 $0°, \pm 10°11', \pm 20°42', \pm 32°2', \pm 45°, \pm 62°7'$。

23.14　某单色光垂直入射到每厘米有 6000 条刻痕的光栅上,其第 1 级谱线的角位置为 20°,试求该单色光波长。它的第 2 级谱线在何处?

解　$\lambda = d\sin\theta_1 = \dfrac{10^{-2}\sin20°}{6000} = 5.70 \times 10^{-7}(\text{m}) = 570(\text{nm})$

$$\theta_2 = \arcsin\frac{2\lambda}{d} = \arcsin\frac{2 \times 5.70 \times 10^{-7} \times 6000}{10^{-2}} = 43.2°$$

23.15　试根据原书图 23.23 所示光谱图,估算所用光栅的光栅常量和每条缝的宽度。

解　以 H_a 的第 2 级谱线为例,$k = 2, \theta = 41°, \lambda = 656.3$ nm,光栅常量为由于主极大第 3 级缺级,所以缝宽为

$$a = \frac{d}{3} = \frac{2.0 \times 10^{-6}}{3} = 6.7 \times 10^{-7}(\text{m})$$

23.16　一光源发射的红双线在波长 $\lambda = 656.3$ nm 处,两条谱线的波长差 $\Delta\lambda = 0.18$ nm。今有一光栅可以在第 1 级中把这两条谱线分辨出来,试求该光栅所需的最小刻线总数。

解　由 $\lambda/\Delta\lambda = kN$ 可得最小刻线总数为

$$N = \frac{\lambda}{k\Delta\lambda} = \frac{656.3}{1 \times 0.18} = 3646$$

23.17　北京天文台的米波综合孔径射电望远镜由设置在东西方向上的一列共 28 个抛物面组成（原书图 23.33）。这些天线用等长的电缆连到同一个接收器上（这样各电缆对各天线接收的电磁波信号不会产生附加的相差）,接收由空间射电源发射的 232 MHz 的电磁波。工作时各天线的作用等效于间距为 6 m、总数为 192 个天线的一维天线阵列。接收器接收到的从正天顶上的一颗射电源发来的电磁波将产生极大强度还是极小强度? 在正天顶东方多大角度的射电源发来的电磁波将产生第一级极小强度? 又在正天顶东方多大角度的

射电源发来的电磁波将产生下一级极大强度?

解   从正天顶的射电源发来的电磁波到达各天线时同相,所以产生极大强度。

极小方位由 $d\sin\theta = m\lambda/N$ 决定,令 $m=1$ 得产生第一级极小的射电源的方位为偏东

$$\theta = \arcsin\left(\frac{\lambda}{Nd}\right) = \frac{c}{Nd\nu} = \frac{3\times10^8}{192\times6\times2.32\times10^8} = 1.12\times10^{-3}(\text{rad}) = 3.85(')$$

极大方位由 $d\sin\theta = m\lambda$ 决定,令 $m=1$ 得产生下一级极大的射电源的方位为偏东

$$\theta = \arcsin\frac{\lambda}{d} = \arcsin\frac{3\times10^8}{6\times2.32\times10^8} = 0.217\ (\text{rad}) = 12.4(°)$$

23.18   在原书图 23.28 中,若 $\varphi=45°$,入射的 X 射线包含有从 0.095~0.130 nm 这一波带中的各种波长。已知晶格常数 $d=0.275$ nm,问是否会有干涉加强的衍射 X 射线产生? 如果有,这种 X 射线的波长如何?

解   由布拉格公式 $2d\sin\varphi = k\lambda$ 可得干涉加强的可能 X 射线波长为

$$\lambda = 2d\sin\frac{\varphi}{k} = \frac{2\times0.275\times\sin45°}{k} = \frac{0.389}{k}\ (\text{nm})$$

在所给波长范围内能干涉加强的波长为

$$\lambda_3 = \frac{0.389}{3} = 0.130\ (\text{nm})$$

$$\lambda_4 = \frac{0.389}{4} = 0.097\ (\text{nm})$$

*23.19   1927 年戴维孙和革末用电子束射到镍晶体上的衍射(散射)实验证实了电子的波动性。实验中电子束垂直入射到晶面上。他们在 $\varphi=50°$ 的方向测得了衍射电子流的极大强度(图 23.3)。已知晶面上原子间距为 $d=0.215$ nm,求与入射电子束相应的电子波波长。

解   如图 23.3 所示,相邻两镍原子散射的电子波的波程差为 $\delta = d\sin\varphi$。由叠加加强的条件可得

$$\lambda = \delta = d\sin\varphi = 0.215\times\sin50° = 0.165\ (\text{nm})$$

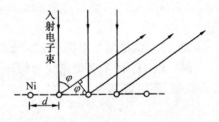

图 23.3 习题 23.21 解用图

第24章

光 的 偏 振

一、概念原理复习

1. 光的偏振

这是电磁波为横波的一种表现。光波中电场矢量是光矢量。有三种偏振态：

非偏振光：又叫自然光，光矢量各向分布均匀，振幅相等。各方向的光矢量是不相干的。

完全偏振光：只在某一方向有光矢量存在的光叫线偏振光。它的光矢量方向和光传播方向构成振动面。在光向前传播的同时，光矢量连续旋转的光叫椭圆偏振光或圆偏振光。

部分偏振光：自然光和线偏振光的混合。

2. 线偏振光的起偏或检偏

通常用偏振片，振动面和偏振片的通光方向平行的线偏振光才能通过偏振片。光振动方向和通光方向成 θ 角时，根据光振动振幅的分解可得透射光强度与入射光强度的关系为

$$I = I_0 \cos^2 \alpha$$

此式为马吕斯定律。

3. 反射光和折射光的偏振

入射角为布儒斯特角 i_0 时，反射光为线偏振光。一般情况下，反射光和折射光为部分偏振光。

布儒斯特角和折射率的关系：光线由介质 1 射向介质 2 时，

$$\tan i_0 = \frac{n_2}{n_1} = n_{21}$$

4. 双折射现象

单轴晶体内有一确定的方向称为其光轴。自然光射入单轴晶体后，除沿光轴方向入射外，一般都分为两束。一束称为寻常光束（o 光），一束称为非常光束（e 光），二者皆为线偏振光。在晶体内 o 光光速各向相同，e 光光速各向不相同。

利用四分之一波片可以由线偏振光得到椭圆或圆偏振光。

5. 偏振光的干涉

利用晶片（或人工双折射材料）和检偏器可以使偏振光分成两束相干光而发生干涉。

6. 旋光现象

线偏振光通过物体时振动面旋转的现象。

线偏振光通过磁场时,也发生旋光现象,顺着磁场和逆着磁场传播时,振动面旋转方向相反。

二、解题要点

(1) 在分析光通过偏振片引起的偏振情况的变化时,要注意偏振片的通光方向和入射光的偏振方向,要会利用光矢量分解的方法以及光的强度和光矢量成正比的关系。

(2) 在分析双折射现象时要注意晶体光轴的方向,从而确定 o 光和 e 光。

三、思考题选答

24.6　1906 年巴克拉(C. G. Barkla,1917 年诺贝尔物理奖获得者)曾做过下述"双散射"实验。如图 24.1 所示,先让一束从 X 射线管射出的 X 射线沿水平方向射入一碳块而被向各方向散射。在与入射线垂直的水平方向上放置另一碳块,接收沿水平方向射来的散射的 X 射线。在这第二个碳块的上、下方向就没有再观察到 X 射线的散射光。他由此证实了 X 射线是一种电磁波的想法。他是如何论证的?

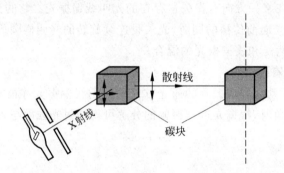

图 24.1　思考题 24.6 用图

答　他是根据电磁波是横波这一性质论证的。假定 X 射线是横波。由 X 光管射出的 X 光是自然光,其中上下和水平方向的光振动都有。经第一个碳块散射后,在向右的水平散射光中,不可能存在与光的传播方向相同的光振动(电磁波是横波!)。于是这一散射光中光振动的水平分量就没有了,只有竖直方向的光振动。这样的线偏振光在第二个碳块中被散射。由于光的横波性质,在竖直方向上,即第二个碳块上、下方向就不会有 X 光的散射光了。这样的论证和观察的结果相符,说明光是电磁波。如果 X 光是纵波或是由微粒(从经典的意义上说)组成的,都不能得出与实验符合的结论。

四、习题解答

24.1　自然光通过两个偏振化方向间成 60° 的偏振片,透射光光强为 I_1。今在这两个偏振片之间再插入另一偏振片,它的偏振化方向与前两个偏振片均成 30°角,则透射光强为多少?

解　设入射的自然光光强为 I_0,则透过第一个偏振片后光强变为 $I_0/2$。透过第 2 个偏振片后光强变为 $I_0\cos^2 60°/2=I_1$。由此得

$$I_0=\frac{2I_1}{\cos^2 60°}=8I_1$$

上述两偏振片间加入另一偏振片后,透过的光强变为

$$I'=\frac{1}{2}I_0\cos^2 30°\cos^2 30°=\frac{1}{2}\times 8I_1\times\frac{3}{4}\times\frac{3}{4}=\frac{9}{4}I_1=2.25I_1$$

24.2　自然光入射到两个互相重叠的偏振片上。如果透射光强为(1)透射光最大强度的三分之一,或(2)入射光强度的三分之一,则这两个偏振片的偏振化方向间的夹角是多少?

解　(1)自然光入射,两偏振片同向时,透过光强最大,为 $I_0/2$。当透射光强为 $(I_0/2)/3$ 时,有

$$I_0\cos^2\frac{\theta}{2}=\frac{I_0/2}{3}$$

两偏振片的偏振化方向夹角为

$$\theta=\arccos\sqrt{\frac{1}{3}}=54°44'$$

(2)由于透射光强

$$I'=I_0\cos^2\frac{\theta'}{2}=\frac{I_0}{3}$$

所以有

$$\theta'=\arccos\sqrt{\frac{2}{3}}=35°16'$$

24.3　两个偏振片 P_1 和 P_2 平行放置(图 24.2)。令一束强度为 I_0 的自然光垂直射向 P_1,然后将 P_2 绕入射线为轴转一角度 θ,再绕竖直轴转一角度 φ。这时透过 P_2 的光强是多大?

解　如图 24.3 所示,以 y 方向表示光的传播方向,以 E_1 表示透过 P_1 后的光振动,方向沿 z 轴。以 OA 表示 P_2 转动 θ 和 φ 后的通光方向,此方向在垂直于光传播方向的平面内与 E_1 的夹角不

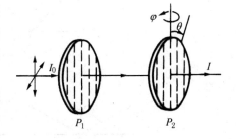

图 24.2　习题 24.3 用图

再等于 θ,而是 α。透过 P_2 的光矢量应是 E_1 在 OA'(OA 在 xz 平面上的投影)方向的分量,由图可得

$$\cos\alpha=\frac{OC}{OA'}=\frac{OC}{\sqrt{OC^2+OB'^2}}=\frac{\cos\theta}{\sqrt{\cos^2\theta+\sin^2\theta\cos^2\varphi}}$$

$$E_2=E_1\cos\alpha=\frac{E_1\cos\theta}{\sqrt{\cos^2\theta+\sin^2\theta\cos^2\varphi}}$$

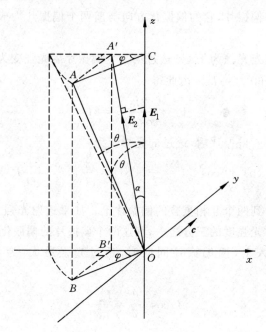

图 24.3　习题 24.3 解用图

透过 P_2 的光强为

$$I_2 = E_2^2 = \frac{E_1^2 \cos^2\theta}{\cos^2\theta + \sin^2\theta \cos^2\varphi} = \frac{1}{2} \frac{I_0 \cos^2\theta}{\cos^2\theta + \sin^2\theta \cos^2\varphi}$$

24.4　在图 24.4 所示的各种情况中，以非偏振光和偏振光入射于两种介质的分界面，图中 i_0 为起偏振角，$i \neq i_0$，试画出折射光线和反射光线并用点和短线表示出它们的偏振状态。

解　反射光线与折射光线如图 24.4 所示。

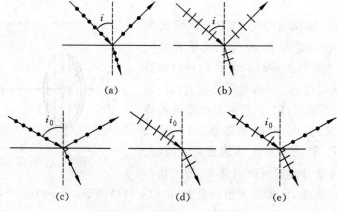

图 24.4　习题 24.4 解用图

24.5　水的折射率为 1.33，玻璃的折射率为 1.50，当光由水中射向玻璃而反射时，起偏振角为多少？当光由玻璃中射向水而反射时，起偏振角又为多少？这两个起偏振角的数值间是什么关系？

解　光由水中射向玻璃而反射时，起偏振角为

$$i_{0,12} = \arctan \frac{n_2}{n_1} = \arctan \frac{1.5}{1.33} = 48°26'$$

光由玻璃中射向水而反射时，起偏振角为

$$i_{0,21} = \arctan \frac{n_1}{n_2} = \arctan \frac{1.33}{1.50} = 41°34'$$

由于 $\tan i_{0,12} = \frac{n_2}{n_1} = (\tan i_{0,21})^{-1}$，所以 $i_{0,12} + i_{0,21} = \pi/2$，即二者互余。

24.6 光在某两种介质界面上的临界角是 45°，它在界面同一侧的起偏振角是多少？

解 临界角 β 与折射率的关系为 $\sin\beta = n_2/n_1$。在界面的同一侧的起偏振角为

$$i_0 = \arctan \frac{n_2}{n_1} = \arctan(\sin\beta) = \arctan(\sin 45°) = 35°16'$$

24.7 根据布儒斯特定律可以测定不透明介质的折射率。今测得釉质的起偏振角 $i_b = 58°$，试求它的折射率。

解 由 $\tan i_b = n_2/n_1$ 可得釉质的折射率为

$$n_2 = n_1 \tan i_b = 1.00 \times \tan 58° = 1.60$$

24.8 已知从一池静水的表面反射出来的太阳光是线偏振光，此时，太阳在地平线上多大仰角处？

解 此时，太阳光射向水面的入射角为 $i = i_0 = \arctan \dfrac{n_2}{n_1} = \arctan \dfrac{1.33}{1.00} = 53°4'$。太阳此时的仰角为 $\alpha = 90° - i = 36°56'$。

24.9 用方解石切割成一个正三角形棱镜。光轴垂直于棱镜的正三角形截面，如图 24.5 所示。自然光以入射角 i 入射时，e 光在棱镜内的折射线与棱镜底边平行，求入射角 i，并画出 o 光的传播方向和光矢量振动方向。

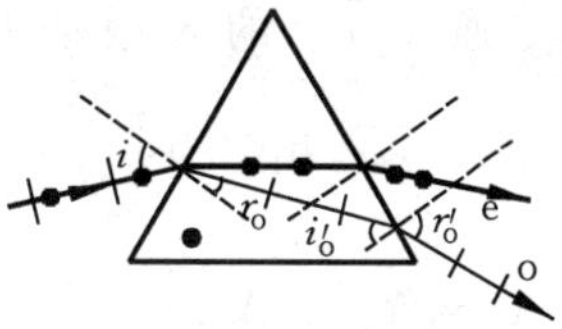

解 e 光的折射角为 $r_e = 90° - 60° = 30°$。由于此 e 光在垂直于光轴的平面内，故有 $\sin i = n_e \sin r_e$。由此得

图 24.5　习题 24.9 解用图

$$i = \arcsin(n_e \sin r_e) = \arcsin(1.4864 \times \sin 30°) = 48°$$

以 r_o 表示 o 光在棱镜内的折射角，则有 $n_o \sin r_o = \sin i$，故

$$r_o = \arcsin(\sin i / n_o) = \arcsin(\sin 48° / 1.6584) = 26°37'$$

o 光在棱镜的另一面的入射角为 $i_o' = 60° - r_o = 33°23'$。此 o 光射出时有 $n_o \sin i_o' = \sin r_o'$。由此得

$$r_o' = 65°51'$$

o 光的光路如图 24.5 所示。

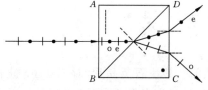

图 24.6　习题 24.10 解用图

24.10 棱镜 ABCD 由两个 45° 的方解石棱镜组成（如图 24.6 所示），棱镜 ABD 的光轴平行于 AB，棱镜 BCD 的光轴垂直于图面。当自然光垂直于 AB 入射时，试在图中画出 o 光和 e 光的传播方向及光矢量振动方向。

解　作图如图 24.6 所示。

*24.11　在图 24.7 所示的装置中，P_1，P_2 为两个正交偏振片。C 为一四分之一波片，其光轴与 P_1 的偏振化方向间夹角为 $60°$。光强为 I_i 的单色自然光垂直入射于 P_1。

(1) 试说明①②③各区光的偏振状态并在图上大致画出；

(2) 计算各区光强。

解　(1) 如图 24.7 所示，P_1 后为线偏振光，C 后为椭圆偏振光，P_2 后为线偏振光。

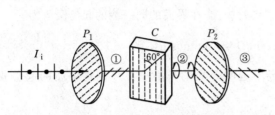
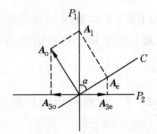

图 24.7　习题 24.11(1)解用图　　　　图 24.8　习题 24.11(2)解用图

(2) P_1 后的光强为 $I_1 = I_i/2$，光振动振幅为 A_1（图 24.8），C 后 A_1 分解为 $A_e = A_1 \cos\alpha$，$A_o = A_1 \sin\alpha$，二者相差 $\pi/2$，其合振幅为 A_2。由于

$$A_2^2 = A_e^2 + A_o^2 + 2A_e A_o \cos\frac{\pi}{2} = A_1^2 \cos^2\alpha + A_1^2 \sin^2\alpha = A_1^2$$

所以

$$I_2 = I_1 = \frac{I_i}{2}$$

通过 P_2 的光振动的两个分振幅为 $A_{3e} = A_e \sin\alpha = A_1 \cos\alpha \sin\alpha$，$A_{3o} = A_o \cos\alpha = A_1 \sin\alpha \cos\alpha$，相差为 $\frac{\pi}{2} + \pi$，其合振幅为

$$A_3^2 = A_{3e}^2 + A_{3o}^2 + 2A_{3e} A_{3o} \cos\left(\frac{\pi}{2} + \pi\right) = 2A_1^2 \sin^2\alpha \cos^2\alpha = 2A_1^2 \sin^2 60° \cos^2 60° = 3A_1^2/8$$

由此得

$$I_3 = \frac{3I_1}{8} = \frac{3I_i}{16}$$

*24.12　某晶体对波长 632.8 nm 的光的主折射率 $n_o = 1.66$，$n_e = 1.49$。将它制成适用于该波长的四分之一波片，晶片至少要多厚？该四分之一波片的光轴方向如何？

解　由于 $d_{\min}(n_o - n_e) = \dfrac{\lambda}{4}$，所以

$$d_{\min} = \frac{\lambda}{4(n_o - n_e)} = \frac{632.8}{4 \times (1.66 - 1.49)} = 931 \,(\text{nm})$$

光轴方向应与波片表面平行。

*24.13　假设石英的主折射率 n_o 和 n_e 与波长无关。某块石英晶片，对 800 nm 波长的光是四分之一波片。当波长为 400 nm 的线偏振光入射到该晶片上，且其光矢量振动方

向与晶片光轴成 45°角时,透射光的偏振状态是怎样的?

解 由于 $d(n_o - n_e) = \lambda_1/4 = 2\lambda_2/4 = \lambda_2/2$,所以对 800 nm($\lambda_1$)波长的光是四分之一波片的石英晶片,对 400 nm(λ_2)波长的光就是二分之一波片。

入射线偏振光对二分之一波片来说,由于其光振动方向与波片光轴成 45°角,所以两相互垂直的光振动分振幅相等而且同相。通过二分之一波片后,此二分振动相差为 π,所以其合振动仍然是直线的,即透过的光仍是线偏振光,不过振动方向与入射线偏振光的振动方向垂直。

24.14 1823 年尼科耳发明了一种用方解石做成的棱镜以获得线偏振光。这种"尼科耳棱镜"由两块直角棱镜用加拿大胶(折射率为 1.55)粘合而成,其几何结构如图 24.9 所示。试用计算证明当一束自然光沿平行于底面的方向入射后将分成两束,一束将在胶合面处发生全反射而被涂黑的底面吸收,另一束将透过加拿大胶而经过另一块棱镜射出。这两束光的偏振状态各如何?(参考原书表 24.1 的折射率数据)

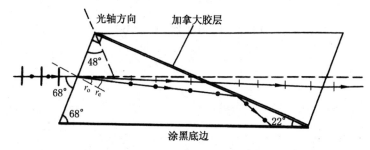

图 24.9 习题 24.14 解用图

解 在入射面上光的入射角为 22°。由折射定律,o 光的折射角为

$$r_o = \arcsin\left[\frac{\sin 22°}{1.658}\right] = 13.1°$$

此 o 光在加拿大胶的表面的入射角为

$$i' = 90° - 13.1° = 76.9°$$

o 光在此表面的全反射临界角为

$$\beta = \arcsin\frac{1.55}{1.658} = 69.2°$$

由于 $i' > \beta$,所以 o 光将在加拿大胶表面全反射。

对于 e 光,进入棱镜后,到达加拿大胶表面时,由于加拿大胶的折射率大于 e 光的折射率(1.486),所以不会发生全反射而进入第二块方解石并最后射出。

*24.15 石英对波长为 396.8 nm 的光的右旋圆偏振光的折射率为 $n_R = 1.55810$,左旋圆偏振光的折射率为 $n_L = 1.55821$。求石英对此波长的光的旋光率。

解 $\alpha = \dfrac{\pi(n_L - n_R)}{\lambda} = \dfrac{\pi \times 1.55821 - 1.55810}{396.8 \times 10^{-9}} = 0.8709 \times 10^3 \, (\text{rad/m}) = 49.9 \, [(°)/\text{mm}]$

24.16 在激光冷却技术中,用到一种"偏振梯度效应"。它是使强度和频率都相同但偏振方向相互垂直的两束激光相向传播,从而能在叠加区域周期性地产生各种不同的偏振态的光。设两束光分别沿 $+x$ 和 $-x$ 方向传播,光振动方向分别沿 y 和 z 方向。已知在 $x = 0$

处的合成偏振态为线偏振态，光振动方向与 y 轴成 45°。试说明沿 $+x$ 方向每经过 $\lambda/8$ 的距离处的偏振态，并画简图表示之。

解 在原点为线偏振态，说明两束激光在此处是同相的。在 $x=\lambda/8$ 处，与原点处相比，沿 $+x$ 方向的光的相位将落后 $\pi/4$，而沿 $-x$ 方向的光的相位将超前 $\pi/4$。因此前者比后者相位将落后 $\pi/2$。合成结果将是右旋的（逆 x 轴望去）圆偏振光。同理可知，在 $x=\lambda/4$ 处合成结果是线偏振的，与原点处振动方向垂直。在 $x=3\lambda/8$ 处合成结果是左旋圆偏振光。在 $x=\lambda/2$ 处合成结果与原点处一样，等等。各偏振态简示如图 24.10。

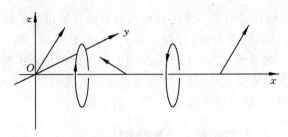

图 24.10 习题 24.16 解用图

第25章

几何光学

一、概念原理复习

1. 光线

光线是表示光的传播方向的直线或曲线。在透明介质中从旁看到的光线,是介质分子对光散射的结果。

2. 光的反射定律

反射线在入射线和法线决定的平面内,反射角等于入射角。在反射现象中光路是可逆的。

平面镜在镜后成物体的虚像,此虚像与物体对镜面完全对称。

3. 球面镜

对于傍轴光线,凹镜会聚入射的平行光。会聚点为焦点。焦点到镜顶点的距离为焦距,凹镜的焦距为其反射球面半径的一半。

球面镜成像公式:

$$\frac{1}{s} + \frac{1}{s'} = \frac{1}{f}$$

利用三条特殊的容易作出的主光线,可以用光路图求解球面镜成像的问题。

凸镜发散入射的平行光。其焦点为虚的,焦距为负值。它只能成物体的缩小的正立的虚像,像距为负值。

4. 光的折射定律

折射线在入射线和法线决定的平面内,折射角 θ_2 和入射角 θ_1 的正弦之比等于光在两种介质中的速率 v_1 和 v_2 之比,即

$$\frac{\sin\theta_1}{\sin\theta_2} = \frac{v_1}{v_2}$$

引入介质的折射率

$$n = \frac{c}{v}$$

则折射定律公式可写成

$$n_1\sin\theta_1 = n_2\sin\theta_2$$

折射现象中光路也是可逆的。

5. 薄透镜的焦距

对于傍轴光线,薄凸透镜能会聚平行光。会聚点为焦点。一个凸透镜的两侧各有一个焦点。平行光会聚的那个焦点称第二焦点,另一侧的焦点称为第一焦点。点光源置于第一焦点上,它发的光经过透镜折射后,在另一侧变为平行光。透镜两侧的介质相同时,它两侧的焦距相等。

透镜材料的折射率为 n_L,其两侧皆为空气时,透镜的焦距 f 由下列磨镜者公式决定:

$$\frac{1}{f} = (n_L - 1)\left(\frac{1}{r_1} + \frac{1}{r_2}\right)$$

式中 r_1 和 r_2 为透镜两表面的半径,凸起的表面的 r 取正值,凹进的表面的 r 取负值,平面的表面的 r 取 ∞。凸透镜的焦距为正值,凹透镜的焦距为负值。凹透镜只能发散入射的平行光。

6. 薄透镜成像公式

$$\frac{1}{s} + \frac{1}{s'} = \frac{1}{f}$$

利用三条特殊的容易作出的主光线,可以用光路图法求解薄透镜成像的问题。

凹透镜只能生成物体的缩小的正立的虚像。

透镜的横向放大率

$$m = \frac{|s'|}{s}$$

一个凸透镜可用来作放大镜,其视角放大率为

$$m_\theta = \frac{25}{f}$$

7. 人眼

人眼的主要光学元件是水晶体,它可以使外界物体的实像成在视网膜上,由视神经将光刺激信息送入大脑,形成人的视觉。

水晶体的焦距由睫状肌控制,因而它是一个变焦距透镜。

近视眼的水晶体过于凸起,焦距过小,用凹透镜做的眼镜矫正。

远视眼的水晶体过于平坦,焦距过大,用凸透镜做的眼镜矫正。

8. 助视仪器

显微镜的物镜焦距较短,目镜为一放大镜,总的放大率为

$$M = \frac{25l}{f_1 f_2}$$

式中 l 取镜筒的长度,光学显微镜的放大率受到照明光的波长的限制。

望远镜的物镜口径较大,焦距较长,目镜也是一个放大镜。总的角放大率为

$$M_\theta = f_1 / f_2$$

目镜口径较大,可以接受更多光能,也可以增大望远镜的分辨率。

地面上使用的望远镜要求产生物体的正立的虚像。为此,可以用凹透镜作为目镜或者用直角棱镜来改变像相对于物体的指向。

二、解题要点

（1）注意光路的可逆性这一规律，它在分析光的反射、折射、球面镜或透镜成像问题时会给我们带来方便。

（2）学会在光的折射问题时使用 $n_1\sin\theta_1 = n_2\sin\theta_2$ 这一普遍形式。它在 θ 较小时，可以用 $n_1\theta_1 = n_2\theta_2$ 取代。

（3）应用光在球面分界面上折射的公式（原书式（25.10））

$$\frac{n_\mathrm{L} - n_1}{r} = \frac{n_\mathrm{L}}{s_1'} + \frac{n_1}{s}$$

时，要注意 n_1 是分界面的入射光那一侧介质的折射率，n_L 是折射光那一侧介质的折射率，迎着入射光凸起的分界面的 r 取正值，迎着入射光凹进的分界面的 r 取负值。离光轴发散的光线的 s 取正值，向光轴会聚的光线的 s 取负值。

（4）在应用凹面镜成像公式（原书式（25.2））和凸透镜成像公式（原书式（25.12））时，要注意其中 f,s 和 s' 都可以有正负：正值是实，表示是实际的光线的发出点或交点；负值是虚，表示是光线的反向延长线的交点。

（5）要能熟练地利用三条主光线作成像光路图并能将其结果与用成像公式所得的结果相互印证校核。注意作图时尽可能用傍轴光线，以使图示结果更为准确。

（6）注意视角的概念，要区别横向放大率和角放大率。

三、思考题选答

25.2　烈日当空，浓密树阴下地上的亮斑是圆形的，大小一样。在日偏食时，这些亮斑都是月牙形的，大小也一样。这些亮斑都是阳光透过树叶间的孔隙洒到地面上形成的，其形状与这些孔隙的大小和形状无关，为什么？

答　这是"小孔成像"现象，树间的孔隙的大小远未小到可观察到透过的阳光的衍射现象，同时也不够大而显示出孔隙的轮廓。用光的直线传播可说明地上的亮斑就是太阳光通过小孔而形成的太阳的像，为圆形或月牙形。由于"像距"和"物距"基本上一样，所以地面上太阳的像也就基本上大小一样了。又由于透过同一个小孔的各部分形成的像基本上重合在一起了，所以一个亮斑整体上仍呈圆形或月牙形而与孔的形状无关。

25.5　驱车开行在新疆草原上，笔直新修的柏油公路上，有时会看到前方四五百米远的路面上出现了一片发亮的水泊水波荡漾（图 25.1(a)），但车开到该处时并未发现任何水迹，那么为什么原来会看到水泊呢（这种幻象叫海市蜃楼现象，在烟台蓬莱阁上有时可看到海上仙岛也是类似原因形成的）？

答　这一现象是光的折射。由于黑色的路面吸收阳光，使其表面以上空气变暖而较更上层空气的温度要高些。因此，从路面向上，空气的密度逐渐增大，折射率也随之逐渐增大。这样，由远方高空云层射来的光线将逐渐偏向水平而在路面附近又向上偏折进入眼内。人眼是看不到这光线的弯曲的。它只能逆着射入眼时光线的方向产生视角（图 25.1(b)），这样便看到前方路面上出现了白云的像，好像一洼水泊铺在前面路上一样。在沙漠中行走的旅行者也常能看到他前面不远处有一洼清水,走到时却什么也没有,也是这种现象。

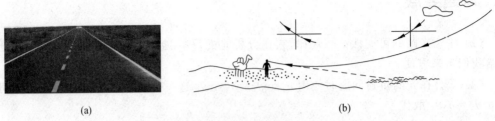

(a)　　　　　　　　　　　　　　　　(b)

图 25.1　海市蜃楼现象

(a) 车前路上出现水泊;(b) 现象的解释

这种现象叫海市蜃楼现象,在烟台蓬莱阁上有时可看到的海上仙岛也是由类似原因形成的。不过在这种情况下,是在夏日傍晚时,高空温度比海面温度高,远处陆上景物发出的光线先向上再向下偏折进入人眼,就会看到远处陆上景物呈现在空中的像而出现海上仙岛的幻影了。

25.12　要能看到物体的全身像,眼睛应该放在什么范围内?分别画出原书图 25.43 的成像光路图及观察像时眼睛应该放在的范围。

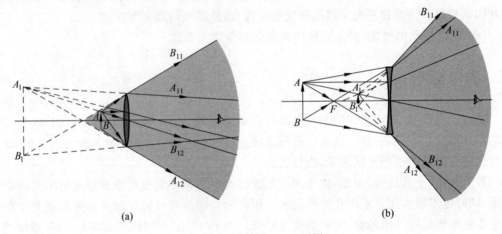

(a)　　　　　　　　　　　　　　　　(b)

图 25.2　思考题 25.12 用图

答　要看到像,眼睛必须接收物体发出的经过透镜折射的光线。通过透镜的各部分的光线都对像的生成有贡献。由此可知,画出物体上任一发光点发出的光通过全部透镜后所在的范围就可以确定观察物体的像时眼睛所应处的范围。在图 25.2 中这一范围是这样确定的。先利用三条主光线画出物体 AB 的像 A_1B_1,在透镜另侧对成像有贡献的光线就是(或者好像是)由像 A_1B_1 发出的。由 A_1 发出的经透镜上、下边缘透过的成像光线如 A_{11} 和 A_{12} 所示。由它们限定的区域(浅灰色)就是观察 A_1 时眼睛应放的区域。同理,由 B_1 发出的经透镜上、下边缘透过的成像光线 B_{11} 和 B_{12} 所限定的区域(浅灰色)就是观察 B_1 时眼睛应放的区域。上两区域共同覆盖的区域(深灰色)即观察物体 AB 的全体像时眼睛应放的区域。从侧面是看不到像的!

四、习题解答

25.1　一路灯的高度为 8.0 m。一身高 1.70 m 的人在其下的水平道路上以 1.5 m/s 的速率离开它远去。求人的头顶在地面上的影子的移动速率。

解　如图 25.3 所示，以 x_M 和 x_S 分别表示人和他头顶的影子在水平道上的坐标。由相似形关系可得

$$\frac{x_S - x_M}{x_S} = \frac{h_M}{h_L}$$

由此得

$$x_S = \frac{h_L}{h_L - h_M} x_M$$

而人的头顶的影子移动的速率为

$$v_S = \frac{\mathrm{d}x_S}{\mathrm{d}t} = \frac{h_L}{h_L - h_M} \frac{\mathrm{d}x_M}{\mathrm{d}t} = \frac{h_L}{h_L - h_M} v_M$$

$$= \frac{8.0}{8.0 - 1.70} \times 1.5 = 1.9 \, (\text{m/s})$$

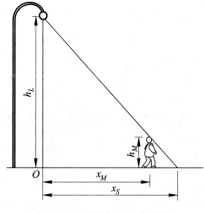

图 25.3　习题 25.1 解用图

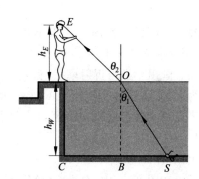

图 25.4　习题 25.2 解用图

25.2　一人游泳时，不慎将眼镜掉入水中。他立在岸边用右手食指和拇指围成一个小洞，通过小洞可以看到水下的眼镜。如果此时小洞离他的前胸 30 cm，他的眼睛高出小洞也是 30 cm，高出水面 1.6 m，游泳池水深 2.0 m，那么水中的眼镜离游泳池的竖直壁多远？水的折射率取 1.33。

解　如图 25.4 所示，由人手小洞与人眼的相对位置可知，由水内眼镜发出的到达眼睛的光线的出水折射角 $\theta_2 = 45°$。由折射定律可得

$$n_w \sin\theta_1 = n_a \sin\theta_2$$

$$\theta_1 = \arcsin\left[\frac{n_a}{n_w} \sin\theta_2\right] = \arcsin\left[\frac{1}{1.33} \sin 45°\right] = 32.1°$$

由此得

$$BS = h_w \tan\theta_1 = 2.0\tan32.1 = 1.25 \ （m）$$

眼镜与池壁的距离为

$$CS = CB + BS = h_E\tan45° + BS = h_E\tan45° + BS = 1.6 + 1.25 = 2.85 \ （m）$$

25.3　在空气中波长为 580 nm 的黄光以 45° 的入射角射入金刚石后的折射角为 17.0°，求金刚石对此黄光的折射率和此黄光在金刚石中的频率、波长和速率。

解　金刚石对此黄光的折射率为

$$n = \frac{\sin\theta_1}{\sin\theta_2} = \frac{\sin45°}{\sin17.0°} = 2.42$$

此黄光在空气中的频率为

$$\nu_0 = \frac{c}{\lambda_0} = \frac{3\times10^8}{589\times10^{-9}} = 5.09\times10^{14} \ （Hz）$$

进入金刚石后此黄光频率不变，即其频率为

$$\nu = \nu_0 = 5.09\times10^{14} \ （Hz）$$

此黄光在金刚石中的速率为

$$v = \frac{c}{n} = \frac{3\times10^8}{2.42} = 1.24\times10^8 \ （m/s）$$

波长为

$$\lambda = \frac{v}{\nu} = \frac{\lambda_0}{n} = \frac{589}{2.42} = 243 \ （nm）$$

25.4　可以用作图方法求出折射线。如图 25.5 所示，先画出射入界面上 A 点的入射线，再以入射线上任一点为圆心画出半径与折射率 n_1 和 n_2 成比例的两个圆弧。半径为 n_1 的圆弧通过入射点 A，半径为 n_2 的圆弧与法线相交于点 P。连接线段 OP，通过入射点 A 作 OP 的平行线 AB，AB 即折射线。证明：图 25.5 中的 θ_1 和 θ_2 满足折射定律，即 $n_1\sin\theta_1 = n_2\sin\theta_2$。

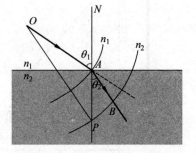

图 25.5　用作图法求折射线

证　在图 25.5 中，对于 $\triangle OAP$，根据正弦定律，有

$$\frac{\sin(\pi-\theta_1)}{OP} = \frac{\sin(\angle OPA)}{OA}$$

由于 $\sin(\pi-\theta_1) = \sin\theta_1$，$\angle OPA = \theta_2$，$OP/OA = n_2/n_1$，代入上式即可得

$$n_1\sin\theta_1 = n_2\sin\theta_2$$

25.5　一种玻璃对红光（$\lambda = 633$ nm）的折射率为 1.52。这种玻璃在空气中对此红光发生全反射的临界角多大（参考第 7 章 7.6 节）？在水中发生全反射的临界角多大？

解　全反射临界情况要求光线由玻璃一侧入射到界面上而折射角等于 90°。相对于空气，玻璃的全反射临界角 $A_{g,a}$ 满足

$$n_g\sin A_{g,a} = n_a\sin90°$$

而

$$A_{g,a} = \arcsin\frac{n_a}{n_g} = \arcsin\frac{1}{1.52} = 41.1°$$

相对于水,玻璃的全反射临界角 $A_{g,w}$ 满足

$$n_g \sin A_{g,w} = n_w \sin 90°$$

而

$$A_{g,w} = \arcsin \frac{n_w}{n_g} = \arcsin \frac{1.33}{1.52} = 61.0°$$

25.6 在空气中对折射率为 1.52 的玻璃块的表面垂直入射的光线,其反射线的光强占入射光强的百分之几?

解 按原书式(25.6)计算,所求光强的百分比应为

$$\frac{I_r}{I_i} = \left(\frac{n-1}{n+1}\right)^2 = \left(\frac{1.52-1}{1.52+1}\right)^2 = 4.26\%$$

不过 4% 多一点!

25.7 入射到玻璃三棱镜一侧面的光线对称地从另一侧面射出(图 25.6),如果此时的射出光线对入射光线的偏向角为 δ,而棱镜的顶角是 A,证明:此玻璃的折射率为

$$n = \frac{\sin \dfrac{A+\delta}{2}}{\sin \dfrac{A}{2}}$$

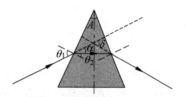

图 25.6 习题 25.7 证用图

证 如图 25.6 所示,作顶角 A 的平分线,此平分线即成为对称轴,而与棱镜内的光线垂直,图中 θ_2 和 $A/2$ 为同一角的余角,所以 $\theta_2 = A/2$。又由对称关系和三角形的内外角关系可得 $\delta = 2\alpha$ 或 $\alpha = \delta/2$。再根据对顶角关系可知 $\theta_1 = \alpha + \theta_2 = (A+\delta)/2$。最后由折射率定义可得

$$n = \frac{\sin\theta_1}{\sin\theta_2} = \frac{\sin \dfrac{A+\delta}{2}}{\sin \dfrac{A}{2}}$$

可以证明,对不同的入射方向,此时的偏向角 δ 最小。实验上常利用此式由测得的最小偏向角 δ_{min} 来求出玻璃的折射率。

25.8 在球面半径为 30cm 的凹镜前面(1)25 cm 和(2)10 cm 处放一物体,分别求其像的位置、正倒、虚实与横向放大率,并画出成像光路图。

解 $f = R/2 = 30/2 = 15$ cm。

(1) $s_1 = 25$ cm,像距为

$$s_1' = \frac{s_1 f}{s_1 - f} = \frac{25 \times 15}{25 - 15} = 37.5 \ (cm)$$

由于 s_1' 为正值,可知像在镜前,为倒立实像,横向放大率为

$$m = \frac{s_1'}{s_1} = \frac{37.5}{25} = 1.5$$

(2) $s_2 = 10$ cm,像距为

$$s_2' = \frac{s_2 f}{s_2 - f} = \frac{10 \times 15}{10 - 15} = -30 \ (cm)$$

由于 s_2' 为负值,可知像在镜后,为正立虚像,横向放大率为

$$m = \frac{|s_2'|}{s_2} = \frac{30}{10} = 3$$

光路图分别如图 25.7(a)、(b)所示,与计算结果相符合。

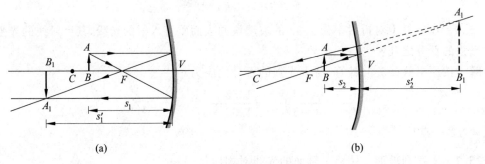

(a)   (b)

图 25.7　习题 25.8 解用图

25.9　牙医的小反射镜在被放到离牙 2.0 cm 处时能看到牙的线度放大到 5.0 倍的正立的像。此反射镜是凸镜还是凹镜? 它的反射面的曲率半径是多大?

解　正立的像应是虚像,由于用凹镜才能得到正立放大的虚像,所以该反射镜是凹镜,看到牙的像时,$s = 2.0$ cm,由于是虚像,所以 $s' = -ms = -5 \times 2.0 = -10$ cm。由球面镜公式可得

$$f = \frac{ss'}{s + s'} = \frac{2.0 \times (-10)}{2.0 + (-10)} = 2.5 \ (\text{cm})$$

此凹镜的曲率半径为

$$r = 2f = 2 \times 2.5 = 5.0 \ (\text{cm})$$

25.10　如图 25.8 所示,在高 40 cm、宽 20 cm 的暗箱底部装一曲率半径为 40 cm 的凹镜,箱顶部为一与水平成 45° 的平面镜。今在凹镜的竖直光轴上距凹镜顶点 30 cm 处用细线水平拉住一高 3 cm 的小玉佛。此小玉佛用灯照亮后,其像成在何处(画光路图)? 是实是虚? 大小、正倒如何? 眼睛在何处观察?

解　凹镜的焦距为 $f = r/2 = 40/2 = 20$ cm,物距为 $s = 30$ cm,像距为

$$s' = \frac{sf}{s - f} = \frac{30 \times 20}{30 - 20} = 60 \ (\text{cm})$$

应为实像、倒立。由于平面镜的反射,此像不能成在凹镜的主轴上而是成在平面镜前方与凹镜光轴与平面镜交点的水平距离为 10 cm 的地方,像也成了一个竖直正坐的放大到 2 倍的玉佛的实像。由于此像是光线的实际交点,人眼水平地向平面镜望去,看不见平面镜镜面,就看到一个小玉佛稳坐在空中,十分有趣。

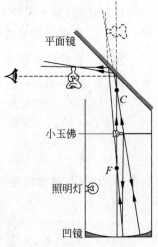

图 25.8　习题 25.10 解用图

25.11　人眼的一种简单模型是水晶体和其前后的透明液体的折射率都是 1.4,而所有进入眼睛的光线都只在角膜处发生折射。角膜顶点与视网膜的距离为 2.60 cm。(1)要使入射平行光会聚到视网膜上;(2)要使角膜前 25.0 cm 处的物体成像在视网膜上,角膜的曲率半径应各是多大?

解　(1) $n_1=1.0,n_2=1.4,s'=2.60$ cm,代入原书式(25.7)可得角膜的曲率半径为

$$r=\frac{n_{\rm L}-n_1}{n_{\rm L}}s'=\frac{1.4-1.0}{1.4}\times2.60=0.743\ (\text{cm})$$

(2) $n_1=1.0,n_2=1.4,s'=2.60$ cm,$s=25.0$ cm,代入原书式(25.11),可得

$$r=(n_{\rm L}-n_1)\Big/\left(\frac{n_{\rm L}}{s_1'}+\frac{n_1}{s}\right)=(1.4-1.0)\Big/\left(\frac{1.4}{2.60}+\frac{1.0}{25.0}\right)=0.361\ (\text{cm})$$

25.12　一球形鱼缸的直径为 40 cm,水中一条小鱼停在鱼缸的水平半径的中点处。从外面看来,小鱼的像在何处? 是实是虚? 相对于小鱼,像放大到了几倍?

解　本题是一个球面折射成像,我们仍用原书式(25.11),即

$$\frac{n_{\rm L}-n_1}{r}=\frac{n_{\rm L}}{s_1'}+\frac{n_1}{s}$$

和原书图 25.8 对比,可知对本题,$n_1=1.33,n_{\rm L}=1.00,r=-20$ cm,$s=10$ cm。代入上式,得

$$\frac{1-1.33}{-20}=\frac{1.00}{s_1'}+\frac{1.33}{10}$$

解此方程,可得像距为

$$s_1'=-8.58\ \text{cm}$$

此像距为负值,应对应于虚像;正立,与小鱼处在水和空气的分界面的同一侧,即小鱼的像也在鱼缸内而且离缸壁更近一些。

作光路图验证时,没有三条主光线可用,但如图 25.9 所示,先作一条由 A 发出的沿半径的光线,它将不变方向地射入空气。再画一条由 A 发出的通过水平半径与鱼缸壁的交点的光线,它将发生折射,而且 $\theta_2>\theta_1$。这两条射入空气的光线不会相交,二者的反向延长线将相交于 A_1 而形成 A 的虚像。眼睛从缸外看来是正立的放大的虚像,离缸壁更近一些。这些都和上面计算的结果相符合。

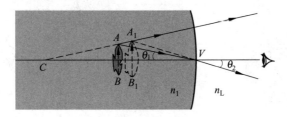

图 25.9　习题 25.12 解用图

为了求得像的放大率,我们注意到对傍轴光线,折射率可写为 $n_1\theta_1=n_2\theta_2$。由图可知 $\theta_1=\dfrac{AB}{2}\Big/s,\theta_2=\dfrac{A_1B_1}{2}\Big/s_1'$,代入折射率公式可得横向放大率为

$$m=\frac{A_1B_1}{AB}=\frac{n_1\ |\ s_1'\ |}{n_{\rm L}s}=\frac{1.33\times8.58}{1.00\times10}=1.14$$

即像比小鱼略大。

25.13　由于透镜材料对不同色光的折射率不同,因而透镜对不同色光的焦点不在一点上,透镜成的像也会由于这种**色差**而变得模糊。色差也就成了单个透镜的一种主要缺陷。

重火石玻璃对紫光($\lambda = 410$ nm)的折射率为 1.698,对红光($\lambda = 660$ nm)的折射率为 1.662。用这种玻璃做成的一个双凸透镜,两面的曲率半径都是 20 cm。这个双凸透镜的红光焦点和紫光焦点,哪个离透镜更近些? 这两个焦点相距多远?

解　由于透镜材料对紫光的折射率较大,所以透镜对紫光的入射平行光折射得更厉害一些,因此,紫光焦点离透镜更近一些。将已知透镜两表面的曲率半径($r_1 = r_2 = 20$ cm)和相应的折射率代入磨镜者公式,可得紫光焦距 $f_v = 14.33$ cm,而红光焦距 $f_r = 15.11$ cm,两焦点相距为 $d = f_r - f_v = 0.78$ cm。

25.14　虹是小水珠对阳光色散的结果。图 25.10 是一条单色光线通过水珠被一次反射的光路图。

(1) 由图中光路的对称性证明:当入射角为 θ_1、折射角为 θ_2 时,出射光线与入射光线的夹角为 $\alpha = 4\theta_2 - 2\theta_1$;

(2) 当在某一小范围 $d\theta_1$ 内(即水珠表面某一小面积上)入射的光线的出射光的折返角度 α 相同,即当 θ_1 满足 $d\alpha / d\theta_1 = 0$ 时,对应于该 α 将出现该色光的出射最大强度,而我们也将看到天空中该颜色的光的亮带。证明:由 $d\alpha / d\theta_1 = 0$ 决定的角度 θ_{1c} 由下式给出:

$$\cos^2 \theta_{1c} = \frac{1}{3}(n_w^2 - 1)$$

式中 n_w 为水对该色光的折射率。

(3) 水的红光和紫光的折射率分别是 $n_{w,r} = 1.333$ 和 $n_{w,v} = 1.342$,分别求出红光和紫光的 θ_{1c} 和 α。

由于 $\alpha_r > \alpha_v$,我们背着太阳将会看到空中形成的半圆形彩虹,红色在外,紫色在内(图 25.11)。

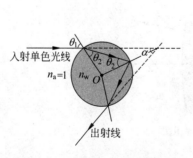

图 25.10　小水珠对光线的折射

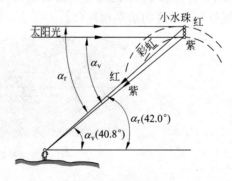

图 25.11　弧状的彩虹

解　(1) 图中两个 θ_2 是相等的。由三角形的内外角关系可得 $\theta_2 = \dfrac{\alpha}{2} + (\theta_1 - \theta_2)$。移项整理即可得 $\alpha = 4\theta_2 - 2\theta_1$。

（2）计算 $\dfrac{\mathrm{d}\alpha}{\mathrm{d}\theta_1}=0$ 可得

$$2\,\frac{\mathrm{d}\theta_2}{\mathrm{d}\theta_1}=1$$

因为 $n_w \sin\theta_2 = \sin\theta_1$，两边对 θ_1 求导，可得

$$n_w \cos\theta_2\,\frac{\mathrm{d}\theta_2}{\mathrm{d}\theta_1}=\cos\theta_1$$

$$\frac{\mathrm{d}\theta_2}{\mathrm{d}\theta_1}=\frac{\cos\theta_1}{n_w\cos\theta_2}=\frac{\cos\theta_1}{n_w\sqrt{1-\sin^2\theta_2}}=\frac{\cos\theta_1}{n_w\sqrt{1-\dfrac{\sin^2\theta_1}{n_w^2}}}=\frac{\cos\theta_1}{\sqrt{n_w^2-1+\cos^2\theta_1}}$$

将此式代入 $2\,\dfrac{\mathrm{d}\theta_2}{\mathrm{d}\theta_1}=1$，两边平方，再化简，即可得

$$\cos^2\theta_{1c}=\frac{1}{3}(n_w^2-1)$$

（3）将 $n_{w,r}=1.333$ 代入上面公式，可得对于红光

$$\theta_{1c,r}=59.41°,\quad \theta_{2c,r}=40.22°,\quad \alpha_r=42.06°$$

将 $n_{w,v}=1.342$ 代入上面公式，可得对于紫光

$$\theta_{1c,v}=58.89°,\quad \theta_{2c,v}=39.64°,\quad \alpha_v=40.78°$$

这样，就得到我们所看到的彩虹中红色光环对我们的眼睛的半圆锥角约为 42°，而紫色光环的约为 41°。红环在外，紫环在内。

25.15 一个平凸透镜的球面的半径是 24 cm，透镜材料的折射率是 1.60。求物体放在一侧离透镜（1）120 cm，（2）80 cm，（3）60 cm，（4）20 cm 时，像的位置、正倒、虚实和大小，并作（3）（4）两种情况的成像光路图。

解 用磨镜者公式可求出此透镜的焦距 f。由于

$$\frac{1}{f}=(n-1)\left(\frac{1}{r_1}+\frac{1}{r_2}\right)=(1.60-1)\left(\frac{1}{24}+\frac{1}{\infty}\right)=0.025$$

所以

$$f=1/0.025=40\ (\mathrm{cm})$$

再根据给出的各物距利用透镜成像公式可得如下结果：

	s/cm	s'/cm	正倒	虚实	横向放大率
（1）	120	60	倒	实	0.5
（2）	80	80	倒	实	1
（3）	60	120	倒	实	2
（4）	20	−40	正	虚	2

你能总结一下，当物体由远处逐渐向透镜移近时，它的像的位置、正倒、虚实和大小的变化情况吗？

光路图如图 25.12 所示。

25.16 在与一支蜡烛的距离为 D 处立一白屏。当将焦距为 f 的凸透镜放到烛屏之间

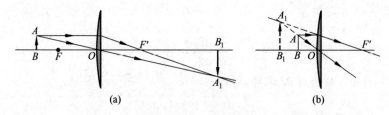

图 25.12 光路图

(a) 习题 25.15(3)用；(b) 习题 25.15(4)用

某处时，屏上出现蜡烛的清楚的像，当把透镜在烛屏之间移动到另一位置时，屏上又出现蜡烛的清楚的像。如果这次移动透镜的距离为 d。(1)证明：凸透镜的焦距为

$$f = \frac{D^2 - d^2}{4D}$$

(2)两次成的像有什么区别？(3)证明：要想利用此实验测得透镜的焦距，必须有 $D > 4f$。

解 (1)根据光路的可逆性(或透镜成像公式中 s 和 s' 可互换性)可知，如果物距为 s，像距为 s'，则当物距为 s' 时，像距的值也必为 s。此情况如图 25.13 所示。由图可知，$s' + s = D$，$s' - s = d$。由此得 $s = \dfrac{D-d}{2}$，$s' = \dfrac{D+d}{2}$。将此结果代入透镜成像公式，即可得 $f = (D^2 - d^2)/4D$。

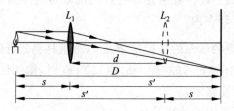

图 25.13 习题 25.16 解用图

(2)屏上出现像，必然是实像，倒立，两次的实像只是大小不同，它们横向放大率互为倒数，即相对物体而言，一次的像放大到多少倍，另一次的像就缩小到多少分之一。

(3)此实验要成可能，必须 $d > 0$。因此

$$f = \frac{D^2 - d^2}{4D} < \frac{D^2 - 0^2}{4D} = \frac{D}{4}$$

此式即

$$D > 4f$$

25.17 用一透射投影仪放幻灯片。所用凸透镜的焦距为 20.0 cm。如果屏幕离透镜 5.00 m，幻灯片应放在何处？是正放还是倒放？像的面积是幻灯片面积的几倍？

解 屏幕上映出图片，像应是实像，所以应有 $s' = 500$ cm。已知凸透镜 $f = 20.0$ cm，代入透镜成像公式可得

$$s = \frac{s'f}{s' - f} = \frac{500 \times 20.0}{500 - 20.0} = 20.8 \ (\text{cm})$$

即幻灯片应放在凸透镜后方 20.8 cm 处。

为看到正立的图像,幻灯片应相对地倒放。

横向放大率是幻灯片边长的放大倍数,因而幻灯片面积的放大倍数应为

$$m^2 = \left(\frac{s'}{s}\right)^2 = \left(\frac{500}{20.8}\right)^2 = 578$$

25.18 两个焦矩分别是 10 cm 和 8 cm 的凸透镜,沿水平方向共轴地相隔 10 cm 放置,今在它们之外距离较近的镜 15 cm 处的光轴上放一高 1.5 cm 的小玉佛。求经过两个透镜的折射,小玉佛的像成在何处? 虚实,正倒,大小如何? 并作成像光路图。

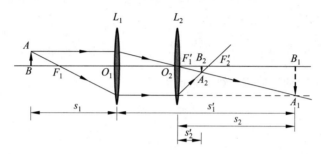

图 25.14 习题 25.18 解用图

解 对 $f_1 = 10$ cm 的透镜,$s_1 = 15$ cm,则

$$s_1' = \frac{s_1 f_1}{s_1 - f_1} = \frac{15 \times 10}{15 - 10} = 30 \text{ (cm)}$$

即要成像在其前方 30 cm 处。但由于 $f_2 = 8.0$ cm 的透镜对其出射光线的再次折射,在 s_1' 像距处并不能成像,此"预计的"像对焦距为 8.0 cm 的透镜来说,就成了虚物体,而物距 $s_2 = -20$ cm。于是得像距为

$$s_2' = \frac{s_2 f}{s_2 - f} = \frac{(-20) \times 8.0}{-20 - 8.0} = 5.7 \text{ (cm)}$$

即实际成像在焦距为 8.0 cm 的透镜之外 5.7 cm 处,为实像,倒立,其高度为

$$A_2 B_2 = AB \times m_1 \times m_2 = 1.5 \times \frac{s_1'}{s_1} \times \frac{s_2'}{|s_2|} = 1.5 \times \frac{30}{15} \times \frac{5.7}{20} = 0.855 \text{ (cm)}$$

25.19 两个焦距分别为 f_1 和 f_2 的薄透镜共轴地靠在一起。证明这一组合透镜的焦距 f 满足

$$\frac{1}{f} = \frac{1}{f_1} + \frac{1}{f_2}$$

证 平行于光轴的入射光线预计将会聚到第一透镜的焦点 F_1' 上。此会聚光点对第二透镜来说是虚物。忽略两薄透镜的厚度,此预计的聚光点对第二透镜的物距就是 $s_2 = -f_1$。对第二透镜用透镜成像公式就有 $\frac{1}{s_2'} + \frac{1}{s_2} = \frac{1}{s_2'} - \frac{1}{f_1} = \frac{1}{f_2}$,即 $\frac{1}{s_2'} = \frac{1}{f_1} + \frac{1}{f_2}$。对组合透镜来说,由于是平行于光轴的光线入射,所以这时通过二者的光线的会聚点就应是其焦点,而其焦距 f 也就应是第二透镜的像距 s_2'。因此就有

$$\frac{1}{f} = \frac{1}{f_1} + \frac{1}{f_2}$$

25.20　美国芝加哥大学 Yerkes 天文台的折射望远镜的物镜透镜的直径为 1.02 m,焦距为 19.5 m,目镜的焦距为 10 cm。加州 Palomar 山天文台的反射望远镜的物镜凹镜的直径为 5.1 m,焦距为 16.8 m,目镜的焦距为 1.25 cm。这两台望远镜的角放大率各是多少?它们的最小分辨角多大? 观测到的光的波长按 550 nm 计。

解　Yerkes 天文台的折射望远镜的角放大率为

$$M_{\theta,Y} = \frac{f_{obj}}{f_{eye}} = \frac{1950}{10} = 195$$

最小分辨角为

$$\delta_Y = 1.22 \frac{\lambda}{D_Y} = 1.22 \times \frac{550 \times 10^{-9}}{1.02} = 6.47 \times 10^{-7} (rad) = 0.133 (s)$$

Palomar 山天文台的反射望远镜的角放大率为

$$M_{\theta,P} = \frac{f_{obj}}{f_{eye}} = \frac{1680}{1.25} = 1344$$

最小分辨角为

$$\delta_P = 1.22 \frac{\lambda}{D_P} = 1.22 \times \frac{550 \times 10^{-9}}{5.10} = 1.32 \times 10^{-7} (rad) = 0.027 (s)$$

25.21　一望远镜的物镜凹镜 M_1 的直径为 10 m,焦距为 $f_1 = 20$ m。镜前 14 m 处放一球面镜 M_2。要想使远处星体成像在 M_1 后面 4 m 处,M_2 的焦距 f_2 应多大? 它是凹镜还是凸镜? 目镜为焦距 $f_3 = 20$ cm 的凸透镜。此目镜应放在何处进行观察? 此望远镜的角放大率多大? 星体发的光的波长按黄光 $\lambda = 590$ nm 计,此望远镜的最小分辨角多大?

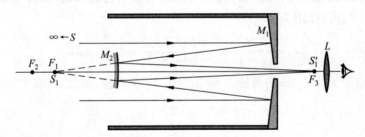

图 25.15　习题 25.21 解用图

解　如图 25.15 所示,远处星体 S 发来的光应在物镜 M_1 的焦点 F_1 处成像。但因受到 M_2 的反射,成实像于 M_1 后面 S_1 处。对 M_2 来说原来在 F_1 成的像应是虚物体,而物距 $s_2 = -(20-14) = -6$ m;像距为 $s_2' = 14 + 4 = 18$ m。由透镜公式得 M_2 的焦距为

$$f_2 = \frac{s_2 s_2'}{s_2 + s_2'} = \frac{-6 \times 18}{-6 + 18} = -9 (m)$$

由于此焦距为负值,故知 M_2 为凸镜,其焦点 F_2 在其后方 9 m 处。

要用目镜 L 观察,必须使实像 S_1 位于目镜的第一焦点 F_3 处,即在 S_1 后方 20 cm 处或者在物镜后方 4.20 m 处。

　　由于 M_2 的作用,远处星体发的光被 M_1 反射后会聚到了 S_1'。这等于把 M_1 的焦点移到了 S_1' 处,而焦距变成了 $f_{obj}=14+14+4=32$ m。此望远镜的角放大率应为

$$M_\theta = \frac{f_{obj}}{f_3} = \frac{32}{0.2} = 160$$

此望远镜的最小分辨角为

$$\delta = 1.22 \frac{\lambda}{D} = 1.22 \times \frac{590 \times 10^{-9}}{10} = 7.2 \times 10^{-8} \,(\text{rad}) = 0.015 \,(\text{s})$$

第 5 篇　量子物理

第26章

波粒二象性

一、概念原理复习

1. 黑体辐射

能完全吸收照射到它上面的各种频率的光(即电磁波)的物体称作黑体。

普朗克量子假设(1900)：谐振子的能量只可能是

$$E = nh\nu, \quad n = 1, 2, 3, \cdots$$

普朗克热辐射公式：黑体的光谱辐射出射度，即在单位时间内从单位表面积发出的频率在 ν 附近单位频率区间的电磁波的能量为

$$M_\nu = \frac{2\pi h}{c^2} \frac{\nu^3}{e^{h\nu/kT} - 1}$$

将此式对所有频率积分可得斯特藩-玻耳兹曼定律：黑体的总辐射出射度为

$$M = \sigma T^4$$

其中

$$\sigma = 5.6704 \times 10^{-8} \text{ W/(m}^2 \cdot \text{K}^4)$$

为斯特藩-玻耳兹曼常量。

就上述 M_ν 的公式对 ν 求导，可得维恩位移律，即光谱辐射出射度最大的光的频率为

$$\nu_m = C_\nu T$$

其中

$$C_\nu = 5.880 \times 10^{10} \text{ Hz/K}$$

2. 光的粒子性

爱因斯坦光子概念(1905)：光(电磁波)是由光量子即光子组成的。

每个光子的能量：
$$E = h\nu$$

每个光子的动量：
$$p = \frac{E}{c} = \frac{h}{\lambda}$$

光电效应方程：
$$\frac{1}{2} m v_{max}^2 = h\nu - A$$

光电效应的红限频率：
$$\nu_0 = A/h$$

康普顿散射公式：光子和电子碰撞而散射。光子波长的增量

$$\Delta\lambda = \lambda - \lambda_0 = \frac{h}{m_0 c}(1 - \cos\varphi)$$

电子的康普顿波长：

$$\lambda_c = \frac{h}{m_e c} = 2.4263 \times 10^{-3}\,\text{nm}$$

3. 粒子的波动性

德布罗意假设(1924)：与粒子相联系的波的波长为

$$\lambda = h/p = h/mv$$

此假设很快为 C.J.戴维孙、L.A.革末和 G.P.汤姆孙利用电子衍射实验证实了。

4. 概率波和概率幅

M.玻恩 1926 年提出德布罗意波是概率波,它描述粒子在各处被发现的概率。

用波函数 Ψ 描述微观粒子的状态,Ψ 叫概率幅,具有叠加性;$|\Psi|^2$ 为概率密度,表示在各处以点 (x,y,z) 为中心的单位体积内发现粒子的概率。

5. 不确定关系

由粒子的波动性可导出：粒子的位置和动量的不确定关系为

$$\Delta x \Delta p_x \geqslant \hbar/2$$

能量和时间的不确定关系为

$$\Delta E \Delta t \geqslant \hbar/2$$

其中 $\hbar = h/2\pi$,也叫普朗克常量。

二、解题要点

(1) 本章习题都涉及微观粒子的运动。在能量较高时,要注意应用相对论质速关系 $m = m_0/\sqrt{1 - v^2/c^2}$,质能关系 $m = m_0/\sqrt{1 - v^2/c^2}$ 以及动量能量关系 $E^2 = p^2 c^2 + m_0^2 c^4$。

(2) 在利用位置坐标与动量的不确定关系时,要注意它涉及的是同一坐标方向的坐标值和动量分量之间的关系。另外,也要注意到利用此关系进行数值计算时也只是得到数量级的估计,不可拘泥于数字的准确与否。

三、思考题选答

26.9　用可见光能产生康普顿效应吗？能观察到吗？

答　原则上可见光也应该能产生康普顿效应,但由于康普顿效应的波长改变与波长无关,对可见光来说,由于波长较大,其康普顿散射的波长的相对改变就非常小,在实验上就观察不出来了。如对于 $\lambda = 550\,\text{nm}$ 的可见光来说,其康普顿散射所产生的最大的波长相对改变为 $4.8 \times 10^{-3}/550 \approx 10^{-5}$,这就很难观察到了。

26.10　为什么光电效应只考虑光子的能量的转化,而对康普顿效应则还要考虑光子的动量的转化？

答　爱因斯坦假设"一个光子将它的全部能量给予一个电子。"严格说来这是不可能的(见习题 26.17)。实际上在光电效应中,吸收光子的电子是处于束缚状态,即被束缚在原子

(甚至可以说束缚在晶体的晶格)内。这样,光子被电子吸收的过程就不只是光子和一个电子的相互作用,而是光子和原子(或整个晶格)的相互作用。由于原子的质量较电子的质量大得多,所以根据能量和动量守恒定律,光子的动量大部分传给了原子,而能量则几乎全部传给了电子。因此可以相当精确地认为"一个光子将它的能量给予一个电子",而不必考虑动量的转化问题。

在康普顿效应中,由于入射光子能量很大,电子可视为静止的自由电子,所以全面分析其碰撞就需要同时应用能量和动量守恒定律了。不过这一过程中,一个自由电子并没有全部吸收一个光子,只是部分地吸收,但这个吸收是一个"二步过程"。

26.12 如果普朗克常量 $\hbar \to 0$,对波粒二象性会有什么影响?如果光在真空中的速率 $c \to \infty$,对时间空间的相对性会有什么影响?

答 如果 $\hbar \to 0$,则粒子的德布罗意波长 $\lambda = h/p \to 0$,粒子不会显示波动性;而光子的能量 $E = h\nu \to 0$,质量 $m = E/c^2 \to 0$,光子将不复存在,光将只显示波动性。这就是说,$\hbar \to 0$ 时,我们周围的世界将完全是"经典性"的,波是波,粒子是粒子,二者截然不同。

如果 $c \to \infty$,则时间的延缓公式将给出 $\Delta t' = \Delta t / \sqrt{1 - u^2/c^2} = \Delta t$,长度缩短公式将给出 $l' = l\sqrt{1 - u^2/c^2} = l$,即时间测量和空间测量的相对性都不复存在,时间和空间都将是伽利略-牛顿式的。

四、习题解答

26.1 夜间地面降温主要是由于地面的热辐射。如果晴天夜里地面温度为 $-5\,℃$,按黑体辐射计算,每平方米地面失去热量的速率多大?

解 每平方米地面失去热量的速率即地面的辐射出射度
$$M = \sigma T^4 = 5.67 \times 10^{-8} \times 268^4 = 292 \ (\text{W/m}^2)$$

26.2 太阳光谱的光谱辐射出射度 M_ν 的极大值出现在 $\nu_m = 3.4 \times 10^{14}$ Hz 处。求:(1)太阳表面的温度;(2)太阳表面的辐射出射度 M。

解 (1) 由 $\nu_m = C_\nu T$,所以
$$T = \nu_m / C_\nu = 3.4 \times 10^{14} / (5.88 \times 10^{10}) = 5.8 \times 10^3 (\text{K})$$
(2) $M = \sigma T^4 = 5.67 \times 10^{-8} \times (5.8 \times 10^3)^4 = 6.4 \times 10^7 (\text{W/m}^2)$

26.3 在地球表面,太阳光的强度为 1.0×10^3 W/m²。一太阳能水箱的涂黑面直对阳光。按黑体辐射计,热平衡时水箱内的水温可达几摄氏度?忽略水箱其他表面的热辐射。

解 热平衡时,水箱吸热、放热相等,即 $I = \sigma T^4$
$$T = \sqrt[4]{I/\sigma} = \sqrt[4]{1.0 \times 10^3 / (5.67 \times 10^{-8})} = 364 \ (\text{K}) = 91(℃)$$

26.4 太阳的总辐射功率为 $P_S = 3.9 \times 10^{26}$ W。

(1) 以 r 表示行星绕太阳运行的轨道半径。试根据热平衡的要求证明:行星表面的温度 T 由下式给出
$$T^4 = \frac{P_S}{16\pi\sigma r^2}$$

其中 σ 为斯特藩-玻耳兹曼常量(行星辐射按黑体计)。

(2) 用上式计算地球和冥王星的表面温度,已知地球 $r_E = 1.5 \times 10^{11}$ m,冥王星 $r_P = 5.9 \times 10^{12}$ m。

解　(1) 以 R 表示行星半径,则吸热功率为 $P_{ab} = \dfrac{P_s}{4\pi r^2} \pi R^2$,放热功率为 $P_{ej} = \sigma T^4 4\pi R^2$。热平衡时 $P_{ab} = P_{ej}$,$\dfrac{P_s}{4\pi r^2} \pi R^2 = \sigma T^4 4\pi R^2$,则

$$T^4 = \frac{P_s}{16\pi\sigma r^2}$$

(2) $T_E = \left[\dfrac{3.9 \times 10^{26}}{16\pi \times 5.67 \times 10^{-8} \times (1.5 \times 10^{11})^2} \right]^{1/4} = 279$ (K)

$T_P = \left[\dfrac{3.9 \times 10^{26}}{16\pi \times 5.67 \times 10^{-8} \times (5.9 \times 10^{12})^2} \right]^{1/4} = 45$ (K)

26.5　Procyon B 星距地球 11 l. y.,它发的光到达地球表面的强度为 1.7×10^{-12} W/m^2,该星的表面温度为 6600 K。求该星的线度。

解　该星与地球的距离 $r = 9.46 \times 10^{15} \times 11 = 1.04 \times 10^{17}$ m,以该星发光为黑体辐射计,有

$$I \, 4\pi r^2 = \sigma T^4 4\pi R^2$$

该星的直径为

$$D = 2R = 2\sqrt{\frac{Ir^2}{\sigma T^4}} = 2 \times \sqrt{\frac{1.7 \times 10^{-12} \times (1.04 \times 10^{17})^2}{5.67 \times 10^{-8} \times 6600^4}} = 2.6 \times 10^7 \text{(m)}$$

26.6　宇宙大爆炸遗留在空间的均匀各向同性的背景热辐射相当于 3 K 黑体辐射。
(1) 此辐射的光谱辐射出射度 M_ν 在何频率处有极大值?
(2) 地球表面接受此辐射的功率是多大?

解　(1) $\nu_m = C_\nu T = 5.88 \times 10^{10} \times 3 = 1.76 \times 10^{11}$ (Hz)

(2) $P = M 4\pi R_E^2 = 4\pi\sigma T^4 R_E^2 = 4\pi \times 5.67 \times 10^{-8} \times 3^4 \times (6.4 \times 10^6)^2 = 2.36 \times 10^9$ (W)

26.7　试由黑体辐射的光谱辐射出射度按频率分布的形式[原书式(26.3)],导出其按波长分布的形式

$$M_\lambda = \frac{2\pi hc^2}{\lambda^5} \frac{1}{e^{hc/\lambda kT} - 1}$$

解　由 $M_\lambda |d\lambda| = M_\nu d\nu$ 得

$$M_\lambda = M_\nu \left| \frac{d\nu}{d\lambda} \right| = \frac{2\pi h\nu^3}{c^2 (e^{h\nu/kT} - 1)} \frac{c}{\lambda^2} = \frac{2\pi hc^3}{c^2 \lambda^3 (e^{hc/\lambda kT} - 1)} \frac{c}{\lambda^2} = \frac{2\pi hc^2}{\lambda^5} \frac{1}{e^{hc/\lambda kT} - 1}$$

*26.8　以 w_ν 表示空腔内电磁波的光谱辐射能密度。试证明 w_ν 和由空腔小口辐射出的电磁波的黑体光谱辐射出射度 M_ν 有下述关系

$$M_\nu = \frac{c}{4} w_\nu$$

式中,c 为光在真空中的速率。

证 设空腔单位体积内频率为 ν 的光子数为 n_ν。如图 26.1 所示,在体积元 dV 内的光子数为 $n_\nu dV$。由于这些光子均匀地向各方向运动,所以在立体角 $d\Omega$ 内向外运动的光子数为 $n_\nu dV d\Omega/4\pi$。由于小口面积 dS 在 dV 处所张的立体角为 $dS\cos\theta/r^2$,所以由 dV 内射向 dS 的光子数为 $dN_\nu = n_\nu dV dS\cos\theta/4\pi r^2$。用球极坐标 $dV = r^2\sin\theta dr d\theta d\varphi$。于是

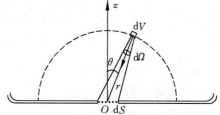

$$dN_\nu = n_\nu r^2\sin\theta dr d\theta d\varphi \frac{dS\cos\theta}{4\pi r^2}$$

$$= n_\nu \sin\theta\cos\theta dr d\theta d\varphi \frac{dS}{4\pi}$$

在 dt 时间内,在 $r \leqslant c dt$ 处的体积元内射向 dS 的光子均可到达 dS 而射出,所以在 dt 时间内由 dS 射出的光子数为

图 26.1 习题 26.8 证用图

$$\Delta N_\nu = \int dN_\nu = \int_0^{cdt} n_\nu dr \int_0^{\frac{\pi}{2}} d\theta \int_0^{2\pi} d\varphi \sin\theta\cos\theta d\theta \frac{dS}{4\pi} = \frac{c}{4}n_\nu dS dt$$

以 E_ν 表示一个光子的能量,则从小口的单位面积上、单位时间内射出的频率为 ν 的光子的能量,即光谱辐射出射度,为

$$M_\nu = \frac{E_\nu \Delta N_\nu}{dS dt} = \frac{cn_\nu E_\nu}{4} = \frac{c}{4}w_\nu$$

式中 $w_\nu = n_\nu E_\nu$,即腔内频率为 ν 的辐射能密度。

*26.9 试将普朗克热辐射公式[原书式(26.3)]求导,证明维恩位移律

$$\nu_m = C_\nu T$$

(提示:求导后说明 ν_m/T 为常量即可,不要求求 C_ν 的值。)

解 ν_m 为普朗克公式出现极大值的频率值,于是

$$\frac{d}{d\nu}\left[\frac{2\pi h\nu^3}{c^2(e^{h\nu/kT}-1)}\right]\Bigg|_{\nu=\nu_m} = \frac{2\pi h\nu_m^2}{c^2(e^{h\nu_m/kT}-1)^2}\left[e^{h\nu_m/kT}\left(3-\frac{h\nu_m}{kT}\right)-3\right] = 0$$

此式 ν_m 的解有 $\nu_m = 0$,舍去。另一解由下式求得

$$e^{h\nu_m/kT}\left(3-\frac{h\nu_m}{kT}\right)-3 = 0$$

此式可以将 ν_m/T 视为一变量而求得解 C_ν,即

$$\nu_m/T = C_\nu$$

此即维恩位移律。(以 $h\nu_m/kT = x$,则有 $e^x(3-x)-3 = 0$,此式用数值解法可得 $x = 2.822$。而 $C_\nu = 2.822k/h = 5.88\times10^{10}$ Hz/K。)

*26.10 试根据原书式(26.5)将原书式(26.3)积分,证明斯特藩-玻耳兹曼定律

$$M = \sigma T^4$$

(提示:由定积分说明 M/T^4 为常量即可,不要求求 σ 的值。)

证 $$M = \int_0^\infty M_\nu d\nu = \int_0^\infty \frac{2\pi h\nu^3 d\nu}{c^2(e^{h\nu/kT}-1)}$$

令 $h\nu/kT = x$,则上一积分可写为

$$M = \frac{2\pi k^4}{c^2 h^3} T^4 \int_0^\infty \frac{x^3 \mathrm{d}x}{\mathrm{e}^x - 1}$$

由于此式中的积分有确定的值,所以可得

$$M = \sigma T^4$$

σ 为由 k, c, h 和积分值决定的常量。此即斯特藩-玻耳兹曼定律。(实际上该积分值为 $\pi^4/15$。于是 $\sigma = 2\pi^5 k^4 / 15 c^2 h^3 = 5.67 \times 10^{-8}$ W/m^2 · K^4。)

26.11   铝的逸出功是 4.2 eV,今用波长为 200 nm 的光照射铝表面,求:

(1) 光电子的最大动能;

(2) 截止电压;

(3) 铝的红限波长。

解   (1) $E_{k,m} = h\nu - A = h\dfrac{c}{\lambda} - A = \dfrac{6.63 \times 10^{-34} \times 3 \times 10^8}{200 \times 10^{-9} \times 1.6 \times 10^{-19}} - 4.2 = 2.0$ (eV)

(2) $U_c = E_{k,m}/e = 2.0/1 = 2.0$ (V)

(3) $\lambda_0 = \dfrac{c}{\nu_0} = \dfrac{hc}{A} = \dfrac{6.63 \times 10^{-34} \times 3 \times 10^8}{4.2 \times 1.6 \times 10^{-19}} = 2.96 \times 10^{-7}$ (m) $= 296$ (nm)

26.12   银河系间宇宙空间内星光的能量密度为 10^{-15} J/m^3,相应的光子数密度多大?假定光子的平均波长为 500 nm。

解 $N = \dfrac{w}{h\nu} = \dfrac{w\lambda}{hc} = \dfrac{10^{-15} \times 500 \times 10^{-9}}{6.63 \times 10^{-34} \times 3 \times 10^8} = 2.5 \times 10^3$ (个/m^3)

26.13   在距功率为 1.0 W 的灯泡 1.0 m 远的地方垂直于光线放一块钾片(逸出功为 2.25 eV)。钾片中一个电子要从光波中收集到足够的能量以便逸出,需要多长时间? 假设一个电子能收集入射到半径为 1.3×10^{-10} m(钾原子半径)的圆面积上的光能量。(注意,实际的光电效应的延迟时间不超过 10^{-9} s!)

解   按连续的波进行计算,应有

$$A = \frac{P}{4\pi R^2} \pi r^2 t$$

所求时间为

$$t = \frac{4R^2 A}{P r^2} = \frac{4 \times 1^2 \times 2.25 \times 1.6 \times 10^{-19}}{1.0 \times (1.3 \times 10^{-10})^2} = 85 \text{ (s)}$$

***26.14**   在实验室参考系中一光子能量为 5 eV。一质子以 $c/2$ 的速度和此光子沿同一方向运动。在此质子参考系中,此光子的能量多大?

解   设想在实验室参考系 S 中在原点 O 处固定一光源,沿 $+x$ 方向发射光子,频率为 ν_0。质子在 $x > 0$ 处沿 $+x$ 方向以速率 $u = c/2$ 运动。在质子参考系中,光源沿 $-x'$ 方向以 $u = c/2$ 运动。由于多普勒效应,质子参考系测得的频率将为

$$\nu = \sqrt{\frac{1 - u/c}{1 + u/c}} \nu_0$$

而光子的能量为

$$h\nu = \sqrt{\frac{1-u/c}{1+u/c}}\, h\nu_0 = \sqrt{\frac{1-1/2}{1+1/2}} \times 5 = \frac{5}{\sqrt{3}} = 2.9 \,(\text{eV})$$

26.15 入射的 X 射线光子的能量为 0.60 MeV,被自由电子散射后波长变化了 20%。求反冲电子的动能。

解 散射后光子波长增大,所以散射后光子的波长为 $\lambda = 1.2\lambda_0$,其能量为

$$E = \frac{hc}{\lambda} = \frac{hc}{1.2\lambda_0} = \frac{h\nu_0}{1.2} = \frac{E_0}{1.2}$$

由能量守恒知,反冲电子的动能为

$$E_e = E_0 - \frac{E_0}{1.2} = \frac{E_0}{6} = \frac{0.60}{6} = 0.10 \,(\text{MeV})$$

26.16 一个静止电子与一能量为 4.0×10^3 eV 的光子碰撞后,它能获得的最大动能是多少?

解 当光子与电子发生正碰撞而折回时,能量损失最大。这时光子的波长为 $\lambda = \lambda_0 + 2h/m_ec$,而能量为

$$E = \frac{hc}{\lambda} = \frac{hc}{\lambda_0 + 2h/m_ec} = \frac{hc}{hc/E_0 + 2h/m_ec} = \frac{E_0 m_e c^2}{m_e c^2 + 2E_0}$$

此碰撞后,电子获得的能量最大,为

$$E_e = E_0 - E = E_0 \left(1 - \frac{m_e c^2}{m_e c^2 + 2E_0}\right)$$

$$= 4.0 \times 10^3 \times \left(1 - \frac{0.511 \times 10^6}{0.511 \times 10^6 + 2 \times 4 \times 10^3}\right) = 62 \,(\text{eV})$$

*26.17 用动量守恒定律和能量守恒定律证明:一个自由电子不能一次完全吸收一个光子。

证 在自由电子原来静止的参考系内考虑,如果此电子一次完全吸收一个光子,则能量守恒与动量守恒将分别给出

$$m_0 c^2 + h\nu = mc^2$$

和

$$mv = h\nu/c$$

消去 $h\nu$,可得

$$m_0 = m(1 - v/c) = \frac{m_0(1 - v/c)}{\sqrt{1 - v^2/c^2}}$$

即

$$\sqrt{1 - v^2/c^2} = 1 - v/c$$

此式将给出 $v=0$ 或 $v=c$,这都是不可能的。因而上列能量守恒和动量守恒式不能同时满足。这也就说明自由电子不能一次完全吸收一个光子。

*26.18 一能量为 5.0×10^4 eV 的光子与一动能为 2.0×10^4 eV 的电子发生正碰,碰后光子向后折回。求碰后光子和电子的能量各是多少?

解 以 E 和 p 分别表示光子碰后的能量和动量,以 E_e 和 p_e 分别表示电子碰后的能量

和动量,则对碰撞过程利用能量守恒和动量守恒可分别得出

$$E_0 + E_{e0} = E + E_e$$

$$p_0 - p_{e0} = -p + p_e$$

由动量和能量关系可得

$$p_0 = E_0/c, \quad p = E/c$$

$$p_{e0} = \frac{1}{c}\sqrt{E_{e0}^2 - (m_e c^2)^2}, \quad p_e = \frac{1}{c}\sqrt{E_e^2 - (m_e c^2)^2}$$

将此四式代入前两式,联立求解,可得

$$E_e = \frac{(2E_0 + E_{e0} - \sqrt{E_{e0}^2 - m_e^2 c^4})^2 + m_e^2 c^4}{2(2E_0 + E_{e0} - \sqrt{E_{e0}^2 - m_e^2 c^4})}$$

式中 $m_e c^2 = 5.11 \times 10^5$ eV, $E_{e0} = E_{k0} + m_e c^2 = 2.0 \times 10^4 + 5.11 \times 10^5 = 5.31 \times 10^5$ (eV), $E_0 = 5 \times 10^4$ eV,代入可得

$$E_e = \frac{[2 \times 5.0 \times 10^4 + 5.31 \times 10^5 - \sqrt{(5.31 \times 10^5)^2 - (5.11 \times 10^5)^2}]^2 + (5.11 \times 10^5)^2}{2 \times [2 \times 5.0 \times 10^4 + 5.31 \times 10^5 - \sqrt{(5.31 \times 10^5)^2 - (5.11 \times 10^5)^2}]}$$

$$= 5.12 \times 10^5 \text{(eV)}$$

而电子碰撞后的动能为

$$E_{ek} = E_e - m_e c^2 = 5.12 \times 10^5 - 5.11 \times 10^5 = 0.1 \times 10^4 \text{(eV)}$$

碰撞后光子的能量为

$$E = E_0 + E_{e0} - E_e = 5 \times 10^4 + 5.31 \times 10^5 - 5.12 \times 10^5 = 6.9 \times 10^4 \text{(eV)}$$

26.19 电子和光子各具有波长 0.20 nm。它们的动量和总能量各是多少?

解 电子和光子的动量都是

$$p = \frac{h}{\lambda} = \frac{6.63 \times 10^{-34}}{0.20 \times 10^{-9}} = 3.32 \times 10^{-24} \text{(kg · m/s)}$$

电子的总能量为

$$E_e = \sqrt{(pc)^2 + (m_0 c^2)^2} = \sqrt{(3.32 \times 10^{-24} \times 3 \times 10^8)^2 + (0.911 \times 10^{-30} \times 9 \times 10^{16})^2}$$

$$= 8.19 \times 10^{-14} \text{(J)} = 5.12 \times 10^5 \text{(eV)}$$

光子的能量为

$$E = pc = 3.32 \times 10^{-24} \times 3 \times 10^8 = 9.9 \times 10^{-16} \text{(J)} = 6.19 \times 10^3 \text{(eV)}$$

26.20 室温(300 K)下的中子称为热中子。求热中子的德布罗意波长。

解 在室温下中子的平均动能

$$E_k = \frac{3}{2}kT = \frac{3}{2} \times 1.38 \times 10^{-23} \times 300 = 6.21 \times 10^{-21} \text{(J)}$$

中子的静能为

$$E_0 = m_n c^2 = 1.67 \times 10^{-27} \times 9 \times 10^{16} = 1.50 \times 10^{-10} \text{(J)}$$

由于 $E_k \ll E_0$,所以可以不考虑相对论效应而得

$$\lambda = \frac{h}{\sqrt{2m_n E_k}} = \frac{6.63 \times 10^{-34}}{\sqrt{2 \times 1.67 \times 10^{-27} \times 6.21 \times 10^{-21}}}$$

$$= 1.46 \times 10^{-10} \, (\text{m}) = 0.146 \, (\text{nm})$$

26.21 一电子显微镜的加速电压为 40 keV,经过这一电压加速的电子的德布罗意波长是多少?

解 由于 40 keV 比电子的静能 511 keV 小许多,所以可以不考虑相对论效应而得

$$\lambda = \frac{h}{\sqrt{2m_e E_k}} = \frac{6.63 \times 10^{-34}}{\sqrt{2 \times 0.91 \times 10^{-30} \times 4 \times 10^4 \times 1.6 \times 10^{-19}}} = 6.1 \times 10^{-12} \, (\text{m})$$

*26.22 试重复德布罗意的运算。利用相对论公式 $m = m_0 / \sqrt{1 - v^2/c^2}$ 代入 $\nu = \dfrac{E}{h} = \dfrac{mc^2}{h}$ 和 $\lambda = \dfrac{h}{p} = \dfrac{h}{mv}$,然后利用公式 $v_g = \dfrac{d\omega}{dk} = \dfrac{d\nu}{d(1/\lambda)}$ 证明德布罗意波的群速度 v_g 等于粒子的运动速度 v。

解 $v_g = \dfrac{d\omega}{dk} = \dfrac{d\nu}{d(1/\lambda)}$

$$d\nu = d\frac{mc^2}{h} = \frac{c^2}{h} dm$$

$$d\left(\frac{1}{\lambda}\right) = d\left(\frac{mv}{h}\right) = \frac{1}{h}(v\,dm + m\,dv)$$

$$v_g = \frac{d\nu}{d(1/\lambda)} = \frac{c^2}{h} \frac{dm}{(v\,dm + m\,dv)/h} = \frac{c^2 \dfrac{dm}{dv}}{v \dfrac{dm}{dv} + m}$$

以

$$m = \frac{m_0}{\sqrt{1 - v^2/c^2}}$$

和

$$\frac{dm}{dv} = \frac{m_0 v}{c^2 \left(1 - \dfrac{v^2}{c^2}\right)^{3/2}}$$

代入上式化简即可得 $v_g = v$。

26.23 德布罗意关于玻尔角动量量子化的解释。以 r 表示氢原子中电子绕核运行的轨道半径,以 λ 表示电子波的波长。氢原子的稳定性要求电子在轨道上运行时电子波应沿整个轨道形成整数波长。试由此并结合德布罗意波长公式(原书式(26.22))导出电子轨道运动的角动量应为

$$L = m_e r v = n\hbar, \quad n = 1, 2, 3, \cdots$$

这正是当时已被玻尔提出的电子轨道角动量量子化的假设。

解 驻波条件要求

$$2\pi r = n\lambda, \quad n = 1, 2, 3, \cdots$$

将 $\lambda = \dfrac{h}{m_e v}$ 代入,即可得

$$m_e v r = \frac{nh}{2\pi} = n\hbar$$

由于电子绕核运动的角动量 L 就等于 $m_e v r$,所以有

$$L = m_e v r = n \hbar$$

26.24   一质量为 $10^{-15} \, \text{kg}$ 的尘粒被封闭在一边长均为 $1 \, \mu\text{m}$ 的方盒内（这在宏观上可以说是"精确地"确定其位置了）。根据不确定关系，估算它在此盒内的最大可能速率及它由此壁到对壁单程最少要多长时间，可以从宏观上认为它是静止的吗？

解   由于 $\Delta x \Delta p \geqslant \hbar / 2$，所以该尘粒在盒内最大可能速率为

$$v = \frac{\hbar}{2m \Delta x} = \frac{1.05 \times 10^{-34}}{2 \times 10^{-15} \times 10^{-6}} = 0.5 \times 10^{-13} \, (\text{m/s})$$

该粒子由此壁到对壁单程最少需要时间为

$$\Delta t = \frac{10^{-6}}{0.5 \times 10^{-13}} = 2 \times 10^{7} \, (\text{s}) = 231 \, (\text{h}) = 9.6 \, (\text{d})$$

差不多 10 天。10 天内走了 $1 \, \mu\text{m}$，在宏观上可以认为是"静止"的了。这就是牛顿力学给出的质点的位置和速度可同时"准确地"测定的概念。

26.25   电视机显像管中电子的加速电压为 $9 \, \text{kV}$，电子枪枪口直径取 $0.50 \, \text{mm}$，枪口与荧光屏的距离为 $0.30 \, \text{m}$。求荧光屏上一个电子形成的亮斑直径。这样大小的亮斑影响电视图像的清晰度吗？

解   取 $\Delta y = 0.50 \, \text{mm}$，则由不确定关系得

$$\Delta p_y = \frac{\hbar}{2 \Delta y}$$

而

$$p_x = \sqrt{2 m_e E}$$

荧光屏上亮斑直径为 d，则 $\dfrac{\dfrac{d}{2}}{l} = \dfrac{\Delta p_y}{p_x}$，由此得

$$d = \frac{2 \Delta p_y}{p_x} l = \frac{\hbar l}{\Delta y p_x} = \frac{\hbar l}{\Delta y \sqrt{2 m_e E}}$$

$$= \frac{1.05 \times 10^{-34} \times 0.30}{0.5 \times 10^{-3} \times \sqrt{2 \times 9.1 \times 10^{-31} \times 9 \times 10^{3} \times 1.6 \times 10^{-19}}}$$

$$= 1.2 \times 10^{-9} \, (\text{m}) = 1.2 \, (\text{nm})$$

此亮斑的大小不会影响当前电视图像的清晰度。

又，亮斑直径也可用波的衍射来求。以 θ 表示亮斑的角半径，则

$$d = 2\theta l = 2 \times \frac{1.22 \lambda l}{\Delta y} = \frac{2.44 h l}{\Delta y p} = \frac{2.44 \times 2\pi \hbar l}{\Delta y \sqrt{2 m_e E}} \approx \frac{\hbar l}{\Delta y \sqrt{2 m_e E}}$$

26.26   卢瑟福的 α 散射实验所用 α 粒子的能量是 $7.7 \, \text{MeV}$。α 粒子的质量为 $6.7 \times 10^{-27} \, \text{kg}$。所用 α 粒子的波长是多少？对原子的线度 $10^{-10} \, \text{m}$ 来说，这种 α 粒子能像卢瑟福做的那样按经典力学处理吗？

解 α 粒子的静能为

$$E_0 = m c^2 = 6.7 \times 10^{-27} \times 9 \times 10^{16} = 3.8 \times 10^{4} \, (\text{MeV})$$

由于 $E \ll E_0$，所以可按经典力学求其动量，而其波长为

$$\lambda = \frac{h}{\sqrt{2mE}} = \frac{6.63 \times 10^{-34}}{\sqrt{2 \times 6.7 \times 10^{-27} \times 7.7 \times 10^6 \times 1.6 \times 10^{-19}}} = 5.2 \times 10^{-15} (\text{m})$$

由于 $\lambda \ll 10^{-10}$ m,所以可以把 α 粒子当作经典粒子处理。

26. 27 为了探测质子和中子的内部结构,曾在斯坦福直线加速器中用能量为 22 GeV 的电子做探测粒子轰击质子。这样的电子的德布罗意波长是多少? 质子的线度为 10^{-15} m。这样的电子能用来探测质子内部的情况吗?

解 所用电子能量(22 GeV)大大超过电子的静能(0.51 MeV),所以需用相对论计算其动量,$p = E/c$。而其德布罗意波长为

$$\lambda = \frac{h}{p} = \frac{hc}{E} = \frac{6.63 \times 10^{-34} \times 3 \times 10^8}{22 \times 10^8 \times 1.6 \times 10^{-19}} = 5.7 \times 10^{-17} (\text{m})$$

由于 $\lambda \ll 10^{-15}$ m,所以这种电子可以给出质子内部各处的信息,可以用来探测质子内部的情况。

26. 28 做戴维孙-革末那样的电子衍射实验时,电子的能量至少应为 $h^2/(8m_e d^2)$。如果所用镍晶体的散射平面间距 $d = 0.091$ nm,则所用电子的最小能量是多少?

解 电子在晶面上衍射的布拉格方程为

$$\lambda = 2d \sin \varphi$$

由于电子动能较电子静能小得多,所以电子的动量为 $p = \sqrt{2m_e E}$,而波长为 $\lambda = \dfrac{h}{\sqrt{2m_e E}}$。

将此波长代入上面布拉格方程,可得

$$2d \sin \varphi = \frac{h}{\sqrt{2m_e E}}$$

由此

$$E = \frac{h^2}{8m_e d^2 \sin^2 \varphi}$$

$\sin \varphi$ 取最大值 1,得

$$E_{\min} = \frac{h^2}{8m_e d^2}$$

当 $d = 0.091$ nm 时,

$$E_{\min} = \frac{(6.63 \times 10^{-34})^2}{8 \times 9.11 \times 10^{-31} \times (0.091 \times 10^{-9})^2 \times 1.6 \times 10^{-19}} = 45.5 (\text{eV})$$

26. 29 铀核的线度为 7.2×10^{-15} m。(1)核中的 α 粒子($m_\alpha = 6.7 \times 10^{-27}$ kg)的动量值和动能值各约是多少?(2)一个电子在核中的动能的最小值约是多少 MeV?

解 (1)由不确定关系

$$\Delta p \geqslant \frac{\hbar}{2\Delta x} = \frac{1.05 \times 10^{-34}}{2 \times 7.2 \times 10^{-15}} = 7.29 \times 10^{-21} (\text{kg} \cdot \text{m/s})$$

取 $p \approx \Delta p$,α 粒子的动量值即

$$p_\alpha \approx 7.29 \times 10^{-21} \ \text{kg} \cdot \text{m/s}$$

α 粒子的动能值为

$$E_{k,\alpha} = \frac{p_{\alpha}^2}{2m_{\alpha}} \approx \frac{(7.29 \times 10^{-21})^2}{2 \times 6.7 \times 10^{-27} \times 1.6 \times 10^{-19}} = 2.48 \times 10^4 \, (\text{eV})$$

(2) 对电子,仍有 $\Delta p \geqslant 7.29 \times 10^{-21}$ kg·m/s,而动量

$$p_e \approx \Delta p = 7.29 \times 10^{-21} \, \text{kg·m/s}$$

电子动能的最小值

$$E_{e,\min} = \frac{p_e^2}{2m_e} = \frac{(7.29 \times 10^{-21})^2}{2 \times 9.1 \times 10^{-31} \times 1.6 \times 10^{-19}} = 1.82 \times 10^8 \, (\text{eV}) = 182 \, (\text{MeV})$$

此结果比电子的静能 0.511 MeV 大得多,所以不能用上述经典公式求 E_e,而应用相对论能量公式,得

$$E_{e,\min} = \sqrt{(p_e c)^2 + (m_e c^2)^2} = \sqrt{(7.29 \times 10^{-21} \times 3 \times 10^8)^2 + (9.11 \times 10^{-31} \times 9 \times 10^{16})^2}$$
$$= 2.19 \times 10^{-12} \, (\text{J}) = 13.7 \, (\text{MeV})$$

$$E_{k,e} = E_e - m_e c^2 = 13.7 - 0.5 = 13.2 \, (\text{MeV})$$

由于实测的 β 衰变放出的电子能量都比这一值小得多,所以认为电子不可能是核的独立成员。

26.30　证明:一个质量为 m 的粒子在边为 a 的正立方盒子内运动时,它的最小可能能量(零点能)为

$$E_{\min} = \frac{3}{8} \frac{\hbar^2}{ma^2}$$

证　取 $\Delta x = a$,则 $\Delta p_x \geqslant \dfrac{\hbar}{2\Delta x} = \dfrac{\hbar}{2a}$。

取 $p_x \approx \Delta p_x$,则

$$p_x \geqslant \frac{\hbar}{2a}$$

同理,

$$p_y \geqslant \frac{\hbar}{2a}, \quad p_z \geqslant \frac{\hbar}{2a}$$

粒子的最小能量为

$$E_{\min} = \frac{p_{\min}^2}{2m} = \frac{p_{x,\min}^2 + p_{y,\min}^2 + p_{z,\min}^2}{2m} = \frac{3}{8} \frac{\hbar^2}{ma^2}$$

第27章

薛定谔方程

一、概念原理复习

1. 薛定谔方程

既然提出了描述微观粒子的运动需用波函数 Ψ，那就应该有相应的波动方程。薛定谔 1925 年提出了这样的方程，其一维形式为

$$-\frac{\hbar^2}{2m}\frac{\partial^2 \Psi}{\partial x^2}+U\Psi=\mathrm{i}\,\hbar\frac{\partial \Psi}{\partial t}, \quad \Psi=\Psi(x,t)$$

取波函数的形式为

$$\Psi=\psi(x)\mathrm{e}^{-\mathrm{i}Et/\hbar}$$

代入上式可得

$$-\frac{\hbar^2}{2m}\frac{\partial^2 \psi}{\partial x^2}+U\psi=E\psi$$

此式为定态薛定谔方程（一维），式中 ψ 为定态波函数。

薛定谔方程是线性的，这和波函数（即概率幅）的可加性相符合。

波函数必须满足的标准物理条件：单值、有限、连续。

2. 一维无限深方势阱中的粒子

束缚在势阱中的粒子的概率密度分布不均匀，能量是量子化的，其值可取

$$E=\frac{\pi^2 \hbar^2}{2ma^2}n^2, \quad n=1,2,3,\cdots$$

粒子的德布罗意波长也量子化了，

$$\lambda_n=\frac{2a}{n}=\frac{2\pi}{k}$$

此式类似于两端固定的弦作驻波振动时的经典波长可能的值。

3. 势垒穿透

微观粒子可以进入其势能大于其总能量的区域。这是由不确定关系决定的。

在势垒宽度有限的情况下，粒子可以穿过势垒到另一侧，这种现象称隧穿效应。

4. 谐振子

束缚在谐振子势能阱中的粒子能量也是量子化的，其能量可取值为

$$E = \left(n + \frac{1}{2}\right)h\nu, \quad n = 0, 1, 2, \cdots$$

其中最低能量是零点能

$$E_0 = \frac{1}{2}h\nu$$

二、解题要点

本章习题解答中除根据条件选择适当公式进行计算外，要注意能分析势阱中粒子的动能和波长的关系、动能和波函数振幅的关系以及波函数极值数与能级序数的关系等。

三、思考题选答

27.5 从原书图 27.3，27.5 和 27.12 分析，粒子在势阱中处于基态时，除边界外，它的概率密度为零的点有几处？在激发态中，概率密度为零的点又有几处？这些点的数目和量子数 n 有什么关系？

答 由所述三个图可总结出：在基态，粒子的概率密度在阱内各处均不为零。在激发态，在阱内概率密度为零的点共有 $n-1$ 处。

27.6 在势能曲线如图 27.1 所示的一维阶梯式势阱中能量为 $E_5 (n=5)$ 的粒子，就 $0\sim a$ 和 $-a\sim 0$ 两个区域相比较，它的波长在哪个区域内较大？它的波函数的振幅又在哪个区域内较大？

答 由于粒子的动能 $E_k = E_5 - U_0$，$p = \sqrt{2mE_k}$ 以及 $\lambda = \dfrac{h}{p}$，所以势阱底(U_0)越高，E_k 就越小，p 也越小而 λ 就越大。所以在 $0\sim a$ 区域 λ 较大。由于 $p = mv$，p 越小，则粒子的速度越小，在相同时间内，粒子被发现的概率就越大，因而波函数的振幅就越大。所以在 $0\sim a$ 的区域内波函数的振幅较大。再根据阱内波函数是连续的，并有 $n-1=4$ 个为零的点，就可以定性地画出如图 27.1 所示的波函数分布。

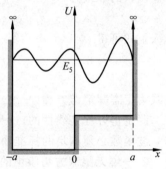

图 27.1 思考题 27.6 答用图

四、习题解答

27.1 一个细胞的线度为 10^{-5} m，其中一粒子质量为 10^{-14} g。按一维无限深方势阱计算，这个粒子的 $n_1 = 100$ 和 $n_2 = 101$ 的能级和它们的差各是多大？

解 $E_1 = \dfrac{\pi^2 \hbar^2}{2ma^2}n_1^2 = \dfrac{\pi^2 \times (1.05 \times 10^{-34})^2}{2 \times 10^{-17} \times 10^{-10}} \times 100^2 = 5.4 \times 10^{-37} \, (\text{J})$

$E_2 = \dfrac{\pi^2 \hbar^2}{2ma^2}n_2^2 = \dfrac{\pi^2 \times (1.05 \times 10^{-34})^2}{2 \times 10^{-17} \times 10^{-10}} \times 101^2 = 5.5 \times 10^{-37} \, (\text{J})$

$$\Delta E = E_2 - E_1 = (5.5 - 5.4) \times 10^{-37} = 1 \times 10^{-38} (\text{J})$$

27.2　一个氧分子被封闭在一个盒子内。按一维无限深方势阱计算,并设势阱宽度为 10 cm。

(1) 该氧分子的基态能量是多大?

(2) 设该分子的能量等于 $T = 300$ K 时的平均热运动能量 $3kT/2$,相应的量子数 n 的值是多少? 这第 n 激发态和第 $n+1$ 激发态的能量差是多少?

解　氧分子的质量为

$$m = \frac{32 \times 10^{-3}}{6.02 \times 10^{23}} = 5.3 \times 10^{-26} (\text{kg})$$

(1) $E_1 = \dfrac{\pi^2 \hbar^2}{2ma^2} = \dfrac{\pi^2 \times (1.05 \times 10^{-34})^2}{2 \times 5.3 \times 10^{-26} \times 0.1^2} = 1.0 \times 10^{-40} (\text{J})$

(2) $\dfrac{3}{2}kT = E_n = \dfrac{\pi^2 \hbar^2}{2ma^2} n^2 = E_1 n^2$

$$n = \sqrt{\frac{3kT}{2E_1}} = \sqrt{\frac{3 \times 1.38 \times 10^{-23} \times 300}{2 \times 1.0 \times 10^{-40}}} = 7.8 \times 10^9$$

$$\Delta E = E_1 \left[(n+1)^2 - n^2 \right] = E_1 (2n+1) = 1.0 \times 10^{-4} \times (2 \times 7.8 \times 10^9 + 1)$$

$$= 1.6 \times 10^{-30} (\text{J})$$

***27.3**　在如图 27.2 所示的无限深斜底势阱中有一粒子。试画出它处于 $n=5$ 的激发态时的波函数曲线。

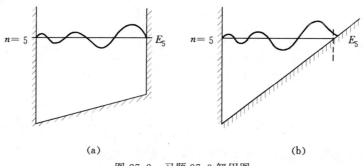

(a)　　　　　　　　　　　　　(b)

图 27.2　习题 27.3 解用图

解　由于 $E_k = E - U$,而 $\lambda = \dfrac{h}{p} = \dfrac{h}{\sqrt{2mE_k}}$,所以势阱底越高,则 E_k 越小,而 λ 越大。由于 E_k 减小时,速度减小,粒子出现的概率就会增大,因而波函数振幅应增大。又在边界处如果势能有限,则波函数曲线有可能进入势阱之外。再者,根据原书图 27.3 可知,第 n 激发态的曲线和 x 轴有 $n-1$ 个交点(两端除外)。根据这些原则,可作出如图 27.2 中的波函数曲线。

27.4　一粒子在一维无限深方势阱中运动而处于基态。从阱宽的一端到与此端 1/4 阱宽的距离内它出现的概率多大?

解　用原书式(27.28)波函数的形式,基态波函数为

$$\psi = \sqrt{\frac{2}{a}} \sin\left(\frac{\pi}{a}x\right)$$

在 $x=0$ 到 $x=a/4$ 的距离内该粒子出现的概率为

$$P = \int_0^{a/4} \psi^2 \, \mathrm{d}x = \frac{2}{a} \int_0^{a/4} \sin^2\left(\frac{\pi}{a}x\right) \mathrm{d}x = \frac{1}{4} - \frac{1}{2\pi} = 0.091$$

*27.5 一粒子在一维无限深方势阱中运动,波函数如原书式(27.28)表示。求 x 和 x^2 的平均值。

解 x 的平均值为

$$\bar{x} = \int_0^a x\psi^2 \, \mathrm{d}x = \frac{2}{a} \int_0^a x\sin^2\left(\frac{n\pi}{a}x\right) \mathrm{d}x = \frac{a}{2}$$

x^2 的平均值为

$$\overline{x^2} = \int_0^a x^2 \psi^2 \, \mathrm{d}x = \frac{2}{a} \int_0^a x^2 \sin^2\left(\frac{n\pi}{a}x\right) \mathrm{d}x = a^2\left(\frac{1}{3} - \frac{1}{2n^2\pi^2}\right)$$

*27.6 证明:如果 $\Psi_m(x,t)$ 和 $\Psi_n(x,t)$ 为一维无限深方势阱中粒子的两个不同能态的波函数,则

$$\int_0^a \Psi_m^*(x,t)\Psi_n(x,t)\mathrm{d}x = 0$$

此结果称为波函数的正交性。它对任何量子力学系统的任何两个能量本征波函数都是成立的。

证 取原书式(27.28)作为定态波函数的形式,则

$$\int_0^a \Psi_m^*(x,t)\Psi_n(x,t)\mathrm{d}x = \int_0^a \sqrt{\frac{2}{a}} \mathrm{e}^{\mathrm{i}2\pi E_m t/h} \sin\left(\frac{m\pi}{a}x\right) \sqrt{\frac{2}{a}} \mathrm{e}^{-\mathrm{i}2\pi E_n t/h} \sin\left(\frac{n\pi}{a}x\right) \mathrm{d}x$$

$$= \frac{2}{a} \mathrm{e}^{2\pi\mathrm{i}(E_m - E_n)t/h} \int_0^a \sin\left(\frac{m\pi}{a}x\right) \sin\left(\frac{n\pi}{a}x\right) \mathrm{d}x$$

$$= \frac{2}{a} \mathrm{e}^{2\pi\mathrm{i}(E_m - E_n)t/h} \left[\frac{\sin(\pi(m-n)x/a)}{2(m-n)\pi/a} - \frac{\sin(\pi(m+n)x/a)}{2(m+n)\pi/a}\right]\Bigg|_0^a$$

由于 m,n 皆为正整数,所以此结果方括号内的值为零。因此

$$\int_0^a \Psi_m^*(x,t)\Psi_n(x,t)\mathrm{d}x = 0$$

27.7 在一维盒子中的粒子,在能量本征值为 E_n 的本征态中,对盒子的壁的作用力多大?

解 由于 $E_n = \dfrac{\pi^2 \hbar^2 n^2}{2ma^2}$,所以

$$F = -\frac{\mathrm{d}E_n}{\mathrm{d}a} = \frac{\pi^2 \hbar^2 n^2}{ma^3}$$

27.8 一维无限深方势阱中的粒子的波函数在边界处为零。这种定态物质波相当于两端固定的弦中的驻波,因而势阱宽度 a 必须等于德布罗意波的半波长的整数倍。试由此求出粒子能量的本征值为

$$E_n = \frac{\pi^2 \hbar^2}{2ma^2} n^2$$

解 在势阱中粒子德布罗意波长为 $\lambda_n = \dfrac{2a}{n}, n = 1, 2, 3, \cdots$。粒子的动量 $p_n = \dfrac{h}{\lambda_n} = \dfrac{hn}{2a} = \dfrac{\pi \hbar n}{a}$。其能量为

$$E_n = \frac{p_n^2}{2m} = \frac{\pi^2 \hbar^2}{2ma^2} n^2$$

27.9 一粒子处于一正立方盒子中，盒子边长为 a。试利用驻波概念导出粒子的能量为

$$E = \frac{\pi^2 \hbar^2}{2ma^2} (n_x^2 + n_y^2 + n_z^2)$$

其中 n_x, n_y, n_z 为相互独立的正整数。

解 在盒壁处粒子的波函数为零，故粒子在盒中形成三维驻波。对每一状态说，3 个坐标方向均应为驻波形式，即

$$\lambda_x = \frac{2a}{n_x}, \quad \lambda_y = \frac{2a}{n_y}, \quad \lambda_z = \frac{2a}{n_z}$$

粒子动量沿各方向的分量应为

$$p_x = \frac{\pi \hbar}{a} n_x, \quad p_y = \frac{\pi \hbar}{a} n_y, \quad p_z = \frac{\pi \hbar}{a} n_z$$

于是该状态的能量为

$$E = \frac{p^2}{2m} = \frac{p_x^2 + p_y^2 + p_z^2}{2m} = \frac{\pi^2 \hbar^2}{2ma^2} (n_x^2 + n_y^2 + n_z^2)$$

对不同的状态说，n_x, n_y, n_z 是相互独立的正整数。

27.10 谐振子的基态波函数为 $\psi_0 = A\mathrm{e}^{-ax^2}$，其中 A, a 为常量。将此式代入原书式(27.48)，试根据所得出的式子在 x 为任何值时均成立的条件导出谐振子的零点能为

$$E_0 = \frac{1}{2} h\nu$$

解 原书式(27.48)为

$$\frac{\mathrm{d}^2\psi}{\mathrm{d}x^2} + \frac{2m}{\hbar^2}\left(E - \frac{1}{2}m\omega^2 x^2\right)\psi = 0$$

将 $\psi_0 = A\mathrm{e}^{-ax^2}$ 代入，整理后可得

$$\left(4a^2 - \frac{m^2}{\hbar^2}\omega^2\right)x^2 = 2\left(a - \frac{m}{\hbar^2}E_0\right)$$

由于此式在 x 为任何值时均成立，应有 x^2 项的系数为零，而上式等式右侧也为零。由此得

$$4a^2 - \frac{m^2}{\hbar^2}\omega^2 = 0, \quad a - \frac{m}{\hbar^2}E_0 = 0$$

由前式求出 a，代入后式即可得

$$E_0 = \frac{\hbar\omega}{2} = \frac{h\nu}{2}$$

27.11　H_2 分子中原子的振动相当于一个谐振子,其劲度系数为 $k=1.13\times10^3$ N/m,质量为 $m=1.67\times10^{-27}$ kg。此分子的能量本征值(以 eV 为单位)多大? 当此谐振子由某一激发态跃迁到相邻的下一激发态时,所放出的光子的能量和波长各是多少?

解　氢分子振动的频率为

$$\nu=\frac{1}{2\pi}\sqrt{\frac{k}{m}}$$

氢分子的振动能量为

$$
\begin{aligned}
E_n &= \left(n+\frac{1}{2}\right)h\nu=\left(n+\frac{1}{2}\right)\frac{h}{2\pi}\sqrt{\frac{k}{m}}\\
&= \left(n+\frac{1}{2}\right)\frac{6.63\times10^{-34}}{2\pi}\frac{\sqrt{1.13\times10^3/1.67\times10^{-27}}}{1.6\times10^{-19}}\\
&= \left(n+\frac{1}{2}\right)\times0.54\text{ eV}
\end{aligned}
$$

放出光子的能量等于

$$\Delta E=E_n-E_{n-1}=\left\{n+\frac{1}{2}-\left[(n-1)+\frac{1}{2}\right]\right\}h\nu=0.54\text{ eV}$$

波长为

$$\lambda=\frac{hc}{\Delta E}=\frac{6.63\times10^{-34}\times3\times10^8}{0.54\times1.6\times10^{-19}}=23.0\times10^{-7}\text{(m)}=2.3\times10^3\text{(nm)}$$

第 28 章

原子中的电子

一、概念原理复习

1. 氢原子

氢原子中电子束缚在核的库仑势场中,其状态由三个量子数确定:

(1) 主量子数 $\qquad n=1,2,3,\cdots$

决定氢原子的能级

$$E_n=-\frac{m_e e^4}{2(4\pi\varepsilon_0)^2\hbar^2}\frac{1}{n^2}=-\frac{e^2}{2(4\pi\varepsilon_0)a_0}\frac{1}{n^2}=-13.6\times\frac{1}{n^2}(\mathrm{eV})$$

式中

$$a_0=\frac{4\pi\varepsilon_0\hbar^2}{m_e e^2}=0.529\times10^{-10}\,\mathrm{m}$$

称为玻尔半径。

(2) 轨道量子数 $\qquad l=0,1,2,\cdots,n-1$

决定电子的轨道角动量: $\qquad L=\sqrt{l(l+1)}\,\hbar$

(3) 轨道磁量子数 $\qquad m_l=-l,-(l-1),\cdots,0,1,\cdots,l$

决定电子的轨道角动量沿空间某特定方向(如磁场方向)的分量: $L_z=m_l\hbar$。

由不确定原理可知,氢原子中电子的运动状态不能用轨道和电子沿轨道运动的速度来描述。只能用波函数 ψ_{n,l,m_l} 给出的概率密度 $|\psi_{n,l,m_l}|^2$ 来描述,或形象化地用电子云图来描绘。

径向概率密度 $P(r)$ 给出在半径为 r 和 $r+\mathrm{d}r$ 的两球面间的体积内电子出现的概率为 $P(r)\mathrm{d}r$,而

$$P(r)\mathrm{d}r=|\psi_{n,l,m_l}|^2\cdot4\pi r^2\mathrm{d}r$$

氢原子的状态改变时能级跃迁,发出光子的能量由玻尔频率条件给出,即

$$h\nu=E_h-E_l$$

2. 电子的自旋与自旋轨道耦合

电子自旋是电子的内禀性质,其自旋角动量为

$$S = \sqrt{s(s+1)}\ \hbar = \sqrt{\frac{3}{4}}\ \hbar$$

其中 s 为自旋量子数,只有 $\frac{1}{2}$ 这一个值。

电子自旋角动量在空间某一方向的投影为

$$S_z = m_s \hbar$$

其中 m_s 叫作自旋磁量子数,只能取两个值,$+\frac{1}{2}$(向上)和 $-\frac{1}{2}$(向下)。

电子的轨道角动量和自旋角动量合成的角动量 $\boldsymbol{J}$ 的大小为

$$J = |\ \boldsymbol{L} + \boldsymbol{S}\ | = \sqrt{j(j+1)}\ \hbar$$

其中 j 为总角动量量子数,只能取 $l+\frac{1}{2}$ 和 $l-\frac{1}{2}$ 两个值$\left(l=0\text{ 时},j\text{ 取 }\frac{1}{2}\right)$。

电子由于自旋而具有自旋磁矩,该自旋磁矩在空间某一方向的投影为

$$\mu_{s,z} = \pm \frac{e}{2m_e} \hbar$$

其大小为

$$\mu_B = \frac{e}{2m_e} \hbar = 9.27 \times 10^{-24}\ \text{J/T}$$

叫作玻尔磁子。

电子自旋磁矩在磁场中的能量:$E_s = \mp \mu_B B$。

自旋轨道耦合使氢原子的一个轨道量子数为 l 的能级分裂为 2 个能级($l=0$ 除外),因此产生了原子光谱的精细结构。

*3. 微观粒子的不可分辨性

在同种粒子组成的系统中,在不同粒子状态间交换粒子并不改变系统的状态(指概率密度分布)。由此可以将粒子分为两类:玻色子(波函数是对称的,自旋量子数为零或整数)和费米子(波函数是反对称的,自旋量子数是半整数)。费米子服从泡利不相容原理,即粒子的四个量子数 n, l, m_l 和 m_s 都确定的状态不可能有多于一个的费米子存在。电子是费米子。

4. 多电子原子的电子组态

电子的状态用 n, l, m_l, m_s 四个量子数确定。n 相同的状态组成一个壳层,可容纳 $2n^2$ 个电子;一壳层中 l 相同的状态组成一个次壳层,可容纳 $2(2l+1)$ 个电子。

基态原子中的电子排布由能量最低原理和泡利不相容原理决定。

*5. X 射线

X 射线有连续谱与线状谱之分。

连续谱是入射高能电子与靶原子发生非弹性碰撞时发出的——轫致辐射。截止波长由入射电子的能量 E_k 决定,即

$$\lambda_{cut} = hc/E_k$$

线状谱为靶元素的特征谱线,它是由靶原子中的电子在内壳层间跃迁时发出的光子形成的。这需要入射电子将内层电子击出而产生空穴时才有可能。

6. 激光

激光由原子的受激辐射产生,这需要在发光材料中造成粒子数布居反转状态。

激光是相干光,具有强度大、单色性高和指向性强的特点。

7. 分子的转动和振动能级

分子的转动能级:

$$E_{\text{rot}} = \frac{1}{2I} j(j+1) \hbar^2, \quad j = 0, 1, 2, \cdots$$

大小约为 $10^{-4} \sim 10^{-3}$ eV,转动光谱在远红外甚至微波范围。

分子的振动能级:

$$E_{\text{vib}} = \left(v + \frac{1}{2}\right) \hbar \omega_0, \quad v = 0, 1, 2, \cdots$$

大小约为 $10^{-2} \sim 10^{-1}$ eV,振动光谱在红外区。

振动和转动能级同时发生跃迁时产生的分子光谱为带状谱。

二、解题要点

注意审题,在给定条件下选用合适公式求解。

三、思考题选答

28.4 1996 年用加速器"制成"了反氢原子,它是由一个反质子和围绕它运动的正电子组成。你认为它的光谱和氢原子的光谱会完全相同吗?

答 反质子和质子的质量一样,正电子和电子的质量一样。反氢原子和氢原子的不同,只是电荷的正负配置相反,核和核外带电粒子的相互作用应和氢原子一样。这样就应该具有同样的能级分布,因而也就应有完全相同的光谱。

28.14 为什么在常温下,分子的转动状态可以通过加热而改变,因而分子转动和气体比热容有关?为什么振动状态却是"冻结"着而不能改变,因而对气体比热容无贡献?电子能级也是"冻结"着吗?

答 分子的转动能级差在 $10^{-4} \sim 10^{-3}$ eV 范围。这能量大约相当于温度为 10 K 的气体分子热运动的平均能量。在高于 10 K 的温度下,吸热而使气体温度升高时,它的分子所具有的能量在碰撞过程中很容易改变分子的转动能量而被分子吸收。气体能吸收热量改变转动状态而升高温度,说明分子的转动和气体的比热容有关。

分子中原子的振动能级差约在 $10^{-2} \sim 10^{-1}$ eV 范围,这约相当于几百 K 温度下气体分子的平均热运动能量。因此在常温下分子的热运动能量不能改变分子的振动能量,在热运动中分子发生碰撞时分子就不会吸收热运动能量而改变振动状态。振动状态不能改变,就是振动能量"冻结"了。因此在常温下,分子的振动与气体比热容无关。一般到温度为 10^3 K 或以上时,振动状态才会由于吸收热运动能量而改变,振动状态也才会对气体的比热容有影响。

电子能级比振动能级差更大,因此,在几百开以下,气体分子的电子能级更会被"冻结"而不会影响气体的比热容。

四、习题解答

28.1 求氢原子光谱莱曼系的最小波长和最大波长。

解 最小波长为

$$\lambda_{min} = \frac{c}{\nu_{max}} = \frac{ch}{E_\infty - E_1} = \frac{3 \times 10^8 \times 6.63 \times 10^{-34}}{0 - (-13.6 \times 1.6 \times 10^{-19})}$$
$$= 9.14 \times 10^{-8}\,(m) = 91.4\,(nm)$$

最大波长为

$$\lambda_{max} = \frac{c}{\nu_{min}} = \frac{ch}{E_2 - E_1} = \frac{3 \times 10^8 \times 6.63 \times 10^{-34}}{(1/4 - 1) \times (-13.6 \times 1.6 \times 10^{-19})}$$
$$= 1.22 \times 10^{-7}\,(m) = 122\,(nm)$$

28.2 一个被冷却到几乎静止的氢原子从 $n=5$ 的状态跃迁到基态时发出的光子的波长多大?氢原子反冲的速率多大?

解 以 p 表示氢原子的反冲动量。对整个发射过程,氢原子和光子能量守恒和动量守恒给出

$$\frac{p^2}{2m_H} + h\nu = E_5 - E_1$$
$$p = h\nu/c$$

由此可得

$$h\nu\left(\frac{h\nu}{2m_H c^2} + 1\right) = E_5 - E_1$$

由于 $h\nu$ 不超过 $|E_1| = 13.6$ eV,而 $m_H c^2 = 939$ MeV,所以 $m_H c^2 \gg h\nu$,所以上式给出 $h\nu = E_5 - E_1$,则

$$\lambda = \frac{c}{\nu} = \frac{ch}{E_5 - E_1} = \frac{3 \times 10^8 \times 6.63 \times 10^{-34}}{(1/25 - 1) \times (-13.6 \times 1.6 \times 10^{-19})}$$
$$= 0.952 \times 10^{-7}\,(m) = 95.2\,(nm)$$

而氢原子的反冲速率为

$$v = \frac{p}{m_H} = \frac{h}{m_H \lambda} = \frac{6.63 \times 10^{-34}}{1.67 \times 10^{-27} \times 0.952 \times 10^{-7}} = 4.17\,(m/s)$$

28.3 证明:氢原子的能级公式也可以写成

$$E_n = -\frac{\hbar^2}{2m_e a_0^2} \frac{1}{n^2}$$

或

$$E_n = -\frac{e^2}{8\pi\varepsilon_0 a_0} \frac{1}{n^2}$$

证 由于 $a_0 = 4\pi\varepsilon_0 \hbar^2/(m_e e^2)$,所以原能级公式

$$E_n = -\frac{m_e e^4}{2(4\pi\varepsilon_0)^2 \ \hbar^2} \frac{1}{n^2} = -\frac{\hbar^2}{2m_e(4\pi\varepsilon_0 \ \hbar^2/(m_e e^2))^2} \frac{1}{n^2} = -\frac{\hbar^2}{-2m_e a_0^2} \frac{1}{n^2}$$

还有

$$E_n = -\frac{m_e e^4}{2(4\pi\varepsilon_0)^2 \ \hbar^2} \frac{1}{n^2} = -\frac{e^2}{8\pi\varepsilon_0[4\pi\varepsilon_0 \ \hbar^2/(m_e e^2)]} \frac{1}{n^2} = -\frac{e^2}{8\pi\varepsilon_0 a_0} \frac{1}{n^2}$$

28.4　证明 $n=1$ 时,原书式(28.4)所给出的能量等于经典图像中电子围绕质子作半径为 a_0 的圆周运动时的总能量。

证　经典图像中电子围绕质子作半径为 a_0 的圆周运动时的动能为 $E_k = \frac{e^2}{8\pi\varepsilon_0 a_0}$,而势能 $E_p = -\frac{e^2}{4\pi\varepsilon_0 a_0}$。两者相加得总能量为

$$E = E_k + E_p = \frac{e^2}{8\pi\varepsilon_0 a_0} - \frac{e^2}{4\pi\varepsilon_0 a_0} = -\frac{e^2}{8\pi\varepsilon_0 a_0} = -\frac{m_e e^4}{2(4\pi\varepsilon_0)^2 \ \hbar^2}$$

28.5　1884 年瑞士的一所女子中学的教师巴耳末仔细研究氢原子光谱的各可见光谱线的"波数"$\tilde{\nu}$（即 $1/\lambda$）时,发现它们可以用下式表示

$$\tilde{\nu} = R\left(\frac{1}{4} - \frac{1}{n^2}\right), \quad n = 3, 4, 5, \cdots$$

其中 R 为一常量,叫里德伯常量。试由氢原子的能级公式求里德伯常量的表示式并求其值（现代光谱学给出的数值是 $R = 1.0973731534 \times 10^7 \ \mathrm{m}^{-1}$）。

解　氢原子的能级公式为

$$E_n = -\frac{m_e e^4}{2(4\pi\varepsilon_0)^2 \ \hbar^2} \frac{1}{n^2}$$

氢原子的可见光谱是从 $n \geqslant 3$ 的态跃迁到 $n=2$ 的态时发的光形成的,根据频率条件可得各谱线的波数应为

$$\tilde{\nu} = \frac{1}{\lambda} = \frac{\nu}{c} = \frac{\Delta E}{ch} = \frac{m_e e^4}{2\pi(4\pi\varepsilon_0)^2 \ \hbar^3 c}\left(\frac{1}{2^2} - \frac{1}{n^2}\right)$$

与题给巴耳末公式对比,可得

$$R = \frac{m_e e^4}{2\pi(4\pi\varepsilon_0)^2 \ \hbar^3 c} = \frac{9.11 \times 10^{31} \times (1.60 \times 10^{-19})^4}{2\pi(4\pi \times 8.85 \times 10^{-12})^2 (1.05 \times 10^{-34})^3 \times 3.00 \times 10^8}$$
$$= 1.11 \times 10^7 \ (\mathrm{m}^{-1})$$

28.6　电子偶素的原子是由一个电子和一个正电子围绕它们的共同质心转动形成的。设想这一系统的总角动量是量子化的,即 $L_n = n\hbar$。用经典理论计算这一原子的最小可能圆形轨道的半径多大？ 当此原子从 $n=2$ 的轨道跃迁到 $n=1$ 的轨道上时,所发出的光子的频率多大？

解　设正负电子在与其质心相距为 r_n 的轨道上运动,则由经典理论得

$$\frac{e^2}{4\pi\varepsilon_0 (2r_n)^2} = m_e \frac{v_n^2}{r_n}$$

再利用角动量量子化条件

$$L_n = 2m_e v_n r_n = n\hbar$$

可得

$$r_n = \frac{4\pi\varepsilon_0 \hbar^2}{m_e e^2} n^2$$

$$r_{n,\min} = \frac{4\pi\varepsilon_0 \hbar^2}{m_e e^2} \times 1^2 = \frac{(1.05 \times 10^{-34})^2}{9 \times 10^9 \times 9.11 \times 10^{-31} \times (1.6 \times 10^{-19})^2}$$

$$= 5.3 \times 10^{-11} (\text{m})$$

系统的能量为

$$E_n = E_{k,n} + E_{p,n} = 2 \times \frac{1}{2} m_e v_n^2 + \left(-\frac{e^2}{4\pi\varepsilon_0 \cdot 2r_n}\right) = -\frac{m_e e^4}{4(4\pi\varepsilon_0)^2 \hbar^2} \frac{1}{n^2}$$

当原子从 $n=2$ 跃迁到 $n=1$ 轨道上时,发射光子的频率为

$$\nu = \frac{E_2 - E_1}{2\pi\hbar} = \frac{m_e e^4}{8\pi(4\pi\varepsilon_0)^2 \hbar^3} \left(\frac{1}{1^2} - \frac{1}{2^2}\right)$$

$$= \frac{9.11 \times 10^{-31} \times (1.6 \times 10^{-19})^4 \times (9 \times 10^9)^2}{8\pi \times (1.05 \times 10^{-34})^3} \times \frac{3}{4}$$

$$= 1.25 \times 10^{15} (\text{Hz})$$

28.7　原则上讲,玻尔理论也适用于太阳系:太阳相当于核,万有引力相当于库仑电力,而行星相当于电子,其角动量是量子化的,即 $L_n = n\hbar$,而且其运动服从经典理论。

(1) 求地球绕太阳运动的可能轨道的半径的公式。

(2) 地球运行的轨道半径实际上是 1.50×10^{11} m,和此半径对应的量子数是多少?

(3) 地球实际运行轨道和它的下一个较大的可能轨道的半径相差多少?

解　(1) 不考虑其他行星对地球的引力,则对地球的运动,由经典理论可得

$$G\frac{Mm}{R_n^2} = \frac{mv_n^2}{R_n}$$

由量子化条件

$$mv_n R_n = n\hbar$$

解此两式可得

$$R_n = \frac{\hbar^2}{GMm^2} n^2$$

(2) $n = \frac{\sqrt{GMm^2 R_n}}{\hbar} = \frac{5.98 \times 10^{24} \times \sqrt{6.67 \times 10^{-11} \times 1.99 \times 10^{30} \times 1.50 \times 10^{11}}}{1.05 \times 10^{-34}}$

$$= 2.54 \times 10^{74}$$

(3) $\Delta R = R_{n+1} - R_n = \frac{\hbar^2}{GMm^2}[(n+1)^2 - n^2] = \frac{\hbar^2}{GMm^2} \times 2n$

$$= \frac{(1.05 \times 10^{-34})^2 \times 2 \times 2.54 \times 10^{74}}{6.67 \times 10^{-11} \times 1.99 \times 10^{30} \times (5.98 \times 10^{24})^2} = 1.18 \times 10^{-63} (\text{m})$$

28.8　天文学家观察远处星系的光谱时,发现绝大多数星系的原子光谱谱线有红移现象。在室女座外面一星系射来的光的光谱中发现有波长为 411.7 nm 和 435.7 nm 的两条谱线。

(1) 假设这两条谱线的波长可以由氢原子的两条谱线的波长乘以同一因子得出，它们相当于氢原子谱线的哪两条谱线？相乘因子多大？

(2) 按多普勒效应计算，该星系离开地球的退行速度多大？

解　(1) 由所测波长在紫光附近，可设想是氢原子的巴耳末系，有 $\lambda = 411.7$ nm，$\lambda' = 435.7$ nm。设想红移量不大。以 λ 计算较高能级量子数 n，则有

$$\lambda = \frac{c}{\nu} = \frac{ch}{\Delta E} = \frac{ch}{E_1(1/n^2 - 1/4)}$$

由此得

$$n = \left[\frac{1}{4} + \frac{ch}{\lambda E_1}\right]^{-1/2} = \left[\frac{1}{4} + \frac{3 \times 10^8 \times 6.63 \times 10^{-34}}{411.7 \times 10^{-9} \times (-13.6 \times 1.6 \times 10^{-19})}\right]^{-1/2} = 5.99 \approx 6$$

与 λ 相应的地方测得的氢谱线的波长应为

$$\lambda_0 = \frac{ch}{E_1(1/6^2 - 1/4)} = \frac{3 \times 10^8 \times 6.63 \times 10^{-34}}{13.6 \times 1.6 \times 10^{-19}(1/4 - 1/36)}$$

$$= 4.113 \times 10^{-7}(\text{m}) = 411.3(\text{nm})$$

相乘因子为

$$m = \frac{\lambda}{\lambda_0} = 411.7/411.3 = 1.00097$$

星光中 $\lambda' > \lambda$，所以 $\nu' < \nu$，应当是从 $n = 5$ 跃迁到 $n = 2$ 时所发射。与此对应的

$$\lambda'_0 = \frac{ch}{E_1(1/5^2 - 1/4)} = \frac{3 \times 10^8 \times 6.63 \times 10^{-34}}{13.6 \times 1.6 \times 10^{-19}(1/4 - 1/25)} = 435.3(\text{nm})$$

相乘因子为

$$m' = \lambda'/\lambda'_0 = 435.7/435.3 = 1.00092 \approx m$$

(2) 由于波长变化不大，所以退行速度不大。由多普勒效应公式

$$\nu = \nu_0 \sqrt{\frac{1 - u/c}{1 + u/c}} \approx \nu_0(1 - u/c)$$

由此得

$$u = (1 - \nu/\nu_0)c = (1 - \lambda_0/\lambda)c = (1 - 411.3/411.7) \times 3 \times 10^8 = 2.9 \times 10^5(\text{m/s})$$

28.9　处于激发态的原子是不稳定的，经过或长或短的时间 Δt（Δt 的典型值为 1×10^{-8} s）就要自发地跃迁到较低能级上而发出相应的光子。由海森堡不确定关系（原书式(26.34)），在激发态的原子的能级 E 就有一个相应的不确定值 ΔE。这又使得所发出的光子的频率有一个不确定值 $\Delta\nu$ 而使相应的光谱线变宽。此 $\Delta\nu$ 值叫作光谱线的自然宽度。试求电子由激发态跃迁回基态时所发出的光形成的光谱线的自然宽度。

解　由于原子一般处于基态，所以基态寿命应为无限长而相应的能级值就是确定的，即 $\Delta E_1 = 0$。所求谱线宽度完全是激发态的能量不确定度引起的，所以

$$\Delta\nu = \Delta\left(\frac{E_2 - E_1}{h}\right) = \frac{\Delta E_2 - \Delta E_1}{h} = \frac{\Delta E_2}{h} = \frac{1}{h}\frac{\hbar}{2\Delta t} = \frac{1}{4\pi\Delta t}$$

$$= \frac{1}{4\pi \times 1 \times 10^{-8}} = 8 \times 10^6(\text{Hz}) = 8(\text{MHz})$$

*28.10 由于多普勒效应,氢放电管中发出的各种单色光都不是"纯"(单一频率)的单色光,而是具有一定频率范围,因而使光谱线有一定宽度。如果放电管的温度为 300 K,试估算所测得的 H_a 谱线(频率为 4.56×10^{14} Hz)的频率范围多大?

解 光的多普勒效应公式为

$$\nu = \nu_0 \sqrt{\frac{c \pm v}{c \mp v}}$$

由于氢原子速度 $v \ll c$,所以上式可以化简为

$$\nu = \nu_0 \left(1 \pm \frac{v}{c}\right)$$

在 $T = 300$ K 时,氢原子的速度值约为

$$v = \sqrt{\frac{kT}{m_H}} = \sqrt{\frac{RT}{M_H}}$$

因此,H_a 谱线的频率范围约为

$$\Delta \nu = \nu_0 \frac{2v}{c} = \frac{2\nu_0}{c} \sqrt{\frac{RT}{M_H}} = \frac{2 \times 4.56 \times 10^{14}}{3 \times 10^8} \sqrt{\frac{8.31 \times 300}{1 \times 10^{-3}}} = 4.8 \times 10^9 \, (\text{Hz})$$

28.11 证明:就氢原子的基态来说,电子的径向概率密度[原书式(28.12)]对 r 从 0 到 ∞ 的积分等于 1。这一结果具有什么物理意义?

证 $$\int_0^\infty P_{1,0,0} \mathrm{d}r = \frac{4}{a_0^3} \int_0^\infty r^2 \mathrm{e}^{-2r/a_0} \mathrm{d}r = \left[1 - \mathrm{e}^{-2r/a_0}(1 + 2r/a_0 + 2r^2/a_0^2)\right]\Big|_0^\infty = 1$$

此积分结果等于 1,说明总可以在空间某处发现处于基态的那个氢原子的电子。

*28.12 求氢原子处于基态时,电子与原子核的平均距离 $\bar{r}$。

解 $$\bar{r} = \int_0^\infty r P_{1,0,0} \mathrm{d}r = \frac{4}{a_0^3} \int_0^\infty r^3 \mathrm{e}^{-2r/a_0} \mathrm{d}r$$

$$= \frac{3}{2} a_0 \left[1 - \mathrm{e}^{-2r/a_0}(1 + 2r/a_0 + 2r^2/a_0^2 + 4r^3/a_0^3)\right]\Big|_0^\infty = \frac{3}{2} a_0$$

*28.13 求氢原子处于基态时,电子的库仑势能的平均值,并由此计算电子动能的平均值。若按经典力学计算,电子的方均根速率多大?

解 平均库仑势能为

$$\bar{E}_{p1} = \int_0^\infty \frac{-e^2}{4\pi\varepsilon_0 r} P_{1,0,0} \mathrm{d}r = \frac{-e^2}{4\pi\varepsilon_0} \int_0^\infty \frac{4r}{a_0^3} \mathrm{e}^{-2r/a_0} \mathrm{d}r = -\frac{e^2}{4\pi\varepsilon_0 a_0}$$

$$= -\frac{m_e e^4}{(4\pi\varepsilon_0)^2 \hbar^2} = 2E_1 = 2 \times (-13.6) = -27.2 \, (\text{eV})$$

平均动能为

$$\bar{E}_k = E_1 - \bar{E}_{p1} = -13.6 - (-27.2) = 13.6 \, (\text{eV})$$

按经典力学计算的电子的方均根速率为

$$\sqrt{\bar{v^2}} = \sqrt{2\bar{E}_k/m_e} = \sqrt{2 \times 13.6 \times 1.6 \times 10^{-19}/(0.911 \times 10^{-30})}$$

$$= 2.18 \times 10^6 \, (\text{m/s})$$

*28.14　氢原子的 $n=2,l=1$ 和 $m_l=0,+1,-1$ 三个状态的电子的波函数分别是

$$\Psi_{2,1,0}(r,\theta,\varphi)=(1/(4\sqrt{2\pi}))(a_0^{-3/2})(r/a_0)\mathrm{e}^{-r/(2a_0)}\cos\theta$$

$$\Psi_{2,1,1}(r,\theta,\varphi)=(1/(8\sqrt{\pi}))(a_0^{-3/2})(r/a_0)\mathrm{e}^{-r/(2a_0)}\sin\theta\mathrm{e}^{\mathrm{i}\varphi}$$

$$\Psi_{2,1,-1}(r,\theta,\varphi)=(1/(8\sqrt{\pi}))(a_0^{-3/2})(r/a_0)\mathrm{e}^{-r/(2a_0)}\sin\theta\mathrm{e}^{-\mathrm{i}\varphi}$$

（1）求每一状态的概率密度分布 $P_{2,1,0}$，$P_{2,1,1}$ 和 $P_{2,1,-1}$ 并和原书图 28.5(b)和(c)对比验证。

（2）说明这三状态的概率密度之和是球对称的。

（3）证明 $P_{2,1,0}$ 对全空间的积分等于 1，即

$$P=\int P_{2,1,0}=\int_0^{2\pi}\int_0^{\pi}\int_0^{\infty}|\Psi_{2,1,0}|^2 r^2\sin\theta\mathrm{d}r\mathrm{d}\theta\mathrm{d}\varphi=1$$

并说明其物理意义。

解　（1）$P_{2,1,0}=|\Psi_{2,1,0}|^2=\dfrac{1}{32\pi}\dfrac{r^2}{a_0^5}\mathrm{e}^{-r/a_0}\cos^2\theta$

$P_{2,1,1}=|\Psi_{2,1,1}|^2=[1/(8\sqrt{\pi})(a^{-3/2})(r/a_0)\mathrm{e}^{-r/(2a_0)}\sin\theta]^2\times\mathrm{e}^{\mathrm{i}\varphi}\times\mathrm{e}^{-\mathrm{i}\varphi}$

$\qquad=\dfrac{1}{64\pi}\dfrac{r^2}{a_0^5}\mathrm{e}^{-r/a_0}\sin^2\theta$

$P_{2,1,-1}=|\Psi_{2,1,-1}|^2=\dfrac{1}{64\pi}\dfrac{r^2}{a_0^5}\mathrm{e}^{-r/a_0}\sin^2\theta$

此式与原书图 28.5(b)和(c)给出的电子云密度分布图相符合。

（2）$P_{2,1,0}+P_{2,1,1}+P_{2,1,-1}=\dfrac{1}{32\pi}\dfrac{r^2}{a_0^5}\mathrm{e}^{r/a_0}(\cos^2\theta+\sin^2\theta)$

$\qquad\qquad=\dfrac{1}{32\pi}\dfrac{r^2}{a_0^5}\mathrm{e}^{r/a_0}$

此结果与 θ,φ 无关，所以是球对称的。

（3）$P=\int P_{2,1,0}=\int_0^{2\pi}\int_0^{\pi}\int_0^{\infty}\dfrac{1}{32\pi a_0^5}r^2\mathrm{e}^{-r/a_0}\cos^2\theta r^2\sin\theta\mathrm{d}r\mathrm{d}\theta\mathrm{d}\varphi$

$\qquad=\dfrac{1}{32\pi}\times2\pi\times\dfrac{2}{3}\times24=1$

这一结果说明在 $n=2,l=1,m=0$ 的状态下，总可以在空间某处发现电子。

28.15　求在 $l=1$ 的状态下，电子自旋角动量与轨道角动量之间的夹角。

解　如图 28.1 所示，自旋轨道耦合时，$j_1=l+1/2=3/2$，$j_2=l-1/2=1/2$。

对 $j_1=\dfrac{3}{2}$ 的情况，$S=\sqrt{\dfrac{3}{4}}\hbar$，$L=\sqrt{2}\hbar$，$J_1=\sqrt{\dfrac{15}{4}}\hbar$，于是有

$$15/4=3/4+2-2\times\sqrt{\dfrac{3}{4}}\times\sqrt{2}\cos\theta_1,\quad\theta_1=65.9°$$

对 $j_2=\dfrac{1}{2}$ 的情况，$S=\sqrt{\dfrac{3}{4}}\hbar$，$L=\sqrt{2}\hbar$，$J_2=\sqrt{\dfrac{3}{4}}\hbar$，于是有

$$\dfrac{3}{4}=\dfrac{3}{4}+2+2\times\sqrt{\dfrac{3}{4}}\times\sqrt{2}\cos\theta_2,\quad\theta_2=144.7°$$

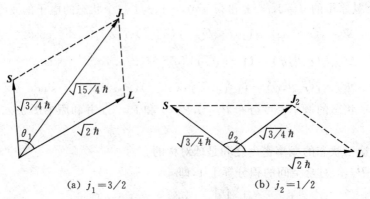

(a) $j_1 = 3/2$ (b) $j_2 = 1/2$

图 28.1 习题 28.15 解用图

28.16 由于自旋轨道耦合效应,氢原子的 $2P_{3/2}$ 和 $2P_{1/2}$ 的能级差为 4.5×10^{-5} eV。
(1) 求莱曼系的最小频率的两条精细结构谱线的频率差和波长差。
(2) 氢原子处于 $n=2, l=1$ 的状态时,其中电子感受到的磁场多大?

解 (1) 由 $h\nu = E_{2p} - E_{1s}$

$$\Delta\nu = \frac{\Delta E_{2p} - \Delta E_{1s}}{h} = \frac{\Delta E_{2p} - 0}{h} = \frac{4.5 \times 10^{-5} \times 1.6 \times 10^{-19}}{6.63 \times 10^{-34}} = 1.1 \times 10^{10} \text{(Hz)}$$

$$|\Delta\lambda| = \left|\Delta\left(\frac{c}{\nu}\right)\right| = \frac{c}{\nu^2}\Delta\nu = \frac{\lambda^2}{c}\Delta\nu = \frac{(1.22 \times 10^{-7})^2}{3 \times 10^8} \times 1.1 \times 10^{10}$$

$$= 5.4 \times 10^{-13} \text{(m)} = 0.54 \text{(pm)}$$

(2) 由 $\Delta E_{2p} = 2\mu_B B$,可得

$$B = \frac{\Delta E_{2p}}{2\mu_B} = \frac{4.5 \times 10^{-5} \times 1.6 \times 10^{-19}}{2 \times 9.27 \times 10^{-24}} = 0.39 \text{(T)}$$

28.17 求银原子在外磁场中时,它的角动量和外磁场方向的夹角以及磁场能。设外磁场 $B = 1.2$ T。

解 银原子的角动量就是一个自由电子的自旋角动量,因此其角动量只有向上、向下两个取向。由于 $S_1 = S_2 = \sqrt{3}\hbar/2, S_z = \pm\hbar/2$,故

$$\cos\theta = \pm 1/\sqrt{3}, \quad \theta_1 = 54.7°, \quad \theta_2 = 125.3°$$

银原子在外磁场中的磁场能为

$$E = \pm\mu_B B = \pm 9.27 \times 10^{-24} \times 1.2 = \pm 1.1 \times 10^{-23} \text{(J)}$$

对应于 θ_1 有较高能量。

*28.18 在施特恩-格拉赫实验中,磁极长度为 4.0 cm,其间垂直方向的磁场梯度为 1.5 T/mm。如果银炉温度为 2500 K,求:(1)银原子在磁场中受的力;(2)玻璃板上沉积的两条银迹的间距。

解 (1) $F = \pm\mu_B \dfrac{dB}{dz} = \pm 9.27 \times 10^{-24} \times 1.5 \times 10^3 = \pm 1.4 \times 10^{-20} \text{(N)}$

(2) $\Delta z = \dfrac{\mu_B d^2}{3kT}\dfrac{dB}{dz} = \dfrac{9.27 \times 10^{-24} \times 0.04^2 \times 1.5 \times 10^3}{3 \times 1.38 \times 10^{-23} \times 2500} = 2.1 \times 10^{-4} \text{(m)} = 0.21 \text{(mm)}$

*28.19　在 1.60 T 的磁场中悬挂一小瓶水。今加以交变电磁场通过共振吸收可使水中质子的自旋反转。已知质子的自旋磁矩沿磁场方向的分量的大小为 1.41×10^{-26} J/T。设分子内本身产生的局部磁场和外加磁场相比可以忽略,求所需的交变电磁场的频率应多大? 波长多长?

解　自旋反转需能量为 $2\mu_z B$,所以

$$h\nu = 2\mu_z B$$

$$\nu = \frac{2\mu_z B}{h} = \frac{2 \times 1.41 \times 10^{-26} \times 1.60}{6.63 \times 10^{-34}} = 0.681 \times 10^8 (\text{Hz}) = 68.1 (\text{MHz})$$

$$\lambda = \frac{c}{\nu} = \frac{3 \times 10^8}{0.681 \times 10^8} = 4.41 (\text{m})$$

这属于短波无线电波范围。

28.20　证明:在原子内

(1) n, l 相同的状态最多可容纳 $2(2l+1)$ 个电子。

(2) n 相同的状态最多可容纳 $2n^2$ 个电子。

证　(1) 由于 n, l 一定时,m_l 可取值为 $0, \pm 1, \pm 2, \cdots, \pm l$,共可取 $(2l+1)$ 个值,而每一 m_l 值又可有 $\pm 1/2$ 两个 m_s 值,所以共有 $2(2l+1)$ 个状态,根据泡利不相容原理,就最多可容纳 $2(2l+1)$ 个电子。

(2) n 一定时,l 可取 $0, 1, 2, \cdots, n-1$ 诸值。由上一项知,n 一定时最多可容纳的电子数为

$$\sum_{l=0}^{n-1} 2(2l+1) = \frac{2+2(2n-2+1)}{2} \times n = 2n^2$$

28.21　写出硼 $(B, Z=5)$,氩 $(Ar, Z=18)$,铜 $(Cu, Z=29)$,溴 $(Br, Z=35)$ 等原子在基态时的电子组态式。

解　按"常规"从内到外排布为

$$B: 1s^2 2s^2 2p^1;$$
$$Ar: 1s^2 2s^2 2p^6 3s^2 3p^6;$$
$$Cu: 1s^2 2s^2 2p^6 3s^2 3p^6 3d^{10} 4s^1;$$
$$Br: 1s^2 2s^2 2p^6 3s^2 3p^6 3d^{10} 4s^2 4p^5.$$

28.22　用能量为 30 keV 的电子产生的 X 射线的截止波长为 0.041 nm,试由此计算普朗克常量值。

解　由 $E_k = eV = h\nu = hc/\lambda_{cut}$ 可得

$$h = \lambda_{cut} eV/c = 0.041 \times 10^{-9} \times 1.6 \times 10^{-19} \times \frac{30 \times 10^3}{3 \times 10^8} = 6.6 \times 10^{-34} (\text{J} \cdot \text{s})$$

28.23　要产生 0.100 nm 的 X 射线,X 光管所要加的电压最小应多大?

解　$V_{min} = \frac{hc}{\lambda e} = \frac{6.63 \times 10^{-34} \times 3 \times 10^8}{0.100 \times 10^{-9} \times 1.6 \times 10^{-19}} = 1.24 \times 10^4 (\text{V})$

28.24　40 keV 的电子射入靶后经过 4 次碰撞而停止。设经过前 3 次碰撞每次能量都减少一半,则所能发出的 X 射线的波长各是多大?

解　4 次碰撞电子损失的能量也就是各次发射的光子的能量,它们分别是 20 keV,10 keV,5 keV 和 5 keV。由 $\lambda = ch/\Delta E$ 可以算出所发射的 X 射线的波长分别为 0.062 nm,0.124 nm,0.248 nm 和 0.248 nm。

28.25　某元素的 X 射线的 K_α 线的波长为 3.16 nm。

(1) 该元素原子的 L 壳层和 K 壳层的能量差是多少?

(2) 该元素是什么元素?

解　(1) $\Delta E = h\nu = hc/\lambda = 6.63 \times 10^{-34} \times 3 \times 10^8/(3.16 \times 10^{-9})$
$$= 6.29 \times 10^{-17}(\text{J}) = 393 \text{ (eV)}$$

(2) 由 $\sqrt{\nu} = 4.96 \times 10^7 (Z-1)$ 可得

$$Z = \frac{\sqrt{c/\lambda}}{4.96 \times 10^7} + 1 = \frac{\sqrt{3 \times 10^8/(3.16 \times 10^{-9})}}{4.96 \times 10^7} + 1 = 7.21$$

Z 取整数 7,可知该元素为氮(N)。

28.26　铜的 K 壳层和 L 壳层的电离能分别是 8.979 keV 和 0.951 keV。铜靶发射的 X 射线入射到 NaCl 晶体表面在掠射角为 74.1° 时得到第一级衍射极大。这衍射是由于钠离子散射的结果。求平行于晶体表面的钠离子平面的间距是多大?

解　由 $2d\sin\varphi = m\lambda$,$\lambda = ch/\Delta E_{LK}$ 和 $m=1$ 可得

$$d = \frac{ch}{2\sin\varphi \Delta E_{LK}} = \frac{3 \times 10^8 \times 6.63 \times 10^{-34}}{2 \times \sin 74.1° \times (8.979 - 0.951) \times 10^3 \times 1.6 \times 10^{-19}}$$
$$= 0.80 \times 10^{-10}(\text{m})$$

28.27　CO_2 激光器发出的激光波长为 10.6 μm。

(1) 和此波长相应的 CO_2 的能级差是多少?

(2) 温度为 300 K 时,处于热平衡的 CO_2 气体中在相应的高能级上的分子数是低能级上的分子数的百分之几?

(3) 如果此激光器工作时其中 CO_2 分子在高能级上的分子数比低能级上的分子数多 1%,则和此粒子数布居反转对应的热力学温度是多少?

解　(1) $\Delta E = h\nu = \dfrac{ch}{\lambda} = \dfrac{3 \times 10^8 \times 6.63 \times 10^{-34}}{10.6 \times 10^{-6}} = 1.88 \times 10^{-20}(\text{J}) = 0.117 \text{ (eV)}$

(2) $N_2/N_1 = \exp(-\Delta E/(kT)) = \exp\left(\dfrac{-1.88 \times 10^{-20}}{1.38 \times 10^{-23} \times 300}\right) = 1.07\%$

(3) $T' = \dfrac{-\dfrac{hc}{\lambda k}}{\ln \dfrac{N_2}{N_1}} = \dfrac{-\dfrac{6.63 \times 10^{-34} \times 3 \times 10^8}{10.6 \times 10^{-6} \times 1.38 \times 10^{-23}}}{\ln \dfrac{1.01}{1}} = -1.3 \times 10^5 \text{(K)}$

28.28　现今激光器可以产生的一个光脉冲的延续时间只有 10 fs(1 fs$=10^{-15}$ s)。这样一个光脉冲中有几个波长?设光波波长为 500 nm。

解　$N = ct/\lambda = 3 \times 10^8 \times 10^{-15} \times 10/(500 \times 10^{-9}) = 6$

28.29　一脉冲激光器发出的光的波长为 694.4 nm 的脉冲延续时间为 12 ps,能量为 0.150 J。求:(1)该脉冲的长度;(2)该脉冲的功率;(3)一个脉冲中的光子数。

解　(1) $l = ct = 3 \times 10^8 \times 12 \times 10^{-12} = 3.6 \times 10^{-3}(m)= 0.36$(mm)

(2) $P = W/t = 0.150/(12 \times 10^{-12}) = 1.25 \times 10^{10}(W)= 12.5$(GW)

(3) $N = \dfrac{W}{h\nu} = \dfrac{W\lambda}{hc} = 0.150 \times 694.4 \times 10^{-9}/(6.63 \times 10^{-34} \times 3 \times 10^8) = 5.2 \times 10^{17}$

28.30　GaAlAs 半导体激光器的体积可小到 200 μm^3(即 $2 \times 10^{-7} mm^3$),但仍能以 5.0 mW 的功率连续发射波长为 0.80 μm 的激光。这一小激光器每秒发射多少光子?

解　$N = \dfrac{P}{h\nu} = \dfrac{P\lambda}{hc} = \dfrac{5.0 \times 10^{-3} \times 0.80 \times 10^{-6}}{6.63 \times 10^{-34} \times 3 \times 10^8} = 2.0 \times 10^{16}$(个/s)

28.31　一氩离子激光器发射的激光束截面直径为 3.00 mm,功率为 5.00 W,波长为 515 nm。使此束激光沿主轴方向射向一焦距为 3.50 cm 的凸透镜,透过后在一毛玻璃上聚焦,形成一衍射中心亮斑。(1)求入射光束的平均强度多大?(2)求衍射中心亮斑的半径多大?(3)衍射中心亮斑占有全部功率的 84%,此中心亮斑的强度多大?

解　(1)入射光束的平均强度为

$$I_0 = \frac{P}{\pi r^2} = \frac{5.00}{\pi \times (1.5 \times 10^{-3})^2} = 7.07 \times 10^5 \text{(W/m}^2\text{)}$$

(2)衍射角为

$$\theta = \sin\theta = \frac{1.22\lambda}{d}$$

中央亮斑的半径为

$$R = \theta f = \frac{1.22\lambda f}{d} = \frac{1.22 \times 515 \times 10^{-9} \times 3.50 \times 10^{-2}}{3.00 \times 10^{-3}}$$
$$= 7.33 \times 10^{-6} \text{(m)} = 7.33 \text{ (}\mu m\text{)}$$

(3)中心亮斑的强度为

$$I_F = \frac{P \times 84\%}{\pi R^2} = \frac{5.00 \times 0.84}{\pi \times (7.33 \times 10^{-6})^2} = 2.49 \times 10^{10} \text{(W/m}^2\text{)}$$

*28.32**　氧分子的转动光谱相邻两谱线的频率差为 8.6×10^{10} Hz,试由此求氧分子中两原子的间距。已知氧原子质量为 2.66×10^{-26} kg。

解　$\Delta\nu = \dfrac{\hbar}{2\pi I} = \dfrac{\hbar}{\pi m r_0^2}$,则

$$r_0 = \sqrt{\frac{\hbar}{\pi m \Delta\nu}} = \sqrt{\frac{1.05 \times 10^{-34}}{\pi \times 2.66 \times 10^{-26} \times 8.6 \times 10^{10}}}$$
$$= 1.2 \times 10^{-10} \text{(m)} = 0.12 \text{ (nm)}$$

*28.33**　将氢原子看作球形电子云裹着质子的球,球半径为玻尔半径。试估计氢分子绕通过两原子中心的轴转动的第一激发态的转动能量,这一转动能量对氢气的比热容有无贡献?

解　$I = \dfrac{2}{5}ma_0^2 \times 2 = \dfrac{4}{5}ma_0^2$

绕纵轴的第一激发态的转动能量$(j = 1)$为

$$E_1 = \frac{\hbar^2}{I} = \frac{5}{4}\frac{\hbar}{ma_0^2} = \frac{5 \times (1.05 \times 10^{-34})^2}{4 \times 0.911 \times 10^{-30} \times (0.53 \times 10^{-10})^2}$$

$$= 5.4 \times 10^{-18}(\text{J}) = 34\,(\text{eV})$$

与此能量相应的温度约为

$$T = \frac{E_1}{k} = \frac{5.4 \times 10^{-18}}{1.38 \times 10^{-23}} = 3.9 \times 10^5(\text{K})$$

这温度是如此之高,以至在一般情况下不可能通过加热改变氢原子的这种转动状态的基态,因此这一转动形态对氢气的比热容没有贡献。

*__28.34__　CO 分子的振动频率为 $6.42 \times 10^{13}\,\text{Hz}$。求它的两原子间相互作用力的等效劲度系数。

解　振动频率与劲度系数的关系为 $\nu = \dfrac{1}{2\pi}\sqrt{\dfrac{K}{m}}$,其中 m 应为约化质量 $m = \dfrac{m_1 m_2}{m_1 + m_2}$。因此有

$$K = (2\pi\nu)^2 \frac{m_1 m_2}{m_1 + m_2} = (2\pi \times 6.42 \times 10^{13})^2 \times \frac{12 \times 16}{12 + 16} \times 1.66 \times 10^{-27}$$

$$= 1.85 \times 10^3(\text{N/m})$$

第29章

固体中的电子

一、概念原理复习

1. 金属中自由电子按能量分布

由薛定谔方程、能量最低原理和泡利不相容原理可得出 0 K 时电子可能占据的最高能级,叫费米能级。其能量为

$$E_F = (3\pi^2)^{2/3} \frac{\hbar^2}{2m_e} n^{2/3}$$

其中 n 为金属的自由电子数密度。一般金属的 E_F 约为几个电子伏。

费米速度为 $v_F = \sqrt{2E_F/m_e}$,一般约为 10^6 m/s。

费米温度为 $T_F = E_F/k$,一般高于 10^4 K。这和金属的实际温度 0 K 相差甚大。

单位体积内的态密度,即单位能量区间的量子态数为

$$g(E) = \frac{(2m_e)^{3/2}}{2\pi^2 \hbar^3} E^{1/2}$$

由于常温下,离子的热运动能量为 $kT \approx 0.03$ eV,所以自由电子按能量的分布和 0 K 时基本相同。

由于绝大多数自由电子的状态都已固定,泡利不相容原理使得它们不可能热吸收运动能量,因而自由电子对金属热容不会有贡献。

由于在电场中,金属所有电子都将同时从电场获得能量和动量,因而泡利不相容原理不阻碍自由电子的导电。

电子导电可用费米(速度)球的移动说明。倒逆碰撞使费米球只在逆电场方向平移一定速度,此速度即电子的漂移速度。

*2. 量子统计

费米-狄拉克分布:费米子,包括电子,服从

$$n_{FD,1}(E) = \frac{1}{e^{(E-E_F)/kT} + 1}$$

玻色-爱因斯坦分布:玻色子服从

$$n_{BE,1}(E) = \frac{1}{e^{(E-\mu)/kT} - 1}$$

麦克斯韦-玻耳兹曼分布：经典粒子服从

$$n_{\text{MB},1}(E) = Ce^{-E/kT}$$

粒子能量足够大时，费米-狄拉克分布和玻色-爱因斯坦分布都转化为麦克斯韦-玻耳兹曼分布。

量子统计适用条件：

$$\frac{hn^{1/3}}{\sqrt{3mkT}} \geqslant 1$$

3. 能带、导体和绝缘体

N 个原子集聚成晶体时，单个原子的每一能态都分裂成 N 个能态。这 N 个能态的间距很小，它们构成一个能带。

晶体的最上面而且其中有电子存在的能带称为价带，其上相邻的那个空着的能带称为导带，能带间没有可能量子态的区域称为禁带。

价带未填满的晶体为导体。价带为电子填满而且它和导带间的禁带宽度很大（几个电子伏）的晶体为绝缘体。

4. 半导体

半导体在 0 K 时，价带为电子填满，导带空着。由于价带和导带间的禁带宽度较小，在常温下有电子从价带跃入导带，这时导带中的电子和价带中电子离开时留下的空穴都能导电。半导体的电导率随着温度升高而明显增大。纯硅纯锗晶体中电子和空穴数目相同，为本征半导体。

杂质半导体：纯硅或纯锗（4 价）掺入 5 价杂质原子（如 Pb，As）。杂质能级靠近导带，能提供大量电子入导带，使半导体成为电子导电的 N 型半导体。纯硅或纯锗掺入了价杂质原子（如 Al，In）。杂质能级靠近价带，能提供大量空穴入价带，使半导体成为空穴导电的 P 型半导体。

利用掺杂可以制成具有单向导电性的 PN 结（其导通方向是由 P 型经 PN 结到 N 型）而应用在各种半导体器件中。

二、解题要点

注意审题，在给定条件下选用合适的公式求解。

三、思考题选答

29.9　根据霍尔效应测磁场时，用杂质半导体片比用金属片更为灵敏，为什么？

答　根据霍尔电压公式

$$U_{\text{H}} = \frac{IB}{nqb}$$

可知，霍尔电压与载流子数密度 n 成反比。半导体的载流子数密度（典型的，10^{22} m^{-3}）比金属的电子数密度（典型的，10^{28} m^{-3}）小得多，所以在其他条件相同时，用（杂质）半导体所得的霍尔电压大得多，测磁场就更为灵敏。

29.10　水平地放置一片矩形的 N 型半导体，使其长边沿东西方向，再自西向东通入电流。当在片上加一竖直向上的磁场时,片内霍尔电场的方向如何? 如果改用 P 型半导体片,而电流和磁场方向不变,片内霍尔电场的方向又如何?

答　如图 29.1(a)所示,当用 N 型半导体片时,通入向东的电流,其中电子向西运动。电子受到向南的洛伦兹力作用,将偏向南移动,使片的南边缘带负电,北边缘带正电。霍尔电场方向为由北向南。

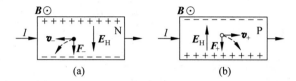

图 29.1　思考题 29.10 答用图

当用 P 型半导体时(图 29.1(b)),载流子应为带正电的空穴。同样用洛伦兹力分析,片的南边缘带正电,北边缘带负电。于是片中的霍尔电场方向就由南向北,与用 N 型半导体时正好相反。

四、习题解答

29.1　已知金的密度为 19.3 g/cm³,试计算金的费米能量、费米速度和费米温度。具有此费米能量的电子的德布罗意波长是多少?

解　以每一个原子贡献一个自由电子计,

$$E_F = (3\pi^2)^{2/3} \frac{\hbar^2}{2m_e} n^{2/3} = (3\pi^2)^{2/3} \frac{(1.05 \times 10^{-34})^2}{2 \times 9.11 \times 10^{-31}} \left(\frac{19.3 \times 10^3 \times 6.02 \times 10^{23}}{197 \times 10^{-3}} \right)^{2/3}$$

$$= 8.80 \times 10^{-19} (\text{J}) = 5.50 (\text{eV})$$

$$v_F = \sqrt{2E_F/m_e} = \sqrt{2 \times 8.80 \times 10^{-19}/(9.11 \times 10^{-31})} = 1.39 \times 10^6 (\text{m/s})$$

$$T_F = E_F/k = 8.80 \times 10^{-19}/(1.38 \times 10^{-23}) = 6.38 \times 10^4 (\text{K})$$

$$\lambda = \frac{h}{\sqrt{2m_e E_F}} = \frac{6.63 \times 10^{-34}}{\sqrt{2 \times 9.11 \times 10^{-31} \times 8.80 \times 10^{-19}}} = 5.24 \times 10^{-10} = 0.524 (\text{nm})$$

29.2　求 0 K 时单位体积内自由电子的总能量和每个电子的平均能量。

解　$E_{\text{total}} = \int_0^{E_F} E g(E) dE = \int_0^{E_F} E \frac{(2m_e)^{3/2}}{2\pi^2 \hbar^3} E^{1/2} dE = \frac{1}{5} (2m_e)^{3/2} \frac{E_F^{5/2}}{\pi^2 \hbar^3} = \frac{3}{5} n E_F$

每个电子的平均能量为

$$\bar{E} = E_{\text{total}}/n = 3E_F/5$$

*****29.3**　求 0 K 时费米电子气的电子的平均速率和方均根速率,以 v_F 表示之。

解　$\bar{v} = \frac{1}{n} \int_0^{E_F} v g(E) dE = \frac{1}{n} \int_0^{E_F} \left(\frac{2E}{m_e} \right)^{\frac{1}{2}} \frac{(2m_e)^{3/2}}{2\pi^2 \hbar^3} E^{1/2} dE = \frac{2m_e}{n \pi^2 \hbar^3} \frac{1}{2} E_F^2 = \frac{3}{4} v_F$

$$\sqrt{\bar{v^2}} = \left[\frac{1}{n} \int_0^{E_F} v^2 g(E) dE \right]^{1/2} = \left[\frac{1}{n} \int_0^{E_F} \frac{2E}{m_e} \frac{(2m_e)^{3/2}}{2\pi^2 \hbar^3} E^{1/2} dE \right]^{1/2}$$

$$= \left[\frac{3}{5} \times \frac{2}{m_e} E_F\right]^{1/2} = \sqrt{\frac{3}{5}} \, v_F$$

29.4　中子星由费米中子气构成。典型的中子星密度为 $5 \times 10^{16} \text{kg/m}^3$。试求中子星中子的费米能量和费米速率。

解　$E_F = (3\pi^2)^{2/3} \dfrac{\hbar^2}{2m_n} n^{2/3} = (3\pi^2)^{2/3} \dfrac{(1.05 \times 10^{-34})^2}{2 \times 1.67 \times 10^{-27}} \times \left(\dfrac{5 \times 10^{16}}{1.67 \times 10^{-27}}\right)^{2/3}$

$\qquad = 30.5 \times 10^{-13} (\text{J}) = 19 \,(\text{MeV})$

$\qquad v_F = \sqrt{2E_F/m_n} = \sqrt{2 \times 30.5 \times 10^{-13}/(1.67 \times 10^{-27})} = 6.0 \times 10^7 \,(\text{m/s})$

*29.5　在什么温度下,费米电子气的比热容占经典气体比热容的 10%? 设费米能量为 5 eV。

解　由于

$$\frac{\pi^2 kTR}{2E_F} = 0.1 \times \frac{3}{2} R$$

所以

$$T = \frac{0.3 E_F}{\pi^2 k} = \frac{0.3 \times 5 \times 1.6 \times 10^{-19}}{\pi^2 \times 1.38 \times 10^{-23}} = 1.8 \times 10^3 (\text{K})$$

*29.6　在足够低的温度下,由晶格粒子的振动决定的"点阵"比热容和 T^3 成正比。由于"电子"比热容和 T 成正比,所以在极低温下,"电子"比热容将占主要地位。在这样的温度下,钾的摩尔热容表示为

$$C_m = 2.08 \times 10^{-3} T + 2.57 \times 10^{-3} T^3 \,\text{J/(mol · K)}$$

(1) 求钾的费米能量。

(2) 在什么温度下电子和点阵粒子对比热容的贡献相等?

解　(1) 由于

$$\frac{\pi^2 Rk}{2E_F} = 2.08 \times 10^{-3}$$

所以

$$E_F = \frac{\pi^2 \times 8.31 \times 1.38 \times 10^{-23}}{2 \times 2.08 \times 10^{-3}} = 2.72 \times 10^{-19} (\text{J}) = 1.70 \,(\text{eV})$$

(2) 当电子与点阵粒子对比热容的贡献相等时

$$2.08 \times 10^{-3} T = 2.57 \times 10^{-3} T^3$$

$$T = \sqrt{\frac{2.08 \times 10^{-3}}{2.57 \times 10^{-3}}} = 0.900 \,(\text{K})$$

29.7　银的密度为 $10.5 \times 10^3 \text{ kg/m}^3$,电阻率为 1.6×10^{-8}　$\Omega \cdot \text{m}$(在室温下)。

(1) 求其中自由电子的自由飞行时间。

(2) 求自由电子的经典平均自由程。

(3) 用费米速率求平均自由程。

(4) 估算点阵离子间距并和(2)、(3)求出的平均自由程对比。

解　(1) 由于 $\rho = m_e/(ne^2\tau)$,而银的自由电子密度为 $n = DN_A/M_{Ag} = 10.5 \times 10^3 \times$

$6.023 \times 10^{23}/(108 \times 10^{-3}) = 5.86 \times 10^{28}\,(\mathrm{m}^{-1})$，所以

$$\tau = \frac{m_{\mathrm{e}}}{\rho n e^2} = \frac{9.11 \times 10^{-31}}{1.6 \times 10^{-8} \times 5.86 \times 10^{28} \times (1.6 \times 10^{-19})^2} = 3.8 \times 10^{-14}\,(\mathrm{s})$$

(2) $\bar{\lambda}_{\mathrm{cla}} = \bar{v}\tau = \sqrt{\dfrac{8kT}{\pi m_{\mathrm{e}}}}\,\tau = \sqrt{\dfrac{8 \times 1.38 \times 10^{-23} \times 300}{\pi \times 9.11 \times 10^{-31}}} \times 3.8 \times 10^{-14}$

$\qquad = 4.09 \times 10^{-9}\,(\mathrm{m}) = 4.09\,(\mathrm{nm})$

(3) $\bar{\lambda}_{\mathrm{Fer}} = v_{\mathrm{F}}\tau = 1.39 \times 10^6 \times 3.8 \times 10^{-14} = 5.3 \times 10^{-8}\,(\mathrm{m}) = 53\,(\mathrm{nm})$

(4) $a = \sqrt[3]{1/n} = (5.86 \times 10^{28})^{-1/3} = 2.6 \times 10^{-10}\,(\mathrm{m}) = 0.26\,(\mathrm{nm})$

*29.8 在 1000 K 时，在能量比费米能量高 0.1 eV 的那个量子态内的平均费米子数目是多少？比费米能量低 0.10 eV 的那个量子态内呢？

解 在 $E_+ = E_{\mathrm{F}} + 0.10$ eV 的量子态内

$$n_+ = \frac{1}{\mathrm{e}^{(E_+ - E_{\mathrm{F}})/(kT)} + 1} = \frac{1}{\mathrm{e}^{0.1 \times 1.6 \times 10^{-19}/(1.38 \times 10^{-23} \times 1000)} + 1} = 0.24$$

在 $E_- = E_{\mathrm{F}} - 0.10$ eV 的量子态内

$$n_- = \frac{1}{\mathrm{e}^{(E_- - E_{\mathrm{F}})/(kT)} + 1} = \frac{1}{\mathrm{e}^{-0.1 \times 1.6 \times 10^{-19}/(1.38 \times 10^{-23} \times 1000)} + 1} = 0.76$$

29.9 金刚石的禁带宽度按 5.5 eV 计算。

(1) 禁带上缘和下缘的能级上的电子数的比是多少？设温度为 300 K。

(2) 使电子越过禁带上升到导带需要的光子的最大波长是多少？

解 (1) $\dfrac{N_{\mathrm{up}}}{N_{\mathrm{be}}} = \mathrm{e}^{-\Delta E/(kT)} = \mathrm{e}^{-5.5 \times 1.6 \times 10^{-19}/(1.38 \times 10^{-23} \times 300)} = 4.9 \times 10^{-93}$

这一结果说明，实际上金刚石的空带就是空的。

(2) $\lambda_{\max} = \dfrac{ch}{\Delta E} = \dfrac{3 \times 10^8 \times 6.63 \times 10^{-34}}{5.5 \times 1.6 \times 10^{-19}} = 2.26 \times 10^{-7}\,(\mathrm{m}) = 226\,(\mathrm{nm})$

29.10 纯硅晶体中自由电子数密度 n_0 约为 10^{16} m^{-3}。如果要用掺磷的方法使其自由电子数密度增大 10^6 倍，试求：

(1) 多大比例的硅原子应被磷原子取代？已知硅的密度为 2.33 g/cm^3。

(2) 1.0 g 硅这样掺磷需要多少磷？

解 (1) 掺磷后的自由电子数密度应增加

$$\Delta n = 10^6 n_0 - n_0 = 10^6 n_0 = 10^{22}\ \mathrm{m}^{-3}$$

所以每立方米应掺 10^{22} 个磷原子，即要取代 10^{22} 个硅原子。1 m^3 硅原子数为

$$n_{\mathrm{Si}} = \frac{D_{\mathrm{Si}}}{M_{\mathrm{Si}}} N_{\mathrm{A}} = \frac{2.33 \times 10^3}{28.1 \times 10^{-3}} \times 6.02 \times 10^{23} = 5.00 \times 10^{28}\,(\mathrm{m}^{-3})$$

需要取代的硅原子的比例为

$$\frac{\Delta n}{n_{\mathrm{Si}}} = \frac{10^{22}}{5.00 \times 10^{28}} = \frac{1}{5 \times 10^6}$$

(2) $m_{\mathrm{p}} = \dfrac{m_{\mathrm{Si}}\Delta n}{D_{\mathrm{Si}} N_{\mathrm{A}}} M_{\mathrm{p}} = \dfrac{10^{-3} \times 10^{22} \times 31 \times 10^{-3}}{2.33 \times 10^{-3} \times 6.023 \times 10^{23}} = 2.2 \times 10^{-10}\,(\mathrm{kg}) = 0.22\,(\mu\mathrm{g})$

29.11 硅晶体的禁带宽度为 1.2 eV。适量掺入磷后,施主能级和硅的导带底的能级差为 $\Delta E_D = 0.045$ eV。试计算此掺杂半导体能吸收的光子的最大波长。

解 $\lambda_{max} = \dfrac{ch}{\Delta E_D} = \dfrac{3 \times 10^8 \times 6.63 \times 10^{-34}}{0.045 \times 1.6 \times 10^{-19}} = 2.76 \times 10^{-5}$ (m) $= 27.6$ (μm)

29.12 已知 CdS 和 PbS 的禁带宽度分别为 2.42 eV 和 0.30 eV。它们的光电导的吸收限波长各多大? 各在什么波段?

解 对 CdS,

$$\lambda_{max} = \frac{ch}{\Delta E_g} = \frac{3 \times 10^8 \times 6.63 \times 10^{-34}}{2.42 \times 1.6 \times 10^{-19}} = 5.13 \times 10^{-7} \text{ (m)} = 513 \text{ (nm)}$$

在可见光波段。而对 PbS,

$$\lambda_{max} = \frac{ch}{\Delta E_g} = \frac{3 \times 10^8 \times 6.63 \times 10^{-34}}{0.30 \times 1.6 \times 10^{-19}} = 4.14 \text{ (μm)}$$

在红外波段。

29.13 Ga-As-P 半导体发光二极管的禁带宽度是 1.9 eV。它能发出的光的最大波长是多少?

解 $\lambda_{max} = \dfrac{ch}{\Delta E_g} = \dfrac{3 \times 10^8 \times 6.63 \times 10^{-34}}{1.9 \times 1.6 \times 10^{-19}} = 6.54 \times 10^{-7}$ (m) $= 654$ (nm)

29.14 KCl 晶体在已填满的价带之上有一个 7.6 eV 的禁带。对波长为 140 nm 的光来说,此晶体是透明的还是不透明的?

解 波长为 140 nm 的光子能量为

$$E = \frac{hc}{\lambda} = \frac{6.63 \times 10^{-34} \times 3 \times 10^8}{140 \times 10^{-9}} = 14.2 \times 10^{-19} \text{(J)} = 8.9 \text{ (eV)}$$

此类光子可以被 KCl 晶体吸收,使晶体不透明。

第30章

核 物 理

一、概念原理复习

1. 核的一般性质

核由质子和中子组成。中子数 N、质子数 Z 和核的质量数 A 的关系为 $A = N + Z$。

核的半径：
$$R = r_0 A^{1/3}, \quad r_0 = 1,2 \text{ fm}$$

核的自旋：自旋量子数为 I。核自旋角动量在 z 方向的投影为

$$I_z = m_I \hbar, \quad m_I = \pm I, \pm(I-1), \cdots, \pm\frac{1}{2} \text{ 或 } 0$$

核磁矩在 z 方向的投影为

$$\mu_z = g\mu_N m_I$$

核磁子：
$$\mu_N = \frac{e\hbar}{2m_p} = 5.06 \times 10^{-27} \text{ J/T}$$

2. 核力

核力为强短程力，与电荷无关，和核子的自旋取向有关。核力是多体力，不服从叠加原理。核力实际上是核子内部的夸克之间的色相互作用的残余力。

3. 核的结合能

核的结合能等于使一个核的各核子完全分开所需要做的功，可由中子和质子结合成核的质量亏损乘以 c^2 算出。由于核力的短程性，可以对每个核子求平均结合能。大多数核的核子的平均结合能约为 8 MeV/c^2。

4. 核的液滴模型

韦塞克关于核的结合能的半经验公式为

$$E_b = a_1 A - a_2 A^{2/3} - a_3 Z^2/A^{1/3} - a_4 \frac{(A-2Z)^2}{A} + a_5 A^{-1/2}$$

5. 放射性和衰变规律

放射性核的衰变速率不受外界条件的影响，是概率事件，遵守统计规律：

$$-\mathrm{d}N = \lambda N \mathrm{d}t$$

从而有

$$N = N_0 e^{-\lambda t} = N_0 e^{-t/\tau}$$

其中 λ 为衰变常量，$\tau = 1/\lambda$ 为平均寿命。以 $t_{1/2}$ 表示半衰期，则有

$$t_{1/2} = 0.693\tau$$

放射性元素每秒钟衰变的次数称为活度 A，

$$A(t) = -\frac{dN}{dt} = \lambda N_0 e^{-\lambda t} = \lambda N = A_0 e^{-\lambda t}$$

活度常用单位：　　　　　　　　$1\ \text{Ci} = 3.70 \times 10^{10}\ \text{Bq}$

6. α 衰变

α 衰变是核内 α 粒子穿透势垒而逸出的现象。逸出的 α 粒子的能量越大，半衰期越短。α 衰变常伴随 γ 射线的发射。

7. β 衰变

β 衰变包括正、负电子衰变和电子捕获，由于核内不存在单个的电子或正电子，所以 β 衰变都是核内质子和中子相互转变（有中微子参与）的结果。β 衰变也常伴随 γ 射线的发射。

8. 核反应

对于入射粒子进入靶引起核变化的反应，引入反应截面的概念。反应截面 σ 是单位时间内一个靶粒子的反应次数和入射粒子流强度 I 的比值，即

$$\sigma = R/NI$$

其中 R 是单位时间内的反应次数，N 是入射粒子流中的靶核数。σ 的单位为 b（靶），$1\ \text{b} = 10^{-28}\ \text{m}^2$。

核反应释放的能量为其 Q 值：$Q > 0$ 的是放能反应；$Q < 0$ 的是吸能反应。

能引发吸能反应的入射粒子的最小能量称为该反应的阈能 E_{th}，$E_{th} > |Q|$。

二、解题要点

注意审题，在给定条件下选用合适的公式求解。

三、思考题选答

30.3　为什么核子由强相互作用决定的结合能和核子数成正比？

答　核的结合能和其中核子数成正比就是说核的平均结合能大致相等。这一事实是强力的短程性的直接后果。由于一个核子只和与它紧靠的其他核子有相互作用，而在 $A > 20$ 时核内和一个核紧靠的粒子数也基本不变了，所以每一个粒子的结合能也就基本不变了。这就导致了核的结合能和其中的核子数成正比的结果。

30.10　为什么实现吸能核反应的阈能大于该反应的 Q 值的大小？利用对撞机为什么能大大提高引发核反应的能量利用率？

答　在实验室参考系中，如果靶核是静止的，则入射粒子的总能量等于它和靶核的质心

动能和它们在其质心参考系中的动能之和。由于只有它们在其质心参考系中的动能(即内动能)才能提供核反应的能量,而它们的质心动能由动量守恒而不会改变,所以阈能,也就是入射粒子引发核反应的总能量大于该核反应的 Q 值的大小。

在正反粒子对撞机内,即在实验室参考系内,相互碰撞的正反粒子的质心是静止的,因此质心的动能(即轨道动能)为零,它们的总能量都是两粒子在其质心系中的动能,因而都可以用来引发核反应,所以就能大大提高了能量的利用率。

四、习题解答

30.1 一个能量为 6 MeV 的 α 粒子和静止的金核(^{197}Au)发生正碰,它能到达与金核的最近距离是多少? 如果是氮核(^{14}N)呢? 都可以忽略靶核的反冲吗? 此 α 粒子可以到达氮核的核力范围之内吗?

解 由于 6 MeV 比 α 粒子的静能(约 4×10^3 MeV)小得多,可知 6 MeV 为 α 粒子的动能 $E_{k\alpha}$。以 M 表示靶核的质量,则由动量守恒和能量守恒可得

$$E_{k\alpha} = E'_{k\alpha} + E'_{kM} + \frac{2Ze^2}{4\pi\varepsilon_0 r_{min}} = \frac{1}{2}(m_\alpha + M)v'^2 + \frac{2Ze^2}{4\pi\varepsilon_0 r_{min}}$$

$$m_\alpha v = (m_\alpha + M)v'$$

此两式给出

$$E_{k\alpha} = \frac{m_\alpha}{m_\alpha + M}E_{k\alpha} + \frac{2Ze^2}{4\pi\varepsilon_0 r_{min}}$$

$$r_{min} = \frac{m_\alpha + M}{ME_{k\alpha}} \times \frac{2Ze^2}{4\pi\varepsilon_0}$$

对金核,$M = 197 \gg m_\alpha$,可忽略金核的反冲,有

$$r_{min} = \frac{2Ze^2}{E_{k\alpha}4\pi\varepsilon_0} = \frac{2\times79\times1.6\times10^{-19}\times9\times10^9}{6\times10^6} = 3.8\times10^{-14}(m)$$

对氮核,$M = 14$,不可忽略氮核的反冲,有

$$r_{min} = \frac{4+14}{14E_{k\alpha}} \times \frac{2Ze^2}{4\pi\varepsilon_0} = \frac{18\times7\times1.6\times10^{-19}\times9\times10^9}{7\times6\times10^6} = 4.32\times10^{-15}(m)$$

氮核半径为

$$r_N = 1.2\times A^{1/3}\times10^{-15} = 2.89\times10^{-15}(m)$$

所以还不能说 6 MeV 可到达氮核的核力范围之内。

30.2 ^{16}N,^{16}O 和 ^{16}F 原子的质量分别是 16.006099 u,15.994915 u 和 16.011465 u。试计算这些原子的核的结合能。

解 每种原子核的结合能为

$$BE = \Delta Mc^2 = [Zm_p + Nm_n - (M - Zm_e)]c^2$$

将各种原子数据代入可得

$$^{16}N: \quad BE = 118.0 \text{ MeV}$$

$$^{16}O: \quad BE = 127.7 \text{ MeV}$$

$$^{16}F: \quad BE = 111.5 \text{ MeV}$$

30.3　将核中质子当费米气体处理,试求原子序数为 Z 和质量数为 A 的核内质子的费米能量和每个质子的平均能量。对 ^{56}Fe 和 ^{238}U 核求这些能量的数值(以 MeV 为单位)。

解　质子的费米能量为

$$E_F = (3\pi^2)^{2/3}\frac{\hbar^2}{2m_p}n_p^{2/3} = (3\pi^2)^{2/3}\frac{\hbar^2}{2m_p}\left(\frac{Z\times 3}{4\pi R_0^3 A}\right)^{2/3} = \left(\frac{9\pi}{4}\right)^{2/3}\times\frac{\hbar^2}{2m_p R_0^2}\left(\frac{Z}{A}\right)^{2/3}$$

$$= \left(\frac{9\pi}{4}\right)^{2/3}\times\frac{1.05\times 10^{-34}}{2\times 1.67\times 10^{-27}\times(1.2\times 10^{-15})^2\times 1.6\times 10^{-13}}\times\left(\frac{Z}{A}\right)^{2/3}$$

$$= 53\left(\frac{Z}{A}\right)^{2/3}(\text{MeV})$$

每个质子的平均能量为

$$E_{F,1} = \frac{3}{5}E_F = 32\left(\frac{Z}{A}\right)^{2/3}\text{MeV}$$

对 ^{56}Fe 核,　$Z=26$,$A=56$,　$E_F=32$ MeV,　$E_{F,1}=19$ MeV

对 ^{238}U 核,　$Z=92$,$A=238$,　$E_F=28$ MeV,　$E_{F,1}=17$ MeV

30.4　有下列三对"镜像核"(Z,N 互换):

$$^{11}\text{C 和}^{11}\text{B},\quad ^{15}\text{O 和}^{15}\text{N},\quad ^{21}\text{Na 和}^{21}\text{Ne}$$

它们各对中两核的静电能差分别是 2.79 MeV,3.48 MeV 和 4.30 MeV。试由此计算各对核的半径。半径是否与 $A^{1/3}$ 成正比?比例常量是多少?

解　每对镜像核的质量数相同,因而体积相同,但电荷数差 1。视各核为均匀带电球体,则有

$$\Delta E_p = \frac{3e^2}{5\times 4\pi\varepsilon_0 r}\left[Z^2-(Z-1)^2\right] = \frac{3e^2}{5\times 4\pi\varepsilon_0 r}[2Z-1]$$

$$r = \frac{3e^2(2Z-1)}{5\times 4\pi\varepsilon_0\Delta E_p}$$

对 ^{11}C 和 ^{11}B,$Z=Z_C=6$,可求得 $r_{11}=3.41$ fm;

对 ^{15}O 和 ^{15}B,$Z=Z_O=8$,可求得 $r_{15}=3.72$ fm;

对 ^{21}Na 和 ^{21}Ne,$Z=Z_{Na}=11$,可求得 $r_{21}=4.22$ fm。

按 $r=R_0 A^{1/3}$ 计算,

$$R_{0,11} = r_{11}/11^{1/3} = 1.53\ (\text{fm})$$

$$R_{0,15} = r_{15}/15^{1/3} = 1.51\ (\text{fm})$$

$$R_{0,21} = r_{21}/21^{1/3} = 1.53\ (\text{fm})$$

由此可知,r 大致和 $A^{1/3}$ 成正比,而比例常量可取 $R_0=1.5$ fm。

30.5　有些核可以看成是由几个 α 粒子这种"原子"组成的"分子"。例如,^{12}C 可看成是由 3 个 α 粒子在一个三角形的 3 顶点配置而成,而 ^{16}O 可看成是由 4 个 α 粒子在一个四面体的 4 顶点配置而成。试通过计算证明用这种模型计算的 ^{12}C 和 ^{16}O 的结合能和用质量亏损计算的结合能是相符的。设每对 α 粒子的结合能为 2.42 MeV,并且计入每个 α 粒子本身的结合能,给定一些原子的质量为

$$^1H: \quad 1.007825 \text{ u}$$

$$^4He: \quad 4.002603 \text{ u}$$

$$^{16}O: \quad 15.994915 \text{ u}$$

$$^{12}C: \quad 12.000000 \text{ u}$$

解 按质量亏损计算,各结合能为

$$BE_O = (8 \times 1.007825 + 8 \times 1.008665 - 15.994915) \times 931.5 = 127.7 \text{ (MeV)}$$

$$BE_C = (6 \times 1.007825 + 6 \times 1.008665 - 12.000000) \times 931.5 = 92.16 \text{ (MeV)}$$

$$BE_\alpha = (2 \times 1.007825 + 2 \times 1.008665 - 4.002603) \times 931.49 = 28.3 \text{ (MeV)}$$

按题设模型计算

$$BE_O = 4BE_\alpha + E_{\alpha\text{-}\alpha} \times C_4^2 = 4 \times 28.3 + 2.42 \times 6 = 127.7 \text{ (MeV)}$$

$$BE_C = 3BE_\alpha + E_{\alpha\text{-}\alpha} \times C_3^2 = 3 \times 28.3 + 2.42 \times 3 = 92.2 \text{ (MeV)}$$

两种计算符合甚好。

30.6 假设一个 ^{232}Th 核分裂成相等的两块。试用结合能的半经验公式计算此反应所释放的能量。

解 $Z = 90, A = 232$

$$E = 2BE_{A/2, Z/2} - BE_{A,Z} = \left(-4.6A^{2/3} + 0.26 \frac{Z^2}{A^{1/3}} \right) = 169 \text{ MeV}$$

30.7 假设两个 Z, A 核聚合成一个 $2Z, 2A$ 的核。试根据结合能的半经验公式写出此反应所释放的能量的表示式,并计算两个 ^{12}C 核聚合时所释放能量的数值。

解 $E = BE_{2A, 2Z} - 2BE_{A,Z}$

$$= \left[15.753 \times 2A - 17.804 \times (2A)^{2/3} - 0.7103 \times \frac{(2Z)^2}{(2A)^{1/3}} - 23.69 \times \frac{(2A - 4Z)^2}{2A} \right] -$$

$$\left[2 \times 15.753A - 2 \times 17.804A^{2/3} - 2 \times 0.7103 \times \frac{Z^2}{A^{1/3}} - 2 \times 23.69 \times \frac{(A - 2Z)^2}{A} \right]$$

$$= \left[-0.8345 \frac{Z^2}{A^{1/3}} + 7.3458A^{2/3} \right] \text{MeV}$$

对 ^{12}C,以 $Z = 6, A = 12$ 代入可得

$$E = 25.4 \text{ MeV}$$

30.8 一种放射性衰变的平均寿命为 τ。这种放射性物质的寿命对此平均寿命的方均根偏差是多少? 最概然寿命多长?

解 由 $|dN| = N_0 e^{-t/\tau} dt/\tau$,可得

$$\overline{t^2} = \frac{1}{N_0} \int t^2 |dN| = \frac{N_0}{N_0} \int \frac{t^2}{\tau} e^{-t/\tau} dt = 2\tau^2$$

而 $\bar{t} = \tau$,所以要求的方均根偏差为

$$\sqrt{\overline{(t - \tau)^2}} = \sqrt{\overline{t^2} - 2\bar{t}\tau + \tau^2} = \sqrt{2\tau^2 - 2\tau^2 + \tau^2} = \tau$$

由于放射性物质原子数随时间单调的减小,所以最概然寿命即最短寿命为 0。

30.9　天然钾中放射性同位素 ^{40}K 的丰度为 1.2×10^{-4}。此种同位素的半衰期为 1.3×10^9 a。钾是活细胞的必要成分,约占人体重量的 0.37%。求每个人体内这种放射源的活度。

解　人体重按 70 kg 计,所求活度为

$$A = \lambda N = \frac{0.693}{t_{1/2}} \frac{m N_A}{M}$$

$$= \frac{0.693}{1.3 \times 10^9 \times 3.15 \times 10^7} \times \frac{70 \times 0.0037}{39.1 \times 10^{-3}} \times 1.2 \times 10^{-4} \times 6.02 \times 10^{23}$$

$$= 8.1 \text{ (kBq)}$$

30.10　计算 10 kg 铀矿 (U_3O_8) 中 ^{226}Ra 和 ^{231}Pa 的含量。已知天然铀中 ^{238}U 的丰度为 99.27%,^{235}U 的丰度为 0.72%;^{226}Ra 的半衰期为 1600 a,^{231}Pa 的半衰期为 3.27×10^4 a。

解　由 ^{226}Ra 和 ^{231}Pa 的质量数可知,^{226}Ra 来自 ^{238}U,^{231}Pa 来自 ^{235}U。由于 ^{226}Ra 的半衰期较 ^{238}U 的半衰期 $(4.46 \times 10^9 a)$ 甚小,^{231}Pa 的半衰期较 ^{235}U 的半衰期 $(7.04 \times 10^8$ a$)$ 也甚小,所以可以应用 $N_A \lambda_A = N_B \lambda_B$ 或 $N_A/t_{1/2,A} = N_B/t_{1/2,B}$ 公式。

对 ^{226}Ra 来说

$$N_{^{238}U} = \frac{10^4}{8 \times 16 + 3 \times 238} \times 3 \times 6.023 \times 10^{23} \times 0.9927 = 2.13 \times 10^{25}$$

$$N_{^{226}Ra} = 2.13 \times 10^{25} \times \frac{t_{1/2,^{226}Ra}}{t_{1/2,^{238}U}} = 2.13 \times 10^{25} \times \frac{1600}{4.46 \times 10^9} = 7.64 \times 10^{18}$$

$$m_{^{226}Ra} = \frac{7.64 \times 10^{18}}{6.02 \times 10^{23}} \times 226 = 2.87 \times 10^{-3} \text{ (g)} = 2.87 \text{ (mg)}$$

对 ^{231}Pa 来说

$$N_{^{235}U} = \frac{10^4}{8 \times 16 + 3 \times 235} \times 3 \times 6.02 \times 10^{23} \times 0.0072 = 1.52 \times 10^{23}$$

$$N_{^{231}Pa} = 1.52 \times 10^{23} \times \frac{t_{1/2,^{231}Pa}}{t_{1/2,^{235}U}} = 1.52 \times 10^{23} \times \frac{3.27 \times 10^4}{7.04 \times 10^8} = 7.06 \times 10^{18}$$

$$m_{^{231}Pa} = \frac{7.06 \times 10^{18}}{6.02 \times 10^{23}} \times 231 = 2.71 \times 10^{-3} \text{ (g)} = 2.71 \text{ (mg)}$$

30.11　一位患者服用 30 μCi 的放射性碘 ^{123}I 后 24 h,测得其甲状腺部位的活度为 4 μCi。已知 ^{123}I 的半衰期为 13.1 h。求在这 24 h 内多大比例的被服用的 ^{123}I 集聚在甲状腺部位了(一般正常人此比例为 $15\% \sim 40\%$)?

解　原来总活度 $A_0 = 30$ μCi,集中到甲状腺的活度 $A_{0,th} = A_0 p$。24 h 后,甲状腺部位的活度为

$$4\mu = A_{th} = A_{0,th} e^{-\lambda t} = A_0 p e^{-\lambda t} = 30\mu p e^{\frac{-0.693 \times 24}{13.1}}$$

解此式可得所求比例为

$$p = 0.48 = 48\%$$

30.12 向一人静脉注射含有放射性^{24}Na 而活度为 300 kBq 的食盐水。10 小时后他的血的每立方厘米的活度是 30 Bq。求此人全身血液的总体积。已知^{24}Na 的半衰期为 14.97 h。

解 由

$$A_1 V = A_0 e^{-\lambda t}$$

可得

$$V = \frac{A_0}{A_1} e^{-\lambda t} = \frac{300 \times 10^3}{30} e^{-\frac{0.693 \times 10}{14.97}} = 6.29 \times 10^3 (\text{cm}^3) = 6.29 \ (\text{L})$$

30.13 一年龄待测的古木片在纯氧氛围中燃烧后收集了 0.3 mol 的 CO_2。此样品由于^{14}C 衰变而产生的总活度测得为每分钟 9 次计数。试由此确定古木片的年龄。

解 $N_0 = 0.3 \times 1.3 \times 10^{-12} \times 6.02 \times 10^{23} = 2.35 \times 10^{11}$

$$A = 9/60 \ \text{s}^{-1}, \quad \tau = 8270 \times 3.15 \times 10^7 \ \text{s}$$

由于

$$A = A_0 e^{-t/\tau} = \frac{1}{\tau} N_0 e^{-t/\tau}$$

$$t = \tau \ln \frac{N_0}{\tau A} = 8270 \times \ln \frac{2.35 \times 10^{11} \times 60}{8270 \times 3.15 \times 10^7 \times 9} = 1.5 \times 10^4 (\text{a})$$

30.14 一块岩石样品中含有 0.3 g 的^{238}U 和 0.12 g 的^{206}Pb。假设这些铅全来自^{238}U 的衰变,试求这块岩石的地质年龄。

解 由于从^{238}U 到^{206}Pb 的中间衰变产物的半衰期都比^{238}U 半衰期小得多,而^{206}Pb 是稳定的,所以可以忽略中间产物的质量而认为目前^{238}U 和^{206}Pb 两种核的总数就等于最初^{238}U 核的数目。即

$$N_{U,0} = N_U + N_{Pb} = \frac{0.3 \times 6.02 \times 10^{23}}{238} + \frac{0.12 \times 6.02 \times 10^{23}}{206}$$

$$= 7.59 \times 10^{20} + 3.51 \times 10^{20} = 1.11 \times 10^{21}$$

由 $N_U = N_{U,0} e^{-\lambda t}$,可得

$$t = \frac{1}{\lambda} \ln \frac{N_{U,0}}{N_U} = \frac{4.46 \times 10^9}{0.693} \ln \frac{1.11 \times 10^{21}}{7.59 \times 10^{20}} = 2.45 \times 10^9 (\text{a})$$

30.15 ^{226}Ra 放射的 α 粒子的动能为 4.7825 MeV。求子核的反冲能量。此 α 衰变放出的总能量是多少?

解 由于 4.7825 MeV 比 α 粒子的静能(约 4×10^3 MeV)小得多,所以此题可以用经典力学计算。以 m_α 和 M_d 分别表示 α 粒子和子核的质量,则动量守恒给出

$$m_\alpha v_\alpha = M_d v_d$$

子核反冲能量为

$$E_{kd} = \frac{1}{2} M_d v_d^2 = \frac{1}{2} \frac{m_\alpha}{M_d} v_\alpha^2 = \frac{m_\alpha}{M_d} E_{k\alpha} = \frac{4}{222} \times 4.7825 = 0.0862 (\text{MeV})$$

此 α 衰变放出的能量为

$$E = E_{k\alpha} + E_{kd} = 4.7825 + 0.0862 = 4.8707 (\text{MeV})$$

30.16 不同衰变方式释放的能量可用来确定子核的质量差。^{64}Cu 可通过 β 衰变产生^{64}Zn,也可以通过 β^+ 衰变产生^{64}Ni。两种衰变的 Q 值分别是 0.57 MeV 和 0.66 MeV。试

由这些数据求 ^{64}Zn 核和 ^{64}Ni 核的质量差，以 u 表示。

解 ^{64}Cu 的 β 衰变反应为

$$^{64}\text{Cu} \longrightarrow ^{64}\text{Zn} + \beta^- + \bar{\nu}_e$$

$$Q_{\beta^-} = [M_{\text{Cu}} - (M_{\text{Zn}} + m_e)]c^2$$

^{64}Cu 的 β$^+$ 衰变反应为

$$^{64}\text{Cu} \longrightarrow ^{64}\text{Ni} + \beta^+ + \nu_e$$

$$Q_{\beta^+} = [M_{\text{Cu}} - (M_{\text{Ni}} + m_e)]c^2$$

$$Q_{\beta^+} - Q_{\beta^-} = (M_{\text{Zn}} - M_{\text{Ni}})c^2$$

$$\Delta E = M_{\text{Zn}} - M_{\text{Ni}} = \frac{Q_{\beta^+} - Q_{\beta^-}}{c^2} = \frac{0.66 - 0.57}{c^2} \text{ MeV}$$

$$= \frac{0.66 - 0.57}{931.5} = 9.7 \times 10^{-5} \text{ (u)}$$

30.17 由于 ^{60}Co 的 β 衰变(半衰期为 5.27 a)总伴随着其子核的 γ 射线发射，所以 ^{60}Co 常被用于放射疗法。^{60}Co 可以通过用反应堆中的热中子照射 ^{59}Co 而得到。反应式是

$$^{59}\text{Co} + n \longrightarrow ^{60}\text{Co} + \gamma$$

此反应的截面是 120 b。一个边长为 2 cm 的正立方钴块(天然钴中 ^{59}Co 的丰度为 100%)放入中子通量为 2×10^{12} cm$^{-2} \cdot$ s^{-1} 的中子射线中。求 6 h 后从中取出时钴块的活度。已知钴块密度为 8.858 g/cm^3。

解 立方块中 ^{59}Co 原子数为

$$N_{59} = 8 \times 8.858 \times 6.02 \times 10^{23}/59 = 7.23 \times 10^{23}$$

在中子射线中此立方块的反应率，即每秒钟发生反应的次数，亦即每秒钟产生 ^{60}Co 原子的个数为

$$R = \sigma N_{59} I = 120 \times 10^{-24} \times 7.23 \times 10^{23} \times 2 \times 10^{12} = 1.74 \times 10^{14} (\text{s}^{-1})$$

由于 6 h $\ll$ 5.27 a，所以可以认为 6 h 内没有 ^{60}Co 衰变。因此立方块取出时，其中 ^{60}Co 的原子数为 Rt，而此时由于 ^{60}Co 的 β 衰变产生的活度为

$$A = \lambda N_{60} = \lambda Rt = \frac{0.693 \times 1.74 \times 10^{14} \times 6 \times 3600}{5.27 \times 3.15 \times 10^7 \times 3.7 \times 10^{10}} = 0.42 \text{ (Ci)}$$

30.18 Cd 有 8 种稳定同位素，有的对低速中子有大的吸收截面。如果 Cd 的平均吸收截面是 4000 b，要吸收入射中子通量的 95%，需要多厚的 Cd 片？已知 Cd 的摩尔质量是 112.4 g/mol，密度是 8.64 g/cm^3。

解 以 S 和 d 分别表示 Cd 片的面积和厚度，以 n 表示单位体积内的 Cd 原子数，则

$$R = 0.95IS = \sigma NI = \sigma SdnI$$

$$d = \frac{0.95}{\sigma n} = \frac{0.95M}{\sigma D N_A} = \frac{0.95 \times 112.4}{4000 \times 10^{-28} \times 8.64 \times 10^3 \times 6.02 \times 10^{23}}$$

$$= 5.1 \times 10^{-5} \text{ (m)} = 51 \text{ (}\mu\text{m)}$$

30.19 计算下列反应的 Q 值并指出何者吸热，何者放热：

$$^{13}\text{C}(p,\alpha)^{10}\text{B}, \quad ^{13}\text{C}(p,d)^{12}\text{C}, \quad ^{13}\text{C}(p,\gamma)^{14}\text{N}$$

给定一些原子的质量为

$$^{13}C: \quad 13.003355 \text{ u} \qquad ^1H: \quad 1.007825 \text{ u}$$

$$^4He: \quad 4.002603 \text{ u} \qquad ^{10}B: \quad 10.012937 \text{ u}$$

$$^2H: \quad 2.014102 \text{ u} \qquad ^{14}N: \quad 14.003074 \text{ u}$$

解 对 $^{13}C(p,\alpha)^{10}B$ 反应

$$Q = (13.003355 + 1.007825 - 4.002603 - 10.012937) \times 931.5 = -4.06 \text{ (MeV)}$$

为吸热反应。

对 $^{13}C(p,d)^{12}C$ 反应

$$Q = (13.003355 + 1.007825 - 2.014102 - 12.0000) \times 931.5 = -2.72 \text{ (MeV)}$$

为吸热反应。

对 $^{13}C(p,\gamma)^{14}N$ 反应

$$Q = (13.003355 + 1.007825 - 14.003074) \times 931.5 = 7.55 \text{ (MeV)}$$

为放热反应。

30.20 计算反应 $^{13}C(p,\alpha)^{10}B$ 的阈能,注意,入射质子必须具有足够大的能量以便进入靶核 ^{13}C 的半径以内(原子质量数据见习题 30.19)。

解 如果没有库仑势垒,题给反应的阈能为

$$E_1 = Q\left(1 + \frac{m_p}{m_C}\right) = 4.06 \times \left(1 + \frac{1}{13}\right) = 4.37 \text{ (MeV)}$$

质子克服库仑斥力到达 ^{13}C 核边缘,二者中心的距离为

$$r = r_c + r_p = r_0 A_C^{1/3} + r_0 = 1.2 \times 10^{-15}(13^{1/3} + 1) = 4.0 \times 10^{-15} \text{ (m)}$$

质子到达此距离需要能量为

$$E_2 = \frac{6e^2}{4\pi\varepsilon_0 r}\left(1 + \frac{m_p}{m_C}\right) = \frac{6 \times 1.6 \times 10^{-19} \times 9 \times 10^9}{4.0 \times 10^{-15} \times 10^6}\left(1 + \frac{1}{13}\right) = 2.3 \text{ (MeV)}$$

题给反应所需阈能为

$$E_{th} = E_1 + E_2 = 4.37 + 2.3 = 6.7 \text{ (MeV)}$$

30.21 目前太阳内含有约 1.5×10^{30} kg 的氢,而其辐射总功率为 3.9×10^{26} W。按此功率辐射下去,经多长时间太阳内的氢就要烧光了?

解 太阳内氢燃烧的反应是

$$4^1H \longrightarrow {}^4He + 2e^+ + 2\nu_e + 24.67 \text{ MeV}$$

太阳内的氢原子数 $\quad N = 1.5 \times 10^{30}/(1.67 \times 10^{-27}) = 0.90 \times 10^{57}$

这些氢原子全烧尽需要时间为

$$t = \frac{0.90 \times 10^{57} \times 24.67 \times 10^6 \times 1.6 \times 10^{-19}}{4 \times 3.9 \times 10^{26}} = 2.28 \times 10^{18} \text{ (s)} = 7.2 \times 10^{10} \text{ (a)}$$

30.22 在温度比太阳高的恒星内氢的燃烧据信是通过碳循环进行的,其分过程如下:

$$^1H + {}^{12}C \longrightarrow {}^{13}N + \gamma \qquad\qquad ①$$

$$^{13}N \longrightarrow {}^{13}C + e^+ + \nu_e \qquad\qquad ②$$

$$^1H + {}^{13}C \longrightarrow {}^{14}N + \gamma \qquad\qquad ③$$

$$^1H + {}^{14}N \longrightarrow {}^{15}O + \gamma \qquad\qquad ④$$

$$^{15}O \longrightarrow {}^{15}N + e^+ + \nu_e \qquad\qquad ⑤$$

$$^1H + {}^{15}N \longrightarrow {}^{12}C + {}^4He \qquad ⑥$$

（1）说明此循环并不消耗碳，其总效果和质子-质子循环一样。

（2）计算此循环中每一反应或衰变所释放的能量。

（3）释放的总能量是多少？

给定一些原子的质量为

$$^1H：1.007825\ u \qquad {}^{13}N：13.005738\ u$$

$$^{14}N：14.003074\ u \qquad {}^{15}N：15.000109\ u$$

$$^{13}C：13.003355\ u \qquad {}^{15}O：15.003065\ u$$

解　（1）将题给碳循环各过程反应方程相加，即可知碳原子收支相抵并未消耗，而总过程为

$$4\ ^1H \longrightarrow {}^4He + 2e^+ + 3\gamma + 2\nu_e$$

和质子-质子循环是一样的。

（2）题中所列各分过程所释放的能量分别为

$$E_1 = (1.007825 + 12.000000 - 13.005738) \times 931.5 = 1.944\ (\text{MeV})$$

$$E_2 = (13.005738 - 13.003355) \times 931.5 - 2 \times 0.511 = 1.198\ (\text{MeV})$$

$$E_3 = (1.007825 + 13.003355 - 14.003074) \times 931.5 = 7.551\ (\text{MeV})$$

$$E_4 = (1.007825 + 14.003074 - 15.003065) \times 931.5 = 7.297\ (\text{MeV})$$

$$E_5 = (15.003065 - 15.000109) \times 931.5 - 2 \times 0.511 = 1.732\ (\text{MeV})$$

$$E_6 = (1.007825 + 15.000109 - 12.000000 - 4.002603) \times 931.5 = 4.966\ (\text{MeV})$$

（3）释放的总能量为

$$E = \sum_{i=1}^{6} E_i = 24.69\ \text{MeV}$$

名　　称	符号	计算用值	1998 最佳值[1]
真空中的光速	c	3.00×10^8 m/s	2.99792458(精确)
普朗克常量	h	6.63×10^{-34} J·s	6.62606876(52)
	$\hbar$	$=h/2\pi$	
		$=1.05\times10^{-34}$ J·s	1.054571596(82)
玻耳兹曼常量	k	1.38×10^{-23} J/K	1.3806503(24)
真空磁导率	μ_0	$4\pi\times10^{-7}$ N/A²	(精确)
		$=1.26\times10^{-6}$ N/A²	1.256637061…
真空介电常量	ε_0	$=1/\mu_0 c^2$	(精确)
		$=8.85\times10^{-12}$ F/m	8.854187817
引力常量	G	6.67×10^{-11} N·m²/kg²	6.673(10)
阿伏加德罗常量	N_A	6.02×10^{23} mol⁻¹	6.02214199(47)
元电荷	e	1.60×10^{-19} C	1.602176462(63)
电子静质量	m_e	9.11×10^{-31} kg	9.10938188(21)
		5.49×10^{-4} u	5.485799110(12)
		0.5110 MeV/c^2	0.510998902(21)
质子静质量	m_p	1.67×10^{-27} kg	1.67262158(13)
		1.0073 u	1.00727646688(13)
		938.3 MeV/c^2	938.271998(38)
中子静质量	m_n	1.67×10^{-27} kg	1.67492715(13)
		1.0087 u	1.00866491578(55)
		939.6 MeV/c^2	939.565330(38)
α粒子静质量	m_a	4.0026 u	4.0015061747(10)
玻尔磁子	μ_B	9.27×10^{-24} J/T	9.27400899(37)
电子磁矩	μ_e	-9.28×10^{-24} J/T	$-9.28476362(37)$
核磁子	μ_N	5.05×10^{-27} J/T	5.05078317(20)
质子磁矩	μ_p	1.41×10^{-26} J/T	1.410606633(58)
中子磁矩	μ_n	-0.966×10^{-26} J/T	$-0.96623640(23)$
里德伯常量	R	1.10×10^7 m⁻¹	1.0973731568549(83)
玻尔半径	a_0	5.29×10^{-11} m	5.291772083(19)
经典电子半径	r_e	2.82×10^{-15} m	2.817940285(31)
电子康普顿波长	$\lambda_{C,e}$	2.43×10^{-12} m	2.426310215(18)
斯特藩-玻耳兹曼常量	σ	5.67×10^{-8} W·m⁻²·K⁻⁴	5.670400(40)
光年	l. y.	1 l. y. $=9.46\times10^{15}$ m	
电子伏	eV	1 eV$=1.602\times10^{-19}$ J	1.602176462(63)

续表

名　称	符号	计算用值	1998 最佳值[①]
特[斯拉]	T	$1\ T-1\times10^4\ G$	(精确)
原子质量单位	u	$1\ u=1.66\times10^{-27}\ kg$	1.66053873(13)
		$=931.5\ MeV/c^2$	931.494013(37)
居里	Ci	$1\ Ci=3.70\times10^{10}\ Bq$	(精确)

①　所列最佳值摘自《1998 CODATA RECOMMEDED VALUES OF THE FUNDAMENTAL CONSTANTS OF PHYSICS AND CHEMISTRY》。

名　称	计算用值
我们的银河系	
质量	$10^{42}\ kg$
半径	$10^5\ l.\ y.$
恒星数	1.6×10^{11}
太阳	
质量	$1.99\times10^{30}\ kg$
半径	$6.96\times10^8\ m$
平均密度	$1.41\times10^3\ kg/m^3$
表面重力加速度	$274\ m/s^2$
自转周期	25 d(赤道),37 d(靠近极地)
在银河系	
中心的公转周期	$2.5\times10^8\ a$
总辐射功率	$4\times10^{26}\ W$
地球	
质量	$5.98\times10^{24}\ kg$
赤道半径	$6.378\times10^6\ m$
极半径	$6.357\times10^6\ m$
平均密度	$5.52\times10^3\ kg/m^3$
表面重力加速度	$9.81\ m/s^2$
自转周期	1 恒星日 $=8.616\times10^4\ s$
对自转轴的转动惯量	$8.05\times10^{37}\ kg\cdot m^2$
到太阳的平均距离	$1.50\times10^{11}\ m$
公转周期	1 a $=3.16\times10^7\ s$
公转速率	$29.8\ m/s$
月球	
质量	$7.35\times10^{22}\ kg$
半径	$1.74\times10^6\ m$
平均密度	$3.34\times10^3\ kg/m^3$
表面重力加速度	$1.62\ m/s^2$
自转周期	27.3 d
到地球的平均距离	$3.82\times10^8\ m$
绕地球运行周期	1 恒星月 $=27.3$ d